Sujets corrigés

# Mathématiques S

## Obligatoire et Spécialité

- Dominique Besnard
- Philippe Lixi
- Serge Nicolas

Professeurs en Terminale

Nathan

# PRÉSENTATION

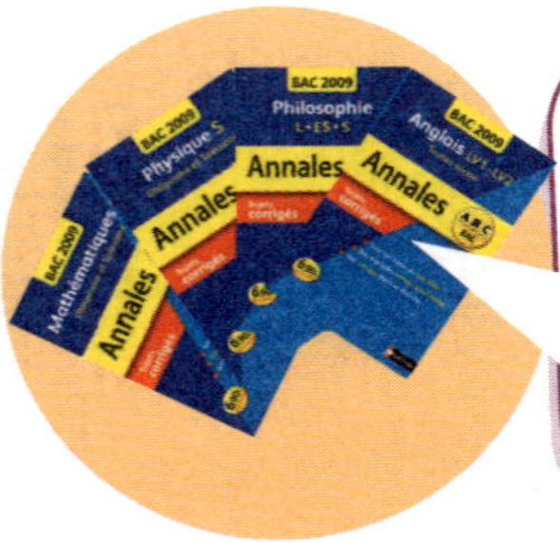


Ces *Annales ABC BAC* ont été conçues pour vous aider à préparer efficacement les épreuves de Mathématiques du baccalauréat S. Elles vous permettent de vous entraîner sur les tous derniers sujets posés au bac, et contiennent aussi beaucoup d'informations utiles pour bien aborder l'épreuve.

## 9 SUJETS COMPLETS DE BAC CORRIGÉS REPRÉSENTANT 51 EXERCICES ET PROBLÈMES

- Cet ouvrage regroupe les sujets de la série S (obligatoire et spécialité) posés entre septembre 2007 et juin 2008 en France métropolitaine, les DOM-TOM et les centres étrangers.
- Ces sujets sont classés par académies, accompagnés d'une liste des thèmes abordés et d'un corrigé détaillé.

## 2 SUJETS DE CONCOURS

- La deuxième partie de l'ouvrage est constituée des corrigés de deux sujets de concours d'écoles d'ingénieurs (EPF et FESIC) de mai 2008.

## 37 EXERCICES SUPPLÉMENTAIRES CORRIGÉS ET CLASSÉS PAR THÈMES

- La dernière partie de l'ouvrage propose une sélection d'exercices et de problèmes de bac des sessions antérieures. Ils sont classés par thèmes, pour permettre un entraînement efficace tout au long de l'année.


ISBN : 978-208-187526-2

## LE DOSSIER INFOS-BAC

- Vous trouverez en début d'ouvrage un dossier complet qui rassemble des conseils pratiques pour bien aborder l'écrit et préparer l'oral de rattrapage.

## DES COMPLÉMENTS UTILES

- Au début de chaque sujet complet, un encadré précise les notions abordées dans les différents exercices.
- Avant chaque corrigé, la rubrique « Coup de pouce » vous apporte toute l'aide nécessaire aux questions les plus délicates.
- Un barème indicatif de correction est précisé à droite du texte. Il vous aidera à évaluer votre travail.
- Pour réviser efficacement, un tableau thématique des sujets de bac (page 5) vous permet de retrouver plus rapidement un exercice sur un thème donné du programme.

**Couverture :** Team Créatif • **Coordination éditoriale :** Anne-Sophie Perret
**Rédaction :** avec la collaboration de Régine Delay
**Fabrication :** Jacques Lannoy et Adeline Lannoy

# SOMMAIRE

# TABLEAU THÉMATIQUE

| THÈMES | | Numéro du sujet et nature |
|---|---|---|
| **DÉMONSTRATION DE COURS** | | **4** $E_4$ ; **5** $E_4$ ; **7** $E_4$ ; **9** $E_2$ |
| **QCM** | | **3** $E_3$ ; **4** $E_1$ ; **5** $E_1$ ; **6** $E_3$ |
| **ANALYSE** | Suites | **1** $E_{4\text{ spé}}$ ; **2** $E_4$ ; **6** $E_3$ ; **7** $E_3$ ; **8** $E_3$ ; **9** $E_4$ |
| | Fonction logarithme | **1** $E_1$ ; **2** $E_3$ ; **5** $E_4$ ; **6** $E_3$ ; **7** $E_4$ |
| | Fonction exponentielle | **3** $E_1$ ; **4** $E_4$ ; **9** $E_1$ |
| | Calcul intégral<br>Calcul d'aire | **1** $E_1$ ; **2** $E_4$ ; **3** $E_1$ ; **5** $E_4$ ; **6** $E_4$ ; **7** $E_4$ ; **8** $E_2$ |
| | Équations différentielles | **3** $E_1$ ; **7** $E_3$ ; **9** $E_4$ |
| **NOMBRES COMPLEXES** | Calculs dans $\mathbb{C}$ | **7** $E_1$ |
| | Transformations dans le plan complexe | **1** $E_2$ ; **2** $E_1$ ; **3** $E_4$ ; **4** $E_3$ ; **5** $E_2$ ; **6** $E_2$ ; **6** $E_{2\text{ spé}}$ ; **7** $E_1$ ; **8** $E_4$ ; **8** $E_{4\text{ spé}}$ |
| **PROBABILITÉS** | Probabilités | **3** $E_2$ ; **4** $E_2$ ; **5** $E_3$ ; **6** $E_1$ ; **7** $E_3$ ; **8** $E_1$ |
| | Variable aléatoire | **1** $E_3$ ; **3** $E_2$ ; **6** $E_1$ ; **8** $E_1$ |
| | Estimation | |
| **GÉOMÉTRIE** | Similitude | **1** $E_{4\text{ spé}}$ ; **9** $E_{2\text{ spé}}$ ; **5** $E_{2\text{ spé}}$ ; **7** $E_{3\text{ spé}}$ |
| | Géométrie dans l'espace | **1** $E_2$ ; **2** $E_{2\text{ spé}}$ ; **2** $E_2$ ; **5** $E_1$ ; **6** $E_{2\text{ spé}}$ ; **7** $E_2$ ; **9** $E_3$ |
| **ARITHMÉTIQUE** | | **1** $E_{4\text{ spé}}$ ; **2** $E_{2\text{ spé}}$ ; **3** $E_{2\text{ spé}}$ ; **4** $E_{2\text{ spé}}$ ; **6** $E_{2\text{ spé}}$ ; **7** $E_{3\text{ spé}}$ ; **8** $E_{4\text{ spé}}$ |

**1** signifie : sujet n°1 ; E signifie : exercice ; $E_1$ signifie : exercice 1.

# Infos-bac

# L'ÉPREUVE ÉCRITE

## I. Définition de l'épreuve

Il est très important de lire et de relire le document ci-dessous (bulletin officiel du 8 mai 2003) qui est donné aux concepteurs des sujets.

### ■ Épreuve écrite

**Durée :** 4 heures
**Coefficient :** 7
**Coefficient :** 9 pour les candidats ayant choisi cette discipline comme enseignement de spécialité.

### ■ Objectif de l'épreuve

L'épreuve est destinée à **évaluer la façon dont les candidats ont atteint les grands objectifs de formation mathématique visés par le programme de la série S** :
– acquérir des connaissances et les organiser ;
– mobiliser des notions, des résultats et des méthodes utiles dans le cadre de la résolution d'exercices ;
– prendre des initiatives ;
– comprendre et construire un raisonnement ;
– mettre en forme un raisonnement mathématique, une démonstration.

### ■ Nature du sujet

Le sujet comporte **trois à cinq exercices** indépendants les uns des autres, notés chacun sur 3 à 10 points ; ils abordent une grande variété de domaines du programme de mathématiques de la série S.

• Le sujet proposé aux candidats ayant suivi **l'enseignement de spécialité** diffère de celui proposé aux candidats ne l'ayant pas suivi par un de ces exercices, noté sur 5 points. Cet exercice peut porter sur la totalité du programme (enseignement obligatoire et spécialité).

• Le sujet portera clairement la mention **« obligatoire » ou « spécialité »**.

### ■ Calculatrice et formulaire

• **La maîtrise de l'usage des calculatrices** est un objectif important pour la formation des élèves. L'emploi de ce matériel est autorisé, dans les conditions prévues par la réglementation en vigueur. Il est ainsi précisé qu'il appartient aux responsables de l'élaboration des sujets de décider si l'usage des calculatrices est autorisé ou non lors de l'épreuve. Ce point doit être précisé en tête des sujets.

Il n'est pas prévu de formulaire officiel. En revanche, les concepteurs de sujets pourront inclure certaines formules dans le corps du sujet ou en annexe, en fonction de la nature des questions.

• **Il n'est pas prévu de formulaire officiel**. En revanche, les concepteurs de sujets pourront inclure certaines formules dans le corps du sujet ou en annexe, en fonction de la nature des questions.

## Recommandations destinées aux concepteurs de sujet

**1.** On veillera à garder aux épreuves une ampleur et une difficulté modérées.

**2. Le sujet doit aborder une grande partie des connaissances envisagées dans le programme.** La restitution organisée de connaissances (comme l'exposé d'une question citée en exemple dans le programme), l'application directe de résultats ou de méthodes, l'étude d'une situation conduisant à choisir un modèle simple, à présenter ou exploiter des données ou une information, la formulation d'un raisonnement sont des trames possibles.

**3.** Si le candidat est amené à utiliser une **calculatrice**, il lui sera demandé de situer ce qui apparaît à l'affichage dans le contexte de la question posée et de rédiger une réponse distincte de la simple copie d'écran.

**4.** Les sujets éviteront de valoriser certaines questions (telles la représentation graphique d'une fonction, la recherche formelle d'une primitive, la recherche de la droite des moindres carrés, etc.) dont la résolution peut n'exiger que la manipulation des touches d'une **calculatrice évoluée**.

**5. Les notions rencontrées en classe de première** mais non approfondies en terminale **doivent être connues et mobilisables**. Elles ne peuvent cependant constituer un ressort essentiel du sujet.

**6.** Certains exercices peuvent faire référence à **d'autres disciplines de la série considérée**, mais les connaissances spécifiques requises doivent être fournies dans l'énoncé.

**7.** La forme des questions ne doit pas être source de difficultés supplémentaires. Si des **questionnaires à choix multiple (QCM)** sont proposés, les modalités de notation doivent en être précisées.

## Remarques sur la notation

**1.** Les correcteurs ne manifesteront pas d'exigences de formulation démesurées, et prêteront une attention particulière aux démarches engagées, aux tentatives pertinentes, aux résultats partiels.

**2.** Les concepteurs de sujets veilleront, dans l'attendu des questions et les propositions de barème, à permettre aux correcteurs de prendre réellement et largement en compte la qualité de la rédaction, la clarté et la précision des raisonnements, la cohérence globale des réponses dans l'appréciation des copies. Les copies satisfaisantes de ce point de vue devront être valorisées.

**3.** On saura apprécier le recours à des **tableaux et graphiques** pour soutenir une argumentation ou présenter des résultats, dès lors qu'un commentaire en précisera clairement la signification.

## II. Commentaires sur le document officiel

Les lignes suivantes doivent orienter votre travail quotidien, appliquez les remarques lors des travaux écrits en classe ou à la maison. Reprenons certains points du document officiel.

- Dans le paragraphe ***Objectifs de l'épreuve***, il est dit que vous devez savoir **« construire un raisonnement et démontrer »**, cela signifie que par exemple lors de l'utilisation d'un théorème, il faudra vérifier si les hypothèses présentes dans le théorème se retrouvent dans le cadre de la question.

**Par exemple :** on peut vous demander de chercher la probabilité de l'événement B sachant que l'événement A est réalisé ; connaître la relation qui permet de calculer $p_A(B)$ est indispensable, mais savoir que cette relation ne peut être utilisée que si $p(A) \neq 0$ est tout aussi indispensable, car c'est cela une démarche scientifique. Il faudra donc, dans votre réponse, commencer par calculer $p(A)$ et dire que puisque $p(A) \neq 0$, on peut calculer $p_A(B)$.

- Les calculatrices sont autorisées, sauf mention en tête du sujet qui peut interdire son usage. Il n'y a plus de formulaire, **le travail de mémorisation des principales formules du programme est donc indispensable** (formules de dérivation, de calculs de primitives, de probabilités, sur les suites...). En conséquence tout au long de l'année lorsque vous cherchez des exercices, ne gardez jamais à côté de vous formulaires, fiches, manuels. La démarche d'aller chercher une formule vous alerte sur votre connaissance du cours, prenez alors le temps de réapprendre les formules, refermez le cahier ou le livre et reprenez la recherche de vos exercices. Si vous travaillez avec des « pense-bêtes » à côté de vous, vous n'aurez pas ces alertes et vous pourrez croire que vous savez votre cours.

- Il est dit qu'**un QCM pourrait être proposé au titre d'un exercice**. Il n'y a pas de règles pour traiter un QCM, cela dépend largement de la notation proposée, en général « répondre au hasard » est plus défavorable que de ne rien répondre car les réponses fausses sont pénalisées.

- Il est précisé que l'on peut vous demander la rédaction d'une démonstration du cours qui figure dans le programme officiel, **faites la liste de ces démonstrations** et apprenez les particulièrement bien.

- **Le programme de la classe de première fait partie du programme du baccalauréat**, revoyez les notions de première que votre professeur n'a pas revues en terminale.

- Il est précisé dans le paragraphe sur la notation, que les tentatives pertinentes seront valorisées, donc **n'hésitez pas à inscrire une démarche** même si celle-ci n'a pas abouti, mais bien sûr n'essayez pas de faire croire au correcteur que vous avez fait la démonstration.

## III. Conseils pratiques

### 1. La veille de l'épreuve

- Préparez votre **convocation et une pièce d'identité** (attention ! tout document avec votre photo n'est pas une pièce d'identité : carte d'identité, permis de séjour, carte de résident, passeport, permis de conduire).
- Si par hasard vous aviez perdu votre pièce d'identité ne manquez pas de faire votre déclaration de perte au commissariat qui vous délivrera un document que vous présenterez avec la convocation.
- Si vous n'avez pas reçu votre convocation une semaine avant l'épreuve, faites une démarche auprès de votre établissement.
- N'oubliez pas :

– **Votre stylo et des cartouches compatibles** avec celui-ci. N'hésitez pas à avoir plusieurs instruments d'écriture, le stylo bille rouge étant interdit bien sûr. Si vous écrivez en bleu, encadrez en noir et réciproquement.

– **Une règle suffisamment longue (30 cm)**, un compas (contrôlez-le en faisant un cercle quelques jours avant, la veille à 10 h du soir il sera peut-être difficile d'en trouver un), une gomme.

– **Une calculatrice avec des piles neuves.** Vous n'avez pas le droit d'avoir deux calculatrices en même temps sur votre table, mais si vous en avez deux vous pouvez demander au surveillant de prendre celle qui est restée dans votre cartable. Ne faites *rien* sans demander l'autorisation au surveillant de la salle. Ne prenez que des calculatrices que vous maîtrisez, cela ne sert à rien d'emprunter une calculatrice performante mais que l'on ne maîtrise pas.

### 2. Le jour J

#### ■ Lisez le texte *en entier*

Après être entré dans la salle, le surveillant vous demandera de garder sur votre table, le strict nécessaire, tout le reste sera déposé le long du mur. Ce strict nécessaire comporte les outils d'écriture, les outils de dessin, une gomme, une calculatrice, votre convocation et une pièce d'identité.

Le sujet est distribué :

- Relevez les **points attribués aux différents exercices** et déterminez alors le temps à passer sur chaque exercice. Votre épreuve dure 4 heures, laissez vous

30 minutes en fin d'épreuve, cela veut dire que vous disposez de 210 min pour acquérir 20 points.

1 exercice à 3 points devra être effectué en $\frac{210 \times 3}{20} = 30$ min ,

1 exercice à 4 points devra donc être effectué en $\frac{210 \times 4}{20} = 40$ min ,

1 exercice à 5 points devra donc être effectué en $\frac{210 \times 5}{20} = 50$ min ,

1 exercice à 6 points devra être effectué en $\frac{210 \times 6}{20} = 60$ min ,

1exercice à 7 points devra être effectué en $\frac{210 \times 7}{20} = 1$ h 15 min,

1 exercice à 8 points devra être effectué en $\frac{210 \times 8}{20} = 1$ h 20 min.

**Notez ces chiffres à côté des exercices.**

- Intervient maintenant un moment très important, **choisir le premier exercice à chercher**. Le mieux est de choisir un exercice que l'on sait savoir traiter parce que l'on a déjà réussi un exercice similaire. Réussir le premier exercice rapidement met en confiance et donne des forces pour les questions plus difficiles.

### Ce premier exercice étant choisi :

- notez sur votre brouillon **l'heure du début** de votre recherche et le temps que vous disposez pour cet exercice, **notez l'heure finale** ;
- **relisez complètement de nouveau l'exercice** pour bien le mémoriser, car lorsque vous chercherez une question, il se trouve parfois des indications dans les questions suivantes ;
- **commencez votre recherche au brouillon**, recopiez régulièrement au propre en *refaisant* les calculs surtout si vous ne trouvez pas un résultat donné dans le texte, en recopiant, et en détaillant bien votre démarche, vous allez trouver votre erreur. N'oubliez pas que la rigueur de votre raisonnement est la garantie que votre démarche vous mène au « succès » ;
- **respectez la numérotation des questions** et faites-la apparaître très clairement, séparez les questions par deux lignes blanches, encadrez les résultats, et si vous ne traitez pas une question, mettez le numéro et laissez deux lignes blanches. Toutes ces règles faciliteront le travail du correcteur qui ne peut que vous en être reconnaissant ;
- faut-il le répéter, il ne sert à rien de vouloir faire croire au correcteur que vous avez démontré une question en recopiant la réponse qui est dans l'énoncé, **la malhonnêteté peut vous coûter très cher** ;
- **n'oubliez pas de tracer les traits dans les tableaux de variation**, la première ligne du tableau comporte les valeurs qui interviennent réellement, répartissez les

différentes valeurs de manière équidistante, il est donc nécessaire d'en avoir fait la liste au préalable, respectez le code classique d'une double barre si la fonction n'est pas définie au point considéré ;

- si vous « butez » sur une question, n'y passez pas trop de temps, admettez le résultat et cherchez les questions suivantes ;
- **contrôlez le temps qui vous reste** et si vous dépassez le temps imparti, prenez un nouvel intercalaire pour un nouvel exercice, le correcteur peut apprécier de ne pas avoir plusieurs exercices sur une même copie.

### ■ Relecture

**Prenez le dernier quart d'heure pour relire votre copie**, encadrer les résultats que vous auriez oubliés, corriger les fautes d'orthographe, contrôler la numérotation des questions puis numérotez vos pages et comptez les annexes à rendre.

## 3. Quelques remarques sur un énoncé de mathématiques

L'énoncé d'un exercice d'une épreuve de mathématiques au baccalauréat a été conçu par un professeur qui voulait vérifier si une démarche du programme a été comprise des candidats. Essayez de comprendre cette démarche.
Le choix de numéroter trois questions successives **1. 2. 3.** ou **1.a. 1.b. 2.** ou **1.a. 1.b. 1.c.** indique trois démarches différentes, lorsque plusieurs questions sont à l'intérieur d'une même question cela indique la plupart du temps que l'on est dans une même démarche, au contraire changer de question par exemple **1.b. 2.** indique que l'on va tester un nouveau point de vue. Faites l'expérience tout au long de l'année d'essayer de découvrir « la pensée de l'auteur ».

Si le concepteur a écrit « en déduire » ne cherchez pas ailleurs que dans la question précédente.

## 4. Quelques remarques sur la rédaction

### ■ Le fond

- **Énoncez complètement les théorèmes avant leur utilisation**. Contrôlez que les hypothèses du théorème sont bien vérifiées dans le cadre de la question. N'oubliez pas que l'un des mots les plus difficiles à employer dans une copie est « donc ».
- Si votre calculatrice calcule une dérivée demandée, ne tentez pas de faire croire au correcteur que vous avez trouvé le résultat sans faire de calculs intermédiaires, il ne sera pas dupe.

**Attention,** votre calculatrice peut vous induire en erreur, la précision des écrans n'est pas toujours suffisante, les calculs ne sont pas toujours bien simplifiés.

## La forme

- Est-il besoin de rappeler qu'une écriture lisible est indispensable ? attention aux lettres qui, mal formées, peuvent se confondre, par exemple *x* et *n*, un Z et un 2, un $z$ et un 3. Apprenez à bien dessiner des accolades, le symbole $\int$, le symbole $\infty$, les quelques lettres grecques courantes : $\alpha$, $\beta$, $\gamma$, $\delta$, $\rho$, $\sigma$, $\Delta$. Attention aux indices et aux exposants, veillez à bien les placer. Respectez les notations du texte même si ce ne sont pas celles que vous utilisez habituellement.
- N'utilisez pas les symboles de mathématiques comme une abréviation au milieu d'une phrase.
- Tout calcul doit être suivi d'une conclusion sous forme d'une phrase, **une copie de mathématiques n'est pas qu'une suite de calculs.**

# L'ORAL DE RATTRAPAGE

## I. DÉFINITION DE L'ÉPREUVE

Voici ce qu'indiquent les textes officiels :

### Épreuve orale de contrôle

**Durée :** 20 minutes
**Temps de préparation :** 20 minutes
**Coefficient :** 7 ou 9 pour les candidats ayant choisi cette discipline comme enseignement de spécialité.

L'épreuve consiste en une interrogation du candidat, visant à apprécier sa maîtrise des connaissances de base.

- Pour préparer l'entretien, l'examinateur propose au moins deux questions au candidat, portant sur des parties différentes du programme.
Pour les candidats n'ayant pas choisi les mathématiques comme enseignement de spécialité, les questions aborderont exclusivement le programme de l'enseignement obligatoire.
Pour les candidats ayant choisi les mathématiques comme enseignement de spécialité, une question abordera le programme de spécialité, les autres abordant exclusivement le programme de l'enseignement obligatoire.

- Le candidat dispose d'un temps de préparation de vingt minutes et peut, au cours de l'entretien, s'appuyer sur les notes prises pendant la préparation.
L'examinateur veillera à faciliter l'expression du candidat et à lui permettre de mettre en avant ses connaissances.

- Les conditions matérielles (en particulier la présence d'un tableau), les énoncés des questions posées, seront adaptés aux modalités orales de cette épreuve.

- L'usage des calculatrices électroniques est autorisé, dans le cadre de la réglementation en vigueur. L'examinateur pourra fournir avec les questions certaines formules jugées nécessaires.

### Remarque

À l'oral de contrôle, les candidats ayant choisi maths en enseignement de spécialité auront une question portant sur cette partie du programme, il est donc très important de revoir autant le programme obligatoire que celui de spécialité. Préparez cette épreuve pendant l'année en passant au tableau lorsque votre professeur vous en donne l'opportunité.

## II. Conseils pratiques

- **Vous tirerez un sujet au hasard,** ne croyez pas que passer en premier vous donne plus de chance de ne pas tomber sur le sujet qui vous dérange, la probabilité est la même pour le dernier à qui il ne reste qu'un seul sujet (cela pourrait être votre sujet de probabilité).
- Vous aurez **un temps de préparation**, ne traitez pas un exercice complètement comme si c'était un écrit en ne cherchant pas l'autre question. Vous devez aborder les deux exercices, faites les calculs qui vous semblent difficiles.
- Les sujets sont souvent des **extraits d'exercices de baccalauréat** des années antérieures.
- Lorsque vous serez devant votre interrogateur, il vous demandera peut-être d'exposer au tableau, **PARLEZ,** ce n'est pas un écrit, parlez distinctement et soyez poli, si l'on vous demande de répéter ce que vous venez de dire, faites-le.

# Sujets de bac

# 1 SUJET
## France métropolitaine, juin 2008

**Exercice 1** **[5 points ; 1 h]**
- Fonction logarithme népérien
- Calcul intégral
- Calcul d'aire
- Recherche d'extremum

**Exercice 2** **[5 points ; 1 h]**
- Géométrie dans l'espace
- Distance d'un point à une droite

**Exercice 3** **[5 points ; 1 h]**
- Variable aléatoire suivant une loi exponentielle

**Exercice 4 (Obligatoire)** **[5 points ; 1 h]**
- Nombres complexes
- Transformation dans le plan complexe

**Exercice 4 (Spécialité)** **[5 points ; 1 h]**
- Nombres complexes
- Arithmétique
- Similitude
- Suite

## EXERCICE 1

Les courbes $\mathscr{C}_f$ et $\mathscr{C}_g$ données page suivante représentent respectivement, dans un repère orthonormal $(O\,;\vec{i},\vec{j})$, les fonctions $f$ et $g$ définies sur l'intervalle $]0\,;+\infty[$ par :

$$f(x)=\ln x \quad \text{et} \quad g(x)=(\ln x)^2.$$

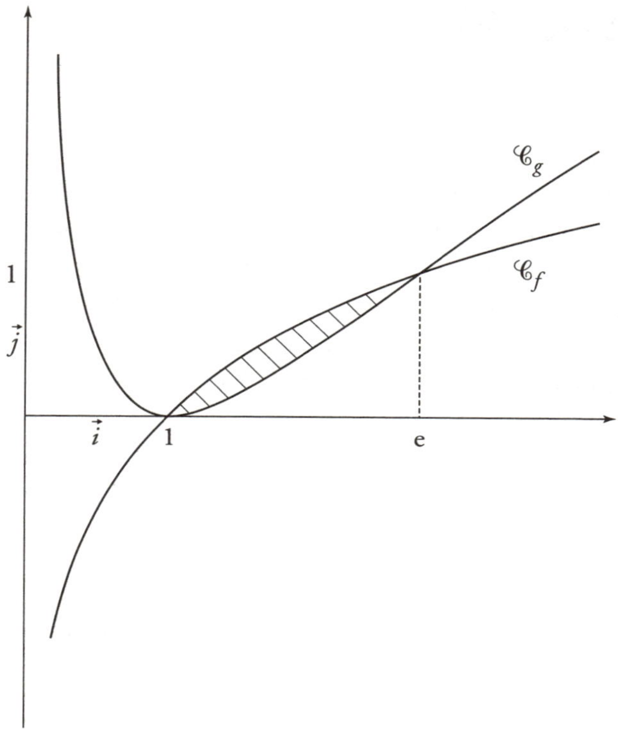


**1.** On cherche à déterminer l'aire $\mathscr{A}$ (en unités d'aire) de la partie du plan hachurée.

On note $I = \int_1^e \ln x \, dx$ et $J = \int_1^e (\ln x)^2 \, dx$.

**a.** Vérifier que la fonction F définie sur l'intervalle $]0\ ;\ +\infty[$ par :

$$F(x) = x \ln x - x$$

est une primitive de la fonction logarithme népérien. En déduire I. **[1 pt]**

**b.** Démontrer à l'aide d'une intégration par parties que $J = e - 2I$. **[1 pt]**

**c.** En déduire J. **[0,5 pt]**

**d.** Donner la valeur de $\mathscr{A}$. **[0,5 pt]**

**2.** *Dans cette question le candidat est invité à porter sur sa copie les étapes de sa démarche, même si elle n'aboutit pas.*

Pour $x$ appartenant à l'intervalle $[1\ ;\ e]$, on note M le point de la courbe $\mathscr{C}_f$ d'abscisse $x$ et N le point de la courbe $\mathscr{C}_g$ de même abscisse. Pour quelle valeur de $x$ la distance MN est maximale ? Calculer la valeur maximale de MN. **[2 pts]**



Sujets de bac

## EXERCICE 2

Dans l'espace muni d'un repère orthonormal $(O ; \vec{i}, \vec{j}, \vec{k})$, on considère les points :

$$A(1 ; 1 ; 0), \quad B(1 ; 2 ; 1) \quad \text{et} \quad C(3 ; -1 ; 2).$$

**1. a.** Démontrer que les points A, B et C ne sont pas alignés. **[0,5 pt]**

**b.** Démontrer que le plan (ABC) a pour équation cartésienne :

$$2x + y - z - 3 = 0.$$ **[0,5 pt]**

**2.** On considère les plans (P) et (Q) d'équations respectives :

$$x + 2y - z - 4 = 0 \text{ et } 2x + 3y - 2z - 5 = 0.$$

Démontrer que l'intersection des plans (P) et (Q) est une droite $(\mathscr{D})$, dont une représentation paramétrique est :

$$\begin{cases} x = -2 + t \\ y = 3 \\ z = t \end{cases} \quad (t \in \mathbb{R}).$$ **[1 pt]**

**3.** Quelle est l'intersection des trois plans (ABC), (P) et (Q) ? **[1 pt]**

**4.** *Dans cette question toute trace de recherche, même incomplète, sera prise en compte dans l'évaluation.*
Déterminer la distance du point A à la droite $(\mathscr{D})$. **[2 pts]**

## EXERCICE 3

La durée de vie, exprimée en heures, d'un agenda électronique est une variable aléatoire X qui suit une loi exponentielle de paramètre $\lambda$ où $\lambda$ est un réel strictement positif.

On rappelle que pour tout $t \geqslant 0$, $p(X \leqslant t) = \int_0^t \lambda e^{-\lambda x}\, dx$.

La fonction R définie sur l'intervalle $[0 ; +\infty[$ par $R(t) = p(X > t)$ est appelée fonction de fiabilité.

**1. Restitution organisée de connaissances**

**a.** Démontrer que pour tout $t \geqslant 0$ on a $R(t) = e^{-\lambda t}$. **[1 pt]**

**b.** Démontrer que la variable X suit une loi de durée de vie sans vieillissement, c'est-à-dire que pour tout réel $s \geqslant 0$, la probabilité conditionnelle $p_{X > t}(X > t + s)$ ne dépend pas du nombre $t \geqslant 0$. **[1 pt]**

**2.** Dans cette question, on prend $\lambda = 0{,}000\ 26$.

**a.** Calculer $p(X \leqslant 1\ 000)$ et $p(X > 1\ 000)$. **[1 pt]**

**b.** Sachant que l'événement $(X > 1\ 000)$ est réalisé, calculer la probabilité de l'événement $(X > 2\ 000)$. **[0,5 pt]**

**c.** Sachant qu'un agenda a fonctionné plus de 2 000 heures, quelle est la probabilité qu'il tombe en panne avant 3 000 heures ? Pouvait-on prévoir ce résultat ? **[1,5 pt]**



## EXERCICE 4 (Obligatoire)

Le plan est muni d'un repère orthonormal direct $(O\ ; \vec{u}, \vec{v})$ (unité graphique : 1 cm).
Soient A, B et I les points d'affixes respectives $1 + i$, $3 - i$ et 2.
À tout point M d'affixe $z$, on associe le point M′ d'affixe $z'$ telle que $z' = z^2 - 4z$. Le point M′ est appelé l'image de M.

**1.** Faire une figure sur une feuille de papier millimétré et compléter cette figure tout au long de l'exercice. **[0,5 pt]**

**2.** Calculer les affixes des points A′ et B′, images respectives des points A et B.
Que remarque-t-on ? **[0,75 pt]**

**3.** Déterminer les points qui ont pour image le point d'affixe $-5$. **[0,5 pt]**

**4. a.** Vérifier que pour tout nombre complexe $z$, on a $z' + 4 = (z-2)^2$. **[0,5 pt]**

**b.** En déduire une relation entre $|z' + 4|$ et $|z - 2|$ et, lorsque $z$ est différent de 2, une relation entre $\arg(z' + 4)$ et $\arg(z - 2)$. **[0,75 pt]**

**c.** Que peut-on dire du point M′ lorsque M décrit le cercle $\mathscr{C}$ de centre I et de rayon 2 ? **[0,5 pt]**

**5.** Soient E le point d'affixe $2 + 2e^{i\frac{\pi}{3}}$, J le point d'affixe $-4$ et E′ l'image de E.

**a.** Calculer la distance IE et une mesure en radians de l'angle $(\vec{u}\ ; \overrightarrow{IE})$. **[0,5 pt]**

**b.** Calculer la distance JE′ et une mesure en radians de l'angle $(\vec{u}\ ; \overrightarrow{JE'})$. **[0,5 pt]**

**c.** Construire à la règle et au compas le point E′ ; on laissera apparents les traits de construction. **[0,5 pt]**

## EXERCICE 4 (Spécialité)

Le plan est rapporté à un repère orthonormal direct $(O ; \vec{u}, \vec{v})$.

Soient A et B les points d'affixes respectives $z_A = 1 - i$ et $z_B = 7 + \frac{7}{2}i$.

**1.** On considère la droite $(d)$ d'équation $4x + 3y = 1$.
Démontrer que l'ensemble des points de $(d)$ dont les coordonnées sont entières est l'ensemble des points $M_k(3k + 1 ; -4k - 1)$ lorsque $k$ décrit l'ensemble des entiers relatifs. **[1 pt]**

**2.** Déterminer l'angle et le rapport de la similitude directe de centre A qui transforme B en $M_{-1}(-2 ; 3)$. **[1 pt]**

**3.** Soit $s$ la transformation du plan qui, à tout point M d'affixe $z$, associe le point M′ d'affixe :

$$z' = \frac{2}{3}iz + \frac{1}{3} - \frac{5}{3}i.$$

Déterminer l'image de A par $s$, puis donner la nature et les éléments caractéristiques de $s$. **[1 pt]**

**4.** On note $B_1$ l'image de B par $s$ et pour tout entier naturel $n$ non nul, $B_{n+1}$ l'image de $B_n$ par $s$.

**a.** Déterminer la longueur $AB_{n+1}$ en fonction de $AB_n$. **[0,5 pt]**

**b.** À partir de quel entier $n$ le point $B_n$, appartient t-il au disque de centre A et de rayon $10^{-2}$ ? **[0,75 pt]**

**c.** Déterminer l'ensemble des entiers $n$ pour lesquels A, $B_1$ et $B_n$ sont alignés. **[0,75 pt]**

## COUP de POUCE

### EXERCICE 1

**2.** Pour déterminer la valeur de $x$ rendant MN maximal, on étudie les variations de la fonction $x \mapsto MN$.

### EXERCICE 2

**4.** Prendre un point H sur $\mathcal{D}$ et déterminer la valeur du paramètre $t$ pour laquelle $(AH) \perp \mathcal{D}$.

# 1 CORRIGÉ

## EXERCICE 1

### 1. a. Détermination d'une primitive de la fonction ln et calcul de I

F est définie sur $]0\ ;+\infty[$ par $F(x)=x\ln x-x$.
F est une primitive sur $]0\ ;+\infty[$ de la fonction logarithme si F est dérivable sur $]0\ ;+\infty[$ et $F'=\ln$ .
On pose $u(x)=x\ln x$.
$u$, produit d'une fonction affine par la fonction logarithme, est dérivable sur $]0\ ;+\infty[$ et :

$$u'(x)=1\times\ln x+x\times\frac{1}{x}=\ln x+1\,.$$

Par somme, F est dérivable sur $]0\ ;+\infty[$ et :
$F'(x)=u'(x)-1=\ln x+1-1=\ln x$.
**F est une primitive sur $]0\ ;+\infty[$ de la fonction logarithme.**

$I=\int_1^e \ln x\,dx=F(e)-F(1)=(e\ln e-e)-(1\times\ln 1-1)$

$I=1$ car $\ln e=1$ et $\ln 1=0$.
$\boxed{I=1}$.

### b. Relation entre J et I

$J=\int_1^e (\ln x)^2\,dx$.

La fonction logarithme est dérivable sur $]0\ ;+\infty[$ donc son carré l'est aussi et $(\ln^2)'=2\ln\times(\ln)'$.
On pose $u(x)=(\ln x)^2$ et $v'(x)=1$.

On a $u'(x)=2\ln x\times\dfrac{1}{x}$ et on choisit $v(x)=x$.

$u$, $v$, $u'$ et $v'$ sont continues sur $]0\ ;+\infty[$, on intègre par parties et on a :

$J=\int_1^e u(x)v'(x)\,dx=[u(x)v(x)]_1^e-\int_1^e u'(x)v(x)\,dx$

$J=[x(\ln x)^2]_1^e-\int_1^e 2\ln x\,dx$

$J=e(\ln e)^2-1(\ln 1)^2-2\int_1^e \ln x\,dx$, par linéarité.

$\boxed{J=e-2I}$.

**c. Calcul de J**

Puisque $I = 1$ :

$$\boxed{J = e - 2}.$$

**d. Valeur de $\mathcal{A}$**

$\mathcal{A}$ est l'aire de la partie hachurée, exprimée en unités d'aires.
$\mathcal{A}$ est l'aire de l'ensemble des points du plan compris entre $\mathscr{C}_f$, $\mathscr{C}_g$ et les droites d'équation $x = 1$ et $x = e$.
Vérifions par le calcul la position relative des deux courbes, donnée par le graphique : $\mathscr{C}_f$ est au-dessus de $\mathscr{C}_g$ sur $[1 ; e]$.
Si $x = 1$, alors $\ln x = 0$ et $f(x) = g(x)$ ;
si $x = e$, alors $\ln x = 1$ et $f(x) = g(x)$ ;
si $1 < x < e$ alors $\ln 1 < \ln x < \ln e$, la fonction logarithme étant strictement croissante sur $]0 ; +\infty[$.
En multipliant par le réel $\ln x$, strictement positif, on a :
si $1 < x < e$, alors $0 < (\ln x)^2 < \ln x$
$0 < g(x) < f(x)$.
En conclusion, sur $[1 ; e]$, $\mathscr{C}_f$ est au-dessus de $\mathscr{C}_g$ et les 2 courbes se coupent en $A(1 ; 0)$ et $B(e ; 1)$.
En conséquence :

$$\mathcal{A} = \int_1^e (f(x) - g(x))\, dx.$$

Par linéarité, $\mathcal{A} = \int_1^e f(x)\, dx - \int_1^e g(x)\, dx = I - J = 1 - (e - 2)$.

$$\boxed{\mathcal{A} = 3 - e}.$$

**2. Recherche d'un maximum**

$x$ appartient à $[1 ; e]$.
M est le point de $\mathscr{C}_f$ d'abscisse $x$, d'ordonnée $f(x)$.
N est le point de $\mathscr{C}_g$ d'abscisse $x$, d'ordonnée $g(x)$.
La distance MN est égale à :

$$MN = \sqrt{(x_M - x_N)^2 + (y_M - y_N)^2} = \sqrt{(x - x)^2 + (f(x) - g(x))^2}$$

$$= \sqrt{(f(x) - g(x))^2} = f(x) - g(x) = \ln x - (\ln x)^2$$

car, si $x \in [1 ; e]$, $f(x) - g(x) \geqslant 0$.
On considère la fonction $h$ définie par $h(x) = \ln x - (\ln x)^2$.
On étudie les variations de $h$ sur l'intervalle $[1 ; e]$.
$h$, somme de 2 fonctions dérivables sur $[1 ; e]$ est dérivable sur $[1 ; e]$ et : $h'(x) = \frac{1}{x} - 2(\ln x) \times \frac{1}{x} = \frac{1 - 2\ln x}{x}$.
$x$ étant strictement positif, le signe de $h'(x)$ est celui de $(1 - 2\ln x)$.

$1 - 2\ln x > 0$ équivaut à $1 > 2\ln x$,

et à $\ln x < \frac{1}{2}$.

La fonction exponentielle, réciproque de la fonction logarithme, est strictement croissante sur $]0\ ;+\infty[$ donc, pour tout $x$ de $\mathbb{R}$ :

$1 - 2\ln x > 0$ équivaut à $x < e^{\frac{1}{2}}$.

$e^{\frac{1}{2}} = \sqrt{e}$ et $\sqrt{e} \in [1\ ;\ e]$. Le tableau de variation de $h$ est :

| $x$ | 1 | | $\sqrt{e}$ | | e |
|---|---|---|---|---|---|
| $h'(x)$ | | + | 0 | − | |
| $h$ | 0 | ↗ | $\frac{1}{4}$ | ↘ | 0 |

$h(1) = h(e) = 0$

$h(\sqrt{e}) = (\ln\sqrt{e}) - (\ln\sqrt{e})^2 = \frac{1}{2} - \frac{1}{4} = \frac{1}{4}$.

La fonction $h$ a un maximum en $x = \sqrt{e}$, égal à $\frac{1}{4}$.

Cela permet de répondre aux questions posées, puisque $h(x) = \mathrm{MN}$.
**La distance MN est maximale pour $x = \sqrt{e}$.**

**La valeur maximale de MN est $\frac{1}{4}$.**

## EXERCICE 2

### 1. a. Alignement de A, B et C

On calcule les coordonnées des vecteurs $\overrightarrow{AB}$ et $\overrightarrow{AC}$.
$\overrightarrow{AB}(0\ ;\ 1\ ;\ 1)$ et $\overrightarrow{AC}(2\ ;\ -2\ ;\ 2)$.
Il n'existe aucun réel $k$ tel que $\overrightarrow{AB} = k\overrightarrow{AC}$ ou $\overrightarrow{AC} = k\overrightarrow{AB}$.
Les vecteurs $\overrightarrow{AB}$ et $\overrightarrow{AC}$ ne sont pas colinéaires donc :
**Les points A, B et C ne sont pas alignés.**
Ces trois points déterminent un plan, le plan (ABC).

### b. Équation du plan (ABC)

On note (R) le plan d'équation $2x + y - z - 3 = 0$.
$2x_A + y_A - z_A - 3 = 2 + 1 - 0 - 3 = 0$ donc $A \in (R)$
$2x_B + y_B - z_B - 3 = 2 + 2 - 1 - 3 = 0$ donc $B \in (R)$
$2x_C + y_C - z_C - 3 = 6 - 1 - 2 - 3 = 0$ donc $C \in (R)$.

Les trois points A, B et C appartiennent à (R) donc (R) est le plan (ABC).

**Le plan (ABC) a pour équation $2x + y - z - 3 = 0$.**

### 2. Intersection des plans (P) et (Q)

Le plan (P) d'équation $x + 2y - z - 4 = 0$ a pour vecteur normal $\vec{n}(1\,;\,2\,;\,-1)$ et le plan (Q) d'équation $2x + 3y - 2z + 5 = 0$ a pour vecteur normal $\vec{n}'(2\,;\,3\,;\,-2)$.

Il n'existe aucun réel $k$ tel que $\vec{n} = k\vec{n}'$ ou $\vec{n}' = k\vec{n}$.

Les vecteurs $\vec{n}$ et $\vec{n}'$ n'étant pas colinéaires, les plans (P) et (Q) sont sécants et leur intersection est une droite que l'on note $(\mathcal{D})$.

Un point M de coordonnées $(x\,;\,y\,;\,z)$ appartient à $(\mathcal{D})$ si, et seulement si, ses coordonnées vérifient les équations des deux plans. Un système d'équations de $(\mathcal{D})$ est :

$$\begin{cases} x + 2y - z - 4 = 0 \\ 2x + 3y - 2z - 5 = 0 \end{cases}.$$

Dans ce système, $x$ et $y$ peuvent être exprimés en fonction de $z$. La première équation s'écrit :

$$x = -2y + z + 4.$$

En remplaçant dans la deuxième, on obtient :

$$2(-2y + z + 4) + 3y - 2z - 5 = 0$$
$$-y + 3 = 0$$
$$y = 3.$$

Ainsi le système équivaut à :

$$\begin{cases} x = -2y + z + 4 = -6 + z + 4 = z - 2 \\ y = 3 \end{cases}.$$

En choisissant pour paramètre $z = t$, $t$ décrivant $\mathbb{R}$, on obtient une représentation paramétrique de $(\mathcal{D})$ :

$$\begin{cases} x = -2 + t \\ y = 3 \\ z = t \end{cases} \quad (t \in \mathbb{R}).$$

**Les plans (P) et (Q) sont sécants.**

**Leur intersection est la droite $(\mathcal{D})$ de représentation paramétrique :**

$$\begin{cases} \boldsymbol{x = -2 + t} \\ \boldsymbol{y = 3} \\ \boldsymbol{z = t} \end{cases} \quad (\boldsymbol{t \in \mathbb{R}}).$$

### 3. Intersection de (P), (Q) et (ABC)

On note E cette intersection.
Un point M de coordonnées $(x\ ;\ y\ ;\ z)$ appartient à E si, et seulement si, il appartient d'une part à $(\mathscr{D})$, droite d'intersection de (P) et (Q), d'autre part à (ABC).
$M \in (\mathscr{D})$ si, et seulement si, il existe un réel $t$ tel que :
$x = -2 + t$, $y = 3$ et $z = t$.
$M \in (ABC)$ si, et seulement si, $2x + y - z - 3 = 0$.
En remplaçant dans cette équation $x$, $y$ et $z$ par $-2 + t$, 3 et $t$, on obtient :
$2(-2 + t) + 3 - t - 3 = 0$ c'est-à-dire $-4 + t = 0$ et $t = 4$.
On en déduit $x = -2 + t = -2 + 4 = 2$, $y = 3$ et $z = t = 4$.
**Les trois plans (P), (Q) et (ABC) ont en commun un et un seul point : I(2 ; 3 ; 4).**

### 4. Distance du point A à la droite $(\mathscr{D})$

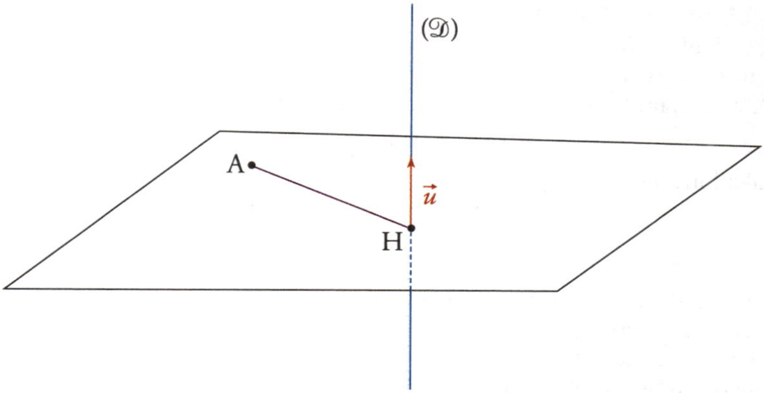


La distance du point A à la droite $(\mathscr{D})$ est la distance AH où H est le point d'intersection de $(\mathscr{D})$ et du plan perpendiculaire à $(\mathscr{D})$ passant par A.
On note $\vec{u}$ un vecteur directeur de $(\mathscr{D})$.

H est caractérisé par $\begin{cases} H \in (\mathscr{D}) \\ \overrightarrow{AH} \text{ et } \vec{u} \text{ sont orthogonaux.} \end{cases}$

D'après la représentation paramétrique de $(\mathscr{D})$, $\vec{u}(1\ ;\ 0\ ;\ 1)$ est un vecteur directeur de $(\mathscr{D})$.
Le point H de coordonnées $(x\ ;\ y\ ;\ z)$ appartenant à $(\mathscr{D})$, il existe un réel $t$ tel que :

$$x = -2 + t,\ y = 3 \text{ et } z = t.$$

Le vecteur $\overrightarrow{AH}$ a pour coordonnées :

$$(-2 + t - 1\ ;\ 3 - 1\ ;\ t) = (t - 3\ ;\ 2\ ;\ t).$$

SUJETS DE BAC

$\overrightarrow{AH}$ et $\vec{u}$ sont orthogonaux donc :

$$\overrightarrow{AH} \cdot \vec{u} = (t-3) \times 1 + 2 \times 0 + t \times 1 = 2t - 3 = 0.$$

$t = \frac{3}{2}$ et $\overrightarrow{AH}$ a pour coordonnées $\left(-\frac{3}{2}\ ;\ 2\ ;\ \frac{3}{2}\right)$

$$AH = \|\overrightarrow{AH}\| = \sqrt{\left(-\frac{3}{2}\right)^2 + 2^2 + \left(\frac{3}{2}\right)^2} = \sqrt{\frac{34}{4}} = \frac{\sqrt{34}}{2}.$$

**La distance de A à $(\mathscr{D})$ est égale à $\frac{\sqrt{34}}{2}$.**

## EXERCICE 3

### 1. Restitution organisée de connaissances

#### a. Calcul de R($t$) pour $t \geqslant 0$

Pour tout réel $t$ positif, $R(t) = p(X > t)$.
$(X > t)$ étant l'événement contraire de l'événement $(X \leqslant t)$ :

$$p(X > t) = 1 - p(X \leqslant t).$$

Calculons $p(X \leqslant t)$ pour $t \geqslant 0$ :

$$p(X \leqslant t) = \int_0^t \lambda e^{-\lambda x}\, dx.$$

On considère la fonction $u$ définie par $u(x) = -\lambda x$.
$u$ est affine, dérivable sur $\mathbb{R}$ et $u'(x) = -\lambda$.
$\lambda e^{-\lambda x} = -u'(x)e^{u(x)}$
Une primitive de $u'e^u$ est $e^u$ donc :

$$\int_0^t \lambda e^{-\lambda x}\, dx = \int_0^t -u'(x)e^{u(x)}\, dx = [-e^{u(x)}]_0^t.$$

$p(X \leqslant t) = -e^{-\lambda t} + e^0 = 1 - e^{-\lambda t}$.
$R(t) = p(X > t) = 1 - p(X \leqslant t) = e^{-\lambda t}$.
Pour tout réel positif $t$ :

$$\boxed{R(t) = e^{-\lambda t}}.$$

#### b. Durée de vie sans vieillissement

Soient $t$ et $s$ deux réels positifs.
On calcule $p_{(X>t)}(X > t + s)$.
Par définition d'une probabilité conditionnelle :

$$p_{(X>t)}(X > t+s) = \frac{p((X > t+s) \cap (X > t))}{p(X > t)}.$$

Or, $t+s \geqslant t$ puisque $s$ est positif, donc :
$(X>t+s) \cap (X>t) = (X>t+s)$

$$p_{(X>t)}(X>t+s) = \frac{p(X>t+s)}{p(X>t)} = \frac{R(t+s)}{R(t)}$$
$$= \frac{e^{-\lambda(t+s)}}{e^{-\lambda t}} = \frac{e^{-\lambda t} \times e^{-\lambda s}}{e^{-\lambda t}}.$$

En simplifiant par $e^{-\lambda t}$, réel strictement positif donc non nul :

$$p_{(X>t)}(X>t+s) = e^{-\lambda s} = p(X>s) = R(s).$$

Le réel $R(s)$ ne dépend pas du réel $t$, et cela pour tout réel positif $s$.
**Donc X suit une loi de durée de vie sans vieillissement.**

**2. a. Calcul de $p(X \leqslant 1\ 000)$ et $p(X>1\ 000)$**

On choisit $\lambda = 0{,}000\ 26$.
On cherche $p(X \leqslant t)$ et $p(X>t)$ pour $t = 1\ 000$.
D'après le résultat de la question **1. a.**,
$p(X>1\ 000) = e^{-\lambda t} = e^{-0{,}000\ 26 \times 1\ 000} = e^{-0{,}26}$
$p(X \leqslant 1\ 000) = 1 - e^{-0{,}26}$.

$$\boxed{p(X \leqslant 1\ 000) = 1 - e^{-0{,}26} \text{ et } p(X>1\ 000) = e^{-0{,}26}}.$$

$e^{-0{,}26} \approx 0{,}77$.

**b. Calcul de $p_{(X>1\ 000)}(X>2\ 000)$**

On pose $t = s = 1\ 000$ et on applique le résultat de la question **1. b.**
$p_{(X>t)}(X>t+s) = p(X>s)$.
$p_{(X>1\ 000)}(X>2\ 000) = p(X>1\ 000) = e^{-0{,}26}$.

$$\boxed{p_{(X>1\ 000)}(X>2\ 000) = e^{-0{,}26}}.$$

**c. Application à la durée de vie de l'agenda**

On veut calculer $p_{(X>2\ 000)}(X \leqslant 3\ 000)$.
L'événement contraire de $(X \leqslant 3\ 000)$ est $(X>3\ 000)$ donc :

$$p_{(X>2\ 000)}(X \leqslant 3\ 000) = 1 - p_{(X>2\ 000)}(X>3\ 000).$$

En utilisant le résultat de la question **1. b.** avec $t = 2\ 000$ et $s = 1\ 000$, on a :
$p_{(X>2\ 000)}(X>3\ 000) = p(X>1\ 000) = e^{-0{,}26}$.

$$\boxed{p_{(X>2\ 000)}(X \leqslant 3\ 000) = 1 - e^{-0{,}26}}.$$

Le résultat est prévisible. En effet, pour tous réels $s$ et $t$ positifs :
$p_{(X>t)}(X \leqslant t+s) = 1 - p_{(X>t)}(X>t+s) = 1 - p(X>s)$
$p_{(X>t)}(X \leqslant t+s) = p(X \leqslant s)$.
Donc : $p_{(X>2\ 000)}(X \leqslant 2\ 000 + 1\ 000) = p(X \leqslant 1\ 000)$.

## EXERCICE 4 (Obligatoire)

### 1. Figure

Le point A, d'affixe $1 + i$, a pour coordonnées $(1 ; 1)$. B d'affixe $3 - i$, a pour coordonnées $(3 ; -1)$ et D, d'affixe 2 a pour coordonnées $(2 ; 0)$.

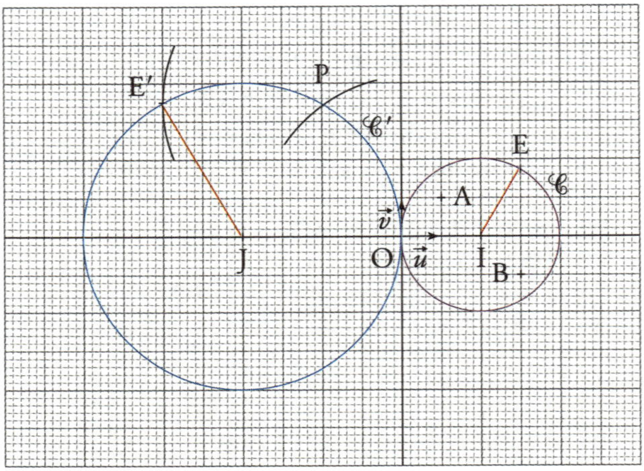


### 2. Affixes des points A′ et B′

A′ est l'image de A d'affixe $z = 1 + i$.
$z = 1 + i$ donc $z' = (1 + i)^2 - 4(1 + i) = 1 + 2i + i^2 - 4 - 4i$
$z' = -4 - 2i$ (car $i^2 = -1$).
B′ est l'image de B d'affixe $z = 3 - i$.
$z = 3 - i$ donc $z' = (3 - i)^2 - 4(3 - i) = 9 - 6i + i^2 - 12 + 4i$
$z' = -4 - 2i$.
**Les images A′ et B′ des points A et B sont égales. Leur affixe commune est $(-4 - 2i)$.**

### 3. Recherche des points dont l'image a pour affixe $(-5)$

Soit M d'affixe $z$ un point dont l'image est le point d'affixe $z' = -5$.
$z' = z^2 - 4z = -5$ donc $z^2 - 4z + 5 = 0$.
On résout dans l'ensemble des complexes, l'équation :
$z^2 - 4z = -5$ équivalente à $z^2 - 4z + 5 = 0$.

$$z^2 - 4z + 5 = (z^2 - 4z + 4) + 1 = (z - 2)^2 - i^2$$
$$= (z - 2 - i)(z - 2 + i).$$

$z^2 - 4z + 5 = 0$ si, et seulement si, $z - 2 - i = 0$ ou $z - 2 + i = 0$ soit $z = 2 + i$ ou $z = 2 - i$.
**Deux points ont pour image le point d'affixe $(-5)$. Leurs affixes sont $2 + i$ et $2 - i$.**

### 4. a. Calcul de $z' + 4$ en fonction de $z$

$z' + 4 = z^2 - 4z + 4 = (z-2)^2$.
Pour tout complexe $z$ :

$$\boxed{z' + 4 = (z-2)^2}.$$

### b. Relations entre modules et arguments

Deux nombres complexes égaux ont mêmes modules et mêmes arguments.
Puisque $z' + 4 = (z-2)^2$, on a :
$|z'+4| = |(z-2)^2|$ et $\arg(z'+4) = \arg((z-2)^2)\ [2\pi]$.
Si $z$ est non nul, $|z^2| = |z|^2$ et $\arg(z^2) = 2\arg(z)\ [2\pi]$.
Pour tout nombre complexe $z$ :

$$\boxed{|z'+4| = |z-2|^2\ [2\pi]}$$

Pour tout $z \neq 2$ :

$$\boxed{\arg(z'+4) = 2\arg(z-2)\ [2\pi]}.$$

### c. Étude de M′ lorsque M décrit le cercle $\mathscr{C}$

M appartient au cercle de centre I de rayon 2 si, et seulement si, la distance IM est égale à 2.
$\overrightarrow{IM}$ a pour affixe $z_M - z_I = z - 2$.
$IM = |z-2| = 2$ et $(\vec{u}\,;\overrightarrow{IM}) = \arg(z-2)\ [2\pi]$.
Puisque $|z-2| = 2$, $|z'+4| = |z-2|^2 = 4$.
On appelle J le point d'affixe $(-4)$.
$\overrightarrow{JM'}$ a pour affixe $z' - (-4) = z' + 4$.
Donc $JM' = |z'+4|$ et $(\vec{u}\,;\overrightarrow{JM'}) = \arg(z'+4) = 2\arg(z-2)\ [2\pi]$.
$JM' = 4$ signifie que le point M′ appartient au cercle $\mathscr{C}'$ de centre J et de rayon 4.
**Lorsque M décrit le cercle $\mathscr{C}$ de centre I de rayon 2, M′ appartient au cercle $\mathscr{C}'$ de centre J de rayon 4.**

### 5. a. Calcul de IE et d'une mesure de l'angle $(\vec{u}\,;\overrightarrow{IE})$

E est le point d'affixe $2 + 2e^{i\frac{\pi}{3}}$.

$\overrightarrow{IE}$ a pour affixe $z_E - z_I = 2 + 2e^{i\frac{\pi}{3}} - 2 = 2e^{i\frac{\pi}{3}}$.

$2e^{i\frac{\pi}{3}}$ a pour module 2 et pour argument $\frac{\pi}{3}$, donc :

**$IE = 2$ et une mesure de l'angle $(\vec{u}\,;\overrightarrow{IE})$ est $\frac{\pi}{3}$.**

SUJETS DE BAC

**b. Calcul de JE′ et d'une mesure de $(\vec{u}\ ;\ \overrightarrow{JE'})$**

$\overrightarrow{JE'}$ a pour affixe $z_{E'} - z_J = z_{E'} + 4 = (z_E - 2)^2$

$$z_{E'} - z_J = \left(2e^{i\frac{\pi}{3}}\right)^2 = 4e^{i\left(\frac{2\pi}{3}\right)}.$$

**JE′ = 4 et une mesure de l'angle $(\vec{u}\ ;\ \overrightarrow{JE'})$ est $\frac{2\pi}{3}$.**

**c. Construction du point E′ à la règle et au compas**

Puisque $JE' = 4$, E′ appartient au cercle $\mathscr{C}'$ de centre J de rayon 4. Ce cercle passe par O puisque J a pour affixe $(-4)$. On trace le cercle de centre J passant par O. Il reste à placer sur ce cercle le point E′ tel que $(\vec{u}\ ;\ \overrightarrow{JE'}) = \frac{2\pi}{3}$. Pour cela, il suffit, en gardant la même ouverture de compas, de tracer l'arc de cercle de centre O de rayon 4 qui coupe $\mathscr{C}$ en P dans le deuxième quadrant puis de tracer à la suite l'arc de cercle de centre P de rayon 4 qui coupe le cercle $\mathscr{C}$ en E′ (distinct de O).
On a ainsi mis en évidence deux points tels que $OP = PE' = 4$.
Les triangles JOP et JPE′ sont équilatéraux de sens direct et :

$$(\vec{u}\ ;\ \overrightarrow{JE'}) = (\overrightarrow{JO}\ ;\ \overrightarrow{JP}) + (\overrightarrow{JP}\ ;\ \overrightarrow{JE'}) = \frac{\pi}{3} + \frac{\pi}{3} = \frac{2\pi}{3}\ [2\pi].$$

On a construit E′ à la règle et au compas.

**Remarque :**

$$z_{E'} = z_J + 4e^{i\left(\frac{2\pi}{3}\right)} = -4 + 4\left(\cos\left(\pi - \frac{\pi}{3}\right) + i\sin\left(\pi - \frac{\pi}{3}\right)\right)$$

$$= -4 + 4\left(-\frac{1}{2} + i\,\frac{\sqrt{3}}{2}\right) = -6 + 2\sqrt{3}i.$$

Le point E′ a pour abscisse $(-6)$.
On peut construire le cercle $\mathscr{C}'$ de centre J passant par O, puis la droite d'équation $x = -6$ qui coupe le cercle en deux points. E′ est celui dont l'ordonnée est positive.

## EXERCICE 4 (Spécialité)

### 1. Points à coordonnées entières de la droite (*d*)

Chercher les points à coordonnées entières de la droite (*d*) d'équation $4x+3y=1$, c'est résoudre l'équation (E) $4x+3y=1$ où $x$ et $y$ appartiennent à $\mathbb{Z}$.
Si $x=1$ et $y=-1$ alors $4\times 1+3\times(-1)=1$.
Le couple $(1\ ;\ -1)$ est solution de (E).
L'équation (E) équivaut à :
$4x+3y=4\times 1+3\times(-1)$ et à $4(x-1)=3(-1-y)$.
3 divise l'entier $4(x-1)$ et 3 et 4 sont premiers entre eux. D'après le théorème de Gauss, 3 divise $(x-1)$.
Il existe un entier $k$ appartenant à $\mathbb{Z}$ tel que $x-1=3k$.
On a alors $4\times 3k=3(-1-y)$ donc $-1-y=4k$ ;
$x-1=3k$ et $-1-y=4k$ donc $x=3k+1$ et $y=-4k-1$.
Si $(x\ ;\ y)$ est solution de (E) alors $(x\ ;\ y)=(3k+1\ ;\ -4k-1)$, où $k$ appartient à $\mathbb{Z}$.
Réciproquement, si $x=3k+1$ et $y=-4k-1$, on a :

$$4x+3y=4(3k+1)+3(-4k-1)=1.$$

$(x\ ;\ y)$ est solution de (E).
Finalement,
**L'ensemble des points de (*d*) à coordonnées entières est l'ensemble des points $\mathbf{M}_k(3k+1\ ;\ -4k-1)$, *k* décrivant $\mathbb{Z}$.**

### 2. Angle et rapport de la similitude

On considère la similitude de centre A qui transforme B en $M_{-1}(-2\ ;\ 3)$.
Il existe deux nombres complexes $a$ et $b$ tel que $z'=az+b$ soit l'écriture complexe de cette similitude.
A est invariant donc $z_A=az_A+b$.
B a pour image $M_{-1}$ donc $z_{M_{-1}}=az_B+b$.
Le rapport et l'angle de la similitude sont égaux au module et à l'argument de $a$.
$z_A-z_{M_{-1}}=az_A+b-az_B-b=a(z_A-z_B)$.
$z_A-z_B=1-i-7-\dfrac{7}{2}i=-6-\dfrac{9}{2}i=-\dfrac{3}{2}(4+3i)$
$z_A-z_{M_{-1}}=1-i-(-2+3i)=3-4i$.
$i^2=-1$ donc $3-4i=-3i^2-4i=-i(4+3i)$.

On en déduit : $a=\dfrac{-i(4+3i)}{-\dfrac{3}{2}(4+3i)}=\dfrac{2}{3}i=\dfrac{2}{3}e^{i\frac{\pi}{2}}$.

**La similitude de centre A qui transforme B en $M_{-1}$ a pour rapport $\frac{2}{3}$ et pour angle $\frac{\pi}{2}$.**

**3. Image de A par *s* et nature de *s***

Si $z = 1 - \mathrm{i}$, alors $z' = \frac{2}{3}\,\mathrm{i}(1 - \mathrm{i}) + \frac{1}{3} - \frac{5}{3}\,\mathrm{i}$.

$z' = \frac{2}{3}\,\mathrm{i} + \frac{2}{3} + \frac{1}{3} - \frac{5}{3}\,\mathrm{i} = 1 - \mathrm{i}$.

Le point A est invariant par la transformation *s*.
L'écriture complexe de *s* est $z' = az + b$ où :

$$a = \frac{2}{3}\,\mathrm{i} \text{ et } b = \frac{1}{3} - \frac{5}{3}\,\mathrm{i}.$$

Cette écriture caractérise les similitudes planes directes.

Puisque $a = \frac{2}{3}\,\mathrm{i}$, et que A est invariant par *s*, *s* est la similitude de la question précédente.

**s est la similitude directe de centre A, de rapport $\frac{2}{3}$ et d'angle $\frac{\pi}{2}$.**

**4. a. Longueur $AB_{n+1}$ en fonction de $AB_n$**

*s* transforme A en A et $B_n$ en $B_{n+1}$.
*s* transforme le segment $[AB_n]$ en segment $[AB_{n+1}]$.
Une similitude de rapport $\frac{2}{3}$ multiplie les longueurs par $\frac{2}{3}$ donc en notant $B_0 = B$, pour tout entier $n$ :

$$\boxed{AB_{n+1} = \frac{2}{3}\,AB_n}.$$

**b. Étude de la suite $(AB_n)$**

On note, pour tout $n$ de $\mathbb{N}^*$ $u_n = AB_n$.

On a, pour tout entier $n$, $u_{n+1} = \frac{2}{3}\,u_n$.

La suite $(u_n)$ est géométrique de raison $\frac{2}{3}$.

Pour tout entier $n$, $u_n = \left(\frac{2}{3}\right)^n \times u_0$.

$u_0 = AB_0 = AB = |z_B - z_A|$

$z_B - z_A = 7 + \frac{7}{2}\,i - 1 + i = 6 + \frac{9}{2}\,i = \frac{3}{2}\,(4 + 3i)$

$|z_B - z_A| = \frac{3}{2}\sqrt{4^2 + 3^2} = \frac{3}{2} \times 5 = \frac{15}{2}$.

Pour tout entier $n$ :

$$\boxed{AB_n = \left(\frac{2}{3}\right)^n \times \frac{15}{2}}.$$

**• Recherche du premier entier $n$ à partir duquel $B_n$ appartient au disque de centre A de rayon $10^{-2}$**

$B_n$ appartient à ce disque si, et seulement si, la distance $AB_n$ est inférieure à $10^{-2}$.

$AB_n \leqslant 0{,}01$ équivaut à :

$\frac{15}{2} \times \left(\frac{2}{3}\right)^n \leqslant 0{,}01$ et à $\left(\frac{2}{3}\right)^n \leqslant \frac{2 \times 0{,}01}{15}$.

La fonction logarithme est strictement croissante sur $]0\,;+\infty[$ donc :

$AB_n \leqslant 0{,}01$ équivaut à $\ln\left[\left(\frac{2}{3}\right)^n\right] \leqslant \ln\left(\frac{0{,}02}{15}\right)$.

$\ln\left[\left(\frac{2}{3}\right)^n\right] = n\ln\left(\frac{2}{3}\right)$ et $\ln\left(\frac{2}{3}\right) < 0$ car $\frac{2}{3} < 1$.

On divise l'inégalité $n\ln\left(\frac{2}{3}\right) < \ln\left(\frac{0{,}02}{15}\right)$ par $\ln\left(\frac{2}{3}\right)$ strictement négatif, donc :

$AB_n \leqslant 0{,}01$ équivaut à $n > \ln\left(\frac{0{,}02}{15}\right) \div \ln\left(\frac{2}{3}\right)$.

$$\frac{\ln\left(\frac{0{,}02}{15}\right)}{\ln\left(\frac{2}{3}\right)} \approx 16{,}32$$

donc $n = 17$ est le premier entier vérifiant cette inégalité.

**À partir de $n = 17$, on a $AB_n < 10^{-2}$.**

### c. Ensemble des entiers $n$ pour lesquels A, $B_1$ et $B_n$ sont alignés

La similitude $s$ de centre A et d'angle $\frac{\pi}{2}$ transforme $B_n$ en $B_{n+1}$ donc $(\overrightarrow{AB}_n\,;\overrightarrow{AB}_{n+1})$ mesure $\frac{\pi}{2}$, pour tout entier $n$.

A, $B_1$ et $B_n$ sont alignés si, et seulement si, l'angle $(\overrightarrow{AB}_1\,;\overrightarrow{AB}_n)$ est nul ou plat.

SUJETS DE BAC

Or :

$$(\overrightarrow{AB_1}\,;\overrightarrow{AB_n}) = (\overrightarrow{AB_1}\,;\overrightarrow{AB_2}) + (\overrightarrow{AB_2}\,;\overrightarrow{AB_3}) + \dots + (\overrightarrow{AB_{n-1}}\,;\overrightarrow{AB_n})$$
$$= (n-1)\cdot(\overrightarrow{AB_1}\,;\overrightarrow{AB_2})$$

puisque tous ces angles sont égaux.
Ils mesurent $\frac{\pi}{2}$.

Donc une mesure de $(\overrightarrow{AB_1}\,;\overrightarrow{AB_n})$ est $(n-1)\frac{\pi}{2}$.

Cet angle est nul ou plat si, et seulement si, il existe un entier $k$ tel que :

$(n-1)\frac{\pi}{2} = k\pi$ c'est-à-dire $n-1=2k$ soit $n=2k+1$, $k \in \mathbb{N}$.

**L'ensemble des entiers $n$ tels que A, $B_1$ et $B_n$ sont alignés est l'ensemble des entiers impairs.**

# 2 SUJET
## Amérique du Nord, juin 2008





## EXERCICE 1

Le plan complexe est rapporté à un repère orthonormal direct $(O ; \vec{u}, \vec{v})$ d'unité graphique 4 cm.
On considère le point A d'affixe $z_A = 2 + i$ et le cercle $(\Gamma)$ de centre A et de rayon $\sqrt{2}$.

**1.** Faire une figure qui sera complétée tout au long de l'exercice. **[0,5 pt]**

**2. a.** Déterminer les affixes des points d'intersection de $(\Gamma)$ et de l'axe $(O ; \vec{u})$. **[0,5 pt]**

**b.** On désigne par B et C les points d'affixes respectives $z_B = 1$ et $z_C = 3$. Déterminer l'affixe $z_D$ du point D diamétralement opposé au point B sur le cercle $(\Gamma)$. **[0,5 pt]**

**3.** Soit M le point d'affixe $\frac{3}{5} + \frac{6}{5}i$.

**a.** Calculer le nombre complexe $\dfrac{z_D - z_M}{z_B - z_M}$. **[0,5 pt]**

**b.** Interpréter géométriquement un argument du nombre $\dfrac{z_D - z_M}{z_B - z_M}$ ; en déduire que le point M appartient au cercle $(\Gamma)$. **[0,75 pt]**

**4.** On note $(\Gamma')$ le cercle de diamètre $[AB]$.
La droite $(BM)$ recoupe le cercle $(\Gamma')$ en un point N.

**a.** Montrer que les droites $(DM)$ et $(AN)$ sont parallèles. **[0,5 pt]**

**b.** Déterminer l'affixe du point N. **[0,5 pt]**

**5.** On désigne par $M'$ l'image du point M par la rotation de centre B et d'angle $-\dfrac{\pi}{2}$.

**a.** Déterminer l'affixe du point $M'$. **[0,5 pt]**

**b.** Montrer que le point $M'$ appartient au cercle $(\Gamma')$. **[0,75 pt]**

## EXERCICE 2 (Obligatoire)

### Partie A

On considère deux points A et D de l'espace et on désigne par I le milieu du segment $[AD]$.

**1.** Démontrer que, pour tout point M de l'espace :

$$\overrightarrow{MD} \cdot \overrightarrow{MA} = MI^2 - IA^2.$$ **[0,75 pt]**

**2.** En déduire l'ensemble $(E)$ des points M de l'espace, tels que :

$$\overrightarrow{MD} \cdot \overrightarrow{MA} = 0.$$ **[0,75 pt]**

### Partie B

Dans l'espace rapporté au repère orthonormal $(O\,;\vec{i}, \vec{j}, \vec{k})$, les points A, B, C et D ont pour coordonnées respectives :

$$A(3\,;0\,;0),\ B(0\,;6\,;0),\ C(0\,;0\,;4) \text{ et } D(-5\,;0\,;1).$$

**1. a.** Vérifier que le vecteur $\vec{n}\begin{pmatrix}4\\2\\3\end{pmatrix}$ est normal au plan $(ABC)$. **[0,5 pt]**

**b.** Déterminer une équation du plan $(ABC)$. **[0,5 pt]**

**2. a.** Déterminer une représentation paramétrique de la droite $\Delta$, orthogonale au plan $(ABC)$ passant par D. **[0,75 pt]**

**b.** En déduire les coordonnées du point H, projeté orthogonal de D sur le plan $(ABC)$. **[0,75 pt]**

**c.** Calculer la distance du point D au plan $(ABC)$. **[0,5 pt]**

**d.** Démontrer que le point H appartient à l'ensemble $(E)$ défini dans la **partie A**. **[0,5 pt]**



## EXERCICE 2 (Spécialité)

L'espace est rapporté au repère orthonormal $(O\ ;\ \vec{i}, \vec{j}, \vec{k})$.
On nomme $(S)$ la surface d'équation $x^2 + y^2 - z^2 = 1$.

**1.** Montrer que la surface $(S)$ est symétrique par rapport au plan $(xOy)$. **[0,75 pt]**

**2.** On nomme A et B les points de coordonnées respectives :

$$(3\ ;\ 1\ ;\ -3) \quad \text{et} \quad (-1\ ;\ 1\ ;\ 1).$$

**a.** Déterminer une représentation paramétrique de la droite $(D)$ passant par les points A et B. **[0,75 pt]**

**b.** Démontrer que la droite $(D)$ est incluse dans la surface $(S)$. **[0,5 pt]**

**3.** Déterminer la nature de la section de la surface $(S)$ par un plan parallèle au plan $(xOy)$. **[1 pt]**

**4. a.** On considère la courbe $(C)$, intersection de la surface $(S)$ et du plan d'équation $z = 68$. Préciser les éléments caractéristiques de cette courbe. **[1 pt]**

**b.** M étant un point de $(C)$, on désigne par $a$ son abscisse et par $b$ son ordonnée.
On se propose de montrer qu'il existe un seul point M de $(C)$ tel que $a$ et $b$ soient des entiers naturels vérifiant $a < b$ et $\text{ppcm}\ (a\ ;\ b) = 440$, c'est-à-dire tel que $(a\ ;\ b)$ soit solution du système :

$$(1) : \begin{cases} a < b \\ a^2 + b^2 = 4\ 625 \\ \text{ppcm}\ (a\ ;\ b) = 440 \end{cases}$$

Montrer que si $(a\ ;\ b)$ est solution de (1) alors $\text{pgcd}\ (a\ ;\ b)$ est égal à 1 ou 5. Conclure. **[1 pt]**

*Dans cette question toute trace de recherche même incomplète ou d'initiative, même non fructueuse, sera prise en compte dans l'évaluation.*

## EXERCICE 3

Soit $f$ la fonction définie sur l'intervalle $]1\ ;+\infty[$ par :

$$f(x)=\ln x-\frac{1}{\ln x}.$$

On nomme $(\mathscr{C})$ la courbe représentative de $f$ et $\Gamma$ la courbe d'équation $y=\ln x$ dans un repère orthogonal $(\mathrm{O}\ ;\vec{i},\vec{j})$.

**1.** Étudier les variations de la fonction $f$ et préciser les limites en 1 et en $+\infty$. **[0,75 pt]**

**2. a.** Déterminer $\lim\limits_{x\to+\infty}[f(x)-\ln x]$.

Interpréter graphiquement cette limite. **[0,75 pt]**

**b.** Préciser les positions relatives de $(\mathscr{C})$ et de $\Gamma$. **[0,75 pt]**

**3.** On se propose de chercher les tangentes à la courbe $(\mathscr{C})$ passant par le point O.

**a.** Soit $a$ un réel appartenant à l'intervalle $]1\ ;+\infty[$.
Démontrer que la tangente $\mathscr{T}_a$ à $(\mathscr{C})$ au point d'abscisse $a$ passe par l'origine du repère si, et seulement si, $f(a)-af'(a)=0$.
Soit $g$ la fonction définie sur l'intervalle $]1\ ;+\infty[$ par :

$$g(x)=f(x)-xf'(x).$$ **[0,75 pt]**

**b.** Montrer que sur $]1\ ;+\infty[$, les équations :

$$g(x)=0 \quad \text{et} \quad (\ln x)^3-(\ln x)^2-\ln x-1=0$$

ont les mêmes solutions. **[1 pt]**

**c.** Après avoir étudié les variations de la fonction $u$ définie sur $\mathbb{R}$ par :

$$u(t)=t^3-t^2-t-1$$

montrer que la fonction $u$ s'annule une fois et une seule sur $\mathbb{R}$. **[1 pt]**

**d.** En déduire l'existence d'une tangente unique à la courbe $(\mathscr{C})$ passant par le point O.
La courbe $(\mathscr{C})$ et la courbe $\Gamma$ sont données ci-après.
Tracer cette tangente le plus précisément possible sur cette figure. **[0,5 pt]**

**Représentations graphiques obtenues à l'aide d'un tableur**

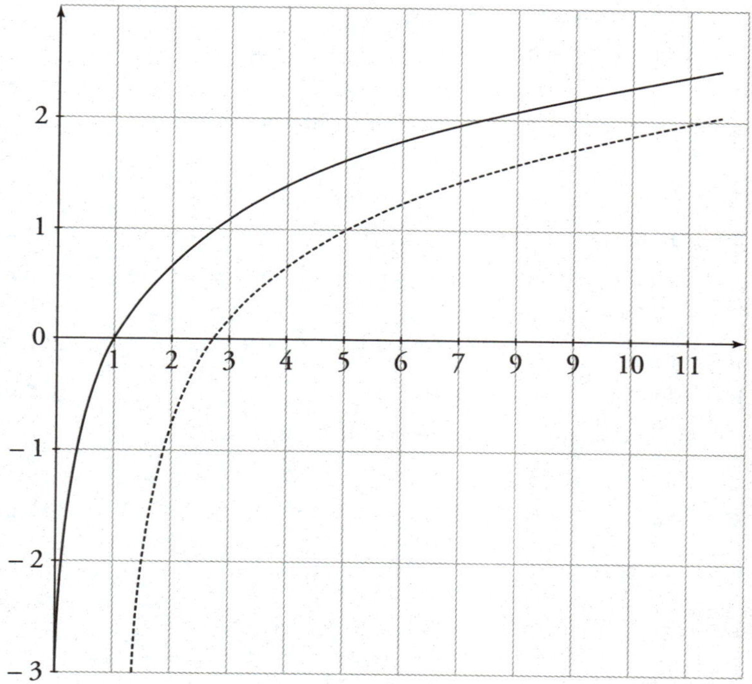


——— Courbe Γ représentative de la fonction ln

--------- Courbe $\mathscr{C}$ représentative de la fonction $f$

**4.** On considère un réel $m$ et l'équation $f(x) = mx$ d'inconnue $x$.
Par lecture graphique et sans justification, donner, suivant les valeurs du réel $m$, le nombre de solutions de cette équation appartenant à l'intervalle $]1\ ;\ 10]$. **[0,5 pt]**

## EXERCICE 4

On considère les suites $(x_n)$ et $(y_n)$ définies pour tout entier naturel $n$ non nul par :

$$x_n = \int_0^1 t^n \cos t \, \mathrm{d}t \quad \text{et} \quad y_n = \int_0^1 t^n \sin t \, \mathrm{d}t.$$

**1. a.** Montrer que la suite $(x_n)$ est à termes positifs. **[0,5 pt]**

**b.** Étudier les variations de la suite $(x_n)$. **[0,5 pt]**

**c.** Que peut-on en déduire quant à la convergence de la suite $(x_n)$ ? **[0,5 pt]**

**2. a.** Démontrer que, pour tout entier naturel $n$ non nul :

$$x_n \leqslant \frac{1}{n+1}.$$ **[0,5 pt]**

**b.** En déduire la limite de la suite $(x_n)$. **[0,5 pt]**

**3. a.** À l'aide d'une intégration par parties, démontrer que, pour tout entier naturel $n$ non nul :

$$x_{n+1} = -(n+1)y_n + \sin(1).$$ **[0,5 pt]**

**b.** En déduire que $\lim\limits_{n \to +\infty} y_n = 0$. **[0,5 pt]**

**4.** On admet que, pour tout entier naturel $n$ non nul :

$$y_{n+1} = (n+1)x_n - \cos(1).$$

Déterminer $\lim\limits_{n \to +\infty} nx_n$ et $\lim\limits_{n \to +\infty} ny_n$. **[0,5 pt]**

## COUP de POUCE

### EXERCICE 1

**3. b.** Un argument de $\dfrac{z_D - z_M}{z_B - z_M}$ est une mesure de $(\overrightarrow{MB}\,;\overrightarrow{MD})$.

### EXERCICE 2

**1.** Utiliser la relation de Chasles pour développer $(\overrightarrow{MI} + \overrightarrow{ID}) \cdot (\overrightarrow{MI} + \overrightarrow{IA})$.

### EXERCICE 3

**4.** La droite d'équation $y = mx$ $(m \in \mathbb{R})$ passe par l'origine du repère et $m$ est le coefficient directeur. Quand $m$ varie la droite pivote autour de O.

### EXERCICE 4

**1. a.** Le signe de $x_n$ dépend du signe de $t^n \cos t$ lorsque $t \in [0\,;\,1]$.

**b.** Pour étudier les variations de $(x_n)$ on compare $x_{n+1}$ et $x_n$. On peut étudier le signe de la différence $x_{n+1} - x_n$.

# 2 CORRIGÉ

## EXERCICE 1

**1. Figure**

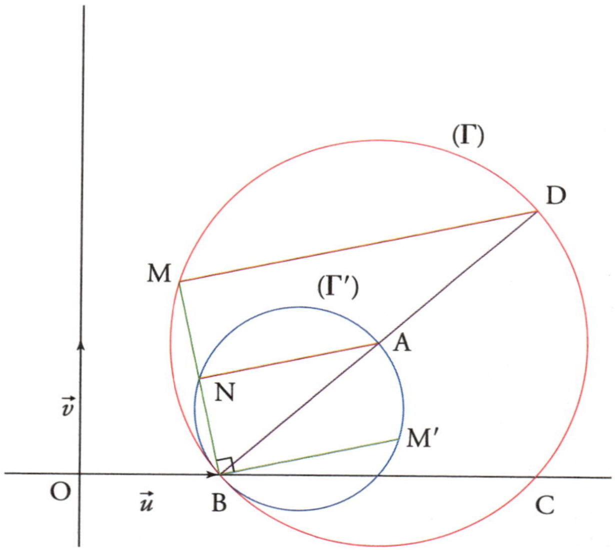


**2. a. Affixes des points d'intersection de $(\Gamma)$ et $(O\ ;\ \vec{u})$**

Soit M le point de l'axe $(O\ ;\ \vec{u})$ d'abscisse $x$.

Le point M a pour affixe $z = x$. M appartient à $(\Gamma)$ si $|z - z_A| = \sqrt{2}$ c'est-à-dire si $|z - z_A|^2 = |x - 2 - i|^2 = (x-2)^2 + 1$.

M appartient à $(O\ ;\ \vec{u})$ si et seulement si $(x-2)^2 + 1 = 2$ soit $(x-2)^2 = 1$,

c'est-à-dire $x - 2 = -1$ ou $x - 2 = 1$ et donc $x = 1$ ou $x = 3$.

**Les affixes des points d'intersection de $(\Gamma)$ et de l'axe $(O\ ;\ \vec{u})$ sont 1 et 3.**

**b. Affixe du point D**

D'après **a.** B appartient à $(\Gamma)$. Le point D est diamétralement opposé à B sur $(\Gamma)$ si A est le milieu du segment $[BD]$ soit si :

$$\frac{z_B + z_D}{2} = z_A$$

$z_D = 2z_A - z_B = 4 + 2i - 1$

$$\boxed{z_D = 3 + 2i}.$$

**3.** Soit M le point d'affixe $z_M = \frac{3}{5} + \frac{6}{5}i$.

**a. Calcul de $\frac{z_D - z_M}{z_B - z_M}$**

$z_B - z_M \neq 0$ donc :

$$\frac{z_D - z_M}{z_B - z_M} = \frac{3 + 2i - \frac{3}{5} - \frac{6}{5}i}{1 - \frac{3}{5} - \frac{6}{5}i} = \frac{12 + 4i}{2 - 6i} = \frac{6 + 2i}{1 - 3i}$$

$$\frac{z_D - z_M}{z_B - z_M} = \frac{(6 + 2i)(1 + 3i)}{10} = \frac{6 - 6 + (2 + 18)i}{10}$$

$$\boxed{\frac{z_D - z_M}{z_B - z_M} = 2i}.$$

**b. Interprétation géométrique**

$z_D - z_M$ est l'affixe du vecteur $\overrightarrow{MD}$ non nul.
$z_B - z_M$ est l'affixe du vecteur $\overrightarrow{MB}$ non nul.

On en déduit qu'un argument de $\frac{z_D - z_M}{z_B - z_M}$ existe et est une mesure de l'angle $(\overrightarrow{MB} ; \overrightarrow{MD})$.

Comme $2i = 2e^{i\frac{\pi}{2}}$, une mesure de l'angle $(\overrightarrow{MB} ; \overrightarrow{MD})$ est $\frac{\pi}{2}$.

On en déduit que $(MB)$ est orthogonale à $(MD)$.
**Ainsi le point M appartient au cercle de diamètre $[BD]$, c'est-à dire au cercle $(\Gamma)$.**

**4. a. $(DM)$ et $(AN)$ sont parallèles**

D'après la question **3. a.**, les droites $(MB)$ et $(DM)$ sont perpendiculaires.
Or, N appartient au cercle $(\Gamma')$ de diamètre $[AB]$ donc les droites $(BN)$ et $(AN)$ sont perpendiculaires.
$(MB) = (NB)$ donc les droites $(MD)$ et $(AN)$ sont deux droites perpendiculaires à une même droite donc les droites $(MD)$ et $(AN)$ sont parallèles :

$$\boxed{(MD) \parallel (AN)}.$$

**b. Affixe du point N**

Le point A est le milieu du segment $[BN]$. $(AN)$ est parallèle à $(MD)$ et coupe le côté $[BN]$ du triangle BND en un point M. D'après un des théorèmes sur la droite des milieux, le point N est le milieu du segment [BM] donc :

$$z_N = \frac{1}{2}(z_B + z_M) = \frac{1}{2}\left(1 + \frac{3}{5} + \frac{6}{5}\,\mathrm{i}\right)$$

$$\boxed{z_N = \frac{4}{5} + \frac{3}{5}\,\mathrm{i}}.$$

**5. a. Affixe du point M′**

L'expression complexe de la rotation de centre B et d'angle $\frac{-\pi}{2}$ est :

$$z' - z_B = e^{-\mathrm{i}\frac{\pi}{2}}(z - z_B)$$
$$z' - 1 = -\mathrm{i}(z - 1)$$
$$z' = -\mathrm{i}z + 1 + \mathrm{i}\,.$$

On en déduit :

$$z_{M'} = -\mathrm{i}z_M + 1 + \mathrm{i}\,,$$

$$z_{M'} = -\mathrm{i}\left(\frac{3}{5} + \frac{6}{5}\,\mathrm{i}\right) + 1 + \mathrm{i}\,,$$

$$\boxed{z_{M'} = \frac{11}{5} + \frac{2}{5}\,\mathrm{i}}.$$

**b. M′ appartient au cercle (Γ′)**

On procède comme dans la question **3.** $z_B \neq z_{M'}$ donc :

$$\frac{z_A - z_{M'}}{z_B - z_{M'}} = \frac{2 + \mathrm{i} - \frac{11}{5} - \frac{2}{5}\,\mathrm{i}}{1 - \frac{11}{5} - \frac{2}{5}\,\mathrm{i}} = \frac{-1 + 3\mathrm{i}}{-6 - 2\mathrm{i}}$$

$$\frac{z_A - z_{M'}}{z_B - z_{M'}} = \frac{1 - 3\mathrm{i}}{6 + 2\mathrm{i}} = \frac{(1 - 3\mathrm{i})(6 - 2\mathrm{i})}{36 + 4} = \frac{6 - 6 - 18\mathrm{i} - 2\mathrm{i}}{40}$$

$$\frac{z_A - z_{M'}}{z_B - z_{M'}} = -\frac{1}{2}\,\mathrm{i}\,.$$

Comme $z_A - z_{M'}$ est l'affixe de $\overrightarrow{M'A}$ non nul et $z_B - z_{M'}$ celle de $\overrightarrow{M'B}$ non nul, une mesure de $(\overrightarrow{M'B}\,;\,\overrightarrow{M'A})$ est un argument de $-\frac{1}{2}\,\mathrm{i}$, c'est-à-dire $-\frac{\pi}{2}$.

**Ainsi (M′B) est orthogonal à (M′A) et M′ appartient au cercle de diamètre [AB] c'est-à-dire à (Γ′).**

## EXERCICE 2 (Obligatoire)

### Partie A

**1. Démonstration de la relation $\overrightarrow{MD} \cdot \overrightarrow{MA} = MI^2 - IA^2$**

Comme I est le milieu du segment [AD] :

$\overrightarrow{MD} \cdot \overrightarrow{MA} = (\overrightarrow{MI} + \overrightarrow{ID}) \cdot (\overrightarrow{MI} + \overrightarrow{IA}) = (\overrightarrow{MI} - \overrightarrow{IA}) \cdot (\overrightarrow{MI} + \overrightarrow{IA})$

et donc :

$$\boxed{\overrightarrow{MD} \cdot \overrightarrow{MA} = \overrightarrow{MI}^2 - \overrightarrow{IA}^2 = MI^2 - IA^2}.$$

**2. Ensemble des points de l'espace tels que $\overrightarrow{MD} \cdot \overrightarrow{MA} = 0$**

On déduit de la relation précédente que pour tout point M de l'espace :
$\overrightarrow{MD} \cdot \overrightarrow{MA} = 0 \Leftrightarrow MI^2 = IA^2 \Leftrightarrow MI = IA$.

**Ainsi l'ensemble des points M de l'espace tels que $\overrightarrow{MD} \cdot \overrightarrow{MA} = 0$ est la sphère de centre I et de rayon IA, c'est-à-dire la sphère de diamètre [AD].**

### Partie B

**1. a.** $\vec{n}$ est normal à (ABC). Les vecteurs $\overrightarrow{AB}$ et $\overrightarrow{AC}$ ont pour coordonnées respectives :

$$(-3\ ;\ 6\ ;\ 0) \text{ et } (-3\ ;\ 0\ ;\ 4).$$

On a donc :

$$\vec{n} \cdot \overrightarrow{AB} = 4 \times (-3) + 2 \times 6 + 3 \times 0 = 0$$
$$\vec{n} \cdot \overrightarrow{AC} = 4 \times (-3) + 2 \times 0 + 3 \times 4 = 0.$$

Le vecteur $\vec{n}$ est orthogonal à deux vecteurs non colinéaires du plan (ABC).

**Le vecteur $\vec{n}$ est donc normal au plan (ABC).**

**b. Équation du plan (ABC)**

Pour tout point M de coordonnées $(x\ ;\ y\ ;\ z)$ :
$M \in (ABC) \Leftrightarrow \overrightarrow{AM} \cdot \vec{n} = 0 \Leftrightarrow 4(x-3) + 2y + 3z = 0$.
Le plan (ABC) a donc pour équation :

$$\boxed{4x + 2y + 3z - 12 = 0}.$$

**2. a. Représentation paramétrique de la droite Δ**

La droite Δ orthogonale au plan (ABC) passant par D a pour vecteur directeur $\vec{n}$. On a donc :

$M \in \Delta$ si, et seulement si, il existe $t \in \mathbb{R}$ tel que $\overrightarrow{DM} = t\vec{n}$ soit

si, et seulement si, il existe $t \in \mathbb{R}$ tel que $\begin{cases} x + 5 = 4t \\ y = 2t \\ z - 1 = 3t \end{cases}$.

La droite $\Delta$ a pour équations paramétriques :

$$\boxed{\begin{cases} x = -5 + 4t \\ y = 2t & ,t \in \mathbb{R} \\ z = 1 + 3t \end{cases}}.$$

**b. Coordonnées du point H, projeté orthogonal de D sur le plan (ABC)**

Le point H, projeté orthogonal du point D sur le plan (ABC), est le point d'intersection de la droite $\Delta$ et du plan (ABC).
Il existe $t \in \mathbb{R}$ tel que H ait pour coordonnées $(-5 + 4t\ ;\ 2t\ ;\ 1 + 3t)$.
De plus $H \in (ABC)$ donc :

$$4(-5 + 4t) + 2(2t) + 3(1 + 3t) - 12 = 0$$
$$29t = 29$$
$$t = 1.$$

Le point H a donc pour coordonnées :

$$\boxed{H(-1\ ;\ 2\ ;\ 4)}.$$

**c. Distance du point D au plan (ABC)**

La distance du point D au plan (ABC) est égale à :

$$DH = \sqrt{(-1 + 5)^2 + (2 - 0)^2 + (4 - 1)^2} = \sqrt{29}.$$

**La distance du point D au plan (ABC) est égale à $\sqrt{29}$.**

**d. H appartient à (E)**

La droite (HD) est orthogonale au plan (ABC) donc à la droite (HA) qui est incluse dans le plan. On a donc $\overrightarrow{HD} \cdot \overrightarrow{HA} = 0$.
**Le point H appartient à (E).**

## EXERCICE 2 (Spécialité)

**1. (S) est symétrique par rapport à $(xOy)$**

Si M est le point de coordonnées $(x\ ;\ y\ ;\ z)$, son symétrique M′ par rapport au plan $(xOy)$ a pour coordonnées $(x\ ;\ y\ ;\ -z)$.
On a :

$$x^2 + y^2 - z^2 = 1 \Leftrightarrow x^2 + y^2 - (-z)^2 = 1,$$

c'est-à-dire : $M \in (S) \Leftrightarrow M' \in (S)$.

**La surface (S) est donc symétrique par rapport au plan $(xOy)$.**

**2. a. Représentation paramétrique de la droite (D) passant par A et B**

Le vecteur $\overrightarrow{AB}$ a pour coordonnées $(-4\ ;\ 0\ ;\ 4)$.

Le point M de coordonnées $(x\ ;y\ ;z)$ appartient à la droite (D) si, et seulement s'il existe $t \in \mathbb{R}$ tel que $\overrightarrow{AM} = t\overrightarrow{AB}$, c'est-à-dire :

$$\begin{cases} x - 3 = -4t \\ y - 1 = 0 \\ z + 3 = 4t \end{cases}$$

$$\boxed{\begin{cases} x = 3 - 4t \\ y = 1 \qquad , t \in \mathbb{R} \\ z = -3 + 4t \end{cases}}.$$

**b. (D) est incluse dans (S)**

Soit M un point quelconque de la droite (D), de coordonnées $(3 - 4t\ ;1^2\ ;-3 + 4t)$, $t \in \mathbb{R}$. On a :

$$(3 - 4t)^2 + 1^2 - (-3 + 4t)^2 = (3 - 4t)^2 + 1 - (3 - 4t)^2 = 1$$

donc M appartient à (S).

Cela est vrai pour tout point M de (D), donc :

**La droite (D) est incluse dans (S).**

**3. Nature de la section de la surface (S) par un plan parallèle à $(xOy)$**

Un plan parallèle au plan $(xOy)$ a une équation de la forme $z = c$, où $c \in \mathbb{R}$.

L'intersection de ce plan et de (S) est l'ensemble des points de coordonnées $(x\ ;y\ ;z)$ tels que :

$$\begin{cases} z = c \\ x^2 + y^2 - z^2 = 1 \end{cases} \text{ c'est-à-dire } \begin{cases} z = c \\ x^2 + y^2 = c^2 + 1 \end{cases}.$$

**Il s'agit du cercle de centre $I(0\ ;0\ ;c)$ et de rayon $\sqrt{c^2 + 1}$, dans le plan d'équation $z = c$.**

**4. a. Intersection de (S) et du plan d'équation $z = 68$**

D'après la question **3.** :

**(C) intersection de (S) et du plan d'équation $z = 68$, est le cercle de centre $(0\ ;0\ ;68)$ et de rayon $\sqrt{68^2 + 1} = \sqrt{4\ 625} = 5\sqrt{185}$.**

**b. Existence d'un point $M(a\ ;b\ ;68)$ tel que** $\begin{cases} a < b \\ a^2 + b^2 = 4\ 625 \\ \text{ppcm}\ (a\ ;b) = 440 \end{cases}$

Soit M un point de (C) d'abscisse $a$ et d'ordonnée $b$.

On a $a^2 + b^2 = 4\ 625$. On veut, de plus, que $a$ et $b$ soient des entiers naturels tels que $a < b$ et ppcm $(a\ ;b) = 440$.

Il faut donc que $(a\ ;\ b)$ vérifie le système :

$$\begin{cases} a < b \\ a^2 + b^2 = 4\ 625 \\ \text{ppcm}\ (a\ ;\ b) = 440 \end{cases}.$$

On décompose en facteurs premiers :

$$4\ 625 = 5^3 \times 37\ ;\ 440 = 5 \times 8 \times 11\ .$$

Posons $d = \text{pgcd}\ (a\ ;\ b)$. On sait que $d$ divise $a$ et $b$. Il divise donc $a^2 + b^2 = 4\ 625$. D'autre part, on sait que $d$ divise ppcm $(a\ ;\ b) = 440$. Ainsi si un nombre premier divise $d$, il divise 4 625 et 440 donc il est égal à 5. D'autre part, $5^2$ ne divise pas 440 donc ne divise pas $d$. Ainsi le seul diviseur premier de $d$ est 5 ; il apparaît avec un exposant inférieur ou égal à 1.

On a donc $d = 1$ ou $d = 5$.

• Supposons $d = \text{pgcd}\ (a\ ;\ b) = 1$.
On a alors $ab = \text{pgcd}\ (a\ ;\ b) \times \text{ppcm}\ (a\ ;\ b) = 440$.
De $a^2 + b^2 = 4\ 625$, on déduit :
$(a+b)^2 = a^2 + b^2 + 2ab = 4\ 625 + 880 = 5\ 505$.
Or, 5 505 n'est le carré d'aucun entier donc ceci est impossible.

• Supposons $d = \text{pgcd}\ (a\ ;\ b) = 5$.
On a alors $ab = \text{pgcd}\ (a\ ;\ b) \times \text{ppcm}\ (a\ ;\ b) = 2\ 200$.
De $a^2 + b^2 = 4\ 625$, on déduit :
$(a+b)^2 = a^2 + b^2 + 2ab = 4\ 625 + 4\ 400 = 9\ 025 = 95^2$
et donc $a + b = 95$.

Les deux nombres $a$ et $b$ qui vérifient $\begin{cases} a + b = 95 \\ ab = 2\ 200 \end{cases}$ sont solutions de l'équation $x^2 - 95x + 2\ 200 = 0$.

On trouve :
$\Delta = 95^2 - 4 \times 2\ 200 = 9\ 025 - 8\ 800 = 225 = 15^2$
et donc, comme $a < b$,

$$a = \frac{95 - 15}{2} = 40\ ,\ b = \frac{95 + 15}{2} = 55\ .$$

Réciproquement si $a = 40$ et $b = 55$, on a :
$a^2 + b^2 = 40^2 + 55^2 = 4\ 625$ ;
$a = 5 \times 2^3$ et $b = 5 \times 11$ donc ppcm $(a\ ;\ b) = 5 \times 2^3 \times 11 = 440$.
Le système (1) possède un seul couple solution $(a\ ;\ b) = (40\ ;\ 55)$.

**Donc il existe un seul point M d'abscisse *a* et d'ordonnée *b*, entiers naturels vérifiant le système (1), le point de coordonnées (40 ; 55 ; 68).**

## EXERCICE 3

**1. Variations de $f$. Limites en 1 et en $+\infty$**

$f$ est dérivalle sur $]1\ ;+\infty[$ et pour tout $x>1$ :

$$f'(x)=\frac{1}{x}+\frac{\frac{1}{x}}{(\ln x)^2}=\frac{1}{x}+\frac{1}{x(\ln x)^2}>0\,.$$

La fonction $f$ est strictement croissante sur $]1\ ;+\infty[$.

$\lim\limits_{x\to 1}\ \ln x=0$.

Comme $\ln x>0$, si $x>1$, on en déduit $\lim\limits_{x\to 1}\dfrac{1}{\ln x}=+\infty$ et donc :

$$\boxed{\lim_{x\to 1} f(x)=-\infty}.$$

De $\lim\limits_{x\to+\infty}\ \ln x=+\infty$, on déduit $\lim\limits_{x\to+\infty}\dfrac{1}{\ln x}=0$ et :

$$\boxed{\lim_{x\to+\infty} f(x)=+\infty}.$$

**2. a. Étude de $\lim\limits_{x\to+\infty}(f(x)-\ln x)$. Interprétation géométrique**

$$\boxed{\lim_{x\to+\infty}(f(x)-\ln x)=\lim_{x\to+\infty}-\frac{1}{\ln x}=0}.$$

**Les courbes $(\mathscr{C})$ et $(\Gamma)$ sont asymptotes en $+\infty$.**

**b. Positions relatives de $(\mathscr{C})$ et $(\Gamma)$**

Pour $x>1$, $f(x)-\ln x=\dfrac{-1}{\ln x}<0$.

**La courbe $(\mathscr{C})$ est en-dessous de $(\Gamma)$.**

**3. a. Condition pour que la tangente $\mathscr{T}_a$ au point d'abscisse $a$ passe par l'origine du repère**

Soit un réel $a>1$.

La tangente $\mathscr{T}_a$ à $(\mathscr{C})$ au point d'abscisse $a$ a pour équation :

$$y=f(a)+(x-a)f'(a)\,.$$

Elle passe par l'origine si, et seulement si, le couple $(x\ ;y)=(0\ ;0)$ vérifie cette équation, c'est-à-dire :

$$\boxed{0=f(a)-af'(a)}.$$

**b. Les équations $g(x)=0$ et $(\ln x)^3-(\ln x)^2-\ln x-1=0$ ont mêmes solutions sur $]1\,;+\infty[$.**

On pose pour $x>1$, $g(x)=f(x)-xf'(x)$.
On a donc pour $x>1$, $(\ln x)^2\neq 0$ et :

$$g(x)=\ln x-\frac{1}{\ln x}-x\left(\frac{1}{x}+\frac{1}{x(\ln x)^2}\right)$$

$$g(x)=\ln x-\frac{1}{\ln x}-1-\frac{1}{(\ln x)^2}$$

$$g(x)=\frac{(\ln x)^3-(\ln x)^2-(\ln x)-1}{(\ln x)^2}.$$

On en déduit que, pour tout $x$ de $]1\,;+\infty[$ :

$$g(x)=0 \Leftrightarrow (\ln x)^3-(\ln x)^2-(\ln x)-1=0.$$

**Les équations $g(x)=0$ et $(\ln x)^3-(\ln x)^2-\ln x-1=0$ ont les mêmes solutions sur $]1\,;+\infty[$.**

**c. Variations de $u$. La fonction $u$ s'annule une fois et une seule sur $\mathbb{R}$.**

Soit $u$ la fonction définie sur $\mathbb{R}$ par :

$$u(t)=t^3-t^2-t-1.$$

La fonction $u$ est une fonction polynôme dérivable sur $\mathbb{R}$ et :

$$u'(t)=3t^2-2t-1.$$

$\Delta=4+12=16>0$ et $u'$ s'annule deux fois en :

$$t_1=\frac{2-4}{6}=-\frac{1}{3} \text{ et } t_2=\frac{2+4}{6}=1.$$

On obtient $u\left(-\frac{1}{3}\right)=-\frac{1}{27}-\frac{1}{9}+\frac{1}{3}-1=-\frac{22}{7}$ et $u(1)=-2$.

D'où le tableau de variation suivant :

| $t$ | $-\infty$ | | $-\frac{1}{3}$ | | $1$ | | $+\infty$ |
|---|---|---|---|---|---|---|---|
| $u'(t)$ | | $+$ | $0$ | $-$ | $0$ | $+$ | |
| $u$ | $-\infty$ | ↗ | $-\frac{22}{27}$ | ↘ | $-2$ | ↗ | $+\infty$ |

Pour $t\leqslant 1$, $u(t)\leqslant -\frac{22}{27}<0$ : la fonction $u$ ne s'annule pas sur $]-\infty\,;1]$.

La fonction $u$ est strictement croissante et continue sur $[1\,;+\infty[$. Comme $u(1)=-2<0$ et $\lim\limits_{+\infty} u=+\infty$, d'après le théorème des valeurs intermédiaires, $u$ s'annule sur $[1\ ;+\infty[$ , une seule fois car elle est strictement croissante.

**Au total, $u$ s'annule une seule fois sur $\mathbb{R}$ .**

### d. Existence d'une tangente unique à la courbe $(\mathscr{C})$ passant par O

Soit $t_0$ tel que $u(t_0)=0$ .

$g(x)=0 \Leftrightarrow u(\ln x)=0 \Leftrightarrow \ln x=t_0 \Leftrightarrow x=\mathrm{e}^{t_0}$ .

La tangente $\mathscr{T}_a$ à $(\mathscr{C})$ au point d'abscisse $a$ passe par l'origine si, et seulement si, $g(a)=0$ , c'est-à-dire si, et seulement si, $a=\mathrm{e}^{t_0}$ . Il existe une unique tangente à $(\mathscr{C})$ passant par O. C'est la tangente au point $a_0=\mathrm{e}^{t_0}$ .

Par dichotomie, on trouve :

$$\boxed{t_0 \approx 1{,}84 \text{ et } a_0=\mathrm{e}^{t_0}\approx 6{,}3}.$$

—— courbe Γ représentative de la fonction ln

—— courbe $(\mathscr{C})$ représentative de la fonction $f$

—— T tangente à $(\mathscr{C})$ passant par l'origine

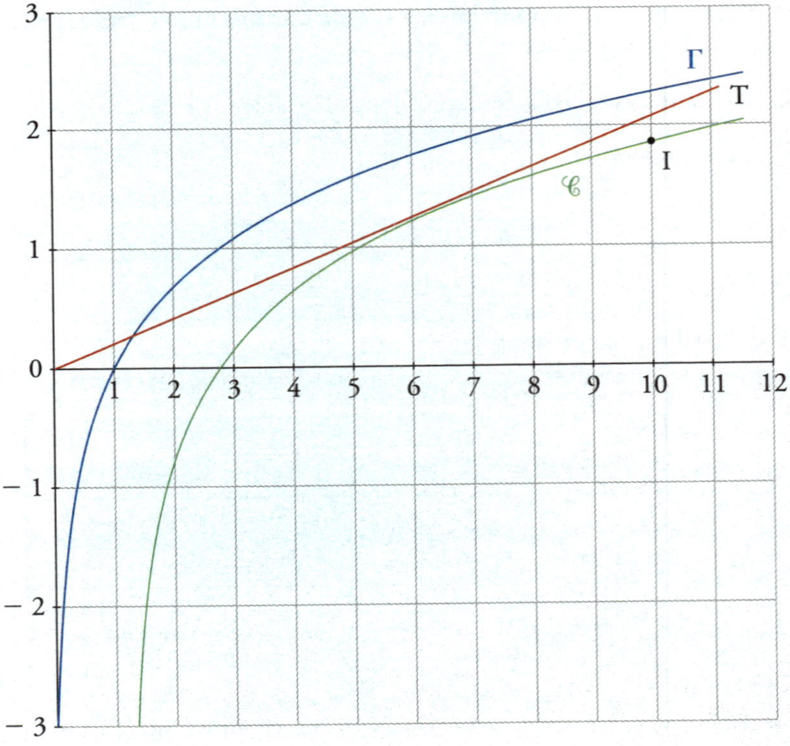

### 4. Nombre de solutions de l'équation $f(x)=mx$ appartenant à $]1\ ;\ 10]$

Soit $m \in \mathbb{R}$.
On considère l'équation $f(x)=mx$, d'inconnue $x \in\ ]1\ ;\ 10]$.
Le réel $x$ est solution de cette équation si c'est l'abscisse d'un point d'intersection de $(\mathscr{C})$ et de la droite $d_m$ d'équation $y=mx$.

- Pour $m=f'(a_0)$, la droite $d_m$ est la tangente à $(\mathscr{C})$ au point d'abscisse $a_0$, qui coupe $(\mathscr{C})$ en un unique point d'abscisse $a_0$. L'équation $f(x)=mx$ a une solution $a_0$.
- Si $m>f'(a_0)$, la droite $d_m$ ne coupe pas $(\mathscr{C})$. L'équation $f(x)=mx$ n'a pas de solution.

Soit I le point de la courbe $(\mathscr{C})$ d'abscisse 10. L'ordonnée de ce point est $f(10)$ donc la droite d'équation $y=mx$ passant par ce point a pour coefficient directeur :

$$m=\frac{f(10)}{10}=\frac{1}{10}\left(\ln 10-\frac{1}{\ln 10}\right).$$

- Si $\frac{1}{10}\left(\ln 10-\frac{1}{\ln 10}\right)<m<f'(a_0)$, la droite $d_m$ coupe $(\mathscr{C})$ en deux points dont l'abscisse appartient à $]1\ ;\ 10]$. L'équation $f(x)=mx$ a deux solutions dans l'intervalle $]1\ ;\ 10]$.
- Si $m<\frac{1}{10}\left(\ln 10-\frac{1}{\ln 10}\right)$, la droite $d_m$ coupe $(\mathscr{C})$ en un seul point dont l'abscisse appartient à $]1\ ;\ 10]$. L'équation $f(x)=mx$ a une solution dans l'intervalle $]1\ ;\ 10]$.

**Donc, l'équation $f(x)=mx$ n'a pas de solution si $m>f'(a_0)$, a une seule solution si $m=f'(a_0)$ ou $m<\frac{1}{10}\left(\ln 10-\frac{1}{\ln 10}\right)$ et a deux solutions si $\frac{1}{10}\left(\ln 10-\frac{1}{\ln 10}\right)<m<f'(a_0)$.**

## EXERCICE 4

### 1. a. La suite $(x_n)$ est à termes positifs

Pour tout $n \geqslant 1$ $x_n=\int_0^1 t^n \cos t \,\mathrm{d}t$.

Pour tout $t \in [0\ ;\ 1]$, $\cos t \geqslant 0$ car $[0\ ;\ 1] \subset \left[0\ ;\ \frac{\pi}{2}\right]$.

On en déduit, pour tout $n \geqslant 1$ et $t \in [0\ ;\ 1]$ :

$$t^n \cos t \geqslant 0.$$

Par positivité de l'intégrale, on en déduit :

$$\int_0^1 t^n \cos t \,\mathrm{d}t \geqslant 0$$

$$\boxed{x_n \geqslant 0}.$$

**b. Variations de la suite $(x_n)$**

Pour tous $t \in [0\ ;\ 1]$ et $n \in \mathbb{N}^*$ :

$$t^{n+1} \leqslant t^n$$

$$t^{n+1} \cos t \leqslant t^n \cos t \text{ car } \cos t > 0.$$

On en déduit, par positivité de l'intégrale :

$$\int_0^1 t^{n+1} \cos t \,\mathrm{d}t \leqslant \int_0^1 t^n \cos t \,\mathrm{d}t$$

$$x_{n+1} \leqslant x_n.$$

**La suite $(x_n)$ est donc décroissante.**

**c. Convergence de la suite $(x_n)$**

La suite $(x_n)$ est décroissante et minorée par 0 donc :

**La suite $(x_n)$ est convergente.**

**2. a. Pour tout entier naturel $n$ non nul, $x_n \leqslant \frac{1}{n+1}$**

Pour $n \in \mathbb{N}^*$ et $t \in [0\ ;\ 1]$, $\cos t \leqslant 1$, donc $t^n \cos t \leqslant t^n$.

Par positivité de l'intégrale, on en déduit :

$$\int_0^1 t^n \cos t \,\mathrm{d}t \leqslant \int_0^1 t^n \,\mathrm{d}t.$$

Comme $\int_0^1 t^n \,\mathrm{d}t = \left[\frac{t^{n+1}}{n+1}\right]_0^1 = \frac{1}{n+1}$, on obtient, pour tout entier naturel non nul :

$$\boxed{x_n \leqslant \frac{1}{n+1}}.$$

**b. Limite de la suite $(x_n)$**

Pour $n \geqslant 1$, $0 \leqslant x_n \leqslant \frac{1}{n+1}$.

De $\lim\limits_{n \to +\infty} \frac{1}{n+1} = 0$, on déduit, par encadrement :

$$\boxed{\lim_{n \to +\infty} x_n = 0}.$$

**3. a. Démonstration de la relation $x_{n+1} = -(n+1)y_n + \sin(1)$**

$x_{n+1} = \int_0^1 t^{n+1} \cos t \, dt$

On intègre par parties.
On pose $u(t) = t^{n+1}$ d'où $u'(t) = (n+1)t^n$.
On pose $v'(t) = \cos t$ ; on choisit $v(t) = \sin t$.
Les fonctions $u$, $v$, $u'$, $v'$ étant continues, on peut écrire :

$$x_{n+1} = \int_0^1 u(t)v'(t) \, dt = [u(t)v(t)]_0^1 - \int_0^1 v'(t)v(t) \, dt$$

$$x_{n+1} = [t^{n+1} \sin t]_0^1 - \int_0^1 (n+1)t^n \sin t \, dt$$

$$\boxed{x_{n+1} = \sin 1 - (n+1)y_n}.$$

**b. Limite de $(y_n)$ en $+\infty$**

On déduit de la relation $x_{n+1} = \sin 1 - (n+1)y_n$ que :

$$y_n = \frac{1}{n+1}(\sin 1 - x_{n+1}).$$

$\lim\limits_{n \to +\infty} x_{n+1} = 0$ donc $\lim\limits_{n \to +\infty} (\sin 1 - x_{n+1}) = \sin 1$.

De plus $\lim\limits_{n \to +\infty} \frac{1}{n+1} = 0$ donc :

$$\boxed{\lim_{n \to +\infty} y_n = 0}.$$

**4. Limites de $nx_n$ et $ny_n$ en $+\infty$**

On montre comme dans **3. a.**, en intégrant par parties, que pour tout $n \in \mathbb{N}^*$, $y_{n+1} = (n+1)x_n - \cos 1$.
On en déduit :

$$nx_n = y_{n+1} - x_n + \cos 1.$$

$\lim\limits_{n \to +\infty} y_{n+1} = \lim\limits_{n \to +\infty} x_n = 0$ donc :

$$\boxed{\lim_{n \to +\infty} nx_n = \lim_{n \to +\infty} (y_{n+1} - x_n + \cos 1) = \cos 1}.$$

On a de même $ny_n = -y_n - x_{n+1} + \sin 1$, d'où l'on déduit :

$\lim\limits_{n \to +\infty} ny_n = \lim\limits_{n \to +\infty} (-y_n - x_{n+1} + \sin 1) = \sin 1$.

**Les suites $(nx_n)$ et $(ny_n)$ convergent vers $\cos 1$ et $\sin 1$ respectivement.**

SUJETS DE BAC

# 3 SUJET
## Antilles-Guyane, juin 2008

**Exercice 1** [6 points ; 1 h]
- Fonction exponentielle
- Équation différentielle
- Calcul d'aire

**Exercice 2 (Obligatoire)** [5 points ; 1 h]
- Probabilités
- Arbre
- Variable aléatoire

**Exercice 2 (Spécialité)** [5 points ; 1 h]
- Arithmétique
- Congruences

**Exercice 3** [4 points ; 50 min]
- QCM

**Exercice 4** [5 points ; 1 h]
- Nombres complexes
- Application à la géométrie
- Barycentre

## EXERCICE 1

Soit $f$ la fonction définie sur $\mathbb{R}$ par :

$$f(x) = \frac{9}{2}\,e^{-2x} - 3e^{-3x}.$$

### Partie A

Soit l'équation différentielle (E) $y' + 2y = 3e^{-3x}$.

**1.** Résoudre l'équation différentielle (E′) $y' + 2y = 0$. **[0,5 pt]**

**2.** En déduire que la fonction $h$ définie sur $\mathbb{R}$ par $h(x)=\frac{9}{2}\,e^{-2x}$ est solution de (E′). **[0,5 pt]**

**3.** Vérifier que la fonction $g$ définie sur $\mathbb{R}$ par $g(x)=-3e^{-3x}$ est solution de l'équation (E). **[0,5 pt]**

**4.** En remarquant que $f=g+h$, montrer que $f$ est une solution de (E). **[0,5 pt]**

## Partie B

On nomme $\mathscr{C}_f$ la courbe représentative de $f$ dans un repère orthonormal $(O\,;\vec{i},\vec{j})$ d'unité 1 cm.

**1.** Montrer que pour tout $x$ de $\mathbb{R}$, on a $f(x)=3e^{-2x}\left(\frac{3}{2}-e^{-x}\right)$. **[0,5 pt]**

**2.** Déterminer la limite de $f$ en $+\infty$, puis la limite de $f$ en $-\infty$. **[0,75 pt]**

**3.** Étudier les variations de la fonction $f$ et dresser le tableau de variation de $f$. **[0,75 pt]**

**4.** Calculer les coordonnées des points d'intersection de la courbe $\mathscr{C}_f$ avec les axes du repère. **[0,5 pt]**

**5.** Calculer $f(1)$ et tracer l'allure de la courbe $\mathscr{C}_f$. **[0,75 pt]**

**6.** Déterminer l'aire $\mathscr{A}$ de la partie du plan délimitée par l'axe des abscisses, la courbe $\mathscr{C}_f$, l'axe des ordonnées et la droite d'équation $x=1$. On exprimera cette aire en cm$^2$. **[0,75 pt]**

## EXERCICE 2 (Obligatoire)

On dispose de deux urnes $U_1$ et $U_2$ contenant des boules indiscernables au toucher.
$U_1$ contient $k$ boules blanches ($k$ entier naturel supérieur ou égal à 1) et 3 boules noires.
$U_2$ contient 2 boules blanches et une boule noire.
On tire une boule au hasard dans $U_1$ et on la place dans $U_2$. On tire ensuite, au hasard, une boule dans $U_2$. L'ensemble de ces opérations constitue une épreuve.
On note $B_1$ (respectivement $N_1$) l'événement « on a tiré une boule blanche (resp. noire) dans l'urne $U_1$ ».
On note $B_2$ (respectivement $N_2$) l'événement « on a tiré une boule blanche (resp. noire) dans l'urne $U_2$ ».

**1. a.** Recopier et compléter par les probabilités manquantes l'arbre ci-dessous :

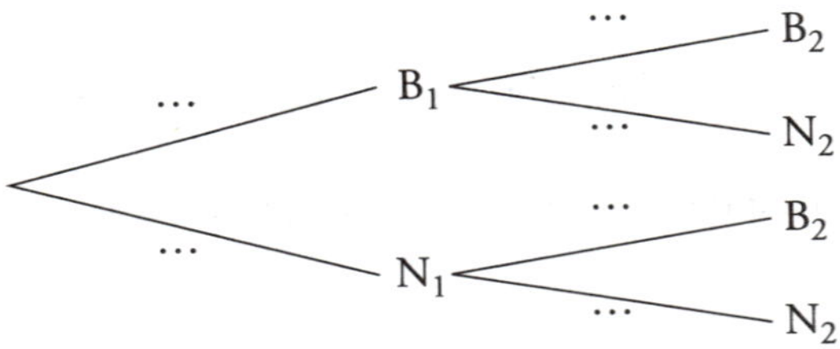


**[0,75 pt]**

**b.** Montrer que la probabilité de l'événement $B_2$ est égale à $\dfrac{3k+6}{4k+12}$. **[0,75 pt]**

Dans la suite on considère que $k = 12$.

*Les questions 2. et 3. sont indépendantes l'une de l'autre et peuvent être traitées dans n'importe quel ordre.*

**2.** Un joueur mise 8 euros et effectue une épreuve.
Si, à la fin de l'épreuve, le joueur tire une boule blanche de la deuxième urne, le joueur reçoit 12 euros.
Sinon, il ne reçoit rien et perd sa mise.
Soit X la variable aléatoire égale au gain du joueur, c'est-à-dire la différence entre la somme reçue et la mise.

**a.** Montrer que les valeurs possibles de X sont 4 et $-8$. **[0,75 pt]**

**b.** Déterminer la loi de probabilité de la variable X. **[0,75 pt]**

**c.** Calculer l'espérance mathématique de X. **[0,5 pt]**

**d.** Le jeu est-il favorable au joueur ? **[0,5 pt]**

**3.** Un joueur participe $n$ fois de suite à ce jeu.
Au début de chaque épreuve, l'urne $U_1$ contient 12 boules blanches et 3 noires, et l'urne $U_2$ contient 2 boules blanches et 1 noire.
Ainsi, les épreuves successives sont indépendantes.
Déterminer le plus petit entier $n$ pour que la probabilité de réaliser au moins une fois l'événement $B_2$ soit supérieure ou égale à 0,99. **[1 pt]**

## EXERCICE 2 (Spécialité)

### Partie A

On considère l'équation (E) $11x - 26y = 1$, où $x$ et $y$ désignent deux nombres entiers relatifs.

**1.** Vérifier que le couple $(-7\,;\,-3)$ est solution de (E). **[0,5 pt]**

**2.** Résoudre alors l'équation (E). **[1 pt]**

**3.** En déduire le couple d'entiers relatifs $(u\ ;\ v)$ solution de (E) tel que $0 \leqslant u \leqslant 25$. **[0,5 pt]**

## Partie B

On assimile chaque lettre de l'alphabet à un nombre entier comme l'indique le tableau ci-dessous :

| A | B | C | D | E | F | G | H | I | J | K | L | M |
|---|---|---|---|---|---|---|---|---|---|---|---|---|
| 0 | 1 | 2 | 3 | 4 | 5 | 6 | 7 | 8 | 9 | 10 | 11 | 12 |

| N | O | P | Q | R | S | T | U | V | W | X | Y | Z |
|---|---|---|---|---|---|---|---|---|---|---|---|---|
| 13 | 14 | 15 | 16 | 17 | 18 | 19 | 20 | 21 | 22 | 23 | 24 | 25 |

On « code » tout nombre entier $x$ compris entre 0 et 25 de la façon suivante :
– on calcule $11x + 8$ ;
– on calcule le reste de la division euclidienne de $11x + 8$ par 26, que l'on appelle $y$.
$x$ est alors « codé » par $y$.
Ainsi, par exemple, la lettre L est assimilée au nombre 11.
$11 \times 11 + 8 = 129$ ; or $129 \equiv 25$ (modulo 26) ; 25 est le reste de la division euclidienne de 129 par 26. Au nombre 25 correspond la lettre Z.
La lettre L est donc codée par la lettre Z.

**1.** Coder la lettre W. **[0,75 pt]**

**2.** Le but de cette question est de déterminer la fonction de décodage.

**a.** Montrer que pour tous nombres entiers relatifs $x$ et $j$, on a :

$$11x \equiv j \text{ (modulo 26) équivaut à } x \equiv 19j \text{ (modulo 26)}.$$

**[0,75 pt]**

**b.** En déduire un procédé de décodage. **[0,75 pt]**

**c.** Décoder la lettre W. **[0,75 pt]**

## EXERCICE 3

Cet exercice est un questionnaire à choix multiples.
Pour chaque question, une seule des propositions est exacte.
Le candidat indiquera sur sa copie le numéro de la question et la lettre correspondant à la réponse choisie.

Aucune justification n'est demandée.
*Une réponse exacte rapporte 1 point ;*
*une réponse inexacte enlève 0,25 point ;*
*l'absence de réponse est comptée 0 point.*
*Si le total est négatif, la note de l'exercice est ramenée à 0.*
L'espace est rapporté à un repère orthonormal $(O\ ;\ \vec{i}, \vec{j}, \vec{k})$.

**1.** L'ensemble des points $M(x\ ;\ y\ ;\ z)$ tels que :

$$\begin{cases} 2x-6y+2z-7=0 \\ -x+3y-z+5=0 \end{cases}$$

est :

| **Réponse A :** l'ensemble vide | **Réponse B :** une droite |
|---|---|
| **Réponse C :** un plan | **Réponse C :** réduit à un point |

**2.** Les droites de représentations paramétriques respectives :

$$\begin{cases} x=1-t \\ y=-1+t\ (t\in\mathbb{R}) \\ z=2-3t \end{cases} \text{ et } \begin{cases} x=2+t' \\ y=-2-t'\ (t'\in\mathbb{R}) \\ z=4+2t' \end{cases} \text{ sont :}$$

| **Réponse A :** parallèles et distinctes | **Réponse B :** confondues |
|---|---|
| **Réponse C :** sécantes | **Réponse C :** non coplanaires |

**3.** La distance du point $A(1\ ;\ -2\ ;\ 1)$ au plan d'équation :

$$-x+3y-z+5=0$$

est égale à :

| **Réponse A :** $\frac{3}{11}$ | **Réponse B :** $\frac{3}{\sqrt{11}}$ |
|---|---|
| **Réponse C :** $\frac{1}{2}$ | **Réponse C :** $\frac{8}{\sqrt{11}}$ |

**4.** Le projeté orthogonal du point $B(1\ ;\ 6\ ;\ 0)$ sur le plan d'équation

$$-x+3y-z+5=0$$

a pour coordonnées :

| **Réponse A :** $(3\ ;\ 1\ ;\ 5)$ | **Réponse B :** $(2\ ;\ 3\ ;\ 1)$ |
|---|---|
| **Réponse C :** $(3\ ;\ 0\ ;\ 2)$ | **Réponse C :** $(-2\ ;\ 3\ ;\ -6)$ |

## EXERCICE 4

Dans le plan complexe rapporté au repère orthonormal direct $(\mathrm{O}\ ;\ \vec{u}, \vec{v})$, le point A a pour affixe i.
On nomme $f$ l'application qui, à tout point M d'affixe $z$ avec $z \neq \mathrm{i}$ associe le point M′ d'affixe $z'$ telle que :

$$z' = \frac{-z^2}{z-\mathrm{i}}.$$

Le but de l'exercice est de construire géométriquement le point M′ connaissant le point M.

**1. Un exemple**
On considère un point K d'affixe $1+\mathrm{i}$.
**a.** Placer le point K. **[0,5 pt]**
**b.** Déterminer l'affixe du point K′ image de K par $f$. **[0,5 pt]**
**c.** Placer le point K′. **[0,5 pt]**

**2. Des points pour lesquels le problème ne se pose pas**

**a.** On considère le point L d'affixe $\frac{\mathrm{i}}{2}$. Déterminer son image L′ par $f$.
Que remarque-t-on ? **[0,5 pt]**
**b.** Un point est dit invariant par $f$ s'il est confondu avec son image.
Démontrer qu'il existe deux points invariants par $f$ dont on déterminera les affixes. **[0,5 pt]**

**3. Un procédé de construction**
On nomme G l'isobarycentre des points A, M, et M′, et $g$ l'affixe de G.
**a.** Vérifier l'égalité $g = \frac{1}{3(z-\mathrm{i})}$. **[0,5 pt]**
**b.** En déduire que si M est un point du cercle de centre A de rayon $r$, alors G est un point du cercle de centre O de rayon $\frac{1}{3r}$. **[0,75 pt]**
**c.** Démontrer que $\arg g = -(\vec{u}\ ;\ \overrightarrow{\mathrm{AM}})$. **[0,5 pt]**
**d.** Sur la figure ci-après on a marqué un point D sur le cercle de centre A et de rayon $\frac{1}{2}$.
On nomme D′ l'image de D par $f$. Déduire des questions précédentes la construction du point D′ et la réaliser sur la figure ci-après.
Sur la figure ci-après le segment [OI] tel que $\vec{u} = \overrightarrow{\mathrm{OI}}$ est partagé en six segments d'égale longueur. **[0,75 pt]**

SUJETS DE BAC

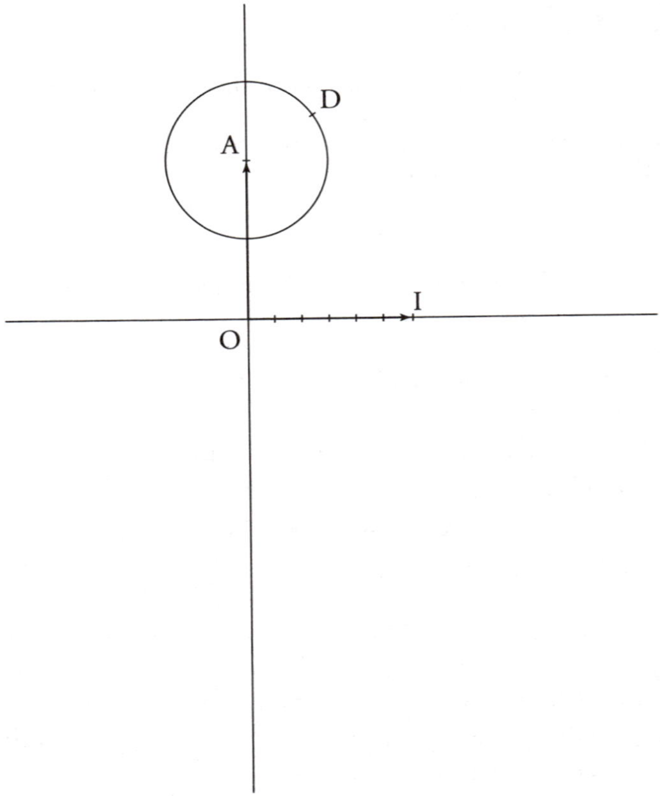


## COUP de POUCE

### EXERCICE 1

**1.** Revoir la résolution d'un équation différentielle du 1er ordre du type $y' + ay = 0$.

### EXERCICE 2

**1.** Faire attention à la composition de l'urne $U_2$ qui varie selon le résultat du premier tirage.

### EXERCICE 3

**3.** Les questions sont des questions de cours : revoir les formules donnant la distance d'un point à un plan.

# 3 CORRIGÉ

## EXERCICE 1

### Partie A

Soit (E) l'équation différentielle $y' + 2y = 3e^{-3x}$.

**1. Résolution de l'équation différentielle $(E')$ $y' + 2y = 0$**

L'équation $(E')$ est une équation différentielle du premier ordre à coefficient constant sans second membre. L'équation $(E')$ est équivalente à :

$$y' = -2y.$$

**Les fonctions solutions sont les fonctions définies sur $\mathbb{R}$ par $x \mapsto Ce^{-2x}$ où C est une constante quelconque.**

**2.** Soit $h$ la fonction définie sur $\mathbb{R}$ par $h(x) = \frac{9}{2}e^{-2x}$.

La fonction $h$ est de la forme $x \mapsto Ce^{-2x}$ où $C = \frac{9}{2}$.

***h* est donc solution de l'équation $(E')$.**

**3. La fonction $g$ définie sur $\mathbb{R}$ par $g(x) = -3e^{-3x}$ est solution de (E).**

Pour tout réel $x$, $g$ est dérivable et on a $g'(x) = 9e^{-3x}$.

D'où, pour tout réel $x$,

$$g'(x) + 2g(x) = 9e^{-3x} + 2(-3e^{-3x})$$

$$= 3e^{-3x}.$$

**La fonction $g$ est donc solution de l'équation (E).**

**4. La fonction $f$ est une solution de (E).**

On constate que, pour tout réel $x$, $f(x) = h(x) + g(x)$.

La fonction $h$ est solution de $(E')$ donc, pour tout réel $x$,

$$h'(x) + 2h(x) = 0 \qquad (1).$$

La fonction $g$ est solution de l'équation (E) donc, pour tout réel $x$,

$$g'(x) + 2g(x) = 3e^{-3x} \quad (2).$$

En additionnant membre à membre les égalités (1) et (2), on a, pour tout réel $x$,

$$h'(x) + g'(x) + 2h(x) + 2g(x) = 3e^{-3x}$$

ce qui s'écrit aussi :

$$f'(x) + 2f(x) = 3e^{-3x}.$$

**La fonction $f$ est donc solution de l'équation différentielle (E).**

SUJETS DE BAC

## Partie B

### 1. Expression de $f(x)$

Pour tout réel $x$, $e^{-3x}$ est non nul (strictement positif), donc, pour tout réel $x$ :

$$f(x) = \frac{9}{2}\,e^{-2x} - 3e^{-3x}$$

$$\boxed{f(x) = 3e^{-2x}\left(\frac{3}{2} - e^{-x}\right)}.$$

### 2. Limite de $f$ en $+\infty$ et en $-\infty$

**• Limite de $f$ en $+\infty$**

$\lim\limits_{x \to +\infty} e^{-2x} = 0$ et $\lim\limits_{x \to +\infty} e^{-3x} = 0$ donc $\lim\limits_{x \to +\infty} \left(\frac{9}{2}\,e^{-2x} - 3e^{-3x}\right) = 0$.

$$\boxed{\lim_{x \to +\infty} f(x) = 0}.$$

**• Limite de $f$ en $-\infty$**

$\lim\limits_{x \to -\infty} (-2x) = +\infty$ d'où $\lim\limits_{x \to -\infty} e^{-2x} = \lim\limits_{X \to +\infty} e^{X} = +\infty$,

et $\lim\limits_{x \to -\infty} (3e^{-2x}) = +\infty$.

$\lim\limits_{x \to -\infty} (e^{-x}) = +\infty$ d'où $\lim\limits_{x \to -\infty} \left(\frac{3}{2} - e^{-x}\right) = -\infty$.

On déduit des résultats ci-dessus que $\lim\limits_{x \to -\infty} 3e^{-2x}\left(\frac{3}{2} - e^{-x}\right) = -\infty$.

$$\boxed{\lim_{x \to -\infty} f(x) = -\infty}.$$

### 3. Variations de $f$ sur $\mathbb{R}$

Pour tout réel $x$, la fonction $f$ est dérivable. En effet, si on pose, pour tout réel $x$, $u(x) = -2x$ et $v(x) = -3x$, on a, pour tout réel $x$ :

$$f(x) = \frac{9}{2}\,e^{u(x)} - 3e^{v(x)}.$$

Les fonctions $u$ et $v$ sont des fonctions linéaires, dérivables sur $\mathbb{R}$, de dérivées respectives $u' : x \mapsto -2$ et $v' : x \mapsto -3$.
Les fonctions composées $\ell : x \mapsto \exp \circ u$ et $p : x \mapsto \exp \circ v$ sont dérivables sur $\mathbb{R}$, car elles sont composées de deux fonctions dérivables sur $\mathbb{R}$, et on a pour tout réel $x$ :

$$\ell'(x) = u'(x)\ \exp\ (u(x))\ ;\ p'(x) = v'(x)\ \exp\ (v(x)).$$

D′ où la fonction $f = \frac{9}{2}\ell - 3p$ est dérivable sur $\mathbb{R}$ et on a, pour tout réel $x$ :

$$f'(x) = \frac{9}{2}\ell'(x) - 3p'(x)$$

$$f'(x) = \frac{9}{2} \times (-2)e^{-2x} - 3 \times (-3)e^{-3x}$$

$$f'(x) = -9e^{-2x} + 9e^{-3x}$$

$$f'(x) = 9e^{-2x}(e^{-x} - 1).$$

Pour tout réel $x$, $9e^{-2x}$ est strictement positif, le signe de $f'(x)$ est celui de $e^{-x} - 1$.

Pour tout réel $x$ :

$f'(x) > 0$ si, et seulement si, $e^{-x} - 1 > 0$
si, et seulement si, $e^{-x} > 1$
si, et seulement si, $-x > 0$
si, et seulement si, $x < 0$.

De même, pour tout réel $x$, $f'(x) < 0$ si, et seulement si, $x > 0$ et $f'(x) = 0$ si, et seulement si, $x = 0$.

La fonction $f$ est donc strictement croissante sur $]-\infty\,;\,0]$ et strictement décroissante sur $[0\,;\,+\infty[$. Le tableau de variation de $f$ est le suivant :

| $x$ | $-\infty$ | | $0$ | | $+\infty$ |
|---|---|---|---|---|---|
| $f'(x)$ | | $+$ | $0$ | $-$ | |
| $f$ | $-\infty$ | ↗ | $\frac{3}{2}$ | ↘ | $0$ |

### 4. Intersection de $\mathscr{C}_f$ avec les axes du repère

#### • Intersection avec l'axe des abscisses

Soit M un point du plan de coordonnées $(x\,;\,y)$. Le point M appartient à l'intersection de $\mathscr{C}_f$ avec l'axe des abscisses si, et seulement si, M est sur $\mathscr{C}_f$ et M est sur l'axe $(O\,;\,\vec{i})$, donc si, et seulement si, les coordonnées de M vérifient :

$$\begin{cases} y = f(x) \\ y = 0 \end{cases}.$$

Ce système est équivalent à :

$$\begin{cases} f(x) = 0 \\ y = 0 \end{cases}.$$

Résolvons, dans $\mathbb{R}$, l'équation $f(x)=0$.
Pour tout réel $x$, $f(x)=0$ équivaut successivement à :

$3e^{-2x}\left(\frac{3}{2}-e^{-x}\right)=0$

$\frac{3}{2}-e^{-x}=0$ car $3e^{-2x}\neq 0$

$e^{-x}=\frac{3}{2}$

$-x=\ln\frac{3}{2}$

$x=\ln\frac{2}{3}$.

Donc M appartient à l'intersection de $\mathscr{C}_f$ avec l'axe des abscisses si, et seulement si, M a pour coordonnées $\left(\ln\frac{2}{3}\ ;\ 0\right)$.

• **Intersection avec l'axe des ordonnées**

Pour tout point M du plan, $M(x\ ;y)$ appartient à l'intersection de $\mathscr{C}_f$ avec l'axe $(O\ ;\vec{j})$ si, et seulement si, les coordonnées de M vérifient :

$$\begin{cases}x=0\\y=f(x)\end{cases}.$$

D'où M, intersection de $\mathscr{C}_f$ et de l'axe $(O\ ;\vec{j})$ a pour coordonnées $\left(0\ ;\frac{3}{2}\right)$.

**$\mathscr{C}_f$ coupe l'axe des abscisses au point de coordonnées $\left(\ln\frac{2}{3}\ ;\ 0\right)$ et l'axe des ordonnées au point de coordonnées $\left(0\ ;\frac{3}{2}\right)$.**

### 5. Représentation graphique de $\mathscr{C}_f$

Calculons $f(1)=\frac{9}{2}e^{-2}-3e^{-3}$

$f(1)\approx 0{,}46$.

La courbe $\mathscr{C}_f$ admet une asymptote au voisinage de $+\infty$ d'équation $y=0$. Elle admet au point de coordonnées $\left(0\ ;\frac{3}{2}\right)$ une tangente horizontale d'équation $y=\frac{3}{2}$.

$f(-1)\approx -27$.

On obtient la représentation graphique ci-dessous :

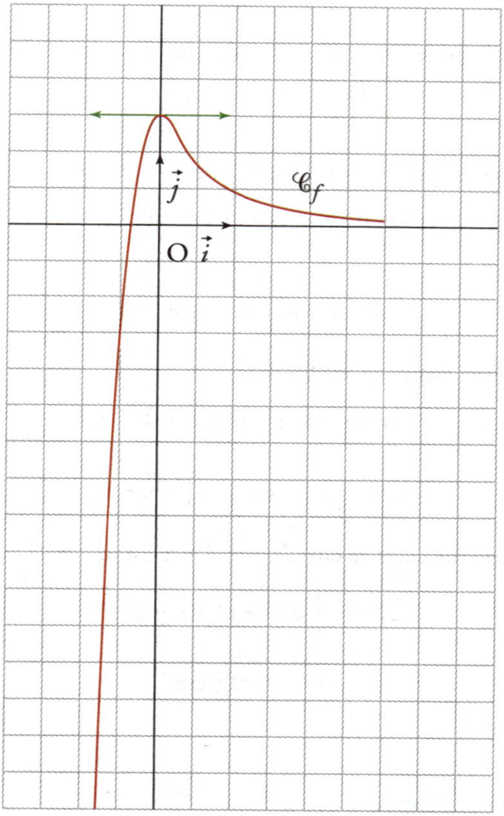


**6. Calcul d'aire**

Soit $\mathscr{A}$ l'aire de la partie du plan limitée par la courbe $\mathscr{C}_f$, l'axe des abscisses et des droites d'équations $x = 0$ et $x = 1$. D'après l'étude des variations de $f$ faite en question **3.** de la **partie B.** la fonction $f$ est strictement positive sur $[0 ; 1]$ donc la courbe $\mathscr{C}_f$ est située au-dessus de l'axe des abscisses. L'aire $\mathscr{A}$ est donc égale, en unités d'aire, à :

$$\mathscr{A} = \int_0^1 f(x)\,\mathrm{d}x$$

$$\mathscr{A} = \int_0^1 \frac{9}{2}\,\mathrm{e}^{-2x} - 3\mathrm{e}^{-3x}\,\mathrm{d}x.$$

Toute fonction continue sur un intervalle admet une primitive sur cet intervalle.

Une primitive sur $[0 ; 1]$ de la fonction $x \mapsto e^{-2x}$ est $x \mapsto -\frac{1}{2} e^{-2x}$ donc une primitive sur $[0 ; 1]$ de la fonction $x \mapsto \frac{9}{2} e^{-2x}$ est $x \mapsto \frac{9}{2}\left(-\frac{1}{2} e^{-2x}\right)$.

De même une primitive sur $[0 ; 1]$ de la fonction $x \mapsto -3e^{-3x}$ est $x \mapsto e^{-3x}$. On obtient alors une primitive F de $f$ sur $[0 ; 1]$ définie sur $[0 ; 1]$ par :

$$F(x) = -\frac{9}{4} e^{-2x} + e^{-3x}.$$

L'aire $\mathcal{A}$ est alors égale, en unités d'aire, à :

$$\mathcal{A} = [F(x)]_0^1 = F(1) - F(0)$$

$$\mathcal{A} = -\frac{9}{4} e^{-2} + e^{-3} - \left(-\frac{9}{4} + 1\right).$$

L'unité de longueur étant le cm, l'unité d'aire est le $cm^2$ d'où :

$$\mathcal{A} = -\frac{9}{4} e^{-2} + e^{-3} + \frac{5}{4} \text{ cm}^2$$

$$\boxed{\mathcal{A} \approx 0{,}995 \text{ cm}^2}.$$

## EXERCICE 2 (Obligatoire)

### 1. a. Arbre complété

• L'urne $U_1$ contient $k$ boules blanches ($k \in \mathbb{N}^*$) et 3 boules noires. Les boules sont indiscernables au toucher et on tire au hasard une boule de l'urne. Toutes les boules ont la même probabilité d'être tirées d'où :

$$p(N_1) = \frac{3}{k+3} \text{ et } p(B_1) = \frac{k}{k+3}.$$

• La boule tirée de l'urne $U_1$ est placée dans l'urne $U_2$.

Si la boule tirée de l'urne $U_1$ est blanche, c'est-à-dire si $B_1$ est réalisé alors l'urne $U_2$ contient 3 boules blanches et une boule noire. On tire une boule de cette urne, on suppose les tirages équiprobables d'où :

$$p_{B_1}(N_2) = \frac{1}{4} \text{ et } p_{B_1}(B_2) = \frac{3}{4}.$$

Si la boule tirée de l'urne $U_1$ est noire, c'est-à-dire si $N_1$ est réalisé, alors l'urne $U_2$ contient deux boules blanches et deux boules noires. On tire une boule de cette urne, les tirages sont équiprobables et on a :

$$p_{N_1}(N_2)=\frac{2}{4}=\frac{1}{2} \text{ et } p_{N_1}(B_2)=\frac{2}{4}=\frac{1}{2}.$$

On obtient ainsi l'arbre suivant :

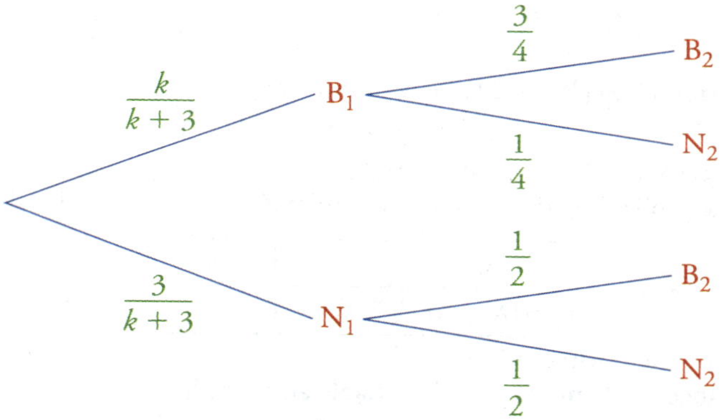




**b. Probabilité de l'événement $B_2$**

Les événements $B_1$ et $N_1$ forment un système complet d'événements, on a ainsi avec la formule des probabilités totales :

$$p(B_2)=p(B_1)\times p_{B_1}(B_2)+p(N_1)\times p_{N_1}(B_2)$$

$$p(B_2)=\frac{k}{k+3}\times\frac{3}{4}+\frac{3}{k+3}\times\frac{1}{2}$$

$$p(B_2)=\frac{3k+6}{4(k+3)}$$

$$\boxed{p(B_2)=\frac{3k+6}{4k+12}}.$$

**La probabilité de l'événement $B_2$ « la boule tirée de l'urne $U_2$ est blanche » est égale à $\frac{3k+6}{4k+12}$.**

## 2. Étude de la variable aléatoire X égale au gain du joueur

**a. Valeurs possibles de X**

Si le joueur tire une boule blanche de l'urne $U_2$ alors il reçoit 12 euros et son gain est alors égal à $12-8=4$ euros.

Si le joueur tire une boule noire de l'urne $U_2$, alors il ne reçoit rien et son gain est alors égal à $0 - 8 = -8$ euros.

**Les valeurs possibles du gain sont donc 4 et $-8$.**

### b. Loi de probabilité de X

La probabilité de $[X = 4]$ est égale à la probabilité de l'événement $B_2$ d'où :

$$p([X = 4]) = p(B_2) = \frac{3 \times 12 + 6}{4 \times 12 + 12} = \frac{42}{60} = \frac{7}{10}.$$

La probabilité $p([X = -8])$ se déduit de $p([X = 4])$ car :

$$p([X = 4]) + p([X = -8]) = 1.$$

D'où $p([X = -8]) = 1 - 0{,}7 = 0{,}3$.

La loi de probabilité de la variable aléatoire X est donnée par le tableau :

| $x_i$ | $-8$ | $4$ |
|---|---|---|
| $p([X = x_i])$ | 0,3 | 0,7 |

### c. Espérance mathématique de X

L'espérance mathématique de la variable aléatoire X est :

$$E(X) = -8 \times 0{,}3 + 4 \times 0{,}7$$

$$\boxed{E(X) = 0{,}4}.$$

### d. Le jeu est favorable au joueur

En effet, l'espérance mathématique du gain est strictement positive. Elle représente le gain moyen par partie lorsque le joueur fait un grand nombre de parties.

**Donc le jeu est favorable au joueur.**

### 3. Schéma de Bernoulli

Un joueur participe *n* fois à ce jeu. Les épreuves sont indépendantes et à l'issue de chacune des épreuves, soit le joueur tire une boule blanche de l'urne $U_2$ ($B_2$ est réalisé) soit il ne tire pas une boule blanche de $B_2$ ($\overline{B}_2 = N_2$ est réalisé). Soit E l'événement « au cours des *n* épreuves, l'événement $B_2$ est réalisé au moins une fois » et soit $\overline{E}$ l'événement contraire : « au cours des *n* épreuves, l'événement $B_2$ n'est jamais réalisé ». L'événement $\overline{E}$ est l'événement : « au cours des *n* épreuves, l'événement $N_2$ est réalisé *n* fois ». Les *n* épreuves étant indépendantes, on a :

$$p(\overline{E}) = p(N_2) \times p(N_2) \times \ldots \times p(N_2) = (0{,}3)^n$$

d'où :

$$p(E) = 1 - 0{,}3^n.$$

**La probabilité de réaliser au moins une fois l'événement $B_2$ au cours des *n* épreuves est égale à $1 - 0{,}3^n$.**

Déterminons le plus petit entier naturel $n$ tel que $p(\mathrm{E})$ soit supérieure ou égale à 0,99. Résolvons dans $\mathbb{N}$ l'inéquation :

$$1 - 0{,}3^n \geqslant 0{,}99\,.$$

Pour tout entier naturel $n$, cette inéquation est équivalente à :

$$0{,}3^n \leqslant 0{,}01\,.$$

Les deux membres étant strictement positifs et la fonction logarithme népérien étant strictement croissante sur $]0\,;+\infty[$, l'inéquation précédente est équivalente à :

$$n \ln 0{,}3 \leqslant \ln 0{,}01$$

$$n \geqslant \frac{\ln 0{,}01}{\ln 0{,}3} \text{ car } \ln 0{,}3 < 0\,.$$

Une valeur approchée du second membre est 3,8.
**Le plus petit entier tel que $p(\mathrm{E}) \geqslant 0{,}99$ est donc $n = 4$.**



## EXERCICE 2 (Spécialité)

### Partie A

Soit (E) l'équation $11x - 26y = 1$ où $x$ et $y$ désignent deux nombres entiers relatifs.

**1. Le couple $(-7\,;-3)$ est solution de (E)**
En effet : $11(-7) - 26(-3) = -77 + 78 = 1$.
**Donc $(-7\,;-3)$ est bien solution de (E).**

**2. Résolution de (E)**
Soit $x$ et $y$ deux entiers relatifs solution de (E) :

$$\begin{cases} 11x - 26y = 1 \\ 11(-7) - 26(-3) = 1 \end{cases}.$$

Les entiers $x$ et $y$ sont donc les solutions de $11(x+7) - 26(y+3) = 0$ soit :

$$11(x+7) = 26(y+3)\,.$$

Si $x$ est un entier relatif alors $x + 7$ est aussi un entier relatif, de même si $y$ est un entier relatif alors $y + 3$ est aussi un entier relatif. Les entiers 11 et 26 sont premiers entre eux. L'entier 11 divise le premier membre donc il divise aussi $26(y+3)$, comme il est premier avec 26, il divise $y + 3$. Il existe donc un entier relatif $k$ tel que $y + 3 = 11k$.
D'où $y = -3 + 11k$ où $k \in \mathbb{Z}$.

On déduit alors : $11(x+7) = 26 \times 11k$.
Comme $11 \neq 0$, $x+7 = 26k$ d'où $x = -7 + 26k$, où $k \in \mathbb{Z}$.
Réciproquement, on vérifie que les couples $(x\,;\,y)$ tels que $x = -7 + 26k$ et $y = -3 + 11k$, $k \in \mathbb{Z}$ sont solutions de (E).
Les nombres entiers relatifs solutions de (E) sont les entiers définis par :

$$\boxed{x = -7 + 26k \text{ et } y = -3 + 11k,\ k \in \mathbb{Z}}.$$

**3. Couple $(u\,;\,v)$ solution de (E) tel que $0 \leqslant u \leqslant 25$**
Déterminons l'entier $k$ pour que $0 \leqslant -7 + 26k \leqslant 25$.

L'entier $k$ vérifie $\dfrac{7}{26} \leqslant k \leqslant \dfrac{25+7}{26}$.

Seule la valeur $k = 1$ convient. On obtient alors :
$u = -7 + 26 = 19$
$v = -3 + 11 = 8$.
**Le couple solution cherché est le couple $(19\,;\,8)$.**

## Partie B

**1. On code la lettre W**
La lettre W correspond d'après le tableau au nombre 22.
On calcule $11 \times 22 + 8 = 250$.
Le reste de la division de 250 par 26 est 16 car $250 = 9 \times 26 + 16$.
Le nombre 16 correspond à la lettre Q.
**La lettre W est codée par la lettre Q.**

**2. Fonction de décodage.**

**a. Montrons que pour tous entiers relatifs $x$ et $j$, on a :**
**$11x \equiv j \pmod{26}$ équivalent à $x \equiv 19j \pmod{26}$.**

Pour tous entiers $x$ et $j$, $11x \equiv j \pmod{26}$ est équivalent à :

$$19 \times 11x \equiv 19j \pmod{26}$$
$$209x \equiv 19j \pmod{26}$$
$$x \equiv 19j \pmod{26}$$

car $209 \equiv 1[26]$.

$$x \equiv 19j \pmod{26}.$$

Donc, pour tous entiers relatifs $x$ et $j$ :

$$\boxed{11x \equiv j \pmod{26} \text{ équivaut à } x \equiv 19j \pmod{26}}.$$

### b. Procédé de décodage

Soit $x$ un entier compris entre 0 et 25, l'entier $y$ qui code $x$ est le reste de la division par 26 de l'entier $11x+8$.
On a donc :

$$11x+8 \equiv y \pmod{26}$$
$$11x \equiv y-8 \pmod{26}.$$

En appliquant le résultat de la question précédente à l'entier $j=y-8$, on obtient :

$$x \equiv 19(y-8) \pmod{26}.$$

**Pour tout entier $y$ compris entre 0 et 25, l'entier $x$ qui décode $y$ est le reste de la division de $19(y-8)$ par 26.**

### c. Décodage de la lettre W

La lettre W correspond à l'entier $y=22$.
$19(y-8)=19\times(22-8)=266$.
Or $266=10\times 26+6$.
Le reste de la division par 26 de l'entier 266 est l'entier 6 qui correspond à la lettre G.
**La lettre W est décodée par la lettre G.**

## EXERCICE 3

### 1. L'ensemble des points $M(x\,;\,y\,;\,z)$ tels que $\begin{cases} 2x-6y+2z-7=0 \\ -x+3y-z+5=0 \end{cases}$ est vide

Pour tous réels $x$, $y$, $z$ le système donné est équivalent au système :

$$\begin{cases} x-3y+z=\dfrac{7}{2} \\ x-3y+z=5 \end{cases}.$$

Ce système n'a pas de solution.
L'ensemble des points M dont les coordonnées vérifient ces deux équations est vide.

SUJETS DE BAC

## 2. Les droites de représentations paramétriques données sont sécantes

Soit D la droite dont une représentation paramétrique est :

$$\begin{cases} x = 1 - t \\ y = -1 + t \quad (t \in \mathbb{R}) \\ z = 2 - 3t \end{cases}$$

Soit D′ la droite dont une représentation paramétrique est :

$$\begin{cases} x = 2 + t' \\ y = -2 - t' \quad (t' \in \mathbb{R}) \\ z = 4 + 2t' \end{cases}$$

Un vecteur directeur $\vec{v}$ de la droite D est $\vec{v}(-1\ ;\ 1\ ;\ -3)$ et un vecteur directeur $\vec{v}'$ de la droite D′ est $\vec{v}'(1\ ;\ -1\ ;\ 2)$. Ces deux vecteurs ne sont pas colinéaires. En effet, $\vec{v}'$ est non nul et on ne peut pas trouver de réel $k$ tel que :

$$\begin{cases} -1 = k \\ 1 = -k \\ -3 = 2k \end{cases}.$$

Donc D et D′ ne sont pas parallèles (ni distinctes ni confondues).
Montrons qu'elles sont sécantes. Cherchons s'il existe des réels $t$ et $t'$ tels que :

$$\begin{cases} 1 - t = 2 + t' \\ -1 + t = -2 - t' \\ 2 - 3t = 4 + 2t' \end{cases}.$$

Quels que soient les réels $t$ et $t'$, ce système est équivalent à :

$$\begin{cases} t + t' = -1 \\ t + t' = -1 \\ 3t + 2t' = -2 \end{cases} \qquad \begin{cases} t + t' = -1 \\ 3t + 2t' = -2 \end{cases}.$$

Ce système admet une solution unique $t = 0$, $t' = -1$. Les deux droites D et D′ sont donc sécantes en un point P de paramètre $t = 0$ sur D, de paramètre $t' = -1$ sur D′. Le point P commun aux deux droites a pour coordonnées $(1\ ;\ -1\ ;\ 2)$.

**3. La distance du point $A(1\ ;-2\ ;1)$ au plan d'équation :**

$$-x+3y-z+5=0$$

**est égale à $\dfrac{3}{\sqrt{11}}$.**

Le repère $(O\ ;\vec{i},\vec{j},\vec{k})$ étant orthonormé, la distance d'un point $M(x_0\ ;y_0\ ;z_0)$ au plan d'équation $ax+by+cz+d=0$ est égale à :

$$\delta=\frac{|ax_0+by_0+cz_0+d|}{\sqrt{a^2+b^2+c^2}}.$$

On a donc $\delta=\dfrac{|-1+3(-2)-1+5|}{\sqrt{(-1)^2+3^2+(-1)^2}}=\dfrac{3}{\sqrt{11}}$.

**4. Le projeté orthogonal du point $B(1\ ;6\ ;0)$ sur le plan d'équation $-x+3y-z+5=0$ a pour coordonnées $(3\ ;0\ ;2)$**

Un vecteur normal $\vec{n}$ au plan $\mathcal{P}$ d'équation $-x+3y-z+5=0$ a pour coordonnées $(-1\ ;3\ ;-1)$. Si H est le projeté orthogonal de B sur le plan $\mathcal{P}$, alors le vecteur $\overrightarrow{BH}$ est colinéaire à $\vec{n}$. Donc il existe un réel $k$ tel que $\overrightarrow{BH}=k\vec{n}$.

On a alors, si $(x_H\ ;y_H\ ;z_H)$ sont les coordonnées du point H :

$$\begin{cases}x_H-x_B=k\times(-1)\\ y_H-y_B=3k\\ z_H-z_B=k(-1)\end{cases}\quad\text{soit}\quad\begin{cases}x_H=1-k\\ y_H=6+3k\\ z_H=0-k\end{cases}.$$

Le point H appartient au plan $\mathcal{P}$, donc :

$$-x_H+3y_H-z_H+5=0$$
$$-(1-k)+3(6+3k)-(-k)+5=0$$
$$k=-2.$$

On en déduit les coordonnées du point H projeté orthogonal de B sur le plan $\mathcal{P}$ :

$$x_H=1-(-2)=3\ ;\ y_H=6+3\times(-2)=0\ ;\ z_H=-(-2)=2.$$

## EXERCICE 4

### 1. Un exemple

**a. On place le point K d'affixe $z_K=1+i$**

Le point K a pour coordonnées dans le repère $(O\ ;\vec{u},\vec{v})$, $(1\ ;1)$.
(Voir figure à la fin de l'exercice)

**b. Affixe du point K′ image de K par $f$**

L'affixe $z_{K'}$ du point K′ est égale à :

$$z_{K'} = \frac{-z_K^2}{z_K - i} = \frac{-(1+i)^2}{1+i-i} = -(1+2i-1) = -2i.$$

$$\boxed{z_{K'} = -2i}.$$

**c.** Le point K′ image de K par $f$ a pour affixe $z_{K'} = -2i$ et a pour coordonnées dans le repère $(O\,;\vec{u},\vec{v})$, $(0\,;-2)$. (Voir figure)

**2. Des points pour lesquels le problème ne se pose pas**

**a. Image du point L d'affixe $\frac{i}{2}$**

Calculons l'affixe $z_{L'}$ du point L′ image de L par $f$ :

$$z_{L'} = \frac{-\left(\frac{i}{2}\right)^2}{\frac{i}{2}-i} = \frac{-\left(\frac{-1}{4}\right)}{-\frac{i}{2}} = -\frac{1}{4} \times \frac{2}{i} = \frac{i}{2}.$$

Le point L′ est confondu avec L.

**Le point L est donc un point invariant par $f$.**

**b. Recherche des points invariants par $f$**

Soit M d'affixe $z$ ($z \neq i$) un point invariant par $f$. Le point M est invariant par $f$ si, et seulement si, M et $f(M)$ ont la même affixe, donc si, et seulement si :

$$z = \frac{-z^2}{z-i}.$$

Pour tout nombre complexe $z$ distinct de $i$, cette équation est équivalente à :

$$z(z-i) = -z^2$$
$$2z^2 - iz = 0$$
$$z(2z-i) = 0$$
$$z = 0 \text{ ou } z = \frac{i}{2}.$$

**Il existe donc deux points invariants par $f$ : l'origine O du repère et le point L d'affixe $\frac{i}{2}$.**

**3. Un procédé de construction**

On nomme G l'isobarycentre des points A, M et M′ et $g$ l'affixe du point G.

**a. Affixe du point G**

Le point G, isobarycentre des points A, M et M′ a pour affixe $g$ la moyenne des affixes de A, M et M′. Pour tout complexe $z \neq \mathrm{i}$, on a :

$$g = \frac{z_A + z + z'}{3} = \frac{1}{3}\left(\mathrm{i} + z - \frac{z^2}{z - \mathrm{i}}\right)$$

$$g = \frac{1}{3} \times \frac{(\mathrm{i} + z)(z - \mathrm{i}) - z^2}{z - \mathrm{i}}$$

$$g = \frac{-\mathrm{i}^2}{3(z - \mathrm{i})} = \frac{1}{3(z - \mathrm{i})}.$$

Pour tout $z \neq \mathrm{i}$, l'affixe du point G est :

$$\boxed{g = \frac{1}{3(z - \mathrm{i})}}.$$

**b. Si AM = $r$, alors G appartient au cercle de centre O et de rayon $\frac{1}{3r}$.**

On suppose que M appartient à un cercle de centre A et de rayon $r$, donc AM = $r$ est AM = $|z - \mathrm{i}|$ on en déduit alors :

$$\mathrm{OG} = |g| = \left|\frac{1}{3(z - \mathrm{i})}\right| = \frac{1}{3|z - \mathrm{i}|} = \frac{1}{3r}.$$

**Le point G appartient donc au cercle de centre O et de rayon $\frac{1}{3r}$.**

**c. Montrons que arg $g = -(\vec{u}\,;\overrightarrow{\mathrm{AM}})$.**

L'égalité $g = \frac{1}{3(z - \mathrm{i})}$ indique que $g$ est non nul pour tout complexe $z \neq \mathrm{i}$ et que :

$$\begin{aligned}\arg g &= \arg\left(\frac{1}{3(z - \mathrm{i})}\right) + 2k\pi, \quad k \in \mathbb{Z}\\ &= \arg 1 - \arg\,(3(z - \mathrm{i})) + 2k\pi\\ &= 0 - \arg 3 - \arg\,(z - \mathrm{i}) + 2k\pi\\ &= -\arg\,(z - \mathrm{i}) + 2k\pi \qquad \text{car } \arg 3 = 0 \pmod{2\pi}.\end{aligned}$$

Pour tout $z \neq \mathrm{i}$, $z - \mathrm{i}$ est l'affixe du vecteur $\overrightarrow{\mathrm{AM}}$ d'où :

$$\arg\,(z - \mathrm{i}) = (\vec{u}\,;\overrightarrow{\mathrm{AM}}) \ (2\pi).$$

Donc, pour tout nombre complexe $z \neq \mathrm{i}$,

$$\boxed{\arg g = -(\vec{u}\,;\overrightarrow{\mathrm{AM}}) \ [2\pi]}.$$

**d. Construction du point D′ image du point D par $f$**

• Construisons le point G, isobarycentre des points A, D et D′.

Le point D est un point appartenant au cercle de centre A et de rayon $r=\dfrac{1}{2}$ donc d'après la question **3.b.** le point G appartient au cercle de centre O et de rayon $\dfrac{1}{3r}=\dfrac{2}{3}$. **On construit donc le cercle $\mathscr{C}$ de centre O et de rayon $\dfrac{2}{3}$** (on utilise le partage du segment [OI] donné sur la figure).

D'après la question **3.c.**, on sait que $\arg g=-(\vec{u}\,;\overrightarrow{\mathrm{AD}})$ donc $(\vec{u}\,;\overrightarrow{\mathrm{OG}})=-(\vec{u}\,;\overrightarrow{\mathrm{AD}})$. Les angles que font les demi-droites [AD) et [OG) avec l'horizontale $(\mathrm{O}\,;\vec{u})$ sont opposés. Pour construire le point G à la règle et au compas, on peut construire le point E quatrième sommet du parallélogramme OADE, on a ainsi $(\vec{u}\,;\overrightarrow{\mathrm{AD}})=(\vec{u}\,;\overrightarrow{\mathrm{OE}})\ (2\pi)$, puis le point E′ symétrique de E par rapport à $(\mathrm{O}\,;\vec{u})$. Pour obtenir E′, il suffit de construire la deuxième intersection du cercle de centre O de rayon $\dfrac{1}{2}$ avec la droite (DE) car (DE) est perpendiculaire à $(\mathrm{O}\,;\vec{u})$ et le triangle OEE′ isocèle.

On a donc $(\vec{u}\,;\overrightarrow{\mathrm{OE}'})=-(\vec{u}\,;\overrightarrow{\mathrm{OE}})=-(\vec{u}\,;\overrightarrow{\mathrm{AD}})$.

La demi-droite [OE′) coupe le cercle $\mathscr{C}$ en G.

• Construisons le point D′.

On sait que le point G est le centre de gravité du triangle ADD′, point de concours des médianes. Construisons le milieu du segment [AD] puis sur la droite (LG) on place le point D′ tel que $\overrightarrow{\mathrm{LD}'}=3\overrightarrow{\mathrm{LG}}$ (On reporte 2 fois la longueur LG à partir de G : $\mathrm{GD}'=2\mathrm{LG}$).

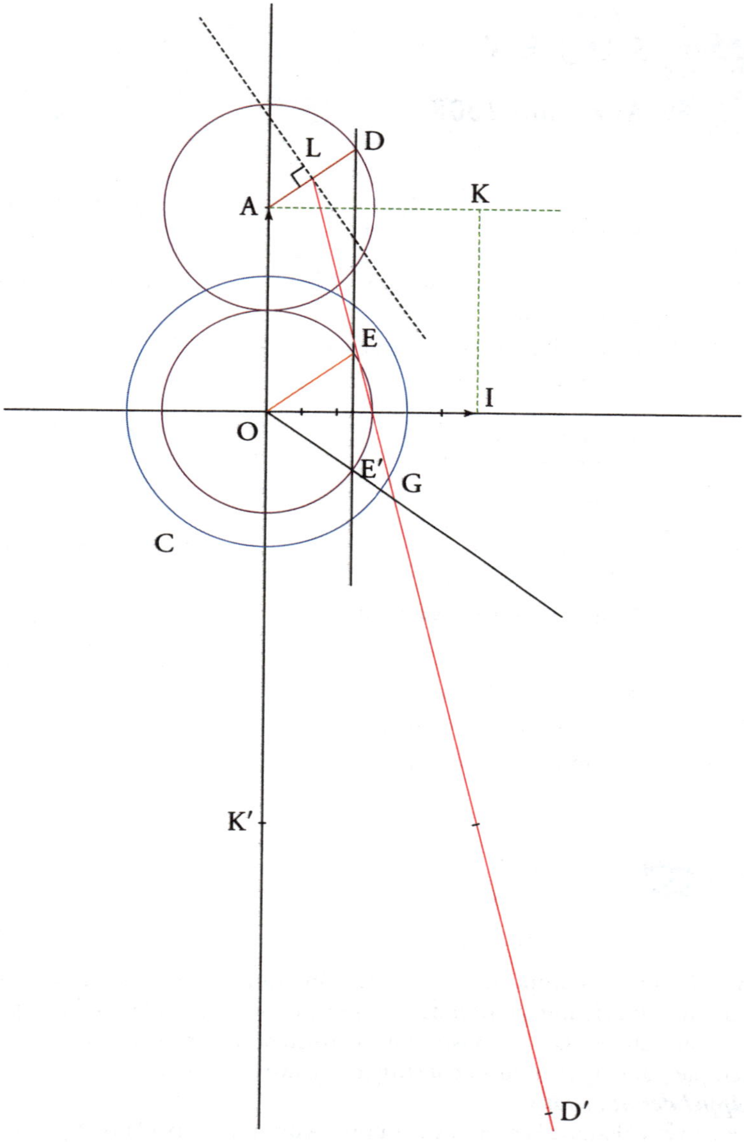
D
L
K
A
E
I
O
E′
G
C
K′
D′

# 4 SUJET
## Asie, juin 2008

**Exercice 1** [4 points ; 1 h]
- QCM

**Exercice 2 (Obligatoire)** [5 points ; 1 h]
- Probabilités
- Probabilités conditionnelles
- Suites

**Exercice 2 (Spécialité)** [5 points ; 1 h]
- Arithmétique
- Congruences

**Exercice 3** [4 points ; 40 min]
- Nombres complexes
- Application à la géométrie

**Exercice 4** [7 points ; 1 h 20 min]
- Question de cours
- Fonction exponentielle
- Famille de fonctions

## EXERCICE 1

### Partie A – Vrai ou faux ?

Pour chacune des propositions suivantes, indiquer si elle est vraie ou fausse et donner une démonstration de la réponse choisie. Dans le cas d'une proposition fausse, la démonstration consistera à proposer un contre-exemple ; une figure pourra constituer ce contre-exemple.

***Rappel des notations***

- $\mathcal{P}_1 \cap \mathcal{P}_2$ désigne l'ensemble des points communs aux plans $\mathcal{P}_1$ et $\mathcal{P}_2$.
- L'écriture $\mathcal{P}_1 \cap \mathcal{P}_2 = \varnothing$ signifie que les plans $\mathcal{P}_1$ et $\mathcal{P}_2$ n'ont aucun point commun.

**1.** Si $\mathcal{P}_1$, $\mathcal{P}_2$ et $\mathcal{P}_3$ sont trois plans distincts de l'espace vérifiant :

$$\mathcal{P}_1 \cap \mathcal{P}_2 \neq \varnothing \quad \text{et} \quad \mathcal{P}_2 \cap \mathcal{P}_3 \neq \varnothing,$$

alors on peut conclure que $\mathcal{P}_1$ et $\mathcal{P}_3$ vérifient $\mathcal{P}_1 \cap \mathcal{P}_3 \neq \varnothing$.

2. Si $\mathcal{P}_1$, $\mathcal{P}_2$ et $\mathcal{P}_3$ sont trois plans distincts de l'espace vérifiant :

$$\mathcal{P}_1 \cap \mathcal{P}_2 \cap \mathcal{P}_3 = \varnothing,$$

alors on peut conclure que $\mathcal{P}_1$, $\mathcal{P}_2$ et $\mathcal{P}_3$ sont tels que :

$$\mathcal{P}_1 \cap \mathcal{P}_2 = \varnothing \quad \text{et} \quad \mathcal{P}_2 \cap \mathcal{P}_3 = \varnothing.$$

3. Si $\mathcal{P}_1$, $\mathcal{P}_2$ et $\mathcal{P}_3$ sont trois plans distincts de l'espace vérifiant :

$$\mathcal{P}_1 \cap \mathcal{P}_2 \neq \varnothing \quad \text{et} \quad \mathcal{P}_1 \cap \mathcal{P}_3 = \varnothing,$$

alors on peut conclure que $\mathcal{P}_2$ et $\mathcal{P}_3$ vérifient $\mathcal{P}_2 \cap \mathcal{P}_3 \neq \varnothing$.

4. Si $\mathcal{P}_1$ et $\mathcal{P}_2$ sont deux plans distincts et $\mathcal{D}$ une droite de l'espace vérifiant :

$$\mathcal{P}_1 \cap \mathcal{D} \neq \varnothing \quad \text{et} \quad \mathcal{P}_1 \cap \mathcal{P}_2 = \varnothing,$$

alors on peut conclure que $\mathcal{P}_2 \cap \mathcal{D} \neq \varnothing$.

## Partie B – Intersection de trois plans donnés

Dans un repère orthonormal de l'espace on considère les trois plans suivants :

- $\mathcal{P}_1$ d'équation $x + y - z = 0$ ;
- $\mathcal{P}_2$ d'équation $2x + y + z - 3 = 0$ ;
- $\mathcal{P}_3$ d'équation $x + 2y - 4z + 3 = 0$.

1. Justifier que les plans $\mathcal{P}_1$ et $\mathcal{P}_2$ sont sécants, puis déterminer une représentation paramétrique de leur droite d'intersection, notée $\Delta$.

2. En déduire la nature de l'intersection $\mathcal{P}_1 \cap \mathcal{P}_2 \cap \mathcal{P}_3$.

## EXERCICE 2 (Obligatoire)

On considère plusieurs sacs de billes $S_1$, $S_2$, ..., $S_n$, ... tels que :

- le premier, $S_1$, contient 3 billes jaunes et 2 vertes ;
- chacun des suivants, $S_2$, $S_3$, ..., $S_n$, ... contient 2 billes jaunes et 2 vertes.

Le but de cet exercice est d'étudier l'évolution des tirages successifs d'une bille de ces sacs, effectués de la manière suivante :

- on tire au hasard une bille dans $S_1$ ;
- on place la bille tirée de $S_1$ dans $S_2$, puis on tire au hasard une bille dans $S_2$ ;
- on place la bille tirée de $S_2$ dans $S_3$, puis on tire au hasard une bille dans $S_3$ ;
- etc...

Pour tout entier $n \geqslant 1$, on note $E_n$ l'événement « la bille tirée dans $S_n$ est verte » et on note $p(E_n)$ sa probabilité.

**1. Mise en évidence d'une relation de récurrence**

**a.** D'après l'énoncé, donner les valeurs de $p(E_1)$, $p_{E_1}(E_2)$, $p_{\overline{E}_1}(E_2)$.
En déduire la valeur de $p(E_2)$. **[1 pt]**

**b.** À l'aide d'un arbre pondéré, exprimer $p(E_{n+1})$ en fonction de $p(E_n)$. **[0,5 pt]**

**2. Étude d'une suite**

On considère la suite $(u_n)$ définie par :

$$\begin{cases} u_1 = \dfrac{2}{5} \\ u_{n+1} = \dfrac{1}{5} u_n + \dfrac{2}{5} \text{ pour tout } n \geqslant 1 \end{cases}.$$

**a.** Démontrer que la suite $(u_n)$ est majorée par $\frac{1}{2}$. **[1 pt]**

**b.** Démontrer que $(u_n)$ est croissante. **[0,75 pt]**

**c.** Justifier que la suite $(u_n)$ est convergente et préciser sa limite. **[0,75 pt]**

**3. Évolution des probabilités $p(E_n)$**

**a.** À l'aide des résultats précédents, déterminer l'évolution des probabilités $p(E_n)$. **[0,5 pt]**

**b.** Pour quelles valeurs de l'entier $n$ a-t-on $0{,}499\,99 \leqslant p(E_n) \leqslant 0{,}5$ ? **[0,5 pt]**

## EXERCICE 2 (Spécialité)

Soit $a$ et $b$ deux entiers naturels non nuls ; on appelle « réseau » associé aux entiers $a$ et $b$ l'ensemble des points du plan, muni d'un repère orthonormal, dont les coordonnées $(x ; y)$ sont des entiers vérifiant les conditions : $0 \leqslant x \leqslant a$ et $0 \leqslant y \leqslant b$. On note $R_{a,\,b}$ ce réseau.
Le but de l'exercice est de relier certaines propriétés arithmétiques des entiers $x$ et $y$ à des propriétés géométriques des points correspondants du réseau.

### Partie A – Représentation graphique de quelques ensembles

Dans cette question, les réponses sont attendues sans explication, sous la forme d'un graphique qui sera dûment complété.
Représenter graphiquement les points $M(x ; y)$ du réseau $R_{8,\,8}$ vérifiant :

**1.** $x \equiv 2 \pmod{3}$ et $y \equiv 1 \pmod{3}$, sur le graphique ci-dessous :

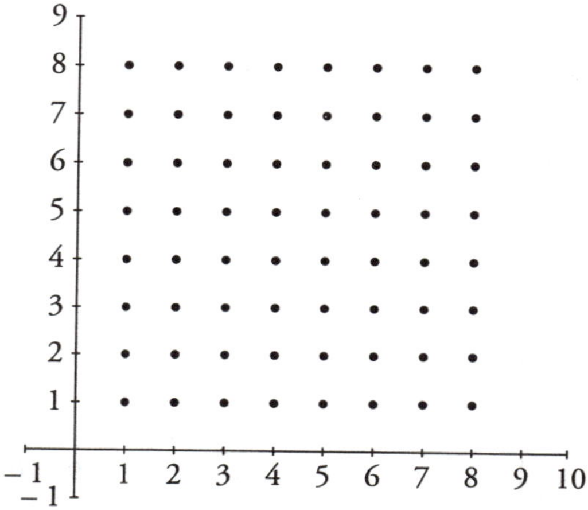

**Graphique 1**

**[0,5 pt]**

**2.** $x + y \equiv 1 \pmod{3}$, sur le graphique ci-dessous :

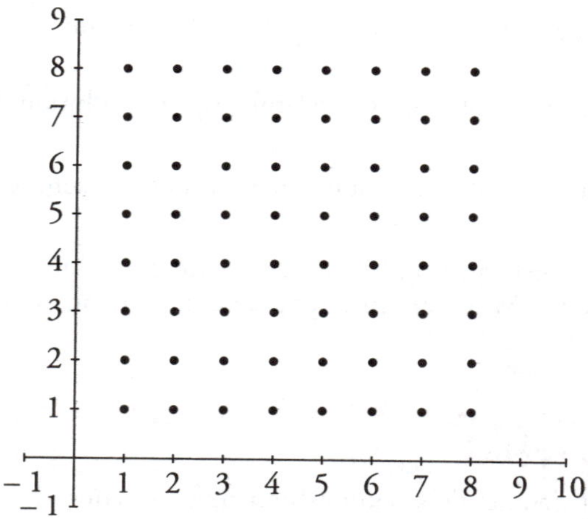

**Graphique 2**

**[0,5 pt]**

**3.** $x \equiv y$ (modulo 3), sur le graphique ci-dessous :

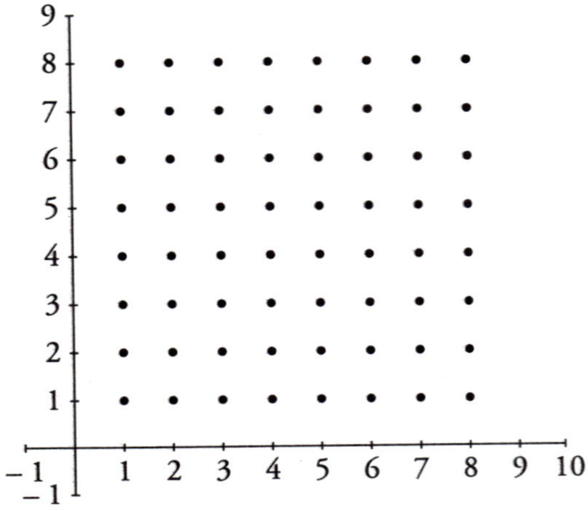

**Graphique 3** **[0,5 pt]**

## Partie B – Résolution d'une équation

On considère l'équation (E) $7x - 4y = 1$, où les inconnues $x$ et $y$ sont des entiers relatifs.

**1.** Déterminer un couple d'entiers relatifs $(x_0 ; y_0)$ solution de l'équation (E). **[0,25 pt]**

**2.** Déterminer l'ensemble des couples d'entiers relatifs solutions de l'équation (E). **[0,75 pt]**

**3.** Démontrer que l'équation (E) admet une unique solution $(x ; y)$ pour laquelle le point $M(x ; y)$ correspondant appartient au réseau $R_{4,\ 7}$. **[0,5 pt]**

## Partie C – Une propriété des points situés sur la diagonale du réseau

Si $a$ et $b$ sont deux entiers naturels non nuls, on considère la diagonale $[OA]$ du réseau $R_{a,\ b}$ avec $O(0 ; 0)$ et $A(a ; b)$.

**1.** Démontrer que les points du segment $[OA]$ sont caractérisés par les conditions :

$$0 \leqslant x \leqslant a \ ; \quad 0 \leqslant y \leqslant b \ ; \quad ay = bx.$$ **[0,5 pt]**

**2.** Démontrer que si $a$ et $b$ sont premiers entre eux, alors les points O et A sont les seuls points du segment $[OA]$ appartenant au réseau $R_{a,\ b}$. **[0,75 pt]**

**3.** Démontrer que si $a$ et $b$ ne sont pas premiers entre eux, alors le segment $[OA]$ contient au moins un autre point du réseau.
(On pourra considérer le pgcd $d$ des nombres $a$ et $b$ et poser $a = da'$ et $b = db'$.) **[0,75 pt]**

## EXERCICE 3

Le plan complexe est rapporté au repère orthonormal direct $(O\ ;\ \vec{u}, \vec{v})$.
On prendra pour le dessin $\|\vec{u}\| = 4$ cm.
M est un point d'affixe $z$ non nul. On désigne par M′ le point d'affixe $z'$ telle que :

$$z' = -\frac{1}{\overline{z}}$$

où $\overline{z}$ désigne le conjugué du nombre complexe $z$.

### Partie A – Quelques propriétés

**1.** Soit $z$ un nombre complexe non nul. Déterminer une relation entre les modules de $z$ et $z'$, puis une relation entre les arguments de $z$ et $z'$. **[0,5 pt]**

**2.** Démontrer que les points O, M et M′ sont alignés. **[0,5 pt]**

**3.** Démontrer que pour tout nombre complexe $z$ non nul on a l'égalité :

$$\overline{z' + 1} = \frac{1}{z}\,(z - 1).$$ **[0,5 pt]**

### Partie B – Construction de l'image d'un point

On désigne par A et B les deux points d'affixes respectives 1 et $-1$.
On note $\mathscr{C}$ l'ensemble des points M du plan dont l'affixe $z$ vérifie :

$$|z - 1| = 1.$$

**1.** Quelle est la nature de l'ensemble $\mathscr{C}$ ? **[0,5 pt]**

**2.** Soit M un point de $\mathscr{C}$ d'affixe $z$, distinct du point O.

**a.** Démontrer que $|z' + 1| = |z'|$. Interpréter géométriquement cette égalité. **[0,5 pt]**

**b.** Est-il vrai que si $z'$ vérifie l'égalité $|z' + 1| = |z'|$, alors $z$ vérifie l'égalité $|z - 1| = 1$ ? **[0,5 pt]**

**3.** Tracer l'ensemble $\mathscr{C}$ sur une figure. Si M est un point de $\mathscr{C}$, décrire et réaliser la construction du point M′. **[1 pt]**

SUJETS DE BAC

## EXERCICE 4

### Partie A – Restitution organisée de connaissances

On suppose connu le résultat suivant : $\lim\limits_{x \to +\infty} \dfrac{e^x}{x} = +\infty$.

Démontrer que $\lim\limits_{x \to +\infty} xe^{-x} = 0$. **[0,75 pt]**

### Partie B – Étude d'une fonction

On considère la fonction $f$ définie sur $\mathbb{R}$ par :

$$f(x) = (x+1)e^{-x}.$$

On note $\mathscr{C}$ sa représentation graphique dans un repère orthonormé $(O\ ;\ \vec{i}, \vec{j})$ du plan.
On prendra 4 cm pour unité graphique.

**1.** *Cette question demande le développement d'une certaine démarche comportant plusieurs étapes. La clarté du plan d'étude, la rigueur des raisonnements ainsi que la qualité de la rédaction seront prises en compte dans la notation.*
Étudier les variations de la fonction $f$ et les limites aux bornes de son ensemble de définition. Résumer ces éléments dans un tableau de variation le plus complet possible. **[0,75 pt]**

**2.** Tracer la courbe $(\mathscr{C})$. On fera apparaître les résultats obtenus précédemment. **[0,5 pt]**

### Partie C – Étude d'une famille de fonctions

Pour tout entier relatif $k$, on note $f_k$ la fonction définie sur $\mathbb{R}$ par :

$$f_k(x) = (x+1)e^{kx}.$$

On note $\mathscr{C}_k$ la courbe représentative de la fonction $f_k$ dans un repère orthonormal du plan.
On remarque que le cas $k = -1$ a été traité dans la **partie B**, car on a $f_{-1} = f$ et $\mathscr{C}_{-1} = \mathscr{C}$.

**1. a.** Quelle est la nature de la fonction $f_0$ ? **[0,5 pt]**

**b.** Déterminer les points d'intersection des courbes $\mathscr{C}_0$ et $\mathscr{C}_1$.
Vérifier que, pour tout entier $k$, ces points appartiennent à la courbe $\mathscr{C}_k$. **[0,75 pt]**

**2.** Étudier, suivant les valeurs du réel $x$, le signe de l'expression :

$$(x+1)(e^x - 1).$$

En déduire, pour $k$ entier relatif donné, les positions relatives des courbes $\mathscr{C}_k$ et $\mathscr{C}_{k+1}$. **[0,75 pt]**

**3.** Calculer $f_k'(x)$ pour tout réel $x$ et pour tout entier $k$ non nul.
En déduire le sens de variation de la fonction $f_k$ suivant les valeurs de $k$. (On distinguera les cas : $k > 0$ et $k < 0$.) **[1 pt]**

**4.** Le graphique suivant représente quatre courbes $\mathscr{E}$, $\mathscr{F}$, $\mathscr{H}$ et $\mathscr{K}$, correspondant à quatre valeurs différentes du paramètre $k$, parmi les entiers $-1$, $-3$, $1$ et $2$.
Identifier les courbes correspondant à ces valeurs en justifiant la réponse.

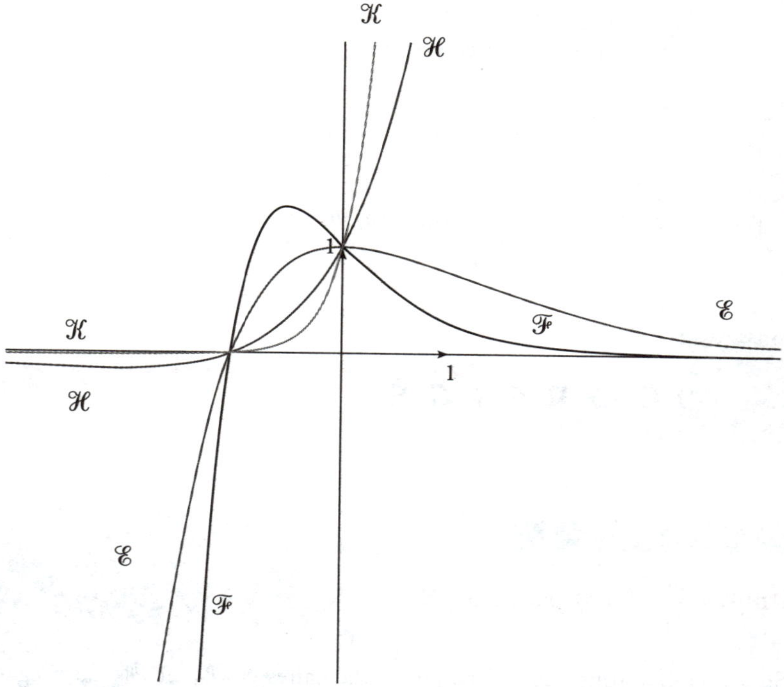


**[0,75 pt]**

## Partie D – Calcul d'une aire plane

Soit $\lambda$ un réel strictement positif. La fonction $f$ est celle définie dans la **partie B**.

**1.** À l'aide d'une intégration par parties, calculer le nombre :

$$\mathscr{A}(\lambda) = \int_0^\lambda f(t)\,\mathrm{d}t.$$ **[0,75 pt]**

**2.** Déterminer $\lim_{\lambda \to +\infty} \mathscr{A}(\lambda)$. Interpréter graphiquement le résultat. **[0,5 pt]**

## COUP de POUCE

### EXERCICE 2 (obligatoire)

2. a. Utiliser un raisonnement par récurrence.

### EXERCICE 2 (spécialité)

#### Partie A

1. $x \equiv y$ (modulo $p$) où $x$ et $y$ sont des entiers naturels et $p$ un entier naturel non nul signifie que $x - y$ est divisible par $p$.

### EXERCICE 3

#### Partie B

2. Pour tout point d'affixe $z$, $|z| = \text{OM}$.
Pour tous points A et B d'affixe $a$ et $b$, $|a - b| = \text{AB}$.

# 4 CORRIGÉ

## EXERCICE 1

### Partie A – Vrai ou Faux ?

**1. Faux**
Si $\mathcal{P}_1$ et $\mathcal{P}_2$ sont deux plans perpendiculaires et $\mathcal{P}_2$ et $\mathcal{P}_3$ sont également perpendiculaires tels que $\mathcal{P}_1$ et $\mathcal{P}_3$ soient distincts alors :

$$\mathcal{P}_1 \cap \mathcal{P}_2 \neq \varnothing \text{ et } \mathcal{P}_2 \cap \mathcal{P}_3 \neq \varnothing.$$

Mais alors $\mathcal{P}_1$ et $\mathcal{P}_3$ sont strictement parallèles donc :

$$\mathcal{P}_1 \cap \mathcal{P}_2 = \varnothing.$$

**2. Faux**
Soit $\mathcal{P}_1$, $\mathcal{P}_2$ et $\mathcal{P}_3$ trois plans parallèles tels que $\mathcal{P}_1$ et $\mathcal{P}_3$ soient parallèles (et distincts) et $\mathcal{P}_2$ un plan non parallèle aux deux autres. Les plans $\mathcal{P}_1$ et $\mathcal{P}_2$ ne sont pas parallèles donc $\mathcal{P}_1 \cap \mathcal{P}_2 \neq \varnothing$ ; de même les plans $\mathcal{P}_2$ et $\mathcal{P}_3$ ne sont pas parallèles donc $\mathcal{P}_2 \cap \mathcal{P}_3 \neq \varnothing$.
Par contre les plans $\mathcal{P}_1$ et $\mathcal{P}_3$ sont parallèles et distincts donc $\mathcal{P}_1 \cap \mathcal{P}_3 = \varnothing$ et a fortiori $\mathcal{P}_1 \cap \mathcal{P}_2 \cap \mathcal{P}_3 = \varnothing$.

**3. Vrai**

$\mathcal{P}_1 \cap \mathcal{P}_3 = \varnothing$ donc les plans $\mathcal{P}_1$ et $\mathcal{P}_3$ sont parallèles non confondus.
D'autre part $\mathcal{P}_1 \cap \mathcal{P}_2 \neq \varnothing$, donc $\mathcal{P}_1$ et $\mathcal{P}_2$ sont sécants.
Le plan $\mathcal{P}_2$ est sécant avec $\mathcal{P}_1$ ; $\mathcal{P}_1$ est parallèle à $\mathcal{P}_3$.
Cela implique que $\mathcal{P}_2$ est également sécant avec $\mathcal{P}_3$.
Donc $\mathcal{P}_2 \cap \mathcal{P}_3 \neq \varnothing$.

**4. Faux**

Si $\mathcal{P}_1$ et $\mathcal{P}_2$ sont deux plans strictement parallèles :

$$\mathcal{P}_1 \cap \mathcal{P}_2 = \varnothing.$$

Si $\mathcal{D}$ est une droite incluse dans $\mathcal{P}_1$, on a alors :

$$\mathcal{P}_1 \cap \mathcal{D} \neq \varnothing$$

mais :

$$\mathcal{P}_2 \cap \mathcal{D} = \varnothing.$$

## Partie B – Intersection de trois plans donnés

**1. Intersection des plans $\mathcal{P}_1$ et $\mathcal{P}_2$**

Les vecteurs $\vec{n}_1(1\ ;\ 1\ ;\ -1)$ et $\vec{n}_2(2\ ;\ 1\ ;\ 1)$ sont normaux à $\mathcal{P}_1$ et $\mathcal{P}_2$ respectivement. Ces vecteurs ne sont pas colinéaires donc $\mathcal{P}_1$ et $\mathcal{P}_2$ ne sont pas parallèles. Ils sont sécants.
Le point M de coordonnées $(x\ ;\ y\ ;\ z)$ appartient à $\mathcal{P}_1 \cap \mathcal{P}_2$ si, et seulement si :

$$\begin{cases} x+y-z=0 \\ 2x+y+z-3=0 \end{cases}$$

$$\begin{cases} z=x+y \\ 2x+y+x+y-3=0 \end{cases}$$

$$\begin{cases} z=x+y \\ y=-\dfrac{3}{2}x+\dfrac{3}{2} \end{cases}$$

$$\begin{cases} y=-\dfrac{3}{2}x+\dfrac{3}{2} \\ z=x+y=-\dfrac{1}{2}x+\dfrac{3}{2} \end{cases}.$$

Une représentation paramétrique de $\Delta = \mathcal{P}_1 \cap \mathcal{P}_2$ est donc :

$$\boxed{\begin{cases} x = t \\ y = -\dfrac{3}{2}\,t + \dfrac{3}{2} \\ z = -\dfrac{1}{2}\,t + \dfrac{3}{2} \end{cases} \quad \text{où } t \in \mathbb{R}}.$$

**2. Détermination de $\mathcal{P}_1 \cap \mathcal{P}_2 \cap \mathcal{P}_3$**

On cherche $\mathcal{P}_1 \cap \mathcal{P}_2 \cap \mathcal{P}_3 = \Delta \cap \mathcal{P}_3$.

Le point M de coordonnées $\left(t\,;-\dfrac{3}{2}\,t+\dfrac{3}{2}\,;-\dfrac{1}{2}\,t+\dfrac{3}{2}\right)$ appartient à $\mathcal{P}_3$ si, et seulement si :

$$t - 3t + 3 + 2t - 6 + 3 = 0$$

équation qui est vérifiée pour tout réel $t$.
La droite $\Delta$ est donc incluse dans $\mathcal{P}_3$ et :

$$\boxed{\mathcal{P}_1 \cap \mathcal{P}_2 \cap \mathcal{P}_3 = \Delta}.$$

## EXERCICE 2 (Obligatoire)

**1. a. Détermination de $p(E_1)$, $p_{E_1}(E_2)$, $p_{\overline{E_1}}(E_2)$ et $p(E_2)$**

$$\boxed{p(E_1) = \frac{2}{5}}.$$

On a placé la bille verte tirée de $S_1$ dans $S_2$, qui compte désormais 3 billes vertes et 2 billes jaunes donc :

$$\boxed{p_{E_1}(E_2) = \frac{3}{5}}.$$

Si on tire une bille jaune dans $S_1$, le sac $S_2$ compte ensuite 2 billes vertes et 3 billes jaunes donc :

$$\boxed{p_{\overline{E_1}}(E_2) = \frac{2}{5}}.$$

En appliquant la formule des probabilités totales avec le système d'événements $(E_1\,;\overline{E_1})$ on obtient :

$$p(E_2) = p(E_1 \cap E_2) + p(\overline{E_1} \cap E_2)$$

$$p(E_2) = p(E_1) \times p_{E_1}(E_2) + p(\overline{E_1}) \times p_{\overline{E_1}}(E_2)$$

$$p(E_2) = \frac{2}{5} \times \frac{3}{5} + \left(1 - \frac{2}{5}\right)\frac{2}{5}$$

$$\boxed{p(E_2) = \frac{12}{25}}.$$

**b. Expression de $p(E_{n+1})$ en fonction de $p(E_n)$**

Le raisonnement est le même que dans **a.** qui traite le cas $n = 1$. Pour tout $n \geqslant 1$ :

$$p_{E_n}(E_{n+1}) = \frac{3}{5} \text{ et } p_{\overline{E}_n}(E_{n+1}) = \frac{2}{5}$$

car selon que l'on a tiré dans $S_n$ une bille verte ou une bille jaune, le sac $S_{n+1}$ contient 2 billes jaunes et 3 billes vertes ou 3 billes jaunes et 2 billes vertes avant le $(n + 1)$-ième tirage.

On en déduit $p_{E_n}(\overline{E}_{n+1}) = \frac{2}{5}$ et $p_{\overline{E}_n}(\overline{E}_{n+1}) = \frac{3}{5}$.

D'où l'arbre pondéré :

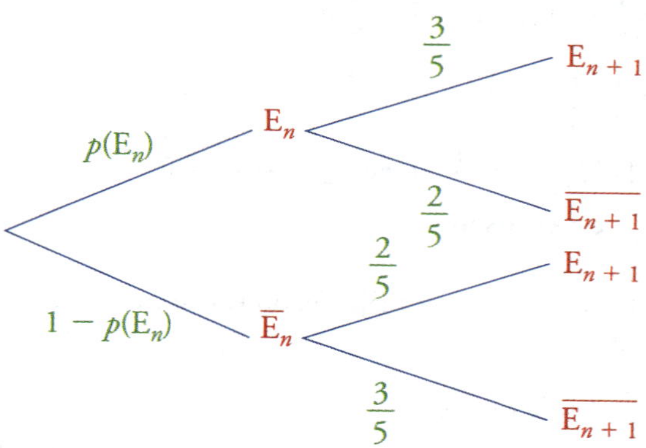


On en déduit :

$$p(E_{n+1}) = p(E_n \cap E_{n+1}) + p(\overline{E}_n \cap E_{n+1})$$

$$p(E_{n+1}) = \frac{3}{5}\, p(E_n) + \frac{2}{5}\,(1 - p(E_n))$$

$$\boxed{p(E_{n+1}) = \frac{1}{5}\, p(E_n) + \frac{2}{5}}.$$

**2.** Soit $(u_n)$ la suite définie par $u_1 = \frac{2}{5}$ et pour tout $n \geqslant 1$ :

$$u_{n+1} = \frac{1}{5}\, u_n + \frac{2}{5}.$$

**a.** Majoration de la suite $(u_n)$ par $\frac{1}{2}$

Montrons, par récurrence sur $n$, que pour tout $n \geqslant 1$, $u_n \leqslant \frac{1}{2}$.

- On a $u_1 = \frac{2}{5}$ donc $u_1 \leqslant \frac{1}{2}$.
- Supposons $u_n \leqslant \frac{1}{2}$. On en déduit :

$$u_{n+1} \leqslant \frac{1}{5} \times \frac{1}{2} + \frac{2}{5} \leqslant \frac{1}{2}.$$

D'après le principe du raisonnement par récurrence, on a pour tout $n \geqslant 1$, $u_n \leqslant \frac{1}{2}$.

**La suite $(u_n)$ est majorée par $\frac{1}{2}$.**

**b.** $(u_n)$ est croissante

Pour tout $n \geqslant 1$ :

$u_{n+1} - u_n = \frac{1}{5}\, u_n + \frac{2}{5} - u_n = \frac{2}{5} - \frac{4}{5}\, u_n$

$u_{n+1} - u_n = \frac{4}{5}\left(\frac{1}{2} - u_n\right).$

Pour tout $n$ de $\mathbb{N}^*$ $u_n \leqslant \frac{1}{2}$, donc $u_{n+1} - u_n \geqslant 0$.

**La suite $(u_n)$ est croissante.**

**c.** Convergence de la suite $(u_n)$

La suite $(u_n)$ est croissante et majorée, donc elle converge.
Soit $\ell$ sa limite.

Pour tout $n \geqslant 1$, $u_{n+1} = \frac{1}{5}\, u_n + \frac{2}{5}$.

Par passage à la limite dans cette égalité, la fonction $x \mapsto \frac{1}{5}x + \frac{2}{5}$ étant continue on obtient $\ell = \frac{1}{5}\,\ell + \frac{2}{5}$. Donc $\ell = \frac{1}{2}$.

**La suite $(u_n)$ converge vers $\frac{1}{2}$.**

**3. a.** Évolution des probabilités $p(\mathrm{E}_n)$

$p(\mathrm{E}_1) = \frac{2}{5}$ et pour tout $n \geqslant 1$ :

$$p(\mathrm{E}_{n+1}) = \frac{1}{5}\, p(\mathrm{E}_n) + \frac{2}{5}.$$

La suite $(p(E_n))$ coïncide donc avec la suite $(u_n)$.

**Donc la probabilité de tirer une bille verte dans le sac $n$ tend vers $\frac{1}{2}$ quand $n$ tend vers $+\infty$.**

**b. Valeurs de $n$ pour lesquelles $0{,}499\ 99 \leqslant p(E_n) \leqslant 0{,}5$**

Le calcul des premiers termes de la suite donne :
$u_2 = 0{,}48$ ; $u_3 = 0{,}496$ ; $u_4 = 0{,}499\ 2$ ;
$u_5 = 0{,}499\ 84$ ; $u_6 = 0{,}499\ 968$ ; $u_7 = 0{,}499\ 994$.

La suite $(u_n)$ est croissante et majorée par $\frac{1}{2}$, on obtient, pour $n \geqslant 7$ :
$0{,}499\ 99 \leqslant u_n \leqslant 0{,}5$

$$\boxed{0{,}499\ 9 \leqslant p(E_n) \leqslant 0{,}5}.$$

Donc **$0{,}499\ 9 \leqslant p(E_n) \leqslant 0{,}5$ pour les valeurs de $n$ supérieures à 7.**



## EXERCICE 2 (Spécialité)

### Partie A – Représentation de quelques ensembles

**1. Représentation des points de $R_{8\,;\,8}$ vérifiant $x \equiv 2 \pmod 3$ et $y \equiv 1 \pmod 3$**

Les entiers compris entre 0 et 8 congrus à 2 modulo 3 sont 2, 5 et 8.
Les entiers compris entre 0 et 8 congrus à 1 modulo 3 sont 1, 4 et 7.
D'où le graphique :

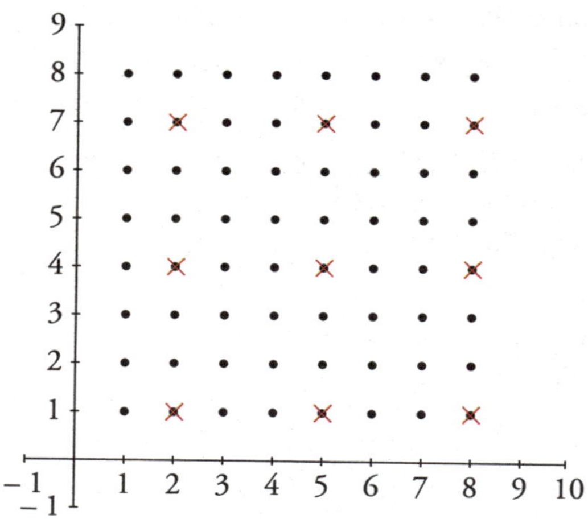

**Graphique 1**

**2. Représentation des points de $R_{8;8}$ vérifiant $x+y \equiv 1 \pmod 3$**

On a $x+y \equiv 1$ (modulo 3) et $0 \leqslant x+y \leqslant 16$ donc :

$$x+y \in \{1 ; 4 ; 7 ; 10 ; 13 ; 16\}.$$

Comme $0 \leqslant x \leqslant 8$ et $0 \leqslant y \leqslant 8$, on obtient les couples $(x ; 1-x)$ avec $0 \leqslant x \leqslant 1$, $(x ; 4-x)$ avec $0 \leqslant x \leqslant 4$, $(x ; 7-x)$ avec $0 \leqslant x \leqslant 7$, $(x ; 10-x)$ avec $2 \leqslant x \leqslant 8$, $(x ; 13-x)$ avec $5 \leqslant x \leqslant 8$ et $(8 ; 8)$.

D'où le graphique 2 :

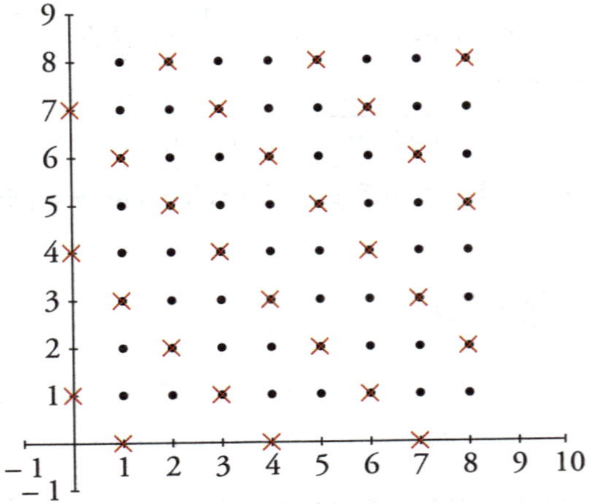


**Graphique 2**

**3. Représentation des points de $R_{8;8}$ vérifiant $x \equiv y \pmod 3$**

$y-x \equiv 0$ (modulo 3) et $-8 \leqslant y-x \leqslant 8$ donc :

$$y-x \in \{-6 ; -3 ; 0 ; 3 ; 6\}.$$

On obtient donc les points du réseau qui sont sur l'une des droites d'équation :

$y=x-6$, avec $6 \leqslant x \leqslant 8$, $y=x-3$, avec $3 \leqslant x \leqslant 8$,
$y=x$ avec $0 \leqslant x \leqslant 8$, $y=x+3$, avec $0 \leqslant x \leqslant 5$,
$y=x+6$, avec $0 \leqslant x \leqslant 2$.

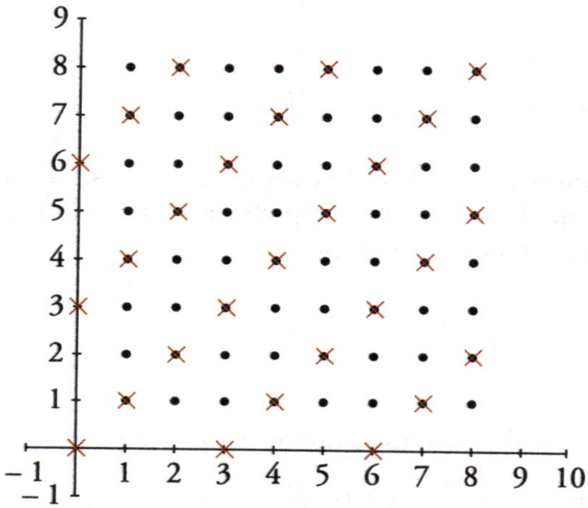

**Graphique 3**

## Partie B – Résolution d'une équation

**1. Détermination d'un couple $(x_0 ; y_0)$ solution de (E)**

$7-(-1)-4(-2)=-7+8=1$ donc :

**Le couple $(-1 ; -2)$ est solution de (E).**

**2. Ensemble des couples d'entiers relatifs solutions de (E)**

Pour tout $(x ; y) \in \mathbb{Z}^2$ :

$$7x-4y=1 \Leftrightarrow 7x-4y=7(-1)-4(-2)$$
$$\Leftrightarrow 7(x+1)=4(y+2)$$

Si $7(x+1)=4(y+2)$, alors 7 divise $4(y+2)$ et comme 7 est premier avec 4, il divise $y+2$ d'après le théorème de Gauss.

Donc il existe $k \in \mathbb{Z}$ tel que $y+2=7k$ soit $y=-2+7k$.

On a alors $7(x+1)=4(y+2)$.

Donc, $7(x+1)=28k$ et $x+1=4k$ soit $x=-1+4k$.

Réciproquement, on vérifie que les couples $(-1+4k ; -2+7k)$, $k \in \mathbb{Z}$ sont solutions.

**Les solutions de l'équation (E) sont donc les couples $(x ; y)$ pour lesquels il existe $k \in \mathbb{Z}$ tel que** $\begin{cases} x=-1+4k \\ y=-2+7k \end{cases}$.

**3. Existence d'une unique solution $(x ; y)$ de (E) pour laquelle $M(x ; y)$ appartient à $R_{4;7}$**

Soit $k \in \mathbb{Z}$. Le point M de coordonnées $(-1+4k ; -2+7k)$ appartient à $R_{4;7}$ si, et seulement si :

$$\begin{cases} 0 \leqslant -1+4k \leqslant 4 \\ 0 \leqslant -2+7k \leqslant 8 \end{cases} \text{ soit } \begin{cases} \dfrac{1}{4} \leqslant k \leqslant \dfrac{5}{4} \\ \dfrac{2}{7} \leqslant k \leqslant \dfrac{10}{7} \end{cases}.$$

**La seule solution est $k=1$ et le couple $(3\ ;\ 5)$ est la seule solution $(x\ ;\ y)$ de l'équation (E) pour laquelle le point M de coordonnées $(x\ ;\ y)$ appartient au réseau $R_{4;7}$.**

## Partie C – Une propriété des points situés sur la diagonale du réseau

### 1. Caractérisation des points du segment [OA]

$a$ et $b$ étant deux réels non nuls, la droite (OA) a pour coefficient directeur $\frac{b}{a}$ et pour équation $y=\frac{b}{a}x$, c'est-à-dire $ay=bx$.
De plus, un point M de coordonnées $(x\ ;\ y)$ de la droite (OA) appartient au segment [OA] si, et seulement si, $0 \leqslant x \leqslant a$.
Les points du segment [OA] sont donc caractérisés par :

$$0 \leqslant x \leqslant a,\ ay=bx.$$

Si ces deux conditions sont réalisés, on a alors :

$$0 \leqslant bx \leqslant ab \text{ donc } 0 \leqslant ay \leqslant ab$$

c'est-à-dire $0 \leqslant y \leqslant b$.
Ainsi les points du segment [OA] sont caractérisés par :

$$\boxed{0 \leqslant x \leqslant a\ ;\ 0 \leqslant y \leqslant b\ ;\ ay=bx}.$$

### 2. Si $a$ et $b$ sont premiers entre eux O et A sont les seuls points de [OA] appartenant à $R_{a;b}$

Un point de coordonnées $(x\ ;\ y)$ appartient au réseau $\mathbb{R}_{a;b}$ et au segment [OA] si, et seulement si :

$$0 \leqslant x \leqslant a\ ;\ 0 \leqslant y \leqslant b\ ;\ ay=bx.$$

Supposons que $a$ et $b$ sont premiers entre eux.
Si $ay=bx$, $a$ divise $bx$ et comme $a$ est premier avec $b$, $a$ divise $x$ d'après le théorème de Gauss.
Les seuls multiples de $a$ compris entre 0 et $a$ sont 0 et $a$. On a donc :

soit $x=0$ ce qui implique $ay=0$ et $y=0$ ;

soit $x=a$ ce qui implique $ay=ab$ et $y=b$.

On obtient les points de coordonnées $(0\ ;\ 0)$ et $(a\ ;\ b)$ soit O et A.

Il est clair réciproquement que ces points appartient au réseau $R_{a\,;\,b}$ et au segment $[OA]$.
**Donc, si *a* et *b* sont premiers entre eux, les seuls points du réseau $R_{a\,;\,b}$ qui appartiennent à $[OA]$ sont O et A.**

### 3. Si *a* et *b* ne sont pas premiers entre eux, le segment $[OA]$ contient au moins un autre point du réseau

Supposons que *a* et *b* ne sont pas premiers entre eux.
Soit *d* le PGCD de *a* et *b*. On a donc $d \geqslant 2$ et on sait qu'il existe des entiers naturels $a'$ et $b'$ tels que $a = da'$ et $b = db'$ (puisque, par définition *d* divise *a* et *b*).

Puisque $d \geqslant 2$, on a $a' = \frac{a}{d} < a$ et $a' > 0$ car $a > 0$ donc $0 < a' < a$ et de même $0 < b' < b$.
De plus, $ab' = da'b' = a'db' = ba'$.
**Donc le point de coordonnées $(a'\,;\,b')$ appartient au réseau et au segment $[OA]$. Il n'est égal ni à O, ni à A, puisque $0 < a' < a$.**



## EXERCICE 3

## Partie A – Quelques propriétés

### 1. Relation entre les modules et les arguments de *z* et *z'*

Soit $z \neq 0$, $z' = -\frac{1}{\bar{z}}$. On a :

$$\boxed{|z'| = \frac{1}{|\bar{z}|} = \frac{1}{|z|}}.$$

Comme $z' \neq 0$, $\arg z'$ est défini et :

$$\arg z' = \arg \frac{1}{\bar{z}} + \pi = -\arg \bar{z} + \pi \quad [2\pi]$$

$$\boxed{\arg z' = \arg z + \pi \quad [2\pi]}.$$

### 2. Les points O, M et M′ sont alignés

On sait que si M est le point d'affixe $z \neq 0$, alors $\arg z$ est une mesure de l'angle $(\vec{u}\,;\,\overrightarrow{OM})$.
Comme $\arg z' = \arg z + \pi$, on obtient :

$$(\vec{u}\,;\,\overrightarrow{OM'}) = (\vec{u}\,;\,\overrightarrow{OM}) + \pi[2\pi]$$

$$(\overrightarrow{OM}\,;\,\overrightarrow{OM'}) = \pi[2\pi].$$

L'angle $\widehat{MOM'}$ est plat.

**Donc les points M, O et M′ sont alignés.**

**3. Démonstration de l'égalité $\overline{z'+1} = \frac{1}{z}(z-1)$**

Pour tout nombre complexe $z \neq 0$, on a :

$$\overline{z'+1} = \bar{z}' + 1 = -\frac{1}{z} + 1$$

$$\boxed{\bar{z}' + 1 = \frac{1}{z}(z-1)}.$$

## Partie B – Construction de l'image d'un point

**1. Nature de l'ensemble $\mathscr{C}$**

Si M est le point d'affixe $z$ et A le point d'affixe 1 :

$$\text{AM} = |z-1|.$$

**Ainsi $\mathscr{C}$ est le cercle de centre A et de rayon 1.**

**2.** Soit M un point de $\mathscr{C}$ d'affixe $z \neq 0$.

**a. Démonstration de la relation $|z'+1| = |z'|$. Interprétation géométrique**

D'après la question **3.** de la **partie A**, on a $\overline{z'+1} = \frac{z-1}{z}$.

On en déduit :

$|z'+1| = |\overline{z'+1}| = \frac{|z-1|}{|z|} = \frac{1}{|z|}$ car $|z-1| = 1$.

Mais par ailleurs on a démontré que $|z'| = \frac{1}{|z|}$.

On en déduit que :

$$|z'+1| = |z'|.$$

Comme $|z'+1| = \text{BM}'$ et $|z'| = \text{OM}'$, on a donc $\text{BM}' = \text{OM}'$.

**Le point M′ appartient à la médiatrice du segment [OB].**

**b. Est-il vrai que si $z'$ vérifie $|z'+1| = |z'|$, alors $z$ vérifie $|z-1| = 1$ ?**

Supposons réciproquement que $|z'+1| = |z'|$. On a :

$$|z'+1| = \frac{|z-1|}{|z|} \text{ et } |z'| = \frac{1}{|z|}.$$

On en déduit :

$$\frac{|z-1|}{|z|} = \frac{1}{|z|}$$

$$|z-1|=1\,.$$

**Donc si $z'$ vérifie $|z'+1|=|z'|$, alors $z$ vérifie $|z-1|=1$.**

### 3. Figure

Si M appartient à $\mathscr{C}$, alors M′ appartient à la médiatrice du segment [OB].
Par ailleurs, les points O, M et M′ sont alignés.
Cela détermine le point M′ de manière unique.

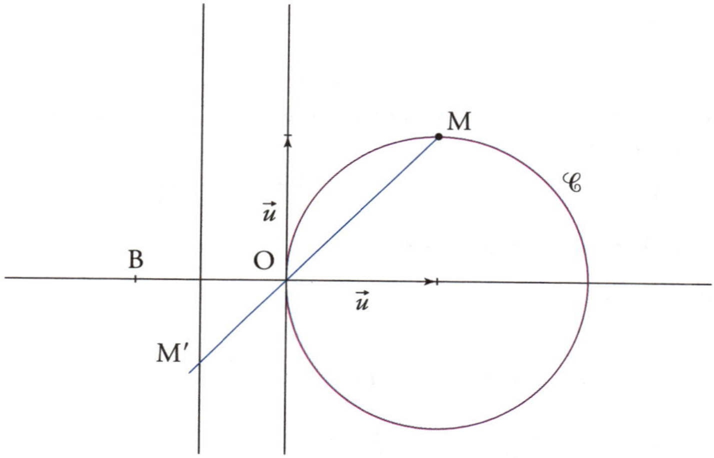




## EXERCICE 4

### Partie A – Restitution organisée de connaissances

Pour tout réel $x>0$ :

$$xe^{-x}=\frac{x}{e^x}=\frac{1}{\frac{e^x}{x}}.$$

Comme $\lim\limits_{x\to+\infty}\frac{e^x}{x}=+\infty$, l'inverse de cette fonction tend vers 0 en $+\infty$, donc :

$$\boxed{\lim_{x\to+\infty} xe^{-x}=0}.$$

## Partie B – Étude d'une fonction

### 1. Variations de la fonction $f$

La fonction $f$ est dérivable sur $\mathbb{R}$ et pour tout réel $x$,

$$f'(x) = \mathrm{e}^{-x} + (x+1)(-\mathrm{e}^{-x}) = -x\mathrm{e}^{-x}.$$

Pour tout $x$ réel, $f'(x)$ a le signe de $-x$. On obtient :

$$\begin{cases} f'(x) = 0 \Leftrightarrow x = 0 \\ f'(x) > 0 \Leftrightarrow x < 0 \\ f'(x) < 0 \Leftrightarrow x > 0 \end{cases}.$$

La fonction $f$ est donc strictement croissante sur $]-\infty\,;\,0]$ et strictement décroissante sur $[0\,;\,+\infty[$.

• $\lim\limits_{x \to -\infty} (x+1) = -\infty$ et $\lim\limits_{x \to -\infty} \mathrm{e}^{-x} = \lim\limits_{X \to +\infty} \mathrm{e}^{X} = +\infty$.

On en déduit $\lim\limits_{x \to -\infty} f(x) = -\infty$.

• Pour tout réel $x$ :

$$f(x) = x\mathrm{e}^{-x} + \mathrm{e}^{-x}.$$

On a montré précédemment que $\lim\limits_{x \to +\infty} x\mathrm{e}^{-x} = 0$.

De plus $\lim\limits_{x \to +\infty} \mathrm{e}^{-x} = \lim\limits_{X \to -\infty} \mathrm{e}^{X} = 0$.

On conclut : $\lim\limits_{+\infty} f = 0$.

• On peut résumer l'étude dans un tableau de variation.
$f(0) = 1$.

| $x$ | $-\infty$ | | $0$ | | $+\infty$ |
|---|---|---|---|---|---|
| $f'(x)$ | | $+$ | $0$ | $-$ | |
| $f$ | $-\infty$ | ↗ | $1$ | ↘ | $0$ |

### 2. Représentation graphique

On trace la courbe $\mathscr{C}$.
La droite d'équation $y = 0$ est asymptote à $\mathscr{C}$ en $+\infty$.
Au point d'abscisse 0 la tangente est horizontale.

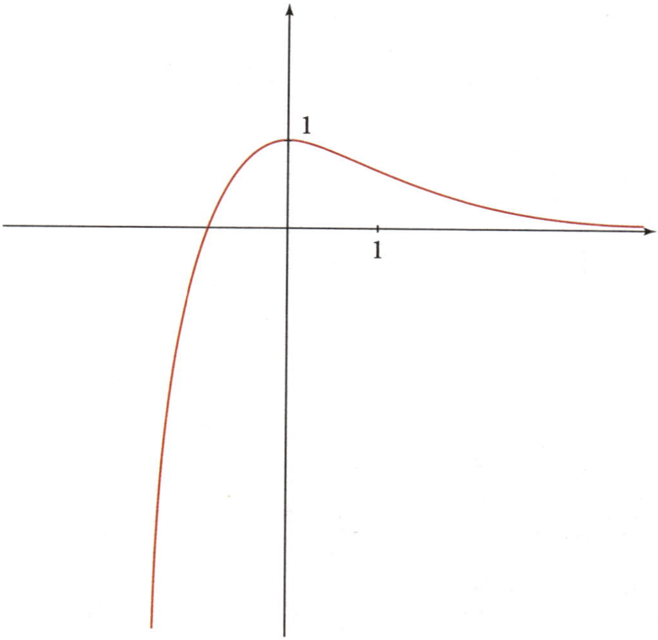




## Partie C – Étude d'une famille de fonctions

Pour $k \in \mathbb{Z}$ et $x \in \mathbb{R}$, $f_k(x) = (x+1)e^{kx}$.

**1. a. Nature de $f_0$**

Pour tout $x \in \mathbb{R}$, $f_0(x) = x + 1$.

**Donc $f_0$ est une fonction affine et $\mathscr{C}_0$ une droite.**

**b. Points d'intersection des courbes $\mathscr{C}_0$ et $\mathscr{C}_1$**

Le point $M(x\,;y)$ appartient à $\mathscr{C}_0$ et $\mathscr{C}_1$ si, et seulement si :

$$\begin{cases} y = x + 1 \\ y = (x+1)e^{-x} \end{cases}$$

On en déduit $(x+1) = (x+1)e^{-x}$ soit $(x+1)(e^{-x} - 1) = 0$, c'est-à-dire $x + 1 = 0$ ou $e^{-x} = 1$, soit encore $x = -1$ ou $x = 0$.
Si $x = -1$ alors $y = 0$ ; si $x = 0$ alors $y = 1$.

**$\mathscr{C}_0$ et $\mathscr{C}_1$ ont donc deux points d'intersection, les points de coordonnées $(-1\,;0)$ et $(0\,;1)$.**

Montrons que ces deux points appartiennent à toutes les courbes $\mathscr{C}_k$, c'est-à-dire que pour tout $k \in \mathbb{Z}$ :

$$f_k(-1) = 0 \text{ et } f_k(0) = 1\,.$$

$f_k(0) = e^0 = 1$ et $f_k(-1) = 0e^{-k} = 0$. C'est vérifié.

**Donc les points de coordonnées $(-1\ ;\ 0)$ et $(0\ ;\ 1)$ appartiennent à $\mathscr{C}_k$ pour tout entier $k \in \mathbb{Z}$.**

### 2. Étude du signe de l'expression $(x+1)(e^x-1)$. Position relative des courbes $\mathscr{C}_k$ et $\mathscr{C}_{k+1}$

Pour tout réel $x$, on a $\begin{cases} e^x - 1 = 0 \Leftrightarrow x = 0 \\ e^x - 1 > 0 \Leftrightarrow x > 0\,. \\ e^x - 1 < 0 \Leftrightarrow x < 0 \end{cases}$

D'où le tableau de signes :

| $x$ | | $-1$ | | $0$ | |
|---|---|---|---|---|---|
| $x+1$ | $-$ | 0 | $+$ | | $+$ |
| $e^x-1$ | $-$ | | $-$ | 0 | $+$ |
| $(x+1)(e^x-1)$ | $+$ | 0 | $-$ | 0 | $+$ |

On a pour $k \in \mathbb{Z}$ et $x \in \mathbb{R}$ :

$f_{k+1}(x) - f_k(x) = (x+1)e^{(k+1)x} - (x+1)e^{kx} = (x+1)e^{kx}(e^x-1)$.

Ainsi $f_{k+1}(x) - f_k(x)$ a le signe de $(x+1)(e^x-1)$.

Il résulte de l'étude qui précède que, pour tout $x$ de $\mathbb{R}$ :

$f_{k+1}(x) - f_k(x) > 0 \Leftrightarrow x < -1$ ou $x > 0$ ;

$f_{k+1}(x) - f_k(x) < 0 \Leftrightarrow x \in \,]-1\ ;\ 0[$.

Ainsi les courbes $\mathscr{C}_k$ et $\mathscr{C}_{k+1}$ se coupent aux points d'abscisse $-1$ et 0 (d'après **1.b.**).

**La courbe $\mathscr{C}_{k+1}$ est au-dessus de $\mathscr{C}_k$ pour $x < -1$ ou $x > 0$ ; elle est en-dessous de $\mathscr{C}_k$ pour $x \in \,]-1\ ;\ 0[$.**

### 3. Calcul de $f_k'(x)$. Sens de variation de $f_k$ pour $k$ non nul

La fonction $f_k$ est dérivable sur $\mathbb{R}$ et pour tout $x \in \mathbb{R}$ :

$$f_k'(x) = e^{kx} + (x+1)(ke^{kx})$$

$$f_k'(x) = e^{kx}(kx + k + 1)\,.$$

Ainsi $f_k'(x)$ a le signe de $kx + k + 1$.

$f_k'(x) = 0$ si, et seulement si, $x = -\dfrac{k+1}{k}$.

Le signe de $f_k'(x)$ dépend du signe de $k$.

Si $k > 0$, on a $f_k'(x) > 0$ si, et seulement si, $x > -\dfrac{k+1}{k}$

$f_k'(x) < 0$ si, et seulement si, $x < -\dfrac{k+1}{k}$.

Si $k<0$, on a $f_k'(x)>0$ si, et seulement si, $x<-\dfrac{k+1}{k}$

$f_k'(x)<0$ si, et seulement si, $x>-\dfrac{k+1}{k}$.

**Ainsi, si $k>0$, $f_k$ décroît sur $\left]-\infty\,;-\dfrac{k+1}{k}\right]$ et croît sur $\left[-\dfrac{k+1}{k}\,;+\infty\right[$ ; si $k<0$ $f_k$ croît sur $\left]-\infty\,;-\dfrac{k+1}{k}\right]$ et décroît sur $\left[-\dfrac{k+1}{k}\,;+\infty\right[$.**



### 4. Identification de courbes

On a vu que, pour tout $k\in\mathbb{Z}$, $\mathscr{C}_{k+1}$ est en-dessous de $\mathscr{C}_k$ pour $x\in\,]-1\,;0[$. La plus grande valeur de $k$ correspond donc à la plus petite fonction sur cet intervalle.
En observant les courbes pour $x\in\,]-1\,;0[$, on déduit que :

$$\boxed{\mathscr{C}_{-3}=\mathscr{F}\,;\,\mathscr{C}_{-1}=\mathscr{E}\,;\,\mathscr{C}_1=\mathscr{H}\,;\,\mathscr{C}_2=\mathscr{K}}.$$

## Partie D – Calcul d'une aire plane

### 1. Calcul de $\mathscr{A}(\lambda)=\int_0^\lambda f(t)\,\mathrm{d}t$

Pour tout réel $x$, $f(x)=(x+1)\mathrm{e}^{-x}$ et donc :

$$\mathscr{A}(\lambda)=\int_0^\lambda (t+1)\mathrm{e}^{-t}\,\mathrm{d}t.$$

On intègre par parties : on intègre $\mathrm{e}^{-t}$ et on dérive $t+1$.
On pose $u(t)=t+1$ ; on a alors $u'(t)=1$.
On pose $v'(t)=\mathrm{e}^{-t}$ ; on choisit $v(t)=-\mathrm{e}^{-t}$.
Comme $u$, $v$, $u'$, $v'$ sont continues, on peut écrire :

$$\mathscr{A}(\lambda)=\int_0^\lambda u(t)v'(t)\,\mathrm{d}t=[u(t)v(t)]_0^\lambda-\int_0^\lambda u'(t)v(t)\,\mathrm{d}t$$

$$\mathscr{A}(\lambda)=[-(t+1)\mathrm{e}^{-t}]_0^\lambda+\int_0^\lambda \mathrm{e}^{-t}\,\mathrm{d}t$$

$$\mathscr{A}(\lambda)=[-(t+1)\mathrm{e}^{-t}-\mathrm{e}^{-t}]_0^\lambda$$

$$\boxed{\mathscr{A}(\lambda)=-(\lambda+2)\mathrm{e}^{-\lambda}+2}.$$

### 2. Limite de $\mathscr{A}(\lambda)$ en $+\infty$. Interprétation graphique

D'après la **partie A** :

$$\lim_{\lambda\to+\infty}\lambda\mathrm{e}^{-\lambda}=0 \text{ et } \lim_{\lambda\to+\infty}2\mathrm{e}^{-\lambda}=0.$$

On en déduit $\lim\limits_{\lambda \to +\infty} (\lambda + 2)e^{-\lambda} = 0$ et donc :

$$\boxed{\lim_{\lambda \to +\infty} \mathscr{A}(\lambda) = 2}.$$

La fonction $f$ est positive sur $[0\ ;+\infty[$ donc $\mathscr{A}(\lambda)$ représente l'aire de la partie ou plan limitée par $(\mathscr{C})$, l'axe des abscisses et les droites d'équation $x = 0$ et $x = \lambda$.
La limite de $\mathscr{A}(\lambda)$ quand $\lambda$ tend vers $+\infty$, représente l'aire de la partie du plan limitée par l'axe des abscisses, la courbe $\mathscr{C}$ et la droite d'équation $x = 0$ (aire grisée sur le dessin de la question 2. de la **partie B**).
**L'aire de la partie du plan limitée par l'axe des abscisses, la courbe $\mathscr{C}$ et la droite d'équation $x = 0$ vaut donc 2 u.a. soit 32 cm$^2$.**

# 5 SUJET
## Centres étrangers, juin 2008

**Exercice 1** **[4 points ; 40 min]**
- QCM
- Géométrie dans l'espace

**Exercice 2 (Obligatoire)** **[5 points ; 1 h]**
- Nombres complexes
- Rotation

**Exercice 2 (Spécialité)** **[5 points ; 1 h]**
- Nombres complexes
- Similitudes

**Exercice 3** **[4 points ; 40 min]**
- Probabilité

**Exercice 4** **[7 points ; 1 h 20 min]**
- Question de cours
- Fonction logarithme népérien
- Calcul d'aire



## EXERCICE 1

L'espace est rapporté au repère orthonormal $(O\ ;\ \vec{i}, \vec{j}, \vec{k})$. On considère les points :

$$A(2\ ;\ 1\ ;\ -1),\quad B(-1\ ;\ 2\ ;\ 4),\quad C(0\ ;\ -2\ ;\ 3),\quad D(1\ ;\ 1\ ;\ -2)$$

et le plan $\mathcal{P}$ d'équation $x-2y+z+1=0$.

Pour chacune des huit affirmations suivantes, dire, sans justifier, si elle est vraie ou si elle est fausse.

*Une réponse exacte rapporte 0,5 point. Une réponse inexacte enlève 0,25 point. L'absence de réponse n'apporte ni n'enlève aucun point. Si te total est négatif, la note de l'exercice est ramenée à 0.*

**1. Affirmation 1** : les points A, B et C définissent un plan.

**2.** **Affirmation 2** : la droite (AC) est incluse dans le plan $\mathcal{P}$.

**3.** **Affirmation 3** : une équation cartésienne du plan (ABD) est :

$$x + 8y - z - 11 = 0.$$

**4.** **Affirmation 4** : une représentation paramétrique de la droite (AC) est :

$$\begin{cases} x = 2k \\ y = 2 + 3k \\ z = 3 - 4k \end{cases} \quad (k \in \mathbb{R}).$$

**5.** **Affirmation 5** : les droites (AB) et (CD) sont orthogonales.

**6.** **Affirmation 6** : la distance du point C au plan $\mathcal{P}$ est égale à $4\sqrt{6}$.

**7.** **Affirmation 7** : la sphère de centre D et de rayon $\frac{\sqrt{6}}{3}$ est tangente au plan $\mathcal{P}$.

**8.** **Affirmation 8** : le point $E\left(-\frac{4}{3}\,;\,\frac{2}{3}\,;\,\frac{5}{3}\right)$ est le projeté orthogonal du point C sur le plan $\mathcal{P}$.

## EXERCICE 2 (Obligatoire)

Le plan complexe est rapporté au repère orthonormal direct $(O\,;\,\vec{u}, \vec{v})$ ; l'unité graphique est 1 cm.

**1.** Résoudre, dans l'ensemble des nombres complexes, l'équation :

$$z^2 + 4z + 8 = 0.$$

On donnera les solutions sous forme algébrique, puis sous forme trigonométrique. **[1 pt]**

**2.** On note A et B les points du plan d'affixes respectives :

$$a = 2 - 2\mathrm{i} \text{ et } b = -a.$$

Placer ces points sur un graphique qui sera complété au fil de l'exercice.

**a.** Déterminer l'affixe $c$ du point C, image du point B par la rotation de centre O et d'angle $\frac{\pi}{2}$. **[0,5 pt]**

**b.** On note D l'image de C par la rotation de centre A et d'angle $\frac{\pi}{2}$ ; démontrer que l'affixe $d$ du point D est $d = 2 - 6\mathrm{i}$. **[0,5 pt]**

**c.** Placer les points C et D sur le graphique. Quelle est la nature du quadrilatère ABCD ? **[0,5 pt]**

**3.** $\alpha$ étant un nombre réel non nul, on désigne par $G_\alpha$, le barycentre du système :

$$\{(A ; 1) ; (B ; -1) ; (C ; \alpha)\}.$$

**a.** Exprimer le vecteur $\overrightarrow{CG_\alpha}$ en fonction du vecteur $\overrightarrow{BA}$. **[0,5 pt]**

**b.** En déduire l'ensemble des points $G_\alpha$ lorsque $\alpha$ décrit l'ensemble des réels non nuls. Construire cet ensemble. **[0,75 pt]**

**c.** Pour quelle valeur de $\alpha$ a-t-on $G_\alpha = D$ ? **[0,25 pt]**

**4.** On suppose dans cette question que $\alpha = 2$.
*Dans cette question, toute trace de recherche, même incomplète, ou d'initiative non fructueuse, sera prise en compte dans l'évaluation.*
Déterminer et construire l'ensemble des points M du plan tels que :

$$\|\overrightarrow{MA} - \overrightarrow{MB} + 2\overrightarrow{MC}\| = 4\sqrt{2}.$$ **[1 pt]**



## EXERCICE 2 (Spécialité)

Le plan complexe est rapporté au repère orthonormal direct $(O ; \vec{u}, \vec{v})$ l'unité graphique est 2 cm.
On considère les points A, B, C, D et E d'affixes respectives :

$$a = 2,\ b = 2 + 3i,\ c = 3i,\ d = -\frac{5}{2} + 3i \text{ et } e = -\frac{5}{2}.$$

**1.** Placer ces cinq points sur un graphique qui sera complété au fil de l'exercice. **[0,5 pt]**

**2.** On admet que deux rectangles sont semblables si, et seulement si, le rapport de la longueur sur la largeur est le même pour les deux rectangles.
Démontrer que OABC et ABDE sont deux rectangles et qu'ils sont semblables. **[0,5 pt]**

**3. Étude d'une similitude directe transformant OABC en ABDE**

**a.** Déterminer l'écriture complexe de la similitude directe $s$ qui transforme O en A et A en B. **[0,5 pt]**

**b.** Démontrer que la similitude $s$ transforme OABC en ABDE. **[0,5 pt]**

**c.** Quel est l'angle de la similitude $s$ ? **[0,5 pt]**

**d.** Soit $\Omega$ le centre de cette similitude. En utilisant la composée $s \circ s$, démontrer que le point $\Omega$ appartient aux droites (OB) et (AD). En déduire la position du point $\Omega$. **[0,5 pt]**

**4. Étude d'une similitude indirecte transformant OABC en BAED**

a. Montrer que l'écriture complexe de la similitude indirecte $s'$ transforme O en B et qui laisse A invariant est :

$$z' = -\frac{3}{2}\,\mathrm{i}\bar{z} + 2 + 3\mathrm{i}$$

où $\bar{z}$ désigne le conjugué du nombre complexe $z$. **[0,5 pt]**

b. Montrer que $s'$ transforme OABC en BAED. **[0,5 pt]**

c. *Dans cette question, toute trace de recherche, même incomplète, ou d'initiative non fructueuse, sera prise en compte dans l'évaluation.*
Démontrer que $s'$ est la composée de la réflexion d'axe (OA) suivie d'une similitude directe dont on précisera les éléments caractéristiques. **[1 pt]**

## EXERCICE 3

Le secteur de production d'une entreprise est composé de 3 catégories de personnel :

- les ingénieurs ;
- les opérateurs de production ;
- les agents de maintenance.

Il y a 8 % d'ingénieurs et 82 % d'opérateurs de production. Les femmes représentent 50 % des ingénieurs, 25 % des agents de maintenance et 60 % des opérateurs de production.

### Partie A

Dans cette partie, on interroge au hasard un membre du personnel de cette entreprise.
On note :

- M l'événement « le personnel interrogé est un agent de maintenance » ;
- O l'événement « le personnel interrogé est un opérateur de production » ;
- I l'événement « le personnel interrogé est un ingénieur » ;
- F l'événement « le personnel interrogé est une femme ».

1. Construire un arbre pondéré correspondant aux données. **[0,5 pt]**

2. Calculer la probabilité d'interroger :

a. un agent de maintenance ; **[0,5 pt]**

b. une femme agent de maintenance ; **[0,5 pt]**

c. une femme. **[0,5 pt]**

## Partie B

Le service de maintenance effectue l'entretien des machines, mais il est appelé aussi à intervenir en cas de panne. Pour cela une alarme est prévue ; des études ont montré que sur une journée :

- la probabilité qu'il n'y ait pas de panne et que l'alarme se déclenche est égale à 0,002 ;
- la probabilité qu'une panne survienne et que l'alarme ne se déclenche pas est égale à 0,003 ;
- la probabilité qu'une panne se produise est égale à 0,04.

On note :

- A l'événement : « l'alarme se déclenche » ;
- B l'événement : « une panne se produit ».

**1.** Démontrer que la probabilité qu'une panne survienne et que l'alarme se déclenche est égale à 0,037. **[0,5 pt]**

**2.** Calculer la probabilité que l'alarme se déclenche. **[1 pt]**

**3.** Calculer la probabilité qu'il y ait une panne sachant que l'alarme se déclenche. **[0,5 pt]**



## EXERCICE 4

### Partie A – Restitution organisée des connaissances

***Prérequis*** : on rappelle que $\lim\limits_{x \to +\infty} \dfrac{e^x}{x} = +\infty$.

**1.** Démontrer que $\lim\limits_{x \to +\infty} \dfrac{\ln x}{x} = 0$. **[1 pt]**

**2.** En déduire que pour tout entier naturel $n$ non nul :

$$\lim_{x \to +\infty} \frac{\ln x}{x^n} = 0.$$ **[1 pt]**

### Partie B – Étude d'une fonction *f*

Soit $f$ la fonction définie sur l'intervalle $]0\,;+\infty[$ par :

$$f(x) = x - \frac{\ln x}{x^2}.$$

On note $\mathscr{C}$ sa courbe représentative dans un repère orthonormal $(O\,;\vec{i},\vec{j})$ (unité graphique 2 cm).

1. Soit $u$ la fonction définie sur l'intervalle $]0\ ;+\infty[$ par :

$$u(x)=x^3-1+2\ln x.$$

a. Étudier le sens de variation de la fonction $u$ sur l'intervalle $]0\ ;+\infty[$. **[0,5 pt]**

b. Calculer $u(1)$ et en déduire le signe de $u(x)$ pour $x$ appartenant à l'intervalle $]0\ ;+\infty[$. **[0,5 pt]**

2. **Étude de la fonction $f$**

a. Déterminer les limites de $f$ en 0 et en $+\infty$. **[0,5 pt]**

b. Déterminer la fonction dérivée de $f$ et construire le tableau de variation de la fonction $f$. **[0,5 pt]**

3. **Éléments graphiques et tracés**

a. Démontrer que la droite $(\Delta)$ d'équation $y=x$ est asymptote oblique à la courbe $\mathscr{C}$. **[0,5 pt]**

b. Déterminer la position de $\mathscr{C}$ par rapport à $(\Delta)$. **[0,5 pt]**

c. Tracer la courbe $\mathscr{C}$ et la droite $(\Delta)$. **[0,5 pt]**

## Partie C – Calculs d'aires

On note $\alpha$ un nombre réel strictement positif et on désigne par $\mathscr{A}(\alpha)$ l'aire, exprimée en unités d'aire, de la partie du plan délimitée par la courbe $\mathscr{C}$, la droite $(\Delta)$ et les droites d'équation $x=1$ et $x=\alpha$.

1. On suppose dans cette question que $\alpha>1$.

a. À l'aide d'une intégration par parties, démontrer que :

$$\mathscr{A}(\alpha)=1-\frac{\ln\alpha}{\alpha}-\frac{1}{\alpha}.$$ **[0,5 pt]**

b. Déterminer la limite $\ell$ de $\mathscr{A}(\alpha)$ lorsque $\alpha$ tend vers $+\infty$. **[0,5 pt]**

2. *Dans cette question, toute trace de recherche, même incomplète, ou d'initiative non fructueuse, sera prise en compte dans l'évaluation.*

Démontrer que $\ell=\mathscr{A}\left(\dfrac{1}{e}\right)$. **[0,5 pt]**

## COUP de POUCE

### EXERCICE 1

7. Une sphère est tangente à un plan si la distance du centre de la sphère au plan est égale au rayon.

### EXERCICE 2 (obligatoire)

4. On utilise le barycentre des points A, B, C pour exprimer le vecteur $\overrightarrow{MA} - \overrightarrow{MB} + 2\overrightarrow{MC}$.

### EXERCICE 2 (spécialité)

3. a. et 4. a. Revoir l'écriture complexe d'une similitude directe et d'une similitude indirecte.



# 5 CORRIGÉ

## EXERCICE 1

**1. L'affirmation 1 est vraie.**

Calculons les coordonnées des vecteurs $\overrightarrow{AB}$ et $\overrightarrow{AC}$.

$\overrightarrow{AB}(-3\ ;\ 1\ ;\ 5)$ et $\overrightarrow{AC}(-2\ ;\ -3\ ;\ 4)$.

Il n'existe aucun réel $k$ tel que $\overrightarrow{AB} = k\overrightarrow{AC}$ ou $\overrightarrow{AC} = k\overrightarrow{AB}$. Les vecteurs $\overrightarrow{AB}$ et $\overrightarrow{AC}$ n'étant pas colinéaires, les points A, B et C ne sont pas alignés donc :

**A, B, C définissent un plan.**

**2. L'affirmation 2 est fausse.**

$\mathcal{P}$ a pour équation $x - 2y + z + 1 = 0$.

En remplaçant dans cette équation $x$, $y$, $z$ par les coordonnées de C, on a :

$$x_C - 2y_C + z_C + 1 = 0 - 2(-2) + 3 + 1 = 8.$$

$8 \neq 0$.

Le point C n'appartient pas à $\mathcal{P}$ donc :

**La droite (AC) n'est pas incluse dans le plan $\mathcal{P}$.**

**3. L'affirmation 3 est vraie.**

$\overrightarrow{AB}(-3\ ;\ 1\ ;\ 5)$ et $\overrightarrow{AD}(-1\ ;\ 0\ ;\ -1)$.

Les vecteurs $\overrightarrow{AB}$ et $\overrightarrow{AD}$ ne sont pas colinéaires donc les points A, B et D, non alignés, définissent bien un plan.

De plus :
$x_A + 8y_A - z_A - 11 = 2 + 8 \times 1 - (-1) - 11 = 0$.
$x_B + 8y_B - z_B - 11 = (-1) + 8 \times (2) - 4 - 11 = 0$.
$x_D + 8y_D - z_D - 11 = 1 + 8 - (-2) - 11 = 0$.
Les trois points appartiennent au plan d'équation $x + 8y - z - 11 = 0$.
**Une équation cartésienne du plan (ABD) est $\boldsymbol{x + 8y - z - 11 = 0}$.**

**4. L'affirmation 4 est fausse.**
On note $\mathcal{D}$ la droite dont une représentation paramétrique est :

$$\begin{cases} x = 2k \\ y = 2 + 3k \quad (k \in \mathbb{R}) \\ z = 3 - 4k \end{cases}$$

$\mathcal{D}$ est la droite (AC) si, et seulement si, A et C appartiennent à $\mathcal{D}$.
C appartient à $\mathcal{D}$ si, et seulement si, il existe un réel $k$ tel que :

$$\begin{cases} x_C = 2k \\ y_C = 2 + 3k \\ z_C = 3 - 4k \end{cases} \text{ ce qui équivaut à } \begin{cases} 0 = 2k \\ -2 = 2 + 3k \\ 3 = 3 - 4k \end{cases}.$$

On a donc $k = 0 = \dfrac{-4}{3}$, ce qui est impossible.

Il n'existe pas de réel $k$, le point C n'appartient pas à $\mathcal{D}$.
$\mathcal{D}$ n'est pas la droite (AC).
**La représentation paramétrique proposée n'est pas celle de la droite (AC).**

**5. L'affirmation 5 est fausse.**
$\overrightarrow{AB}(-3\,;\,1\,;\,5)$ et $\overrightarrow{CD}(1\,;\,3\,;\,-5)$.
$\overrightarrow{AB} \cdot \overrightarrow{CD} = (-3) \times 1 + 1 \times 3 + 5 \times (-5) = -25$.
Les vecteurs $\overrightarrow{AB}$ et $\overrightarrow{CD}$ ne sont pas orthogonaux donc :
**Les droites (AB) et (CD) ne sont pas orthogonales.**

**6. L'affirmation 6 est fausse.**
La distance du point $M_0(x_0\,;\,y_0\,;\,z_0)$ au plan d'équation :

$$ax + by + cz + d = 0$$

est égale à $\dfrac{|ax_0 + by_0 + cz_0 + d|}{\sqrt{a^2 + b^2 + c^2}}$.
Le plan $\mathcal{P}$ a pour équation $x - 2y + z + 1 = 0$.

On note $d$ la distance du point C au plan $\mathcal{P}$ :

$$d=\frac{|x_C-2y_C+z_C+1|}{\sqrt{1^2+(-2)^2+1^2}}$$

$$d=\frac{|(-2)(-2)+3+1|}{\sqrt{6}}$$

$$d=\frac{8}{\sqrt{6}}\times\frac{\sqrt{6}}{\sqrt{6}}.$$

$d=\dfrac{4\sqrt{6}}{3}$, ce qui n'est pas $4\sqrt{6}$.

**La distance de C au plan $\mathcal{P}$ n'est pas $4\sqrt{6}$.**

**7. L'affirmation 7 est vraie.**

La sphère de centre D et de rayon $\dfrac{\sqrt{6}}{3}$ est tangente au plan $\mathcal{P}$ si, et seulement si, la distance du point D au plan $\mathcal{P}$ est égale à $\dfrac{\sqrt{6}}{3}$.

On note $d'$ la distance de D au plan $\mathcal{P}$.

$$d'=\frac{|x_D-2y_D+z_D+1|}{\sqrt{6}}$$

$$=\frac{|-2|}{\sqrt{6}}=\frac{2\sqrt{6}}{6}=\frac{\sqrt{6}}{3}$$

**La sphère de centre D de rayon $\dfrac{\sqrt{6}}{3}$ est tangente au plan $\mathcal{P}$.**

**8. L'affirmation 8 est vraie.**

Le point E est le projeté orthogonal du point C sur le plan $\mathcal{P}$ si, et seulement si, E appartient à $\mathcal{P}$ et (EC) est perpendiculaire à $\mathcal{P}$.

E appartient à $\mathcal{P}$ si, et seulement si, $x_E-2y_E+z_E+1=0$.

$x_E-2y_E+z_E+1=\dfrac{-4}{3}-2\times\dfrac{2}{3}+\dfrac{5}{3}+1=0$ donc E appartient à $\mathcal{P}$.

(EC) est perpendiculaire au plan $\mathcal{P}$, qui a pour vecteur normal $\vec{n}(1\,;-2\,;1)$, si, et seulement si, les vecteurs $\overrightarrow{EC}$ et $\vec{n}$ sont colinéaires.

$\overrightarrow{EC}$ a pour coordonnées :

$$\left(\frac{4}{3}\,;-2-\frac{2}{3}\,;3-\frac{5}{3}\right)=\left(\frac{4}{8}\,;-\frac{8}{3}\,;\frac{4}{3}\right).$$

$\overrightarrow{EC}=\dfrac{4}{3}\vec{n}$ donc la droite (EC) est perpendiculaire à $\mathcal{P}$.

**E est le projeté orthogonal de C sur $\mathcal{P}$.**

## EXERCICE 2 (Obligatoire)

### 1. Résolution de l'équation $z^2 + 4z + 8 = 0$ dans $\mathbb{C}$

Pour tout nombre complexe $z$, on a :
$z^2 + 4z + 8 = (z^2 + 4z + 4) + 4 = (z+2)^2 - 4i^2$, car $i^2 = -1$.
$z^2 + 4z + 8 = (z+2)^2 - (2i)^2$
$z^2 + 4z + 8 = (z+2+2i)(z+2-2i)$.
$z^2 + 4z + 8 = 0$ si, et seulement si, $z + 2 + 2i = 0$ ou $z + 2 - 2i = 0$
$z + 2 + 2i = 0$ équivaut à $z = -2 - 2i$
$z + 2 - 2i = 0$ équivaut à $z = -2 + 2i = \overline{-2 - 2i}$.
L'équation $z^2 + 4z + 8 = 0$ a exactement deux solutions complexes :

$$\boxed{z_1 = -2 - 2i \text{ et } z_2 = -2 + 2i}.$$

Les deux solutions viennent d'être données sous forme algébrique, cherchons leur forme trigonométrique.
$z_1$ a pour partie réelle $x_1 = -2$, pour partie imaginaire $y_1 = -2$.
On note $r_1$ le module de $z_1$ et $\theta_1$ un argument de $z_1$. On a :

$$\begin{cases} r_1 = \sqrt{x_1^2 + y_1^2} = \sqrt{(-2)^2 + (-2)^2} = \sqrt{2 \times 4} = 2\sqrt{2} \\ \cos\theta_1 = \dfrac{x_1}{r_1} = -\dfrac{1}{\sqrt{2}} = -\cos\dfrac{\pi}{4} = \cos\left(\pi + \dfrac{\pi}{4}\right) \\ \sin\theta_1 = \dfrac{y_1}{r_1} = -\dfrac{1}{\sqrt{2}} = -\sin\dfrac{\pi}{4} = \sin\left(\pi + \dfrac{\pi}{4}\right) \end{cases}$$

$$\boxed{\begin{array}{l} z_1 = 2\sqrt{2}e^{i\left(\frac{5\pi}{4}\right)} = 2\sqrt{2}\left(\cos\left(\dfrac{5\pi}{4}\right) + i\sin\left(\dfrac{5\pi}{4}\right)\right) \\ z_2 = 2\sqrt{2}e^{-i\left(\frac{5\pi}{4}\right)} = 2\sqrt{2}\left(\cos\left(\dfrac{3\pi}{4}\right) + i\sin\left(\dfrac{3\pi}{4}\right)\right) \end{array}}$$

En effet, deux nombres complexes conjugués ont même module et des arguments opposés.

De plus, $2\pi - \dfrac{5\pi}{4} = \dfrac{3\pi}{4}$ ; $z_2$ a pour arguments $\dfrac{3\pi}{4}$ et $\left(-\dfrac{5\pi}{4}\right)$.

### 2. Graphique

A a pour affixe $2 - 2i$ et pour coordonnées $(2 ; -2)$.
B a pour affixe $-2 + 2i$ et pour coordonnées $(-2 ; 2)$.

### a. Affixe du point C

La rotation de centre O et d'angle $\frac{\pi}{2}$ a pour écriture complexe

$$z' = e^{i\frac{\pi}{2}}z = iz.$$

C est l'image de B par cette rotation donc $c = ib$.
$c = ib = i(-2+2i) = -2i - 2 = -2 - 2i$.
Le point C a pour coordonnées $(-2\ ;-2)$.

$$\boxed{c = -2 - 2i}.$$

### b. Affixe du point D

La rotation de centre A et d'angle $\frac{\pi}{2}$ a pour écriture complexe $z' - z_A = e^{i\frac{\pi}{2}}(z - z_A)$ donc :

$$z' = i(z - 2 + 2i) + 2 - 2i$$

$$z' = iz - 2i - 2 + 2 - 2i = iz - 4i.$$

D est l'image de C par cette rotation donc :

$$d = ic - 4i = i(-2-2i) - 4i = -6i + 2.$$

Le point D a pour coordonnées $(2\ ;-6)$ :

$$\boxed{d = 2 - 6i}.$$

### c. Graphique

**Nature du quadrilatère ABCD**

$\overrightarrow{AD}$ a pour affixe $d - a = 2 - 6i - 2 + 2i = -4i$.
$\overrightarrow{BC}$ a pour affixe $c - b = -2 - 2i + 2 - 2i = -4i$.
Les vecteurs $\overrightarrow{AD}$ et $\overrightarrow{BC}$ ayant même affixe sont égaux.
**ABCD est un parallélogramme.**
Au vu de la figure, il ne s'agit pas d'un rectangle ou d'un losange.

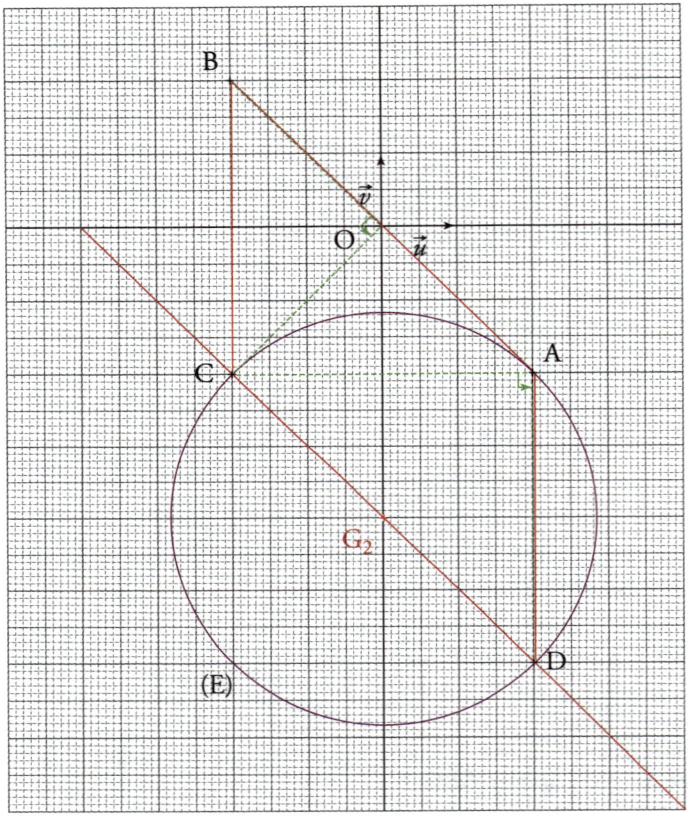


**3. a. Expression de $\overrightarrow{CG_\alpha}$ en fonction de $\overrightarrow{BA}$**

$G_\alpha$ est le barycentre du système $\{(A\ ;\ 1)\ ;\ (B\ ;\ -1)\ ;\ (C\ ;\ \alpha)\}$.

La somme des coefficients des trois points de ce système est égale à $\alpha$ et $\alpha$ n'est pas nul. $G_\alpha$ existe bien et vérifie $\overrightarrow{G_\alpha A} - \overrightarrow{G_\alpha B} + \alpha\overrightarrow{G_\alpha C} = \vec{0}$.

$\overrightarrow{G_\alpha A} - \overrightarrow{G_\alpha B} = \overrightarrow{BG_\alpha} + \overrightarrow{G_\alpha A} = \overrightarrow{BA}$, en utilisant la relation de Chasles, on en déduit :

$$\overrightarrow{BA} = -\alpha\overrightarrow{G_\alpha C} = \alpha\overrightarrow{CG_\alpha} \text{ et } \overrightarrow{CG_\alpha} = \frac{1}{\alpha}\ \overrightarrow{BA}.$$

$$\boxed{\overrightarrow{CG_\alpha} = \frac{1}{\alpha}\ \overrightarrow{BA}}.$$

**b. Ensemble des points $G_\alpha$ lorsque $\alpha$ décrit $\mathbb{R}$ privé de 0**

ABCD est un parallélogramme donc :

$$\overrightarrow{BA} = \overrightarrow{CD} \text{ et } \overrightarrow{CG_\alpha} = \frac{1}{\alpha}\overrightarrow{BA} = \frac{1}{\alpha}\overrightarrow{CD}.$$

Les vecteurs $\overrightarrow{CG_\alpha}$ et $\overrightarrow{CD}$ sont colinéaires, les points C, D et $G_\alpha$ sont alignés, $G_\alpha$ appartient à la droite $(CD)$.

Lorsque $\alpha$ décrit l'ensemble des réels non nuls, $\frac{1}{\alpha}$ décrit aussi l'ensemble des réels non nuls et $G_\alpha$ décrit la droite $(CD)$, privée du point C puisque le vecteur $\overrightarrow{CG_\alpha}$ ne peut pas être nul.

**L'ensemble des points $G_\alpha$ est la droite $(CD)$ privée du point C.**

### c. Recherche du réel $\alpha$ tel que $G_\alpha = D$

$G_\alpha = D$ si, et seulement si, $\overrightarrow{CG_\alpha} = \overrightarrow{CD}$.
Or, on a montré que :

$$\overrightarrow{CG_\alpha} = \frac{1}{\alpha}\overrightarrow{BA} = \frac{1}{\alpha}\overrightarrow{CD}.$$

On cherche les réels $\alpha$ tels que $\overrightarrow{CD} = \frac{1}{\alpha}\overrightarrow{CD}$.

Puisque $\overrightarrow{CD}$ n'est pas le vecteur nul, cette égalité équivaut à $\frac{1}{\alpha} = 1$ et à $\alpha = 1$.

$$\boxed{G_\alpha = D \quad \text{pour} \quad \alpha = 1}.$$

### 4. Ensemble des points M tels que $\|\overrightarrow{MA} - \overrightarrow{MB} + 2\overrightarrow{MC}\| = 4\sqrt{2}$

On a choisi $\alpha = 2$, $G_2$ vérifie $\overrightarrow{CG_2} = \frac{1}{2}\overrightarrow{CD}$.

$G_2$ est le milieu de $[CD]$.
Puisque $G_2$ est le barycentre de $\{(A\,;1)\,;(B\,;-1)\,;(C\,;2)\}$, on a, pour tout point M du plan :

$$\overrightarrow{MA} - \overrightarrow{MB} + 2\overrightarrow{MC} = (1-1+2)\overrightarrow{MG_2} = 2\overrightarrow{MG_2}$$

et :

$$\|\overrightarrow{MA} - \overrightarrow{MB} + 2\overrightarrow{MC}\| = \|2\overrightarrow{MG_2}\| = 2MG_2.$$

On appelle $(E)$ l'ensemble des points que l'on cherche.
M appartient à $(E)$ si, et seulement si, $2MG_2 = 4\sqrt{2}$,
c'est-à-dire $MG_2 = 2\sqrt{2}$.
$(E)$ est le cercle de centre $G_2$, de rayon $2\sqrt{2}$.

$G_2$, milieu de $[CD]$ a pour affixe $\frac{c+d}{2} = \frac{-2-2i+2-6i}{2} = -4i$.

$\overrightarrow{G_2C}$ a pour affixe $z_C - z_{G_2} = -2 - 2i + 4i = -2 + 2i = z_2$.
La question **1.** prouve que $|z_2| = 2\sqrt{2}$ donc $G_2C = 2\sqrt{2}$ et C appartient au cercle (E).
(E) est le cercle de centre $G_2$, de rayon $G_2C$.
Comme $G_2$ est le milieu de [CD], (E) est le cercle de diamètre [CD].
On remarque qu'il passe aussi par A car le triangle CAD est rectangle en A.
**(E) est le cercle de centre $G_2$, de rayon $2\sqrt{2}$.**
**Il a pour diamètre [CD] et passe par A.**

## EXERCICE 2 (Spécialité)

### 1. Figure

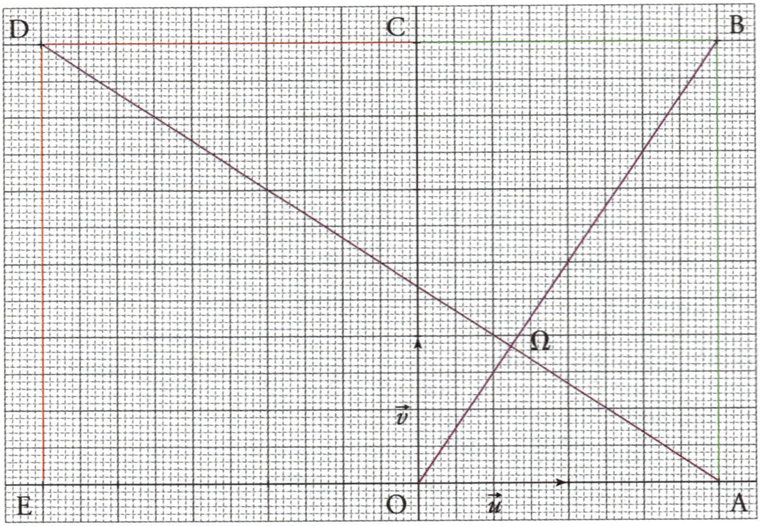


A a pour affixe $a = 2$ et pour coordonnées (2 ; 0).
B a pour affixe $b = 2 + 3i$ et pour coordonnées (2 ; 3).
De même C a pour coordonnées (0 ; 3), D a pour coordonnées $\left(-\frac{5}{2} ; 3\right)$ et E a pour coordonnées $\left(-\frac{5}{2} ; 0\right)$.

### 2. Étude des quadrilatères OABC et ABDE

Le vecteur $\overrightarrow{AB}$ a pour affixe $b - a = 2 + 3i - 2 = 3i$.
$\overrightarrow{AB}$ a pour coordonnées (0 ; 3) et $\overrightarrow{AB} = 3\vec{v}$.

Le vecteur $\overrightarrow{OC}$ a pour affixe $c = 3i$.
Les vecteurs $\overrightarrow{AB}$ et $\overrightarrow{OC}$, ayant même affixe, sont égaux.
Le quadrilatère OABC est un parallélogramme.
$\overrightarrow{OA}$ a pour affixe $a = 2$. Donc $\overrightarrow{OA} = 2\vec{u}$.
$\overrightarrow{OA} \cdot \overrightarrow{AB} = 2\vec{u} \cdot 3\vec{v} = 6\vec{u} \cdot \vec{v} = 0$ car $\vec{u}$ et $\vec{v}$ sont orthogonaux.
Le quadrilatère OABC est un parallélogramme qui a un angle droit. C'est un rectangle.
OABC a pour longueur 3 et pour largeur 2.
En effet, $\|\overrightarrow{AB}\| = \|3\vec{v}\| = 3$ et $\|\overrightarrow{OA}\| = \|2\vec{u}\| = 2$.

Le rapport de la longueur sur la largeur est $\frac{3}{2}$.
On étudie de même le quadrilatère ABDE.

$\overrightarrow{ED}$ a pour affixe $d - e = -\frac{5}{2} + 3i + \frac{5}{2} = 3i$.
$\overrightarrow{AB}$ et $\overrightarrow{ED}$ sont égaux car ils ont la même affixe.
ABDE est un parallélogramme.

$\overrightarrow{AE}$ a pour affixe $e - a = -\frac{5}{2} - 2 = -\frac{9}{2}$ donc $\overrightarrow{AE} = -\frac{9}{2}\,\vec{u}$.

$\overrightarrow{AB} \cdot \overrightarrow{AE} = 3\vec{v} \cdot \left(-\frac{9}{2}\right)\vec{u} = -\frac{27}{2}\,\vec{u} \cdot \vec{v} = 0$.

ABDE est un rectangle.

$AB = 3$ et $AE = \frac{9}{2}$ donc $\frac{AE}{AB} = \frac{9}{2} \times \frac{1}{3} = \frac{3}{2}$.

Le rapport de la longueur sur la largeur est aussi $\frac{3}{2}$ dans le rectangle ABDE.

Donc les deux rectangles sont semblables.
**OABC et ABDE sont deux rectangles semblables.**

### 3. a. Écriture complexe de la similitude *s*

La similitude directe *s* a pour écriture complexe $z' = \alpha z + \beta$ où $\alpha$ et $\beta$ sont deux nombres complexes.
*s* transforme O en A donc $z_A = \alpha z_O + \beta$.
*s* transforme A en B donc $z_B = \alpha z_A + \beta$.
$\alpha$ et $\beta$ sont solutions du système :

$$\begin{cases} 2 = \beta \\ 2 + 3i = 2\alpha + \beta \end{cases} \text{ équivalent à } \begin{cases} \beta = 2 \\ \alpha = \frac{1}{2}\,(2 + 3i - 2) = \frac{3}{2}\,i \end{cases}.$$

*s* a pour écriture complexe :

$$\boxed{z' = \frac{3}{2}\,iz + 2}.$$



SUJETS DE BAC

**b. Image du rectangle OABC par la similitude $s$**

Une similitude transforme un rectangle en rectangle.
On sait déjà que les sommets O et A de OABC sont transformés en A et B.
L'image de B par $s$ a pour affixe :

$$z' = \frac{3}{2}\,\mathrm{i} \times z_B + 2 = \frac{3}{2}\,\mathrm{i}(2 + 3\mathrm{i}) + 2$$

$$z' = 3\mathrm{i} - \frac{9}{2} + 2 = 3\mathrm{i} - \frac{5}{2} = d.$$

B a pour image D par $s$.
De même l'image de C a pour affixe :

$$z' = \frac{3}{2}\,\mathrm{i} \times 3\mathrm{i} + 2 = -\frac{9}{2} + 2 = -\frac{5}{2} = e.$$

C a pour image E par $s$.
**$s$ transforme OABC en ABDE.**

**c. Angle de la similitude $s$**

Le rapport et l'angle de cette similitude sont le module et un argument de $\alpha$.

$\alpha = \frac{3}{2}\,\mathrm{i} = \frac{3}{2}\,\mathrm{e}^{\mathrm{i}\frac{\pi}{2}}$ : $\alpha$ a pour module $\frac{3}{2}$ et pour argument $\frac{\pi}{2}$.

**$s$ a pour angle $\frac{\pi}{2}$.**

**d. Centre $\Omega$ de la similitude $s$**

On étudie $s \circ s$.
$s \circ s$ est la composée de 2 similitudes directes de centre $\Omega$.
C'est donc une similitude directe de centre $\Omega$.
$s \circ s$ a pour angle deux fois l'angle de $s$ donc $\pi$.
$(s \circ s)(\mathrm{O}) = s(s(\mathrm{O})) = s(\mathrm{A}) = \mathrm{B}$.
$(s \circ s)(\mathrm{A}) = s(s(\mathrm{A})) = s(\mathrm{B}) = \mathrm{D}$.
$s \circ s$ transforme O en B et A en D donc :
$(\overrightarrow{\Omega \mathrm{O}}\,;\,\overrightarrow{\Omega \mathrm{B}}) = \pi$ et $(\overrightarrow{\Omega \mathrm{A}}\,;\,\overrightarrow{\Omega \mathrm{D}}) = \pi$.
Les points $\Omega$, O et B d'une part, $\Omega$, A et D d'autre part, sont alignés.
Le point $\Omega$ appartient aux droites $(\mathrm{OB})$ et $(\mathrm{AD})$, qui sont sécantes.
**$\Omega$ est le point d'intersection des droites $(\mathrm{OB})$ et $(\mathrm{AD})$.**

**4. a. Écriture complexe de la similitude $s'$**

La similitude indirecte $s'$ a pour écriture complexe $z' = \alpha'\bar{z} + \beta'$ où $\alpha'$ et $\beta'$ sont deux nombres complexes.
$s'$ transforme O en B donc $z_B = \alpha' \times \bar{z}_O + \beta'$.
$s'$ transforme A en A donc $z_A = \alpha' \times \bar{z}_A + \beta'$.
$\alpha'$ et $\beta'$ sont solutions du système :

$\begin{cases} 2+3i=\beta' \\ 2=2\alpha'+\beta' \end{cases}$ équivalent à $\begin{cases} \beta'=2+3i \\ \alpha'=-\frac{3}{2}\,i \end{cases}$.

$s'$ a pour écriture complexe :

$$\boxed{z'=-\frac{3}{2}\,i\bar{z}+2+3i}.$$

**b. Image du rectangle OABC par la similitude $s'$**

$s'$ transforme O en B et A en A.
Si $z=b=2+3i$, alors :

$$z'=-\frac{3}{2}\,i(2-3i)+2+3i$$

$$z'=-3i-\frac{9}{2}+2+3i=-\frac{5}{2}=e.$$

Si $z=c=3i$, alors :

$$z'=-\frac{3}{2}\,i(-3i)+2+3i$$

$$z'=-\frac{9}{2}+2+3i=d.$$

$s'$ transforme B en E et C en D.
Une similitude transforme un rectangle en rectangle donc :
**$s'$ transforme OABC en BAED.**

**c. Décomposition de $s'$**

$(OA)$ étant l'axe des abscisses, l'écriture complexe de la réflexion d'axe $(OA)$, notée $r$, est $z'=\bar{z}$.
On considère la similitude directe $f$ d'écriture complexe :

$$z'=-\frac{3}{2}\,iz+2+3i.$$

$f\circ r$ a pour écriture complexe $z'=-\frac{3}{2}\,i\bar{z}+2+3i$ donc $f\circ r=s'$.
Précisons les éléments caractéristiques de $f$.

$-\frac{3}{2}\,i=\frac{3}{2}\,e^{i\left(-\frac{\pi}{2}\right)}$ donc $f$ a pour rapport $\frac{3}{2}$ et pour angle $\left(-\frac{\pi}{2}\right)$.
Le centre de la similitude $f$ est invariant par $f$.
Son affixe $z$ est solution de :

$$z=-\frac{3}{2}\,iz+2+3i$$

$$(2+3i)z=2(2+3i)$$

SUJETS DE BAC

donc $z = 2 = a$.
$f$ a pour centre A.
**$s'$ est la composée de la réflexion d'axe (OA) suivie de la similitude directe de centre A, de rapport $\frac{3}{2}$ et d'angle $\left(-\frac{\pi}{2}\right)$.**

## EXERCICE 3

### Partie A

**1. Construction d'un arbre pondéré**
Traduisons les données de l'énoncé.
- Il y a 8 % d'ingénieurs : $p(\text{I}) = 0{,}08$.
- Il y a 82 % d'opérateurs de production : $p(\text{O}) = 0{,}82$.
- 50 % des ingénieurs sont des femmes : $p_{\text{I}}(\text{F}) = 0{,}50$.
- 25 % des agents de maintenance sont des femmes : $p_{\text{M}}(\text{F}) = 0{,}25$.
- 60 % des opérateurs de production sont des femmes : $p_{\text{O}}(\text{F}) = 0{,}60$.

On construit un arbre pondéré correspondant à ces données, sachant qu'il y a trois catégories de personnel seulement.

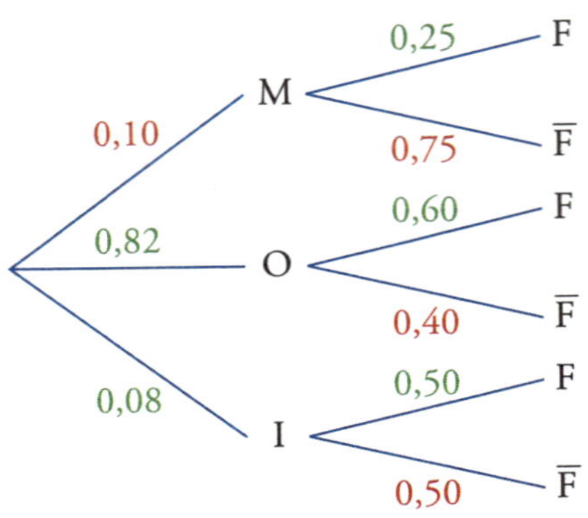


On complète cet arbre sachant que la somme des probabilités portées par des branches ayant même origine est égale à 1.

**2. a. Calcul de la probabilité de l'événement M**
Puisqu'il y a trois catégories de personnel et trois seulement, (M, O, I) est un système complet d'événements, donc :

$$p(\text{M}) + p(\text{O}) + p(\text{I}) = 1$$
$$p(\text{M}) = 1 - p(\text{O}) - p(\text{I}) = 1 - 0{,}82 - 0{,}08 = 0{,}10.$$

$$\boxed{p(\mathrm{M}) = 0{,}10}.$$

Le calcul confirme la probabilité trouvée en complétant l'arbre.

**b. Calcul de la probabilité d'interroger une femme agent de maintenance**

On cherche $p(\mathrm{M} \cap \mathrm{F})$. En faisant le produit des probabilités situées sur les branches de l'arbre joignant M puis F, on a :
$p(\mathrm{M} \cap \mathrm{F}) = 0{,}10 \times 0{,}25 = 0{,}025$.

$$\boxed{p(\mathrm{M} \cap \mathrm{F}) = 0{,}025}.$$

**c. Calcul de la probabilité d'interroger une femme**

Il y a trois chemins d'extrémités F, on fait la somme des probabilités de ces trois chemins :

$$\begin{aligned} p(\mathrm{F}) &= p(\mathrm{M} \cap \mathrm{F}) + p(\mathrm{O} \cap \mathrm{F}) + p(\mathrm{I} \cap \mathrm{F}) \\ &= 0{,}10 \times 0{,}25 + 0{,}82 \times 0{,}60 + 0{,}08 \times 0{,}50 \\ &= 0{,}025 + 0{,}492 + 0{,}040 = 0{,}557 \end{aligned}$$

$$\boxed{p(\mathrm{F}) = 0{,}557}.$$

**Remarque :**

On peut aussi calculer ces probabilités sans arbre.
On utilise les probabilités conditionnelles : $p(\mathrm{M} \cap \mathrm{F}) = p(\mathrm{M}) \times p_{\mathrm{M}}(\mathrm{F})$.
On utilise le théorème des probabilités totales avec le système complet d'événements (M, O, I) :

$$\begin{aligned} p(\mathrm{F}) &= p(\mathrm{M} \cap \mathrm{F}) + p(\mathrm{O} \cap \mathrm{F}) + p(\mathrm{I} \cap \mathrm{F}) \\ &= p(\mathrm{M}) \times p_{\mathrm{M}}(\mathrm{F}) + p(\mathrm{O}) \times p_{\mathrm{O}}(\mathrm{F}) + p(\mathrm{I}) \times p_{\mathrm{I}}(\mathrm{F}) \end{aligned}.$$

## Partie B

**1. Calcul de la probabilité de $\mathrm{A} \cap \mathrm{B}$**

L'événement « une panne survient et l'alarme se déclenche » est l'événement $\mathrm{A} \cap \mathrm{B}$. On cherche $p(\mathrm{A} \cap \mathrm{B})$.
Les données de l'énoncé sont :

- La probabilité qu'il n'y ait pas de panne et que l'alarme se déclenche est 0,002 : $p(\mathrm{A} \cap \overline{\mathrm{B}}) = 0{,}002$.
- La probabilité qu'une panne survienne et que l'alarme ne se déclenche pas est 0,003 : $p(\overline{\mathrm{A}} \cap \mathrm{B}) = 0{,}003$.
- La probabilité qu'une panne se produise est 0,04 : $p(\mathrm{B}) = 0{,}04$.

$(\mathrm{A}, \overline{\mathrm{A}})$ est un système complet d'événements, en appliquant le théorème des probabilités totales, on a :

$p(\mathrm{B}) = p(\mathrm{A} \cap \mathrm{B}) + p(\overline{\mathrm{A}} \cap \mathrm{B})$ d'où :

$$p(\mathrm{A} \cap \mathrm{B}) = p(\mathrm{B}) - p(\overline{\mathrm{A}} \cap \mathrm{B})$$

$$p(\mathrm{A} \cap \mathrm{B}) = 0{,}040 - 0{,}003 = 0{,}037\,.$$

$$\boxed{p(\mathrm{A} \cap \mathrm{B}) = 0{,}037}.$$

**2. Calcul de la probabilité de A**

$(\mathrm{B}, \overline{\mathrm{B}})$ est un système complet d'événements.

En appliquant le théorème des probabilités totales, on a :

$$p(\mathrm{A}) = p(\mathrm{A} \cap \mathrm{B}) + p(\mathrm{A} \cap \overline{\mathrm{B}})$$

$$p(\mathrm{A}) = 0{,}037 + 0{,}002 = 0{,}039$$

$$\boxed{p(\mathrm{A}) = 0{,}039}.$$

**3. Calcul de la probabilité de B sachant A réalisé**

$$p_{\mathrm{A}}(\mathrm{B}) = \frac{p(\mathrm{A} \cap \mathrm{B})}{p(\mathrm{A})} = \frac{0{,}037}{0{,}039} = \frac{37}{39}$$

$$\boxed{p_{\mathrm{A}}(\mathrm{B}) = \frac{37}{39}}.$$

## EXERCICE 4

### Partie A – Restitution organisée des connaissances

**1. Étude de $\lim\limits_{x \to +\infty} \dfrac{\ln x}{x}$**

$$\left.\begin{array}{l} \lim\limits_{x \to +\infty} \ln x = +\infty \\ \lim\limits_{x \to +\infty} \dfrac{e^x}{x} = +\infty \end{array}\right\}. \text{ Par composition, } \lim_{x \to +\infty} \frac{e^{\ln x}}{\ln x} = +\infty\,.$$

Pour $x > 0$, $e^{\ln x} = x$ donc $\lim\limits_{x \to +\infty} \dfrac{x}{\ln x} = +\infty$,

et, en inversant :

$$\boxed{\lim_{x \to +\infty} \frac{\ln x}{x} = 0}.$$

**2. Étude de $\lim\limits_{x \to +\infty} \dfrac{\ln x}{x^{n-1}}$, $n$ étant un entier non nul**

Pour $n = 1$, la limite vient d'être calculée, elle est égale à 0.
On suppose $n$ supérieur ou égal à 2.

$$\frac{\ln x}{x^n} = \frac{\ln x}{x \times x^{n-1}} = \frac{\ln x}{x} \times \frac{1}{x^{n-1}}.$$

$n \geqslant 2$ donc $n - 1 \geqslant 1$, $\lim\limits_{x \to +\infty} x^{n-1} = +\infty$ et $\lim\limits_{x \to +\infty} \dfrac{1}{x^{n-1}} = 0$.

$$\left.\begin{array}{l} \lim\limits_{x \to +\infty} \dfrac{\ln x}{x} = 0 \\ \lim\limits_{x \to +\infty} \dfrac{1}{x^{n-1}} = 0 \end{array}\right\} \text{ par produit, } \lim_{x \to +\infty} \frac{\ln x}{x^n} = 0.$$

Pour $n \geqslant 2$, $\lim\limits_{x \to +\infty} \dfrac{\ln x}{x^n} = 0$.

En regroupant les cas $n = 1$ et $n \geqslant 2$, pour tout entier $n$ non nul :

$$\boxed{\lim_{x \to +\infty} \frac{\ln x}{x^n} = 0}.$$

## Partie B – Étude de la fonction *f*

**1. a. Variations de la fonction $u$ sur $]0 ; +\infty[$**

$u$ est la somme d'une fonction polynôme $u_1$ définie par $u_1(x) = x^3 - 1$ et de la fonction $u_2$ définie par $u_2(x) = 2 \ln x$.
Ces deux fonctions sont continues et dérivables sur $]0 ; +\infty[$ donc $u$ est dérivable sur $]0 ; +\infty[$ et :

$$u'(x) = u_1'(x) + u_2'(x) = 3x^2 + 2 \times \frac{1}{x}.$$

Puisque $x$ est strictement positif, $x^2$ et $\dfrac{1}{x}$ le sont aussi donc, pour tout $x > 0$, $u'(x) > 0$.

**$u$ est strictement croissante sur $]0 ; +\infty[$.**

**b. Signe de $u(x)$**

$u(1) = 1 - 1 + 2 \ln 1 = 0$.
$u$ est strictement croissante sur $]0 ; +\infty[$ donc :
si $x > 1$, $u(x) > u(1)$ donc $u(x) > 0$ ;
si $x < 1$, $u(x) < u(1)$ donc $u(x) < 0$.

SUJETS DE BAC

| $x$ | 0 | | 1 | | $+\infty$ |
|---|---|---|---|---|---|
| $u(x)$ | ‖ | $-$ | 0 | $+$ | |

**2. a. Limites de $f$ en 0 et en $+\infty$**

D'après le résultat établi dans la **partie A**,

- $\lim\limits_{x \to +\infty} \dfrac{\ln x}{x^2} = 0$. De plus, $\lim\limits_{x \to +\infty} x = +\infty$.

Par somme, $\lim\limits_{x \to +\infty} \left(x - \dfrac{\ln x}{x^2}\right) = +\infty$.

$$\boxed{\lim_{x \to +\infty} f(x) = +\infty}.$$

- $\left.\begin{array}{l} \lim\limits_{x \to 0} (\ln x) = -\infty \\ \lim\limits_{x \to 0} \left(\dfrac{1}{x^2}\right) = +\infty \end{array}\right\}$ par produit, $\lim\limits_{x \to 0} \left(-\ln x \times \dfrac{1}{x^2}\right) = +\infty$

$\left.\begin{array}{l} \lim\limits_{x \to 0} (x) = 0 \\ \lim\limits_{x \to 0} \left(-\dfrac{\ln x}{x^2}\right) = +\infty \end{array}\right\}$ par somme, $\lim\limits_{x \to 0} \left(x - \dfrac{\ln x}{x^2}\right) = +\infty$

$$\boxed{\lim_{x \to 0} f(x) = +\infty}.$$

**b. Fonction dérivée de $f$**

On pose $v(x) = \dfrac{\ln x}{x^2}$, pour $x > 0$.

$v$ est le quotient de la fonction logarithme par la fonction carré, toutes deux dérivables sur $]0\,;+\infty[$. La fonction carré ne s'annule pas sur $]0\,;+\infty[$ donc $v$ est dérivable sur $]0\,;+\infty[$ et :

$$v'(x) = \frac{\dfrac{1}{x} \times x^2 - \ln x \times 2x}{x^4} = \frac{x(1 - 2\ln x)}{x^4}$$

$$v'(x) = \frac{1 - 2\ln x}{x^3}.$$

$f(x) = x - v(x)$, donc $f$ est dérivable sur $]0\,;+\infty[$ et :

$$f'(x) = 1 - v'(x) = 1 - \frac{1 - 2\ln x}{x^3} = \frac{x^3 - 1 + 2\ln x}{x^3}.$$

Pour tout $x > 0$,

$$\boxed{f'(x) = \frac{x^3 - 1 + 2\ln x}{x^3} = \frac{u(x)}{x^3}}.$$

Pour tout $x > 0$, $x^3 > 0$ : le signe de $f'(x)$ est celui de $u(x)$.
On construit le tableau de variation de $f$.

| $x$ | 0 | | 1 | | $+\infty$ |
|---|---|---|---|---|---|
| $f'(x)$ | ‖ | $-$ | 0 | $+$ | |
| $f$ | ‖ $+\infty$ | ↘ | 1 | ↗ | $+\infty$ |

$f(1) = 1 - \frac{\ln 1}{1^2} = 1$.

**3. a. Asymptote oblique à $\mathscr{C}$**

La droite d'équation $y = x$ est asymptote oblique à $\mathscr{C}$ si, et seulement si, $\lim\limits_{x \to +\infty} (f(x) - x) = 0$.

$f(x) - x = -\frac{\ln x}{x^2}$.

D'après ce qui précède, $\lim\limits_{x \to +\infty} -\frac{\ln x}{x^2} = 0$.

**La droite $(\Delta)$ d'équation $y = x$ est asymptote à $\mathscr{C}$.**

**b. Position de $\mathscr{C}$ par rapport à $(\Delta)$**

La position de $\mathscr{C}$ par rapport à $(\Delta)$ est donnée par le signe de $(f(x) - x)$ lorsque $x$ décrit $]0\,;+\infty[$.

$f(x) - x = -\frac{\ln x}{x^2}$ a le signe de $(-\ln x)$ car $x^2 > 0$.

Si $x < 1$, $\ln x < 0$ donc $f(x) - x > 0$.
Si $x = 1$, $\ln x = 0$ donc $f(x) - x = 0$.
Si $x > 1$, $\ln x > 0$ donc $f(x) - x < 0$.
**$\mathscr{C}$ est au-dessus de $(\Delta)$ lorsque $x \in ]0\,;1[$**
**$\mathscr{C}$ est au-dessous de $(\Delta)$ lorsque $x \in ]1\,;+\infty[$**
**$\mathscr{C}$ et $(\Delta)$ ont en commun le point A(1 ; 1).**

SUJETS DE BAC

### c. Tracé

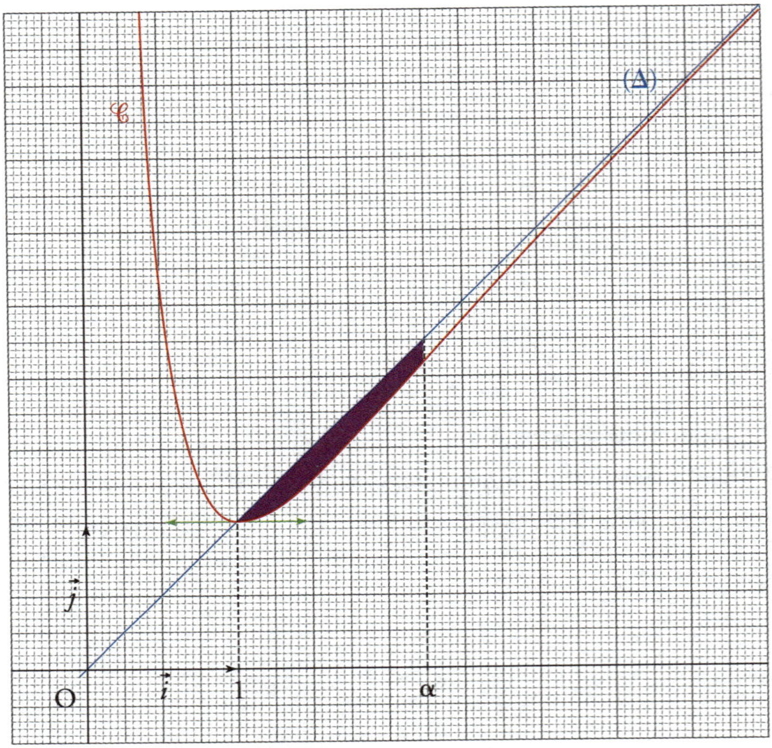


## Partie C

### 1. a. Calcul de $\mathcal{A}(\alpha)$

$\alpha$ est un réel supérieur à 1 et lorsque $x$ appartient à $[1\ ;\ \alpha]$, $f(x) \leqslant x$.
En unités d'aires, l'aire $\mathcal{A}(\alpha)$ de la partie du plan délimitée par la courbe $\mathscr{C}$, la droite $(\Delta)$ et les droites d'équations $x = 1$ et $x = \alpha$, est :

$$\mathcal{A}(\alpha) = \int_1^\alpha (x - f(x))\,\mathrm{d}x = \int_1^\alpha \frac{\ln x}{x^2}\,\mathrm{d}x.$$

On pose $u(x) = \ln x$ et $v'(x) = \dfrac{1}{x^2}$.

On a $u'(x) = \dfrac{1}{x}$ et on choisit $v(x) = -\dfrac{1}{x}$.

$u$, $v$, $u'$ et $v'$ sont continues sur $]0\ ;\ +\infty[$, on intègre par parties et on a :

$$\mathcal{A}(\alpha) = [u(x) \times v(x)]_1^\alpha - \int_1^\alpha u'(x) \times v(x)\,\mathrm{d}x$$

$$\mathcal{A}(\alpha)=\left[(\ln x)\times\left(-\frac{1}{x}\right)\right]_1^{\alpha}-\int_1^{\alpha}\left(-\frac{1}{x^2}\right)\mathrm{d}x$$

$$\mathcal{A}(\alpha)=\left[(\ln x)\times\left(-\frac{1}{x}\right)-\frac{1}{x}\right]_1^{\alpha}=\left[-\frac{\ln x+1}{x}\right]_1^{\alpha}$$

$$\mathcal{A}(\alpha)=-\frac{\ln\alpha+1}{\alpha}+\frac{\ln 1+1}{1}=1-\frac{\ln\alpha}{\alpha}-\frac{1}{\alpha}.$$

Pour tout réel $\alpha>1$ :

$$\boxed{\mathcal{A}(\alpha)=1-\frac{\ln\alpha}{\alpha}-\frac{1}{\alpha}}.$$

**b. Étude de la limite de $\mathcal{A}(\alpha)$ lorsque $\alpha$ tend vers $+\infty$**

En utilisant le résultat montré dans la **partie A** :

$$\lim_{\alpha\to+\infty}\frac{\ln\alpha}{\alpha}=0.$$

De plus, $\lim\limits_{\alpha\to+\infty}\left(\frac{1}{\alpha}\right)=0$,

donc, par somme $\lim\limits_{\alpha\to+\infty}\left(1-\frac{\ln\alpha}{\alpha}-\frac{1}{\alpha}\right)=1$.

$$\boxed{\lim_{\alpha\to+\infty}\mathcal{A}(\alpha)=1}.$$

On a donc $\ell=1$ et on va montrer dans la question suivante que $\mathcal{A}\left(\frac{1}{\mathrm{e}}\right)=\ell=1$.

**2. Calcul de $\mathcal{A}\left(\frac{1}{\mathrm{e}}\right)$**

$\frac{1}{\mathrm{e}}$ est un réel inférieur à 1 et lorsque $x$ appartient à $\left[\frac{1}{\mathrm{e}}\,;\,1\right]$, $f(x)\geqslant x$.

En unités d'aires, l'aire $\mathcal{A}\left(\frac{1}{\mathrm{e}}\right)$ de la partie du plan délimitée par la courbe $\mathscr{C}$, la droite $(\Delta)$ et les droites d'équations $x=\frac{1}{\mathrm{e}}$ et $x=1$, est :

$$\mathcal{A}\left(\frac{1}{\mathrm{e}}\right)=\int_{\frac{1}{\mathrm{e}}}^{1}(f(x)-x)\,\mathrm{d}x=\int_{\frac{1}{\mathrm{e}}}^{1}\left(-\frac{\ln x}{x^2}\right)\mathrm{d}x.$$

On a montré dans la question précédente qu'une primitive de la fonction $\left(x \mapsto \dfrac{\ln x}{x}\right)$ est $\left(x \mapsto -\dfrac{\ln x + 1}{x}\right)$ sur $]0\,;+\infty[$. On a donc :

$$\mathscr{A}\left(\frac{1}{\mathrm{e}}\right) = \left[\frac{\ln x + 1}{x}\right]_{\frac{1}{\mathrm{e}}}^{1} = \frac{\ln 1 + 1}{1} - \frac{\ln\left(\frac{1}{\mathrm{e}}\right) + 1}{\frac{1}{\mathrm{e}}}.$$

$$\mathscr{A}\left(\frac{1}{\mathrm{e}}\right) = 1 - \mathrm{e}(-\ln \mathrm{e} + 1) = 1 - \mathrm{e}(-1 + 1) = 1.$$

$$\boxed{\mathscr{A}\left(\frac{1}{\mathrm{e}}\right) = 1}.$$

# 6 SUJET
## Liban, juin 2008

**Exercice 1** [4 points ; 40 min]
- Probabilités
- Variable aléatoire

**Exercice 2 (Obligatoire)** [5 points ; 1 h]
- Nombres complexes
- Géométrie dans l'espace

**Exercice 2 (Spécialité)** [5 points ; 1 h]
- Nombres complexes
- Arithmétique
- Géométrie dans l'espace
- Calcul de volume

**Exercice 3** [6 points ; 1 h 10 min]
- Question de cours
- Fonction logarithme népérien
- Suite

**Exercice 4** [5 points ; 1 h]
- Étude de fonction définie par une intégrale
- Intégration par parties



## EXERCICE 1

Une urne A contient quatre boules rouges et six boules noires.
Une urne B contient une boule rouge et neuf boules noires.
Les boules sont indiscernables au toucher.

### Partie A

Un joueur dispose d'un dé à six faces, parfaitement équilibré, numéroté de 1 à 6. Il le lance une fois : s'il obtient 1, il tire au hasard une boule de l'urne A, sinon il tire au hasard une boule de l'urne B.

1. Soit R l'événement « le joueur obtient une boule rouge ».

Montrer que $p(\mathrm{R})=0{,}15$. **[0,75 pt]**

2. Si le joueur obtient une boule rouge, la probabilité qu'elle provienne de A est-elle supérieure ou égale à la probabilité qu'elle provienne de B ? **[0,75 pt]**

## Partie B

Le joueur répète deux fois l'épreuve décrite dans la **partie A**, dans des conditions identiques et indépendantes (c'est-à-dire qu'à l'issue de la première épreuve, les urnes retrouvent leur composition initiale).
Soit $x$ un entier naturel non nul.
Lors de chacune des deux épreuves, le joueur gagne $x$ euros s'il obtient une boule rouge et perd deux euros s'il obtient une boule noire.
On désigne par G la variable aléatoire correspondant au gain algébrique du joueur en euros au terme des deux épreuves. La variable aléatoire G prend donc les valeurs $2x$, $x-2$ et $-4$.

1. Déterminer la loi de probabilité de G. **[1 pt]**
2. Exprimer l'espérance $\mathrm{E}(\mathrm{G})$ de la variable aléatoire G en fonction de $x$. **[0,5 pt]**
3. Pour quelles valeurs de $x$ a-t-on $\mathrm{E}(\mathrm{G}) \geqslant 0$ ? **[1 pt]**

# EXERCICE 2 (Obligatoire)

Pour chacune des six propositions suivantes, indiquer si elle est vraie ou fausse et donner une démonstration de la réponse choisie. Une réponse non démontrée ne rapporte aucun point.

## Partie A

Le plan complexe est rapporté à un repère orthonormal direct $(\mathrm{O}\,;\,\vec{u},\vec{v})$.

1. Soit $z$ un nombre complexe d'argument $\frac{\pi}{3}$.

**Proposition 1** : « $z^{100}$ est un nombre réel ». **[1 pt]**

2. Soit $(\mathrm{E})$ l'ensemble des points M d'affixe $z$ différente de 1 du plan telle que $\left|\frac{z}{1-z}\right|=1$.

**Proposition 2** : « l'ensemble $(\mathrm{E})$ est une droite parallèle à l'axe des réels ». **[1 pt]**

3. Soit $r$ la rotation d'angle $-\frac{\pi}{2}$ et dont le centre K a pour affixe $1+\mathrm{i}\sqrt{3}$.

**Proposition 3** : « l'image du point O par la rotation $r$ a pour affixe :

$$(1-\sqrt{3})+\mathrm{i}(1+\sqrt{3}) \text{ ».}$$

**[1 pt]**

**4.** On considère l'équation (E) suivante : $z^2+2\cos\left(\dfrac{\pi}{5}\right)z+1=0$.

**Proposition 4** : « l'équation (E) a deux solutions complexes de modules égaux à 1 ». **[1 pt]**

## Partie B

On considère le cube ABCDEFGH d'arête 1, représenté ci-dessous.
**Proposition 5** : « le vecteur $\overrightarrow{AG}$ est normal au plan $(BDE)$ ».
**Proposition 6** : « les droites $(EB)$ et $(ED)$ sont perpendiculaires ».

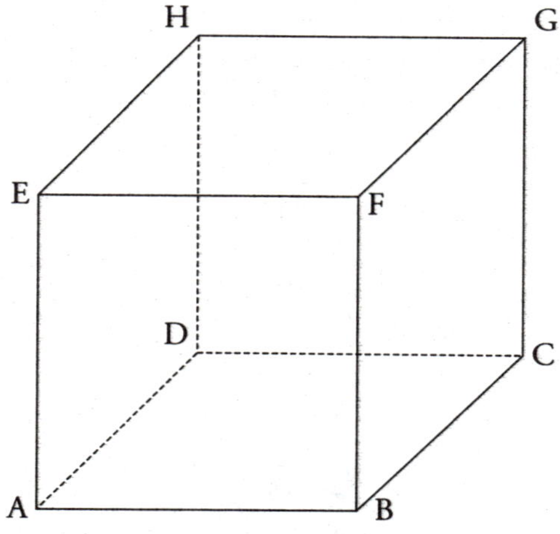


**[1 pt]**

## EXERCICE 2 (Spécialité)

Pour chacune des six propositions suivantes, indiquer si elle est vraie ou fausse et donner une démonstration de la réponse choisie. Une réponse non démontrée ne rapporte aucun point.

**1.** Dans le plan complexe rapporté à un repère orthonormal direct $(O\,;\vec{u},\vec{v})$, on considère la similitude directe $f$ d'écriture complexe :

$$z\mapsto\frac{3}{2}(1-\mathrm{i})z+4-2\mathrm{i}.$$

**Proposition 1** : « $f = r \circ h$ où $h$ est l'homothétie de rapport $3\dfrac{\sqrt{2}}{2}$ et de centre le point $\Omega$ d'affixe $-2-2\mathrm{i}$ et où $r$ est la rotation de centre $\Omega$ et d'angle $-\dfrac{\pi}{4}$ ». **[1 pt]**

**2.** Pour tout entier naturel $n$ non nul :
**Proposition 2** : « $5^{6n+1} + 2^{3n+1}$ est divisible par 5 ».
**Proposition 3** : « $5^{6n+1} + 2^{3n+1}$ est divisible par 7 ». **[1,5 pt]**

**3.** Dans le plan muni d'un repère, (D) est la droite d'équation :

$$11x - 5y = 14.$$

**Proposition 4** : « les points de (D) à coordonnées entières sont les points de coordonnées $(5k + 14 \,;\, 11k + 28)$ où $k \in \mathbb{Z}$. **[1 pt]**

**4.** L'espace est rapporté à un repère orthonormal $(O\,;\, \vec{i}, \vec{j}, \vec{k})$.
La surface $\Sigma$ ci-dessous a pour équation $z = x^2 + y^2$.

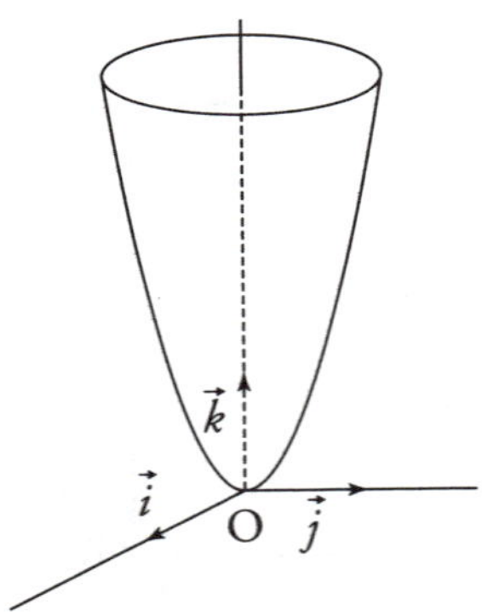


**Proposition 5** : « la section de la surface $\Sigma$ et du plan d'équation $x = \lambda$, où $\lambda$ est un réel, est une hyperbole ». **[0,75 pt]**

**Proposition 6** : « le plan d'équation $z = \dfrac{9\sqrt{2}}{2}$ partage le solide délimité par $\Sigma$ et le plan d'équation $z = 9$ en deux solides de même volume ». **[0,75 pt]**

***Rappel*** : Soit V le volume du solide délimité par $\Sigma$ et les plans d'équations $z = a$ et $z = b$ où $0 \leqslant a \leqslant b \leqslant 9$.

V est donné par la formule $V = \displaystyle\int_a^b S(k)\,\mathrm{d}k$ où $S(k)$ est l'aire de la section du solide par le plan d'équation $z = k$ où $k \in [a\,;\, b]$.

## EXERCICE 3

### Partie A – Démonstration de cours

***Prérequis*** : définition d'une suite tendant vers plus l'infini.
« Une suite tend vers $+\infty$ si, pour tout réel A, tous les termes de la suite sont, à partir d'un certain rang, supérieurs à A ».
Démontrer le théorème suivant : une suite croissante non majorée tend vers $+\infty$. **[1 pt]**

### Partie B

On considère la fonction $f$ définie sur l'intervalle $[0\,;+\infty[$ par :

$$f(x) = \ln\,(x+1) + \frac{1}{2}\,x^2.$$

La courbe $(\mathscr{C})$ représentative de la fonction $f$ dans un repère orthogonal obtenue à l'aide d'un tableur est donnée ci-dessous. Cette courbe sera complétée et remise avec la copie à la fin de l'épreuve.

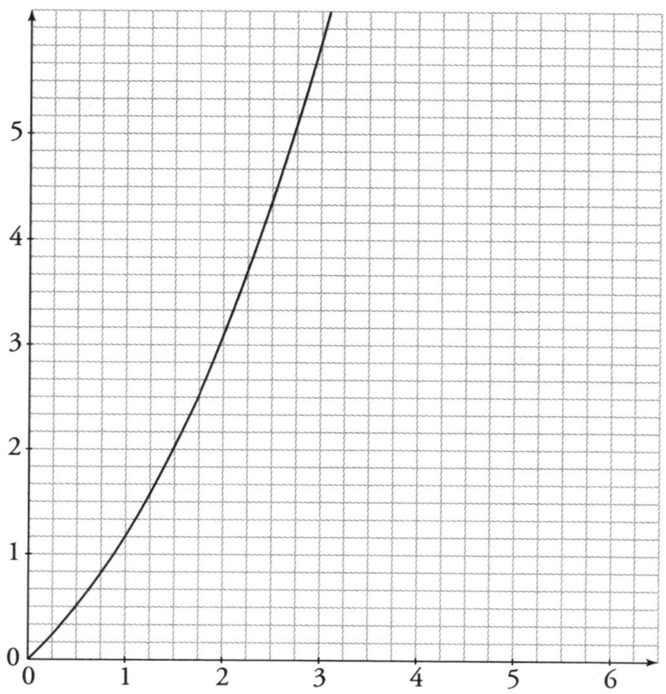

1. Étudier le sens de variation de la fonction $f$ sur l'intervalle $[0\ ;+\infty[$. **[0,75 pt]**

2. Déterminer une équation de la tangente (T) à la courbe $(\mathscr{C})$ au point d'abscisse 0. **[0,5 pt]**

3. Tracer la droite (T) sur le graphique. Dans la suite de l'exercice, on admet que, sur l'intervalle $]0\ ;+\infty[$, la courbe $(\mathscr{C})$ est située au-dessus de la droite (T). **[0,5 pt]**

## Partie C

On considère la suite $(u_n)$ définie sur $\mathbb{N}$ par $u_0 = 1$, et pour tout entier naturel $n$ :

$$u_{n+1} = f(u_n).$$

1. Construire sur l'axe des abscisses les cinq premiers termes de la suite $(u_n)$ en laissant apparents les traits de construction (utiliser le graphique donné). **[0,75 pt]**

2. À partir de ce graphique, que peut-on conjecturer concernant le sens de variation de la suite $(u_n)$ et son comportement lorsque $n$ tend vers $+\infty$ ? **[0,5 pt]**

3. a. Montrer à l'aide d'un raisonnement par récurrence que, pour tout entier naturel $n$, $u_n \geqslant 1$. **[0,5 pt]**

b. Montrer que la suite $(u_n)$ est croissante. **[0,5 pt]**

c. Montrer que la suite $(u_n)$ n'est pas majorée. **[0,5 pt]**

d. En déduire la limite de la suite $(u_n)$. **[0,5 pt]**

## EXERCICE 4

On considère une fonction $f$ dérivable sur l'intervalle $]-\infty\ ;+\infty[$.
On donne le tableau de ses variations :

| $x$ | $-\infty$ | | $0$ | | $2$ | | $+\infty$ |
|---|---|---|---|---|---|---|---|
| $f'(x)$ | | $+$ | | $+$ | $0$ | $-$ | |
| $f(x)$ | $-\infty$ | ↗ | $0$ | ↗ | $1+e^{-2}$ | ↘ | $1$ |

Soit $g$ la fonction définie sur $]-\infty\ ;+\infty[$ par $g(x) = \int_0^x f(t)\,dt$.

## Partie A

**1.** En tenant compte de toutes les informations contenues dans le tableau de variation, tracer une courbe $(\mathscr{C})$ susceptible de représenter $f$ dans le plan muni d'un repère orthogonal (unités graphiques : 1 cm sur l'axe des abscisses, 2 cm sur l'axe des ordonnées). **[0,75 pt]**

**2. a.** Interpréter graphiquement $g(2)$. **[0,5 pt]**

**b.** Montrer que $0 \leqslant g(2) \leqslant 2{,}5$. **[0,5 pt]**

**3. a.** Soit $x$ un réel supérieur à 2.

Montrer que $\int_2^x f(t)\,\mathrm{d}t \geqslant x-2$.

En déduire que $g(x) \geqslant x-2$. **[0,75 pt]**

**b.** Déterminer la limite de la fonction $g$ en $+\infty$. **[0,5 pt]**

**4.** Étudier le sens de variation de la fonction $g$ sur l'intervalle $]-\infty\,;+\infty[$. **[0,5 pt]**

## Partie B

On admet que pour tout réel $t$, $f(t)=(t-1)\mathrm{e}^{-t}+1$.

**1.** À l'aide d'une intégration par parties, exprimer en fonction du réel $x$ l'intégrale $\int_0^x (t-1)\mathrm{e}^{-t}\,\mathrm{d}t$. **[0,5 pt]**

**2.** En déduire que pour tout réel $x$, $g(x)=x(1-\mathrm{e}^{-x})$. **[0,5 pt]**

**3.** Déterminer la limite de la fonction $g$ en $-\infty$. **[0,5 pt]**

## COUP de POUCE

### EXERCICE 2 (obligatoire)

**1.** Étudier un argument de $z^{100}$.

**5.** et **6.** Utiliser le produit scalaire pour montrer que $\overrightarrow{AG}$ est normal au plan (BDE).

### EXERCICE 3

**Partie C**

**3. c.** On peut utiliser un raisonnement par l'absurde.

### EXERCICE 4

**3. a.** La fonction $g$ est la primitive de $f$ qui s'annule en zéro.

# 6 CORRIGÉ

## EXERCICE 1

### Partie A

**1. Calcul de la probabilité de l'événement R**

On note A l'événement : « le joueur tire une boule de l'urne A ».
En appliquant le théorème des probabilités totales, avec le système complet d'événements $(A, \overline{A})$ , on a :

$$p(R) = p(A \cap R) + p(\overline{A} \cap R).$$

$$p(R) = p(A) \times p_A(R) + p(\overline{A}) \times p_{\overline{A}}(R).$$

A est réalisé si, et seulement si, le joueur obtient 1 avec le dé à six faces qu'il lance. Le dé est parfaitement équilibré donc chacune des six faces a même probabilité d'être obtenue : $\frac{1}{6}$.

On a $p(A) = \frac{1}{6}$ et $p(\overline{A}) = 1 - p(A) = \frac{5}{6}$.

$p_A(R)$ est la probabilité que le joueur tire une boule rouge sachant qu'il tire dans l'urne A.
L'urne A contient 10 boules, 4 rouges et 6 blanches, qui ont toutes la même probabilité d'être tirées, donc $p_A(R) = \frac{4}{10}$.
De même, l'urne B contient 10 boules dont une seule est rouge donc $p_{\overline{A}}(R) = \frac{1}{10}$.
On a alors :

$$p(R) = \frac{1}{6} \times \frac{4}{10} + \frac{5}{6} \times \frac{1}{10}$$

$$p(R) = \frac{9}{6 \times 10} = \frac{3}{2} \times \frac{1}{10} = 0{,}15$$

$$\boxed{p(R) = 0{,}15}.$$

**Remarque :**

On peut construire un arbre pondéré.

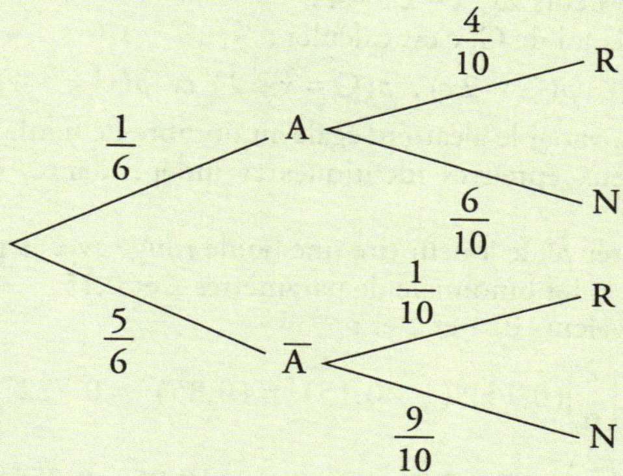


$p(R) = \frac{1}{6} \times \frac{4}{10} + \frac{5}{6} \times \frac{1}{10}$



## 2. Calcul de $p_R(A)$

On veut calculer la probabilité que la boule tirée vienne de l'urne A, sachant que la boule tirée est rouge.
Par définition d'une probabilité conditionnelle, on a :

$$p_R(A) = \frac{p(A \cap R)}{p(R)} = \frac{p(A) \times p_A(R)}{p(R)}$$

$$p_R(A) = \frac{\frac{1}{6} \times \frac{4}{10}}{\frac{3}{20}} = \frac{1}{6} \times \frac{4}{10} \times \frac{20}{3} = \frac{4}{9}.$$

Puisque la probabilité $p_R(A)$ est égale à $\frac{4}{9}$, la probabilité $p_R(\overline{A})$ est égale à $\frac{5}{9}$ car :

$$p_R(\overline{A}) = 1 - p_R(A) = 1 - \frac{4}{9} = \frac{5}{9}.$$

$p_R(\overline{A})$ est la probabilité, si le joueur obtient une boule rouge, que cette boule ne vienne pas de A, donc vienne de B.
Ainsi $p_R(\overline{A}) > p_R(A)$.
**Sachant que le joueur tire une boule rouge, la probabilité qu'elle vienne de A est strictement inférieure à la probabilité qu'elle vienne de B.**

## Partie B

### 1. Loi de probabilité de G

G prend les valeurs $2x$, $x-2$, $-4$.
Déterminer la loi de G, c'est calculer :

$$p(G=2x),\ p(G=x-2) \text{ et } p(G=-4).$$

On note X la variable aléatoire égale au nombre de boules rouges tirées au cours des deux épreuves identiques et indépendantes effectuées par le joueur.
À chaque épreuve, le joueur tire une boule rouge avec la probabilité 0,15.
Donc X suit la loi binomiale de paramètres 2 et 0,15.
X prend les valeurs 0, 1 et 2 et :

$$p(X=0)=\binom{2}{0}(0{,}15)^0(1-0{,}15)^2=(0{,}85)^2=0{,}722\ 5.$$

$$p(X=1)=\binom{2}{1}0{,}15\times 0{,}85=2\times 0{,}15\times 0{,}85=0{,}255\ 0.$$

$$p(X=2)=\binom{2}{2}(0{,}15)^2(0{,}85)^0=(0{,}15)^2=0{,}022\ 5.$$

L'événement $(G=2x)$ est réalisé si, et seulement si, le joueur tire deux boules rouges donc si, et seulement si, $(X=2)$ est réalisé :

$$p(X=2)=p(G=2x)=0{,}022\ 5.$$

De même $(G=x-2)$ est réalisé si, et seulement si, le joueur tire une boule rouge et une boule noire, donc si, et seulement si, $(X=1)$ est réalisé :

$$p(G=x-2)=p(X=1)=0{,}255\ 0$$

De même : $p(G=-4)=p(X=0)=0{,}722\ 5.$

| $x_i$ | $2x$ | $x-2$ | $-4$ |
|---|---|---|---|
| $p(G=x_i)$ | 0,022 5 | 0,255 0 | 0,722 5 |

### 2. Espérance de G

$$E(G)=2x\times 0{,}022\ 5+(x-2)\times 0{,}255\ 0+(-4)\times 0{,}722\ 5$$

$$\boxed{E(G)=0{,}3x-3{,}4}.$$

### 3. Résolution de $E(G)\geqslant 0$

$E(G)$ est positif si, et seulement si, $0{,}3x-3{,}4\geqslant 0$.

$0{,}3x-3{,}4\geqslant 0$ si, et seulement si, $x\geqslant \dfrac{3{,}4}{0{,}3}$.

**$E(G)$ est positif ou nul lorsque $x$ est supérieur ou égal à $\dfrac{34}{3}$ soit $x\geqslant 12$ car $x$ est un entier naturel.**

## EXERCICE 2 (Obligatoire)

### Partie A

**1. Étude de la proposition 1**

Lorsque $z$ est un nombre complexe d'argument $\theta$, $z^n$ est un nombre complexe d'argument $n\theta$.

Un argument de $z$ est $\frac{\pi}{3}$ donc un argument de $z^{100}$ est $100 \times \frac{\pi}{3}$.

$100\,\frac{\pi}{3} = 99\,\frac{\pi}{3} + \frac{\pi}{3} = 33\pi + \frac{\pi}{3} = 16 \times 2\pi + \pi + \frac{\pi}{3}$.

Un autre argument de $z^{100}$ est $\left(\pi + \frac{\pi}{3}\right)$.

$z^{100}$ est réel si, et seulement si, $z^{100}$ a pour argument un multiple de $\pi$, soit $k\pi$, $k \in \mathbb{Z}$.

$\left(\pi + \frac{\pi}{3}\right)$ n'est pas un multiple de $\pi$ donc $z^{100}$ n'est pas un réel.

**La proposition 1 est fausse.**

**2. Étude de la proposition 2**

Le module d'un quotient étant le quotient des modules, $\left|\frac{z}{1-z}\right| = \frac{|z|}{|1-z|}$

et $\left|\frac{z}{1-z}\right| = 1$ équivaut à $|z| = |1-z|$.

On note A le point d'affixe 1 et M le point d'affixe $z$.
$|z| = \text{OM}$ et $|1-z| = |z_A - z_M| = \text{AM}$.
M appartient à (E) si, et seulement si, $|z| = |1-z|$.
M appartient à (E) si, et seulement si, $\text{OM} = \text{AM}$.
(E) est l'ensemble des points du plan équidistants de O et A : (E) est la médiatrice du segment $[\text{OA}]$.
(E) est une droite perpendiculaire à la droite $(\text{OA})$, qui est l'axe des réels.
(E) n'est donc pas parallèle à l'axe des réels.

**La proposition 2 est fausse.**

**3. Étude de la proposition 3**

La rotation $r$ d'angle $-\frac{\pi}{2}$ et de centre K a pour écriture complexe :

$$z' - z_K = e^{i\left(-\frac{\pi}{2}\right)}(z - z_K)$$
$$z' = -i(z - 1 - i\sqrt{3}) + 1 + i\sqrt{3}.$$

SUJETS DE BAC

On obtient l'affixe de l'image du point O par la rotation $r$ en remplaçant $z$ par zéro.
On a $z' = -\mathrm{i}(-1 - \mathrm{i}\sqrt{3}) + 1 + \mathrm{i}\sqrt{3}$
$z' = \mathrm{i} - \sqrt{3} + 1 + \mathrm{i}\sqrt{3}$ car $\mathrm{i}^2 = -1$
$z' = 1 - \sqrt{3} + (1 + \sqrt{3})\mathrm{i}$.
Il s'agit bien de l'affixe donnée par le texte.
**La proposition 3 est vraie.**

### 4. Étude de la proposition 4

On résout cette équation du second degré.

On pose $a = 1$, $b = 2\cos\left(\frac{\pi}{5}\right)$, $c = 1$.

$$\Delta = b^2 - 4ac = 4\left(\cos^2\left(\frac{\pi}{5}\right) - 1\right) = -4\left(1 - \cos^2\left(\frac{\pi}{5}\right)\right).$$

$$\Delta = 4\mathrm{i}^2 \sin^2\left(\frac{\pi}{5}\right) = \left(2\mathrm{i}\sin\left(\frac{\pi}{5}\right)\right)^2 = \delta^2 \text{ où } \delta = 2\mathrm{i}\sin\left(\frac{\pi}{5}\right).$$

L'équation proposée a deux solutions notées $z_1$ et $z_2$ :

$$z_1 = \frac{-b + \delta}{2a} \text{ et } z_2 = \frac{-b - \delta}{2a}.$$

$$z_1 = -\cos\left(\frac{\pi}{5}\right) + \mathrm{i}\sin\left(\frac{\pi}{5}\right) \text{ et } z_2 = \bar{z}_1.$$

$$z_1 = \cos\left(\pi - \frac{\pi}{5}\right) + \mathrm{i}\sin\left(\pi - \frac{\pi}{5}\right) = \mathrm{e}^{\mathrm{i}\left(\frac{4\pi}{5}\right)}.$$

$z_1$ a pour module 1, pour argument $\frac{4\pi}{5}$.

$z_2$, conjugué de $z_1$, a même module que $z_1$.
L'équation a deux solutions complexes de module 1.
**La proposition 4 est vraie.**

## Partie B

### Étude de la proposition 5

Le plan (BDE) a pour vecteurs directeurs les vecteurs $\overrightarrow{DB}$ et $\overrightarrow{DE}$. Pour que le vecteur $\overrightarrow{AG}$ soit normal au plan (BDE), il suffit que le vecteur $\overrightarrow{AG}$ soit orthogonal aux vecteurs $\overrightarrow{DB}$ et $\overrightarrow{DE}$.
On calcule les produits scalaires $\overrightarrow{AG} \cdot \overrightarrow{DB}$ et $\overrightarrow{AG} \cdot \overrightarrow{DE}$.
En utilisant la relation de Chasles, on a :

$$\overrightarrow{AG} \cdot \overrightarrow{DB} = (\overrightarrow{AC} + \overrightarrow{CG}) \cdot \overrightarrow{DB} = \overrightarrow{AC} \cdot \overrightarrow{DB} + \overrightarrow{CG} \cdot \overrightarrow{DB}.$$

(AC) et (DB) sont les diagonales du carré ABCD.

Ce sont deux droites perpendiculaires donc les vecteurs $\overrightarrow{AC}$ et $\overrightarrow{DB}$ sont orthogonaux et leur produit scalaire est nul.
La droite $(CG)$ est perpendiculaire au plan $(ABCD)$ puisque ABCDE-DFGH est un cube.
Le vecteur $\overrightarrow{CG}$ est donc orthogonal à tout vecteur du plan $(ABCD)$, en particulier au vecteur $\overrightarrow{DB}$.
Le produit scalaire $\overrightarrow{CG}\cdot\overrightarrow{DB}$ est nul.
Puisque $\overrightarrow{AC}\cdot\overrightarrow{DB}=0$ et $\overrightarrow{CG}\cdot\overrightarrow{DB}=0$, on a $\overrightarrow{AG}\cdot\overrightarrow{DB}=0$.
De même on a :

$$\overrightarrow{AG}\cdot\overrightarrow{DE}=(\overrightarrow{AH}+\overrightarrow{HG})\cdot\overrightarrow{DE}=\overrightarrow{AH}\cdot\overrightarrow{DE}+\overrightarrow{HG}\cdot\overrightarrow{DE}.$$

$(DE)$ et $(AH)$ sont deux diagonales du carré ADHE donc :

$$\overrightarrow{AH}\cdot\overrightarrow{DE}=0.$$

$(HG)$ est perpendiculaire au plan $(ADHE)$ donc le vecteur $\overrightarrow{HG}$ est orthogonal au vecteur $\overrightarrow{DE}$ et $\overrightarrow{HG}\cdot\overrightarrow{DE}=0$.
Par conséquent, $\overrightarrow{AG}\cdot\overrightarrow{DE}=\overrightarrow{AH}\cdot\overrightarrow{DE}+\overrightarrow{HG}\cdot\overrightarrow{DE}=0$.
Le vecteur $\overrightarrow{AG}$ est orthogonal aux vecteurs $\overrightarrow{DE}$ et $\overrightarrow{DB}$ donc le vecteur $\overrightarrow{AG}$ est normal au plan $(BDE)$.
**La proposition 5 est vraie.**

### Étude de la proposition 6

On calcule le produit scalaire $\overrightarrow{EB}\cdot\overrightarrow{ED}$.
À l'aide de la relation de Chasles, on a :

$$\begin{aligned}\overrightarrow{EB}\cdot\overrightarrow{ED}&=(\overrightarrow{EA}+\overrightarrow{AB})\cdot(\overrightarrow{EH}+\overrightarrow{HD})\\&=\overrightarrow{EA}\cdot\overrightarrow{EH}+\overrightarrow{EA}\cdot\overrightarrow{HD}+\overrightarrow{AB}\cdot\overrightarrow{EH}+\overrightarrow{AB}\cdot\overrightarrow{HD}.\end{aligned}$$

Dans le carré ADHE, les droites $(EA)$ et $(EH)$ sont perpendiculaires donc $\overrightarrow{EA}\cdot\overrightarrow{EH}=0$.
Les vecteurs $\overrightarrow{EA}$ et $\overrightarrow{HD}$ sont égaux donc $\overrightarrow{EA}\cdot\overrightarrow{HD}=\overrightarrow{EA}^2$.
Le cube a pour arête 1 donc $\overrightarrow{EA}^2=EA^2=1$.
Les vecteurs $\overrightarrow{EH}$ et $\overrightarrow{AD}$ sont égaux donc $\overrightarrow{AB}\cdot\overrightarrow{EH}=\overrightarrow{AB}\cdot\overrightarrow{AD}$.
Les droites $(AB)$ et $(AD)$ sont perpendiculaires donc :

$$\overrightarrow{AB}\cdot\overrightarrow{AD}=0 \text{ et } \overrightarrow{AB}\cdot\overrightarrow{EH}=0.$$

Enfin $\overrightarrow{AB}\cdot\overrightarrow{HD}=\overrightarrow{AB}\cdot\overrightarrow{EA}=0$ car dans le carré ABFE les droites $(AB)$ et $(EA)$ sont perpendiculaires.

Finalement $\overrightarrow{EB}\cdot\overrightarrow{ED}=1$.
Les vecteurs $\overrightarrow{EB}$ et $\overrightarrow{ED}$ ne sont pas orthogonaux, les droites $(EB)$ et $(ED)$ ne sont donc pas perpendiculaires.
**La proposition 6 est fausse.**

## EXERCICE 2 (Spécialité)

### 1. Étude de la proposition 1

La composée de l'homothétie de centre $\Omega$, de rapport $\frac{3\sqrt{2}}{2}$ et de la rotation de centre $\Omega$, d'angle $-\frac{\pi}{4}$, est la similitude directe de centre $\Omega$, de rapport $\frac{3\sqrt{2}}{2}$ et d'angle $-\frac{\pi}{4}$. Elle a pour écriture complexe :

$$z' - z_\Omega = \frac{3\sqrt{2}}{2}\, e^{+i\left(-\frac{\pi}{4}\right)}(z - z_\Omega)$$

$$\frac{3\sqrt{2}}{2}\, e^{i\left(-\frac{\pi}{4}\right)} = \frac{3\sqrt{2}}{2}\left(\cos\left(-\frac{\pi}{4}\right) + i\sin\left(-\frac{\pi}{4}\right)\right)$$

$$= \frac{3\sqrt{2}}{2}\left(\cos\frac{\pi}{4} - i\sin\frac{\pi}{4}\right)$$

$$= \frac{3\sqrt{2}}{2}\left(\frac{\sqrt{2}}{2} - \frac{i\sqrt{2}}{2}\right) = 3\cdot\frac{\sqrt{2}}{2}\cdot\frac{\sqrt{2}}{2}\,(1-i)$$

$$\frac{3\sqrt{2}}{2}\, e^{i\left(-\frac{\pi}{4}\right)} = \frac{3}{2}\,(1-i).$$

Donc $z' = \frac{3}{2}\,(1-i)(z+2(1+i)) - 2 - 2i$

$$= \frac{3}{2}\,(1-i)z + 3(1-i)(1+i) - 2 - 2i$$

$$3(1-i)(1+i) = 3(1-i^2) = 6 \text{ car } i^2 = -1$$

$$z' = \frac{3}{2}\,(1-i)z + 6 - 2 - 2i = \frac{3}{2}\,(1-i)z + 4 - 2i.$$

Il s'agit de l'écriture complexe de $f$ donc $f = r \circ h$.

**La proposition 1 est vraie.**

### 2. Étude de la proposition 2

Pour $n = 1$, $5^{6n+1} + 2^{3n+1} = 5^7 + 2^4 = 78\ 241$.

78 241 n'est pas divisible par 5 puisque ce nombre n'a pas pour dernier chiffre 0 ou 5.

Il existe un entier naturel non nul pour lequel $5^{6n+1} + 2^{3n+1}$ n'est pas divisible par 5. Par conséquent :

**La proposition 2 est fausse.**

### Étude de la proposition 3

$5^{6n+1} + 2^{3n+1}$ est divisible par 7 si, et seulement si, $5^{6n+1} + 2^{3n+1}$ est congru à 0 modulo 7.
On a, d'une part, $2^{3n+1} = (2^3)^n \times 2 = 8^n \times 2$.
Or $8 = 7 + 1$ donc $8 \equiv 1 \pmod 7$,
et, par produit, $8^n \times 2 \equiv 1^n \times 2 \equiv 2 \pmod 7$.
Donc $2^{3n+1} \equiv 2 \pmod 7$.
On a, d'autre part, $5^{6n+1} = (5^6)^n \times 5$.
$5 = 7 - 2$ donc $5 \equiv -2 \pmod 7$ et $5^6 \equiv (-2)^6 \pmod 7$
$(-2)^6 = 2^6 = 64 = 9 \times 7 + 1$ donc $5^6 \equiv 1 \pmod 7$.
$(5^6)^n \times 5 \equiv 1^n \times 5 \equiv 5 \equiv -2 \pmod 7$.
Finalement, $2^{3n+1} \equiv 2 \pmod 7$
$5^{6n+1} \equiv -2 \pmod 7$.
Par somme, $2^{3n+1} + 5^{6n+1} \equiv 0 \pmod 7$.
$5^{6n+1} + 2^{3n+1}$ est bien divisible par 7.
**La proposition 3 est vraie.**

### 3. Étude de la proposition 4

Chercher les points à coordonnées entières de la droite d'équation $11x - 5y = 14$, c'est résoudre l'équation (E) $11x - 5y = 14$ où $x$ et $y$ appartiennent à $\mathbb{Z}$.
Si $x = 14$ et $y = 28 = 2 \times 14$ alors $11x - 5y = 11 \times 14 - 10 \times 14 = 14$.
Le couple $(14 ; 28)$ est solution de (E).
L'équation (E) équivaut successivement à :

$$11x - 5y = 11 \times 14 - 5 \times 28$$
$$11(x - 14) = 5(y - 28).$$

5 divise l'entier $11(x - 14)$ et 5 et 11 sont premiers entre eux.
D'après le théorème de Gauss, 5 divise $(x - 14)$.
Il existe un entier $k$ appartenant à $\mathbb{Z}$ tel que $x - 14 = 5k$.
On a alors, $11 \times 5k = 5(y - 28)$ donc $y = 11k + 28$.
Si $(x ; y)$ est solution de (E) alors $x = 5k + 14$ et $y = 11k + 28$ où $k$ appartient à $\mathbb{Z}$.
Réciproquement, si $x = 5k + 14$ et $y = 11k + 28$, on a :
$11x - 5y = 11 \times 14 + 11 \times 5k - 5 \times 11k - 5 \times 28 = 14$
donc $(5k + 14 ; 11k + 28)$ est solution de (E).
L'ensemble des solutions de (E) est l'ensemble des couples $(5k + 14 ; 11k + 28)$ où $k \in \mathbb{Z}$. C'est aussi l'ensemble des coordonnées des points cherchés.
**La proposition 4 est vraie.**

### 4. Étude de la proposition 5

Étudions le cas où $\lambda = 0$.
La section de la surface $\Sigma$ et du plan d'équation $x = 0$ est la courbe d'équation $z = y^2$, située dans le plan d'équation $x = 0$.

Cette courbe est une parabole d'axe $(z'z)$, ce n'est pas une hyperbole, donc :

**La proposition 5 est fausse.**

### 5. Étude de la proposition 6

En utilisant le rappel du texte, nous savons que le volume $V_1$ du solide délimité par $\Sigma$ et les plans d'équations $z = 0$ et $z = 9$ est donné par :

$V_1 = \int_0^9 S(k)\, dk$ où $S(k)$ est l'aire de la section du solide par le plan d'équation $z = k$, $k \in [0\,;9]$.

Or, cette section a pour équation $k = x^2 + y^2$, il s'agit d'un cercle de centre $C(0\,;0\,;k)$, de rayon $\sqrt{k}$.

Son aire est $\pi(\sqrt{k})^2$ c'est-à-dire $\pi \cdot k$.

$V_1 = \int_0^9 \pi \cdot k\, dk = \left[\pi \cdot \frac{k^2}{2}\right]_0^9 = \frac{\pi}{2} \times 81$.

De même, le volume $V_2$ du solide délimité par $\Sigma$ et les plans d'équations $z = 0$ et $z = \frac{9\sqrt{2}}{2}$ est égal à :

$$V_2 = \int_0^{\frac{9\sqrt{2}}{2}} \pi \cdot k\, dk = \left[\pi \cdot \frac{k^2}{2}\right]_0^{\frac{9\sqrt{2}}{2}} = \frac{\pi}{2} \times 9^2 \times \frac{2}{4} = \frac{1}{2} V_1.$$

Le plan d'équation $z = \frac{9\sqrt{2}}{2}$ partage le solide délimité par $\Sigma$ et le plan d'équation $z = 9$ en deux solides de même volume.

**La proposition 6 est vraie.**

## EXERCICE 3

### Partie A – Démonstration de cours

On considère une suite à la fois croissante et non majorée.

On veut montrer que, pour tout réel A, tous les termes de la suite sont, à partir d'un certain rang, supérieurs à A.

On note $(u_n)$ la suite.

La suite n'est pas majorée donc le réel A, quel qu'il soit, n'est pas un majorant de la suite.

On sait que A est un majorant de la suite si, et seulement si, tous les termes de la suite $(u_n)$ sont inférieurs à A.

Or A n'est pas un majorant de $(u_n)$ donc il existe un terme de la suite, noté $u_p$, qui est strictement supérieur à A.

La suite étant croissante, pour tout entier $n$ supérieur à $p$, on a $u_n \geqslant u_p$.
Finalement, pour tout entier $n$ supérieur à $p$, on a $u_n \geqslant u_p > \mathrm{A}$.
On a trouvé un rang $p$ à partir duquel tous les termes de la suite sont supérieurs à A, et cela pour tout réel A. La suite tend vers $+\infty$.
On a montré que :
**Toute suite croissante non majorée tend vers $+\infty$.**

## Partie B

### 1. Sens de variation de $f$ sur $[0\ ;+\infty[$

La fonction $u$ définie sur $[0\ ;+\infty[$ par $u(x) = x + 1$ est affine, elle est donc dérivable sur $[0\ ;+\infty[$.
De plus, si $x \geqslant 0$, alors $x + 1 \geqslant 1 > 0$.
$u$ est strictement positive sur $[0\ ;+\infty[$.

Par conséquent $\ln u$ est dérivable sur $[0\ ;+\infty[$ et $(\ln u)' = \dfrac{u'}{u}$.

$$\frac{u'(x)}{u(x)} = \frac{1}{x+1}.$$

La fonction $v$ définie sur $[0\ ;+\infty[$ par $v(x) = \dfrac{1}{2}x^2$ est une fonction polynôme dérivable sur $[0\ ;+\infty[$, $v'(x) = \dfrac{1}{2} \times 2x = x$.

$f$ est la somme de deux fonctions dérivables sur $[0\ ;+\infty[$ donc $f$ est dérivable sur $[0\ ;+\infty[$ et :

$$f'(x) = \frac{u'(x)}{u(x)} + v'(x) = \frac{1}{x+1} + x = \frac{1 + x(x+1)}{x+1}$$

$$f'(x) = \frac{x^2 + x + 1}{x+1}.$$

Puisque $x$ est positif, $x^2 + x + 1$ l'est aussi, c'est la somme de trois réels positifs, et $f'(x)$ est le quotient de deux réels positifs donc $f'(x)$ est positif, pour tout réel $x$ de $[0\ ;+\infty[$. Par conséquent :
**$f$ est croissante sur $[0\ ;+\infty[$.**

### 2. Équation de (T)

Une équation de la tangente (T) à la courbe (C) au point d'abscisse 0 est :

$$y = f'(0)(x - 0) + f(0).$$

$f'(0) = 1$ et $f(0) = \ln(1) + \dfrac{1}{2} \times 0^2 = 0$ donc $y = x$.

**(T) a pour équation $y = x$.**

SUJETS DE BAC

**3. Tracé de (T)**

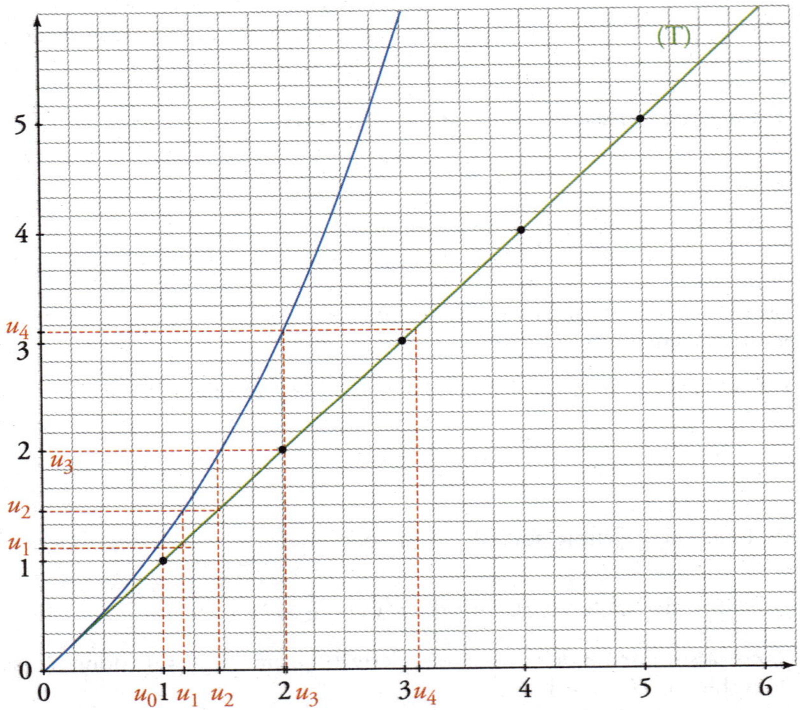


## Partie C

**1. Construction des cinq premiers termes de la suite**

On place sur (C) le point $M_0$ d'abscisse $u_0 = 1$ et d'ordonnée $u_1 = f(u_0)$. On en déduit sur (T) le point de coordonnées $(u_1\ ;\ u_1)$ ce qui permet de placer $u_1$ sur l'axe des abscisses et on recommence : on place sur (C) le point $M_1(u_1\ ;\ u_2 = f(u_1))$, etc.

**2. Conjecture**

À partir de ce graphique, on peut conjecturer que la suite $(u_n)$ est croissante et qu'elle a pour limite $+\infty$.

**3. a. Tous les termes de la suite sont supérieurs à 1**

On va montrer par récurrence sur l'entier $n$ que la propriété $\mathcal{P}_n$ : « $u_n \geqslant 1$ » est vraie pour tout entier $n$ :

- pour $n = 0$, $u_0 = 1$ donc $\mathcal{P}_0$ est vraie.
- on suppose que $\mathcal{P}_n$ est vraie pour un entier $n$. On sait que $u_n \geqslant 1$.
  $f$ étant croissante sur $[0\ ;+\infty[$, $f(u_n) \geqslant f(1)$.

$f(u_n) = u_{n+1}$ et $f(1) = \ln(2) + \frac{1}{2}$.

$f(1) \approx 1{,}2$ donc $f(1) \geqslant 1$.
On a donc $u_{n+1} \geqslant f(1) \geqslant 1$ donc $u_{n+1} \geqslant 1$.
$\mathcal{P}_{n+1}$ est vraie.
Puisque la propriété $\mathcal{P}_n$ est vraie pour $n = 0$ et vraie pour l'entier $(n + 1)$ dès qu'elle est vraie pour l'entier $n$, elle est vraie pour tout $n$.
**Pour tout entier $n$, $u_n \geqslant 1$.**

**b. Sens de variation de la suite**

L'énoncé admet que sur l'intervalle $]0\,;+\infty[$, la courbe (C) est située au-dessus de la droite (T).
Cela signifie que, pour tout réel $x$ de $]0\,;+\infty[$, $f(x) > x$.
Or, $u_n$ est supérieur à 1 donc $u_n$ est un réel de $]0\,;+\infty[$, donc :

$$f(u_n) > u_n.$$

Puisque $f(u_n) = u_{n+1}$, on a, pour tout entier $n$, $u_{n+1} > u_n$.
**La suite $(u_n)$ est croissante.**

**c. La suite $(u_n)$ n'est pas majorée**

On raisonne par l'absurde.
On fait l'hypothèse (H) : « la suite $(u_n)$ est majorée ».
$(u_n)$ est une suite croissante et majorée donc convergente.
Soit $\ell$ la limite de la suite $(u_n)$.
Pour tout entier $n$, $u_n \geqslant 1$ donc $\ell \geqslant 1$.

Pour tout entier $n$, $u_{n+1} = f(u_n)$ donc $\lim\limits_{n \to +\infty} u_{n+1} = \lim\limits_{n \to +\infty} f(u_n)$.

$(u_n)$ a pour limite $\ell$, donc $\lim\limits_{n \to +\infty} u_{n+1} = \ell$.

$f$ est continue sur $[0\,;+\infty[$ donc $\lim\limits_{n \to +\infty} f(u_n) = f(\ell)$.

On en déduit que $f(\ell) = \ell$ et $\ell \geqslant 1$.
Or on a admis, à la fin de la **partie B**, que, pour tout $x > 0$, on a $f(x) > x$.
Il est impossible de trouver un réel $\ell$ supérieur à 1 vérifiant $f(\ell) = \ell$ puisque $f(\ell) > \ell$.
$\ell$ n'existe pas, la suite ne peut pas converger, l'hypothèse (H) est fausse, donc :
**La suite $(u_n)$ n'est pas majorée.**

**d. Limite de $(u_n)$**

En utilisant le théorème démontré dans la **partie A**, $(u_n)$ étant croissante et non majorée a pour limite $+\infty$ :

$$\boxed{\lim_{n \to +\infty} u_n = +\infty}.$$

## EXERCICE 4

### Partie A

**1. Tracé de la courbe ($\mathscr{C}$)**

• ($\mathscr{C}$) passe par le point O car $f(0)=0$.

• ($\mathscr{C}$) passe par le point S de coordonnées $(2\,;\,1+e^{-2})$ puisque $f(2)=1+e^{-2}$ et, en ce point, la tangente à ($\mathscr{C}$) est parallèle à l'axe des abscisses puisque $f'(2)=0$.

$1+e^{-2}\approx 1{,}13$.

• La droite d'équation $y=1$ est asymptote à ($\mathscr{C}$) au voisinage de $+\infty$ puisque $\lim\limits_{x\to+\infty} f(x)=1$.

• Enfin, $f$ est croissante sur $]-\infty\,;\,2]$ et décroissante sur $[2\,;\,+\infty[$.
On trace une courbe ($\mathscr{C}$) en tenant compte de toutes ces propriétés.

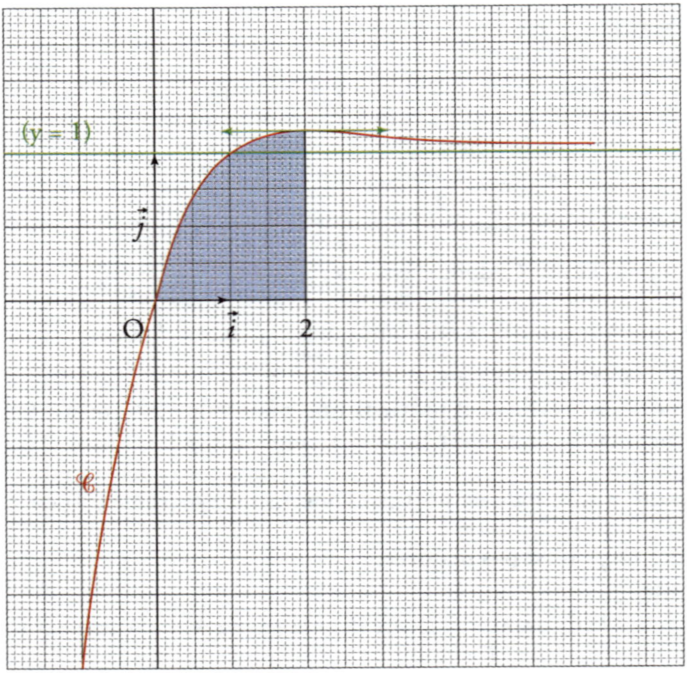


**2. a. Interprétation graphique de $g(2)$**

Par définition de la fonction $g$, $g(2)=\int_0^2 f(t)\,dt$.

Le tableau de variation de $f$ prouve que pour tout réel $t$ appartenant à $[0 ; 2]$ :

$$0 \leqslant f(t) \leqslant 1 + \mathrm{e}^{-2}.$$

$f$ est positive sur $[0 ; 2]$. De plus $f$ est dérivable sur $\mathbb{R}$ donc sur $[0 ; 2]$. En conséquence :

**$g(2)$ est l'aire, exprimée en unités d'aire, de l'ensemble des points compris entre $(\mathscr{C})$, l'axe des abscisses et les droites d'équations $x = 0$ et $x = 2$.**

L'ensemble des points est colorié sur le dessin.

**b. Encadrement de $g(2)$**

On sait que, si $f$ continue sur $[a ; b] (a < b)$ vérifie, pour tout réel $t$ de $[a ; b]$, $m \leqslant f(t) \leqslant \mathrm{M}$, alors on a :

$$m(b-a) \leqslant \int_a^b f(t)\,\mathrm{d}t \leqslant \mathrm{M}(b-a).$$

La fonction $f$, continue car dérivable sur $[0 ; 2]$, vérifie : pour tout réel $t$ de $[0 ; 2]$, $0 \leqslant f(t) \leqslant 1 + \mathrm{e}^{-2}$.
On a donc :

$$0 \times (2-0) \leqslant \int_0^2 f(t)\,\mathrm{d}t \leqslant (1 + \mathrm{e}^{-2}) \times (2-0)$$

$2 \times (1 + \mathrm{e}^{-2}) \approx 2{,}27$, on en déduit que

$$0 \leqslant g(2) \leqslant 2(1 + \mathrm{e}^{-2}) \leqslant 2{,}5.$$

Un encadrement de $g(2)$ est :

$$\boxed{0 \leqslant g(2) \leqslant 2{,}5}.$$

**3. a. Minoration de $g(x)$**

Soit $x$ un réel supérieur à 2.
$f$ est continue sur $[2 ; x]$ et le tableau de variation prouve que, pour tout $t \geqslant 2$ :

$$1 \leqslant f(t) \leqslant 1 + \mathrm{e}^{-2}.$$

En particulier, sur l'intervalle $[2 ; x]$, $f$ est minorée par $m = 1$, et, en appliquant à nouveau la propriété énoncée à la question **2. b.**, on a :

$$1 \times (x-2) \leqslant \int_2^x f(t)\,\mathrm{d}t.$$

Pour tout réel $x$ supérieur à 2,

$$\boxed{x - 2 \leqslant \int_2^x f(t)\,\mathrm{d}t}.$$

La relation de Chasles nous permet d'écrire :

$$g(x) = \int_0^x f(t)\,\mathrm{d}t = \int_0^2 f(t)\,\mathrm{d}t + \int_2^x f(t)\,\mathrm{d}t$$

SUJETS DE BAC

$$g(x)=g(2)+\int_2^x f(t)\,\mathrm{d}t.$$

$g(2)\geqslant 0$ et $\int_2^x f(t)\,\mathrm{d}t \geqslant x-2$ donc $g(2)+\int_2^x f(t)\,\mathrm{d}t \geqslant x-2$.

Pour tout réel $x$ supérieur à 2 :

$$\boxed{g(x)\geqslant x-2}.$$

**b. Limite de $g$ en $+\infty$**

Pour $x\geqslant 2$, $g(x)\geqslant x-2$ et $\lim\limits_{x\to+\infty}(x-2)=+\infty$.

Par comparaison, on en déduit :

$$\boxed{\lim_{x\to+\infty} g(x)=+\infty}.$$

**4. Sens de variation de $g$ sur $\mathbb{R}$**

$g$, étant définie sur $\mathbb{R}$ par $g(x)=\int_0^x f(t)\,\mathrm{d}t$, est la primitive de $f$ qui s'annule en 0.

$g$ est dérivable sur $\mathbb{R}$ et sa dérivée est $f$:

$$g'=f.$$

Le signe de $f$ est donné par le tableau de variation de $f$:
si $x\leqslant 0$, alors $f(x)\leqslant 0$ donc $g'(x)\leqslant 0$ ;
si $x\geqslant 0$, alors $f(x)\geqslant 0$ donc $g'(x)\geqslant 0$.
On en déduit le sens de variation de $g$.
**$g$ est décroissante sur $]-\infty\,;0]$ et $g$ est croissante sur $[0\,;+\infty[$.**

## Partie B

**1. Calcul de $\int_0^x (t-1)\mathrm{e}^{-t}\,\mathrm{d}t$**

Pour tout réel $t$ de $\mathbb{R}$, on pose $u(t)=t-1$ et $v'(t)=\mathrm{e}^{-t}$.
On en déduit que $u'(t)=1$ et on choisit $v(t)=-\mathrm{e}^{-t}$.
Les fonctions $u$, $v$, $u'$ et $v'$ sont continues sur $\mathbb{R}$, on peut intégrer par parties et on obtient :

$$\int_0^x (t-1)\mathrm{e}^{-t}\,\mathrm{d}t=\int_0^x u(t)v'(t)\,\mathrm{d}t=[u(t)v(t)]_0^x-\int_0^x u'(t)v(t)\,\mathrm{d}t$$

$$=[-(t-1)\mathrm{e}^{-t}]_0^x+\int_0^x \mathrm{e}^{-t}\,\mathrm{d}t$$

$$=[-t\mathrm{e}^{-t}+\mathrm{e}^{-t}]_0^x+[-\mathrm{e}^{-t}]_0^x$$

$$=[-t\mathrm{e}^{-t}]_0^x=-x\mathrm{e}^{-x}.$$

Pour tout réel $x$ :

$$\boxed{\int_0^x (t-1)\mathrm{e}^{-t}\,\mathrm{d}t = -x\mathrm{e}^{-x}}.$$

## 2. Calcul de $g(x)$

$$g(x) = \int_0^x f(t)\,\mathrm{d}t = \int_0^x ((t-1)\mathrm{e}^{-t}+1)\,\mathrm{d}t.$$

Par linéarité,

$$g(x) = \int_0^x (t-1)\mathrm{e}^{-t}\,\mathrm{d}t + \int_0^x 1\,\mathrm{d}t = -x\mathrm{e}^{-x} + [t]_0^x$$

$$g(x) = -x\mathrm{e}^{-x} + x = x(1-\mathrm{e}^{-x}).$$

Pour tout réel $x$,

$$\boxed{g(x) = x(1-\mathrm{e}^{-x})}.$$

## 3. Limite de $g$ en $-\infty$

$\lim\limits_{x\to-\infty} (-x) = +\infty$ et $\lim\limits_{x\to+\infty} (\mathrm{e}^{x}) = +\infty$.

Par composition, $\lim\limits_{x\to-\infty} \mathrm{e}^{-x} = +\infty$ et $\lim\limits_{x\to-\infty} (1-\mathrm{e}^{-x}) = -\infty$.

$\lim\limits_{x\to-\infty} (1-\mathrm{e}^{-x}) = -\infty$ et $\lim\limits_{x\to-\infty} (x) = -\infty$.

Par produit, $\lim\limits_{x\to-\infty} x(1-\mathrm{e}^{-x}) = +\infty$.

$$\boxed{\lim_{x\to-\infty} g(x) = +\infty}$$

# 7 SUJET
## Polynésie, juin 2008

**Exercice 1** **[4 points ; 40 min]**
- Nombres complexes
- Ensemble de points

**Exercice 2** **[4 points ; 40 min]**
- Géométrie dans l'espace

**Exercice 3 (Obligatoire)** **[5 points ; 1 h]**
- Équation différentielle
- Suite
- Probabilité

**Exercice 3 (Spécialité)** **[5 points ; 1 h]**
- Arithmétique
- Nombre complexe

**Exercice 4** **[7 points ; 1 h 20 min]**
- Question de cours
- Fonction logarithme népérien
- Calcul intégral
- Encadrement

## EXERCICE 1

**1.** Résoudre dans l'ensemble des nombres complexes, l'équation :

$$z^2 - 6z + 13 = 0\,.$$

Le plan complexe est rapporté à un repère orthonormal direct $(\mathrm{O}\,;\vec{u},\vec{v})$ d'unité graphique 1 cm.
On considère les points A, B, C d'affixes respectives :

$$a = 3 - 2\mathrm{i}\,,\; b = 3 + 2\mathrm{i}\,,\; c = 4\mathrm{i}\,.$$ **[0,5 pt]**

**2.** Faire une figure et placer les points A, B, C. **[0,5 pt]**

**3.** Montrer que OABC est un parallélogramme. **[0,5 pt]**

**4.** Déterminer l'affixe du point $\Omega$, centre du parallélogramme OABC. **[0,5 pt]**

**5.** Déterminer et tracer l'ensemble des points M du plan tels que :

$$\|\overrightarrow{MO} + \overrightarrow{MA} + \overrightarrow{MB} + \overrightarrow{MC}\| = 12.$$ **[1 pt]**

**6.** Soit M un point de la droite $(AB)$. On désigne par $\beta$ la partie imaginaire de l'affixe du point M. On note N l'image du point M par la rotation de centre $\Omega$ et d'angle $\frac{\pi}{2}$.

**a.** Montrer que N a pour affixe $\frac{5}{2} - \beta + \frac{5}{2}\,i$. **[0,5 pt]**

**b.** Comment choisir $\beta$ pour que N appartienne à la droite $(BC)$ ? **[0,5 pt]**

SUJETS DE BAC

## EXERCICE 2

Dans l'espace rapporté à un repère orthonormal $(O\ ;\ \vec{i}, \vec{j}, \vec{k})$, on considère les points :

$$A(1\ ;\ 2\ ;\ 3),\ B(0\ ;\ 1\ ;\ 4),\ C(-1\ ;\ -3\ ;\ 2),\ D(4\ ;\ -2\ ;\ 5)$$

et le vecteur $\vec{n}(2\ ;\ -1\ ;\ 1)$.

**1. a.** Démontrer que les points A, B, C ne sont pas alignés. **[0,5 pt]**

**b.** Démontrer que $\vec{n}$ est un vecteur normal au plan $(ABC)$. **[0,75 pt]**

**c.** Déterminer une équation du plan $(ABC)$. **[0,75 pt]**

**2.** Soit $(\Delta)$ la droite dont une représentation paramétrique est :

$$\begin{cases} x = 2 - 2t \\ y = -1 + t \\ z = 4 - t \end{cases}$$

avec $t \in \mathbb{R}$.

Montrer que le point D appartient à la droite $(\Delta)$ et que cette droite est perpendiculaire au plan $(ABC)$. **[1 pt]**

**3.** Soit E le projeté orthogonal du point D sur le plan $(ABC)$.
Montrer que le point E est le centre de gravité du triangle ABC. **[1 pt]**

## EXERCICE 3 (Obligatoire)

Pour chacune des propositions suivantes, indiquer si elle est vraie ou fausse et donner une justification de la réponse choisie.
*Une réponse non justifiée ne rapporte aucun point. Toutefois, toute trace de recherche, même incomplète, ou d'initiative, même non fructueuse, sera prise en compte dans l'évaluation.*

**1.** Soit $f$ la fonction solution sur $\mathbb{R}$ de l'équation différentielle :

$$y' = -y + 2$$

telle que $f(\ln 2) = 1$.
**Proposition 1** : « La courbe représentative de $f$ admet au point d'abscisse 0, une tangente d'équation $y = 2x$ ». **[1 pt]**

**2.** Soient $f$ et $g$ deux fonctions définies sur un intervalle $[A\ ;+\infty[$ où A est un réel strictement positif.
**Proposition 2** : « Si $\lim\limits_{x \to +\infty} f(x) = 0$ alors $\lim\limits_{x \to +\infty} f(x)g(x) = 0$ ». **[1 pt]**

**3.** On admet qu'un bloc de glace fond en perdant 10 % de sa masse par minute. Sa masse initiale est de 10 kg.
**Proposition 3** : « À partir de la soixante-dixième minute, sa masse devient inférieure à 1 g ». **[1 pt]**

**4.** Soient A et B deux événements d'un même univers $\Omega$ muni d'une probabilité $p$.
**Proposition 4** : « Si A et B sont indépendants et si $p(A) = p(B) = 0{,}4$ alors $p(A \cup B) = 0{,}8$ ». **[1 pt]**

**5.** Une usine fabrique des pièces. Une étude statistique a montré que 2 % de la production est défectueuse. Chaque pièce est soumise à un contrôle de fabrication. Ce contrôle refuse 99 % des pièces défectueuses et accepte 97 % des pièces non défectueuses. On choisit au hasard une pièce avant son passage au contrôle.
**Proposition 5** : « La probabilité que la pièce soit acceptée est égale à 0,9508 ». **[1 pt]**

## EXERCICE 3 (Spécialité)

Pour chacune des propositions suivantes, indiquer si elle est vraie ou fausse et donner une justification de la réponse choisie.
*Une réponse non justifiée ne rapporte aucun point. Toutefois, toute trace de recherche, même incomplète, ou d'initiative, même non fructueuse, sera prise en compte dans l'évaluation.*

**1.** **Proposition 1** : « Pour tout entier naturel $n$ non nul, $n$ et $2n+1$ sont premiers entre eux. » **[1 pt]**

**2.** Soit $x$ un entier relatif.
**Proposition 2** : « $x^2+x+3=0$ (modulo 5) si, et seulement si, $x \equiv 1$ (modulo 5). » **[1 pt]**

**3.** Soit N un entier naturel dont l'écriture en base 10 est $\overline{aba7}$.
**Proposition 3** : « Si N est divisible par 7 alors $a+b$ est divisible par 7. » **[1 pt]**

**4.** Le plan complexe est muni d'un repère orthonormal direct $(\mathrm{O}\ ;\ \vec{u}, \vec{v})$.

**Proposition 4** : « La similitude directe de rapport 2, d'angle $\frac{\pi}{6}$ et de centre le point d'affixe $1-\mathrm{i}$ a pour écriture complexe :

$$z' = (\sqrt{3}+\mathrm{i})z + \sqrt{3} - \mathrm{i}\sqrt{3}\text{. »}$$ **[1 pt]**

**5.** Le plan complexe est rapporté à un repère orthonormal direct $(\mathrm{O}\ ;\ \vec{u}, \vec{v})$.
On considère un point A. On désigne par $a$ son affixe. On note $s$ la réflexion d'axe $(\mathrm{O}\ ;\ \vec{u})$ et $s_{\mathrm{A}}$ la symétrie centrale de centre A.
**Proposition 5** : « L'ensemble des nombres complexes $a$ tels que $s \circ s_{\mathrm{A}} = s_{\mathrm{A}} \circ s$ est l'ensemble des nombres réels. » **[1 pt]**

## EXERCICE 4

### Partie A – Restitution organisée de connaissances

On supposera connus les résultats suivants :
Soient $u$ et $v$ deux fonctions continues sur un intervalle $[a\ ;\ b]$ avec $a<b$.

- Si $u \geqslant 0$ sur $[a\ ;\ b]$ alors $\int_a^b u(x)\,\mathrm{d}x \geqslant 0$.
- Pour tous réels $\alpha$ et $\beta$ :

$$\int_a^b [\alpha u(x) + \beta v(x)]\,\mathrm{d}x = \alpha \int_a^b u(x)\,\mathrm{d}x + \beta \int_a^b v(x)\,\mathrm{d}x.$$

Démontrer que si $f$ et $g$ sont deux fonctions continues sur un intervalle $[a\ ;\ b]$ avec $a<b$ et si, pour tout $x$ de $[a\ ;\ b]$, $f(x) \leqslant g(x)$, alors :

$$\int_a^b f(x)\,\mathrm{d}x \leqslant \int_a^b g(x)\,\mathrm{d}x.$$ **[1 pt]**

## Partie B

On considère la fonction $f$ définie sur $[0\,;+\infty[$ par :

$$f(x) = x + \ln\,(1 + e^{-x}).$$

Sa courbe représentative $(\mathscr{C})$ ainsi que la droite (D) d'équation $y = x$ sont données ci-dessous dans un repère orthonormal d'unité graphique 2 cm.

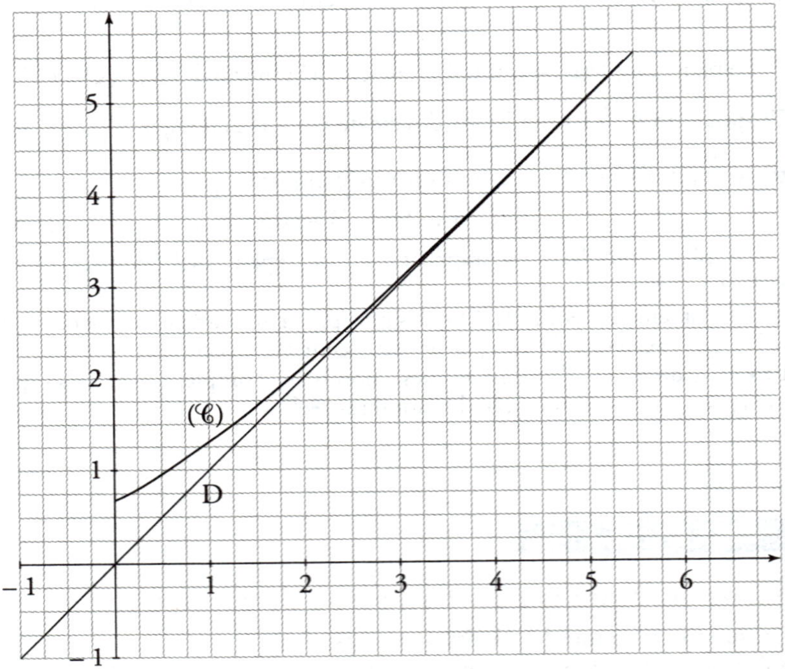


**1.** Montrer que $f$ est croissante et positive sur $[0\,;+\infty[$. **[0,5 pt]**

**2. a.** Montrer que la courbe $(\mathscr{C})$ admet pour asymptote la droite (D). **[0,25 pt]**

**b.** Étudier la position de $(\mathscr{C})$ par rapport à (D). **[0,5 pt]**

**3.** Soit I l'intégrale définie par :

$$I = \int_0^1 \ln\,(1 + e^{-x})\,dx = \int_0^1 [f(x) - x]\,dx.$$

On ne cherchera pas à calculer I.

**a.** Donner une interprétation géométrique de I. **[0,25 pt]**

**b.** Montrer que pour tout réel $t \geqslant 0$, on a $\ln(1+t) \leqslant t$. (On pourra étudier les variations de la fonction $g$ définie sur $[0\,;+\infty[$ par $g(t) = \ln(1+t) - t$.)

On admettra que pour tout réel $t \geqslant 0$, on a $\dfrac{t}{t+1} \leqslant \ln(1+t)$. **[0,75 pt]**

**c.** En déduire que pour tout $x$ de $[0\,;+\infty[$, on a :

$$\frac{e^{-x}}{e^{-x}+1} \leqslant \ln(1+e^{-x}) \leqslant e^{-x}.$$ **[0,75 pt]**

**d.** Montrer que $\ln\left(\dfrac{2}{1+e^{-1}}\right) \leqslant I \leqslant 1 - e^{-1}$. **[0,75 pt]**

**e.** En déduire un encadrement de I d'amplitude 0,4 par deux nombres décimaux. **[0,75 pt]**

**4.** On désigne par M et N les points de même abscisse $x$ appartenant respectivement à $(\mathscr{C})$ et $(D)$.
On juge que M et N sont indiscernables sur le graphique lorsque la distance MN est inférieure à 0,5 mm.
Déterminer l'ensemble des valeurs de $x$ pour lesquelles M et N sont indiscernables.
*Dans cette question, toute trace de recherche, même incomplète, ou d'initiative, même non fructueuse, sera prise en compte dans l'évaluation.* **[1,5 pt]**

## COUP de POUCE

### EXERCICE 1

**5.** Utiliser le point $\Omega$ isobarycentre des points O, A, B, C.

### EXERCICE 3 (obligatoire)

**2.** Revoir les formes indéterminées.

**5.** On peut utiliser un arbre pondéré.

### EXERCICE 3 (spécialité)

**5.** Utiliser l'écriture complexe des réflexions.

### EXERCICE 4

**4.** Exprimer MN en fonction de $x$ et en millimètres. On remarque que $\|\vec{j}\| = 2$ cm.

# 7 CORRIGÉ

## EXERCICE 1

### 1. Résolution de l'équation $z^2 - 6z + 13 = 0$

Pour tout nombre complexe $z$, on a :

$$z^2 - 6z + 13 = (z-3)^2 - 9 + 13 = (z-3)^2 + 4\,.$$

$z^2 - 6z + 13 = 0$ équivaut à $(z-3)^2 = -4 = 4i^2 = (2i)^2$
et à $z - 3 = 2i$ ou $z - 3 = -2i$
et à $z = 3 + 2i$ ou $z = 3 - 2i$.
L'équation $z^2 - 6z + 13 = 0$ a exactement deux solutions :

$$\boxed{3 + 2i\ ;\ 3 - 2i}\,.$$

### 2. Figure

A est le point d'affixe $a = 3 - 2i$, de coordonnées $(3\ ;\ -2)$.
B est le point d'affixe $b = 3 + 2i$, de coordonnées $(3\ ;\ 2)$.
C, d'affixe $c = 4i$, a pour coordonnées $(0\ ;\ 4)$.

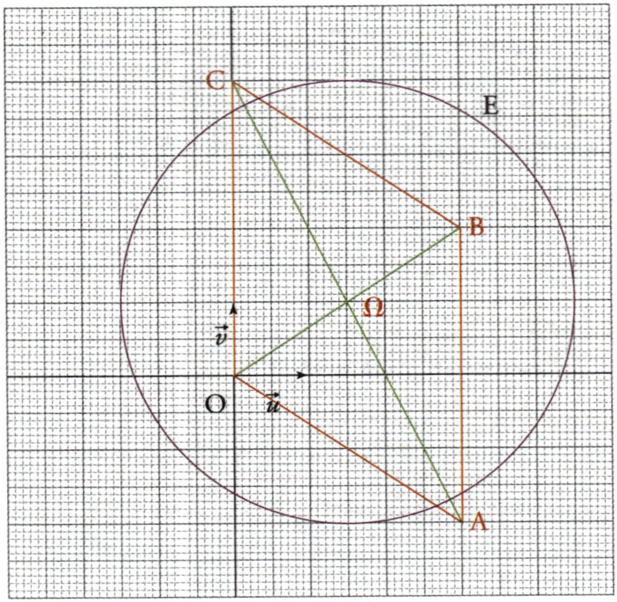

**3. Nature du quadrilatère OABC**

OABC est un parallélogramme si, et seulement si, $\overrightarrow{OC} = \overrightarrow{AB}$.
Le vecteur $\overrightarrow{OC}$ a pour affixe $c$.
Le vecteur $\overrightarrow{AB}$ a pour affixe $b - a$.

$$b - a = 3 + 2i - (3 - 2i) = 4i = c.$$

Les vecteurs $\overrightarrow{AB}$ et $\overrightarrow{OC}$ ont même affixe, ils sont donc égaux donc :
**OABC est un parallélogramme.**

**4. Affixe du point Ω**

$\Omega$, centre du parallélogramme OABC, est le milieu du segment $[OB]$.
Il vérifie $\overrightarrow{O\Omega} = \frac{1}{2}\overrightarrow{OB}$.
On note $d$ l'affixe de $\Omega$.
$\overrightarrow{O\Omega}$ a pour affixe $d$ et $\overrightarrow{OB}$ a pour affixe $b$.
On a donc $d = \frac{1}{2} \times b = \frac{3}{2} + i$.

**$\Omega$ a pour affixe $\frac{3}{2} + i$.**

**5. Ensemble des points M**

On note E l'ensemble des points M du plan tels que :

$$\|\overrightarrow{MO} + \overrightarrow{MA} + \overrightarrow{MB} + \overrightarrow{MC}\| = 12.$$

$\Omega$, centre du parallélogramme OABC, est le barycentre de :

$$\{(O\ ;\ 1), (A\ ;\ 1), (B\ ;\ 1)\ ;\ (C\ ;\ 1)\}.$$

Pour tout point M du plan, on a :

$$\overrightarrow{MO} + \overrightarrow{MA} + \overrightarrow{MB} + \overrightarrow{MC} = 4\overrightarrow{M\Omega}.$$

M appartient à E si, et seulement si :

$$\|4\overrightarrow{M\Omega}\| = 12$$
$$4 \times M\Omega = 12$$
$$M\Omega = \frac{12}{4} = 3.$$

M appartient à E si, et seulement si, la distance de M à $\Omega$ est égale à 3.
**E est le cercle de centre $\Omega$, de rayon 3.**

**6. a. Calcul de l'affixe de N**

Les deux points A et B sont distincts et ont même abscisse : 3.
La droite $(AB)$ a pour équation $x = 3$.
Le point M appartient à $(AB)$, la partie réelle de son affixe est 3 et on note $\beta$ la partie imaginaire de son affixe, notée $m$.
On a $m = 3 + \beta \cdot i$.
On note $n$ l'affixe de N, image de M par la rotation de centre $\Omega$ et d'angle $\frac{\pi}{2}$. En utilisant l'écriture complexe de cette rotation, on a :

SUJETS DE BAC

$n - d = e^{i\frac{\pi}{2}}(m - d)$, $d$ étant l'affixe de $\Omega$.

$n = i\left(3 + \beta i - \frac{3}{2} - i\right) + \frac{3}{2} + i$

$n = \frac{3}{2}\,i - \beta + 1 + \frac{3}{2} + i$ car $i^2 = -1$

$n = \frac{5}{2} - \beta + \frac{5}{2}\,i$.

**N a pour affixe $\frac{5}{2} - \beta + \frac{5}{2}\,i$.**

### b. Choix de β pour que N appartienne à (BC)

Soit $y = ax + b$, une équation de (BC).
B, de coordonnées $(3\,;\,2)$, appartient à (BC) donc $2 = 3a + b$.
C, de coordonnées $(0\,;\,4)$, appartient à (BC) donc $4 = 0 \times a + b$.

$b = 4$ et $3a = 2 - b = -2$ donc $a = -\frac{2}{3}$.

(BC) a pour équation $y = -\frac{2}{3}\,x + 4$.

N, de coordonnées $\left(\frac{5}{2} - \beta\,;\,\frac{5}{2}\right)$ appartient à (BC) si, et seulement si,

$\frac{5}{2} = -\frac{2}{3}\left(\frac{5}{2} - \beta\right) + 4 = -\frac{5}{3} + \frac{2}{3}\,\beta + 4$

$\frac{2}{3}\,\beta = \frac{5}{2} + \frac{5}{3} - 4 = \frac{15 + 10 - 24}{6} = \frac{1}{6}$

donc $\beta = \frac{3}{2} \times \frac{1}{6} = \frac{1}{4}$.

**N appartient à (BC) si, et seulement si, $\beta = \frac{1}{4}$.**

## EXERCICE 2

### 1. a. Alignement de A, B et C

A, B et C sont distincts. Ils sont alignés si, et seulement si, il existe un réel $k$ tel que $\overrightarrow{AB} = k\overrightarrow{AC}$, le vecteur $\overrightarrow{AC}$ étant non nul.
$\overrightarrow{AB}$ est le vecteur de coordonnées :
$(x_B - x_A\,;\,y_B - y_A\,;\,z_B - z_A) = (0 - 1\,;\,1 - 2\,;\,4 - 3) = (-1\,;\,-1\,;\,1)$.
De même $\overrightarrow{AC}$ est le vecteur de coordonnées $(-2\,;\,-5\,;\,-1)$.
$k\overrightarrow{AC}$ a pour coordonnées $(-2k\,;\,-5k\,;\,-k)$.

$\overrightarrow{AB} = k\overrightarrow{AC}$ si, et seulement si, $\begin{cases} -2k = -1 \\ -5k = -1 \\ -k = 1 \end{cases}$.

$k$ ne peut pas être égal à la fois à 1 et à $\frac{1}{5}$, donc $k$ n'existe pas.

**Les points A, B et C ne sont pas alignés.**
Ces trois points déterminent un plan, le plan $(ABC)$.

**b. $\vec{n}$ est un vecteur normal au plan $(ABC)$.**

$\overrightarrow{AB}$ et $\overrightarrow{AC}$ sont deux vecteurs non colinéaires, vecteurs directeurs de deux droites sécantes du plan, $(AB)$ et $(AC)$.

$\vec{n}$ est un vecteur normal au plan $(ABC)$ si, et seulement si, $\vec{n}$ est orthogonal aux deux vecteurs $\overrightarrow{AB}$ et $\overrightarrow{AC}$.

$\vec{n} \cdot \overrightarrow{AB} = 2 \times (-1) + (-1) \times (-1) + 1 \times 1 = 0$.

$\vec{n} \cdot \overrightarrow{AC} = 2 \times (-2) + (-1) \times (-5) + 1 \times (-1) = 0$.

$\vec{n}$ est bien orthogonal à $\overrightarrow{AB}$ et $\overrightarrow{AC}$.

**$\vec{n}$ est un vecteur normal au plan $(ABC)$.**

**c. Équation du plan $(ABC)$**

Soit M de coordonnées $(x ; y ; z)$.

M appartient au plan $(ABC)$ si, et seulement si, les vecteurs $\overrightarrow{AM}$ et $\vec{n}$ sont orthogonaux.

$\overrightarrow{AM}$ a pour coordonnées $(x-1 ; y-2 ; z-3)$.

$\vec{n} \cdot \overrightarrow{AM} = 2(x-1) + (-1) \times (y-2) + (z-3)$

$\vec{n} \cdot \overrightarrow{AM} = 2x - y + z - 3$.

M appartient à $(ABC)$ si, et seulement si, $\vec{n} \cdot \overrightarrow{AM} = 0$.

Une équation de $(ABC)$ est :

$$\boxed{2x - y + z - 3 = 0}.$$

**2. Étude de la droite $(\Delta)$**

Le point D de coordonnées $(4 ; -2 ; 5)$ appartient à la droite $(\Delta)$ si, et seulement si, il existe un réel $t$ tel que $\begin{cases} 4 = 2 - 2t \\ -2 = -1 + t \\ 5 = 4 - t \end{cases}$ c'est-à-dire $\begin{cases} t = -1 \\ t = -1 \\ t = -1 \end{cases}$.

Il existe bien un réel $t$, donc D appartient à $(\Delta)$.

La droite $(\Delta)$ a pour vecteur directeur le vecteur de coordonnées $(-2 ; 1 ; -1)$ c'est-à-dire $-\vec{n}$.

$(\Delta)$ a aussi pour vecteur directeur $\vec{n}$, normal à $(ABC)$.

$(\Delta)$ est perpendiculaire au plan $(ABC)$.

**D appartient à $(\Delta)$ et $(\Delta)$ est perpendiculaire à $(ABC)$.**

### 3. Étude du projeté orthogonal du point D sur (ABC)

Par définition, E, projeté orthogonal de D sur le plan (ABC), est le point d'intersection de la droite passant par D, perpendiculaire à (ABC) et du plan (ABC).
E est le point commun à $(\Delta)$ et au plan (ABC).
Soient $(x\,;y\,;z)$ les coordonnées de E.
Puisque E appartient à $(\Delta)$, il existe un réel $t$ tel que :

$$(x\,;y\,;z)=(2-2t\,;-1+t\,;4-t).$$

Puisque E appartient au plan (ABC), on a :

$0=2x-y+z-3=4-4t+1-t+4-t-3=-6t+6$
donc $6t=6$ et $t=1$.
On en déduit que les coordonnées de E sont $(x\,;y\,;z)=(0\,;0\,;3)$.
E est le centre de gravité du triangle ABC si, et seulement si, E est le barycentre de $\{(A\,;1)\,;(B\,;1)\,;(C\,;1)\}$.
Les coordonnées du barycentre sont :

$$\frac{x_A+x_B+x_C}{3}=\frac{1+0-1}{3}=0=x_E$$

$$\frac{y_A+y_B+y_C}{3}=\frac{2+1-3}{3}=0=y_E$$

$$\frac{z_A+z_B+z_C}{3}=\frac{3+4+2}{3}=3=z_E.$$

**E est le centre de gravité du triangle ABC.**

## EXERCICE 3 (Obligatoire)

### 1. Étude de la proposition 1

$f$ étant solution de l'équation différentielle $y'=-y+2$, $f$ est dérivable sur $\mathbb{R}$ et, pour tout réel $x$ :

$$f'(x)=-f(x)+2.$$

On pose, pour tout réel $x$ :

$$g(x)=f(x)-2=-(-f(x)+2).$$

$g'(x)=f'(x)$ donc $g'(x)=-g(x)=-f(x)+2$.
$g$ est solution de l'équation $y'=-y$.
Il existe donc un réel $a$ tel que, pour tout réel $x$, $g(x)=ae^{-x}$,

soit $f(x)=g(x)+2=ae^{-x}+2$.

On calcule $a$ sachant que $f(\ln 2)=ae^{-\ln 2}+2=1$ :

$e^{-\ln 2} = \dfrac{1}{e^{\ln 2}} = \dfrac{1}{2}$ donc $\dfrac{a}{2} + 2 = 1$
$a = (1-2)2 = -2$.
La fonction $f$ est définie sur $\mathbb{R}$ par $f(x) = -2e^{-x} + 2$.
La tangente à la courbe représentative de $f$ au point d'abscisse 0 a pour équation :

$y = f'(0)(x-0) + f(0)$.

$f(0) = -2e^0 + 2 = 0$ et $f'(0) = -f(0) + 2 = 2$ donc :

$y = 2x$.

**La proposition 1 est vraie.**

## 2. Étude de la proposition 2

On considère les fonctions $f$ et $g$ définies sur $[1\,;+\infty[$ par :

$$f(x) = \frac{1}{x} \text{ et } g(x) = x^2.$$

$f(x) \times g(x) = x$ donc $\lim\limits_{x \to +\infty} f(x)g(x) = +\infty$.

$\lim\limits_{x \to +\infty} f(x) = 0$.

Il existe deux fonctions $f$ et $g$ telles que $\lim\limits_{x \to +\infty} f(x) = 0$ et :

$$\lim_{x \to +\infty} f(x) \times g(x) = +\infty.$$

Il ne suffit pas que la limite en $+\infty$ de $f$ soit nulle pour que la limite de $f \times g$ le soit.

**La proposition 2 est fausse.**

## 3. Étude de la proposition 3

On exprime le temps en minutes et on prend pour origine des temps l'instant auquel le bloc de glace pèse 10 kg c'est-à-dire 10 000 grammes.
On note $u_n$ la masse du bloc de glace à l'instant $n$.
On a $u_0 = 10\ 000$, en choisissant le gramme pour unité.
La masse du bloc à l'instant $(n+1)$ est la masse du bloc à l'instant $n$ auquel on enlève 10 % de la masse à l'instant $n$, puisque le bloc a fondu :

$$u_{n+1} = u_n - \frac{10}{100}\, u_n = 0{,}90 u_n.$$

La suite $(u_n)$ est géométrique de raison 0,9.
On a, pour tout entier $n$ :

$$u_n = (0{,}9)^n u_0 = 10\ 000 \times (0{,}9)^n.$$

Évaluons la masse au bout de soixante-dix minutes :

$$u_{70} = 10\ 000 + (0{,}9)^{70}.$$

Une valeur approchée de $u_{70}$ est 6,26.

La masse étant d'environ 6 grammes, n'est pas inférieure à 1 g.
**La proposition 3 est fausse.**

### 4. Étude de la proposition 4

A et B sont indépendants et $p(\mathrm{A}) = p(\mathrm{B}) = 0{,}4$.
On calcule $p(\mathrm{A} \cup \mathrm{B})$. On sait que :

$$p(\mathrm{A} \cup \mathrm{B}) = p(\mathrm{A}) + p(\mathrm{B}) - p(\mathrm{A} \cap \mathrm{B}).$$

A et B sont indépendants donc $p(\mathrm{A} \cap \mathrm{B}) = p(\mathrm{A}) \times p(\mathrm{B})$ et :
$p(\mathrm{A} \cup \mathrm{B}) = 0{,}4 + 0{,}4 - 0{,}4 \times 0{,}4 = 0{,}8 - 0{,}16 = 0{,}64$.
$p(\mathrm{A} \cup \mathrm{B})$ n'est pas égal à 0,8.
**La proposition 4 est fausse.**

### 5. Étude de la proposition 5

On note D l'événement : « la pièce choisie est défectueuse » et A l'événement : « la pièce choisie est acceptée ». On traduit les données de l'énoncé :

- 2 % de la production est défectueuse donc $p(\mathrm{D}) = 0{,}02$.
- Le contrôle refuse 99 % des pièces défectueuses donc il accepte 1 % des pièces, sachant qu'elles sont défectueuses. On a $p_{\mathrm{D}}(\mathrm{A}) = 0{,}01$.
- Le contrôle accepte 97 % des pièces non défectueuses donc $p_{\overline{\mathrm{D}}}(\mathrm{A}) = 0{,}97$.

En appliquant le théorème des probabilités totales avec le système complet d'événements $(\mathrm{D}, \overline{\mathrm{D}})$ on a :
$p(\mathrm{A}) = p(\mathrm{D} \cap \mathrm{A}) + p(\overline{\mathrm{D}} \cap \mathrm{A})$
$p(\mathrm{A}) = p(\mathrm{D}) \times p_{\mathrm{D}}(\mathrm{A}) + p(\overline{\mathrm{D}}) \times p_{\overline{\mathrm{D}}}(\mathrm{A})$
$p(\mathrm{A}) = 0{,}02 \times 0{,}01 + 0{,}98 \times 0{,}97 = 0{,}950\ 8$
En effet, $p(\overline{\mathrm{D}}) = 1 - p(\mathrm{D}) = 0{,}98$.
La probabilité que la pièce soit acceptée est 0,950 8.
**La proposition 5 est vraie.**

## EXERCICE 3 (Spécialité)

### 1. Étude de la proposition 1

On considère les entiers $n$ et $2n + 1$, où $n$ est supérieur à 1. Le reste de la division de $2n + 1$ par $n$ est 1, donc les 2 entiers sont bien premiers entre eux.
**La proposition 1 est vraie.**

### 2. Étude de la proposition 2

On considère l'entier $x = 3$.
On a $x^2 + x + 3 = 9 + 3 + 3 = 15 = 5 \times 3$,
donc $x^2 + x + 3 \equiv 0 \pmod{5}$.
Pourtant $x$ n'est pas congru à 1, modulo 5.

L'équivalence proposée est fausse.
**La proposition 2 est fausse.**

### 3. Étude de la proposition 3

N a pour écriture en base 10, $\overline{aba7}$.
$N = a \times 10^3 + b \times 10^2 + a \times 10 + 7$.
$10 = 7 + 3$ donc $10 \equiv 3 \pmod 7$.
Par produit, $10^2 \equiv 9 \equiv 2 \pmod 7$
$10^3 \equiv 2 \times 3 \equiv 6 \pmod 7$.
Par somme, $N \equiv 6a + 2b + 3a + 7 \pmod 7$
$N \equiv 9a + 2b \equiv 2a + 2b \pmod 7$
$N \equiv 2(a + b) \pmod 7$.
On suppose N divisible par 7, alors $N \equiv 0 \pmod 7$ donc :

$$2(a + b) \equiv 0 \pmod 7.$$

7 divise $2(a + b)$, 7 est premier avec 2, donc, d'après le théorème de Gauss, 7 divise $(a + b)$.
On a montré que, si N est divisible par 7, alors $a + b$ est divisible par 7.
**La proposition 3 est vraie.**

### 4. Étude de la proposition 4

On note $s$ la similitude d'écriture complexe :

$$z' = (\sqrt{3} + \mathrm{i})z + \sqrt{3} - \sqrt{3}\mathrm{i}.$$

On considère le point d'affixe $z = 1 - \mathrm{i}$.
L'affixe de l'image de ce point par $s$ est :

$$\begin{aligned} z' &= (\sqrt{3} + \mathrm{i})(1 - \mathrm{i}) + \sqrt{3} - \sqrt{3}\mathrm{i} \\ &= \sqrt{3} - \sqrt{3}\mathrm{i} + \mathrm{i} - \mathrm{i}^2 + \sqrt{3} - \sqrt{3}\mathrm{i} \\ &= 2\sqrt{3} + 1 + (1 - 2\sqrt{3})\mathrm{i}. \end{aligned}$$

$z'$ est différent de $z$ donc le point d'affixe $(1 - \mathrm{i})$ n'est pas invariant par $s$, ce n'est pas le centre de la similitude $s$.

$s$ ne peut pas être la similitude directe de rapport 2, d'angle $\dfrac{\pi}{6}$ et de centre le point d'affixe $1 - \mathrm{i}$.
**La proposition 4 est fausse.**

### 5. Étude de la proposition 5

$s$ est la réflexion d'axe $(O ; \vec{u})$, d'écriture complexe :

$$z' = \bar{z} = f(z).$$

$s_A$ est la symétrie de centre A, donc la similitude directe de centre A, de rapport 1 et d'angle plat.
$s_A$ a pour écriture complexe :

$$z' - a = e^{\mathrm{i}\pi}(z - a) = -(z - a) = a - z$$
$$z' = 2a - z = g(z).$$

$s_A \circ s$ a pour écriture complexe :

$$z' = (g \circ f)(z) = g(f(z)) = g(\bar{z})$$
$$z' = 2a - \bar{z}.$$

$s \circ s_A$ a pour écriture complexe :

$$z' = (f \circ g)(z) = f(g(z)) = f(2a - z)$$
$$z' = \overline{2a - z}.$$

Le conjugué d'une somme (respectivement d'un produit) est la somme (respectivement) le produit des conjugués.

$$z' = \bar{2} \cdot \bar{a} - \bar{z} = 2\bar{a} - \bar{z}.$$

$s_A \circ s = s \circ s_A$ si, et seulement si, pour tout complexe $z$ :

$$(f \circ g)(z) = (g \circ f)(z).$$

$2a - \bar{z} = 2\bar{a} - \bar{z}$ si, et seulement si, $a = \bar{a}$
et $a = \bar{a}$ si, et seulement si, $a$ est réel.
En conclusion, $s_A \circ s = s \circ s_A$ si, et seulement si, $a$ est réel.
**La proposition 5 est vraie.**

## EXERCICE 4

### Partie A – Restitution organisée de connaissances

$f$ et $g$ sont deux fonctions continues sur $[a\,;\,b]$ $(a \leqslant b)$.
On considère la fonction $u$ définie sur $[a\,;\,b]$ par :

$$u(x) = g(x) - f(x).$$

Pour tout $x$ de $[a\,;\,b]$, $f(x) \leqslant g(x)$ donc :

$$0 \leqslant g(x) - f(x).$$

La fonction $u$ est positive sur $[a\,;\,b]$.
En utilisant le premier des deux résultats connus :

$$\int_a^b (g(x) - f(x))\,dx \geqslant 0.$$

En utilisant le deuxième des deux résultats connus :

$$\int_a^b [1 \times g(x) + (-1)f(x)]\,dx = \int_a^b g(x)\,dx - \int_a^b f(x)\,dx.$$

On a donc :

$$\int_a^b g(x)\,dx - \int_a^b f(x)\,dx \geqslant 0.$$

$$\int_a^b g(x)\,\mathrm{d}x \geqslant \int_a^b f(x)\,\mathrm{d}x.$$

On a montré que :

**Si $f$ et $g$ sont deux fonctions continues sur $[a\,;\,b]$ et si, pour tout $x$ de $[a\,;\,b]$, $f(x) \leqslant g(x)$ alors $\int_a^b f(x)\,\mathrm{d}x \leqslant \int_a^b g(x)\,\mathrm{d}x$.**

## Partie B

### 1. Étude de la fonction $f$

Pour étudier le sens de variation de $f$ sur $[0\,;+\infty[$, on va étudier le signe de la dérivée de $f$.
On pose $u(x) = 1 + \mathrm{e}^{-x}$, on a $f(x) = x + \ln\,(u(x))$.
Pour tout réel $x$ positif, $\mathrm{e}^{-x} > 0$ donc $1 + \mathrm{e}^{-x} > 1$.
$u$, somme d'une fonction constante et d'une fonction exponentielle, est dérivable sur $\mathbb{R}^+$ et $u'(x) = -\mathrm{e}^{-x}$.

$u$ est dérivable et strictement positive sur $[0\,;+\infty[$ donc $\ln\,(u)$ est dérivable sur $[0\,;+\infty[$ et $(\ln\,u)' = \dfrac{u'}{u}$.

Enfin, par somme, $f$ est dérivable sur $[0\,;+\infty[$ et :

$$f'(x) = 1 + \frac{u'(x)}{u(x)} = 1 + \frac{(-\mathrm{e}^{-x})}{1+\mathrm{e}^{-x}}$$

$$f'(x) = \frac{1+\mathrm{e}^{-x}-\mathrm{e}^{-x}}{1+\mathrm{e}^{-x}} = \frac{1}{1+\mathrm{e}^{-x}}.$$

Pour tout $x$ de $[0\,;+\infty[$, $1 + \mathrm{e}^{-x} > 0$ donc $f'(x) > 0$.
La fonction $f$ est strictement croissante sur $[0\,;+\infty[$.
Par conséquent, pour tout $x$ de $[0\,;+\infty[$,

$$f(x) \geqslant f(0).$$

$$f(0) = \ln\,(1+\mathrm{e}^0) = \ln\,2 \text{ et } \ln\,2 > 0.$$

Pour tout réel $x$ de $[0\,;+\infty[$, $f(x) \geqslant \ln\,2 \geqslant 0$.
**$f$ est croissante et positive sur $[0\,;+\infty[$.**

### 2. a. Asymptote de la courbe $\mathscr{C}$

La courbe $\mathscr{C}$, d'équation $y = f(x)$, admet pour asymptote la droite $\mathscr{D}$, d'équation $y = x$, si, et seulement si, $\lim\limits_{x\to+\infty} (f(x) - x) = 0$.

$f(x) - x = \ln\,(1+\mathrm{e}^{-x})$.

$$\left.\begin{array}{l}\lim\limits_{x\to+\infty} (-x) = -\infty \\ \lim\limits_{x\to-\infty} \mathrm{e}^{x} = 0\end{array}\right\}\text{ par composition, } \lim\limits_{x\to+\infty} \mathrm{e}^{-x} = 0.$$

$$\left.\begin{array}{l}\lim\limits_{x \to +\infty} (1 + e^{-x}) = 1 \\ \lim\limits_{x \to 1} \ln x = \ln 1 = 0\end{array}\right\} \text{ par composition, } \lim_{x \to +\infty} \ln(1 + e^{-x}) = 0\,.$$

$\lim\limits_{x \to +\infty} (f(x) - x) = 0$ donc :

**La courbe $\mathscr{C}$ admet pour asymptote la droite $\mathscr{D}$.**

**b. Position de $\mathscr{C}$ par rapport à $\mathscr{D}$**

Cette position est donnée par le signe de $(f(x) - x)$ lorsque $x$ décrit $[0\,;+\infty[$.

On sait que $f(x) - x = \ln(u(x))$ où $u(x) = 1 + e^{-x}$.

Dans la question **1.**, on a montré que pour tout $x$ de $[0\,;+\infty[$, $u(x) \geqslant 1$.

La fonction logarithme est croissante sur $[1\,;+\infty[$ donc pour tout $x$ de $[0\,;+\infty[$,

$$\ln(u(x)) \geqslant \ln 1$$
$$f(x) - x \geqslant 0$$
$$f(x) \geqslant x\,.$$

**La courbe $\mathscr{C}$ est au-dessus de $\mathscr{D}$.**

**3. a. Interprétation géométrique de I**

$$I = \int_0^1 [f(x) - x]\, dx$$

**Puisque $\mathscr{C}$ est au-dessus de $\mathscr{D}$, I est l'aire, exprimée en unités d'aires, de l'ensemble des points situés entre la courbe $\mathscr{C}$, la droite $\mathscr{D}$ et les droites d'équations $x = 0$ et $x = 1$.**

**b. Comparaison des réels $\ln(1+t)$ et $t$**

On étudie la fonction $g$ définie sur $[0\,;+\infty[$ par :

$$g(t) = \ln(1+t) - t\,.$$

$g$ est dérivable sur $[0\,;+\infty[$ et :

$$g'(t) = \frac{1}{1+t} - 1 = \frac{1-(1+t)}{1+t} = -\frac{t}{1+t}\,.$$

$t$ est positif donc $(t+1)$ aussi et pour tout $t$ de $[0\,;+\infty[$, $g'(t) \leqslant 0$.

$g$ est une fonction décroissante sur $[0\,;+\infty[$

| $t$ | $0$ $\qquad\qquad$ $+\infty$ |
|---|---|
| $g(t)$ | $0$ ↘ $-$ |

$g(0) = \ln(1) = 0$

Pour tout réel $t$ de $[0\ ;+\infty[$ , $g(t) \leqslant g(0)$ donc $g(t) \leqslant 0$.
$\ln(1+t) - t \leqslant 0$ équivaut à $\ln(1+t) \leqslant t$.
Pour tout réel $t \geqslant 0$ :

$$\boxed{\ln(1+t) \leqslant t}.$$

On admet que si $t \geqslant 0$, $\dfrac{t}{t+1} \leqslant \ln(1+t)$.

**c. Encadrement de ln $(1 + e^{-x})$**

On a, si $t$ est positif,

$$\frac{t}{t+1} \leqslant \ln(1+t) \leqslant t.$$

En remplaçant $t$ par $e^{-x}$, positif, dans cette double inégalité, on a :

$$\frac{e^{-x}}{e^{-x}+1} \leqslant \ln(1+e^{-x}) \leqslant e^{-x}$$

ce qui est le résultat cherché.
Pour tout $x$ de $[0\ ;+\infty[$ :

$$\boxed{\frac{e^{-x}}{1+e^{-x}} \leqslant \ln(1+e^{-x}) \leqslant e^{-x}}.$$

**d. Encadrement de I**

En utilisant le résultat démontré dans la **partie A**, on déduit de ces inégalités :

$$\int_0^1 \frac{e^{-x}}{1+e^{-x}}\,dx \leqslant \int_0^1 \ln(1+e^{-x})\,dx \leqslant \int_0^1 e^{-x}\,dx$$

$$\int_0^1 e^{-x}\,dx = [-e^{-x}]_0^1 = -e^{-1} + e^0 = 1 - \frac{1}{e}.$$

En posant $u(x) = 1 + e^{-x}$, on a : $u'(x) = -e^{-x}$ et :

$$\int_0^1 \frac{e^{-x}}{1+e^{-x}}\,dx = \int_0^1 \left[-\frac{u'(x)}{u(x)}\right] dx = [-\ln(u(x))]_0^1$$

$$= [-\ln(1+e^{-x})]_0^1 = -\ln(1+e^{-1}) + \ln 2.$$

$$= \ln\left(\frac{2}{1+e^{-1}}\right).$$

D'où :

$$\boxed{\ln\left(\frac{2}{1+e^{-1}}\right) \leqslant I \leqslant 1 - e^{-1}}.$$

SUJETS DE BAC

**e. Encadrement de I d'amplitude 0,4**

$1 - e^{-1} \approx 0{,}63$ et $\ln\left(\dfrac{2}{1 + e^{-1}}\right) \approx 0{,}37$.

D'où :

$$0{,}3 \leqslant \ln\left(\frac{2}{1 + e^{-1}}\right) \leqslant I \leqslant 1 - e^{-1} \leqslant 0{,}7 .$$

0,3 et 0,7 sont des nombres décimaux et $0{,}7 - 0{,}3 = 0{,}4$.
Un encadrement de I d'amplitude 0,4 est :

$$\boxed{0{,}3 \leqslant I \leqslant 0{,}7}$$

**4. Ensemble des réels *x* tels que M et N sont indiscernables**

Soit $x$ un réel positif.
M est le point de $\mathscr{C}$ d'abscisse $x$, d'ordonnée $f(x)$.
N est le point de $\mathscr{D}$ d'abscisse $x$, d'ordonnée $y = x$.
$\overrightarrow{MN}$ est le vecteur de coordonnées $(x_N - x_M\,;\, y_N - y_M)$ c'est-à-dire $(0\,;\, f(x) - x)$.
$\overrightarrow{MN} = (f(x) - x)\vec{j}$ donc $MN = |f(x) - x| \times \|\vec{j}\|$.
$(f(x) - x)$ est un réel positif, égal à sa valeur absolue et $\|\vec{j}\| = 1$ car le repère est orthonormé.
De plus, l'unité graphique est 2 cm, c'est-à-dire 20 mm.
Exprimée en mm, $MN = 20(f(x) - x) = 20 \ln(1 + e^{-x})$.
On cherche tous les réels positifs $x$ tels que MN soit inférieure à 0,5 mm.
On résout l'inéquation :

$20 \ln(1 + e^{-x}) \leqslant 0{,}5$ équivalente à $\ln(1 + e^{-x}) \leqslant \dfrac{1}{2} \times \dfrac{1}{20}$.

La fonction logarithme est strictement croissante sur $]0\,;+\infty[$ donc $\ln(1 + e^{-x}) \leqslant \dfrac{1}{40}$ équivaut à :

$$1 + e^{-x} \leqslant e^{\frac{1}{40}}$$

$$e^{-x} \leqslant e^{\frac{1}{40}} - 1 .$$

La fonction exponentielle est strictement croissante sur $\mathbb{R}$ donc $e^{-x} \leqslant e^{\frac{1}{40}} - 1$ équivaut à :

$$-x \leqslant \ln\left(e^{\frac{1}{40}} - 1\right)$$

$$x \geqslant -\ln\left(e^{\frac{1}{40}} - 1\right).$$

**Les réels *x* pour lesquels M et N sont indiscernables sont les réels de l'intervalle** $\left[-\ln\left(e^{\frac{1}{40}} - 1\right)\,;+\infty\right[$**.**

**Remarque :**

$-\ln\left(e^{\frac{1}{40}} - 1\right) \approx 3{,}68$.

Quand $x$ est supérieur à 3,68, la distance « courbe-asymptote » est inférieure à 0,5 mm, ce que semble confirmer la représentation graphique jointe au sujet.

# 8 SUJET
## La Réunion, juin 2008

**Exercice 1** **[5 points ; 1 h]**
- Probabilité
- Variable aléatoire : loi binomiale
- Arbre pondéré

**Exercice 2** **[5 points ; 1 h]**
- Fonction logarithme népérien
- Calcul intégral
- Intégration par parties

**Exercice 3** **[5 points ; 1 h]**
- Suite
- Suite arithmétique

**Exercice 4 (Obligatoire)** **[5 points ; 1 h]**
- Nombres complexes
- Rotation et homothétie dans le plan complexe

**Exercice 4 (Spécialité)** **[5 points ; 1 h]**
- Nombres complexes
- Transformations dans le plan complexe
- Équation en nombres entiers

## EXERCICE 1

*Tous les résultats seront arrondis à* $10^{-2}$ *près.*
Une entreprise produit en grande quantité des stylos. La probabilité qu'un stylo présente un défaut est égale à 0,1.

**1.** On prélève dans cette production, successivement et avec remise huit stylos.
On note X la variable aléatoire qui compte le nombre de stylos présentant un défaut parmi les huit stylos prélevés.

**a.** On admet que X suit une loi binomiale. Donner les paramètres de cette loi. **[0,5 pt]**

**b.** Calculer la probabilité des événements suivants :
A : « il n'y a aucun stylo avec un défaut » ; **[0,5 pt]**
B : « il y a au moins un stylo avec un défaut » ; **[0,5 pt]**
C : « il y a exactement deux stylos avec un défaut ». **[0,5 pt]**

**2.** En vue d'améliorer la qualité du produit vendu, on décide de mettre en place un contrôle qui accepte tous les stylos sans défaut et 20 % des stylos avec défaut.
On prend au hasard un stylo dans la production. On note D l'événement « le stylo présente un défaut », et E l'événement « le stylo est accepté ».

**a.** Construire un arbre traduisant les données de l'énoncé. **[0,5 pt]**

**b.** Calculer la probabilité qu'un stylo soit accepté au contrôle. **[1 pt]**

**c.** Justifier que la probabilité qu'un stylo ait un défaut sachant qu'il a été accepté au contrôle est égale à 0,022 à $10^{-3}$ près. **[0,5 pt]**

**3.** Après le contrôle, on prélève, successivement et avec remise, huit stylos parmi les stylos acceptés.
Calculer la probabilité qu'il n'y ait aucun stylo avec un défaut dans ce prélèvement de huit stylos.
Comparer ce résultat avec la probabilité de l'événement A calculée à la question **1.b.** Quel commentaire peut-on faire ? **[1 pt]**



## EXERCICE 2

*Les parties A et B peuvent être traitées indépendamment.*

### Partie A

Soit $f$ la fonction numérique de la variable réelle $x$ définie sur $]0\ ;+\infty[$ et par :

$$f(x)=\frac{\ln(x)}{x^2}.$$

Sa courbe représentative $(\mathscr{C})$, construite dans un repère orthonormal, et son tableau de variation sont donnés ci-après.

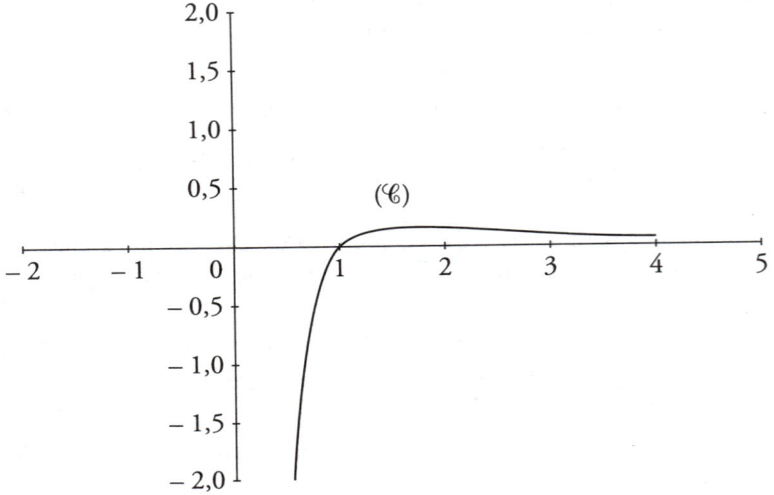


| $x$ | $0$ | $e^{\frac{1}{2}}$ | $+\infty$ |
|---|---|---|---|
| $f(x)$ | $-\infty$ ↗ | $\frac{1}{2e}$ | ↘ $0$ |

**1.** Le tableau de variation de $f$ donne des propriétés sur les variations de la fonction, les limites aux bornes de l'ensemble de définition ainsi que l'extremum.
Énoncer puis démontrer ces propriétés. **[1 pt]**

**2.** *Dans cette question, toute trace de recherche, même incomplète, sera prise en compte dans l'évaluation.*
Existe-t-il des tangentes à la courbe (𝒞) qui contiennent le point O origine du repère ? Si oui donner leur équation. **[1 pt]**

## Partie B

Soit $g$ la fonction définie sur l'intervalle $]0\ ;+\infty[$ par :

$$g(x) = \int_1^x \frac{\ln t}{t^2}\,\mathrm{d}t.$$

**1. a.** Que représente $f$ pour la fonction $g$ ? **[0,5 pt]**

**b.** En déduire le sens de variation de $g$ sur $]0\ ;+\infty[$. **[0,5 pt]**

**2.** Interpréter géométriquement les réels $g(3)$ et $g\left(\frac{1}{2}\right)$. **[0,5 pt]**

**3. a.** À l'aide d'une intégration par parties, montrer que :

$$g(x) = 1 - \frac{\ln x + 1}{x}.$$ **[1 pt]**

**b.** Déterminer la limite de $g$ en $+\infty$. **[0,5 pt]**



## EXERCICE 3

On considère la suite $(u_n)_{n \in \mathbb{N}}$ définie par $u_0 = 5$ et, pour tout entier $n \geqslant 1$ :

$$u_n = \left(1 + \frac{2}{n}\right)u_{n-1} + \frac{6}{u_n}.$$

**1. a.** Calculer $u_1$. **[0,5 pt]**

**b.** Les valeurs de $u_2$, $u_3$, $u_4$, $u_5$, $u_6$, $u_7$, $u_8$, $u_9$, $u_{10}$, $u_{11}$ sont respectivement égales à :

45, 77, 117, 165, 221, 285, 357, 437, 525, 621.

À partir de ces données, conjecturer la nature de la suite $(d_n)_{n \in \mathbb{N}}$ définie par $d_n = u_{n+1} - u_n$. **[1 pt]**

**2.** On considère la suite arithmétique $(v_n)_{n \in \mathbb{N}}$ de raison 8 et de premier terme $v_0 = 16$.
Justifier que la somme des $n$ premiers termes de cette suite est égale à $4n^2 + 12n$. **[1 pt]**

**3.** Démontrer par récurrence que pour tout entier naturel $n$ on a :

$$u_n = 4n^2 + 12n + 5.$$ **[1,5 pt]**

**4.** Valider la conjecture émise à la question **1.b.** **[1 pt]**

## EXERCICE 4 (Obligatoire)

Le plan complexe est rapporté à un repère orthonormal $(O\,;\vec{u}, \vec{v})$.
Soit $(\mathscr{C})$ le cercle de centre O et de rayon 1.

On considère le point A de $(\mathscr{C})$ d'affixe $z_A = e^{i\frac{\pi}{3}}$.

**1.** Déterminer l'affixe $z_B$ du point B image de A par la rotation de centre O et d'angle $\frac{2\pi}{3}$. **[0,5 pt]**

Déterminer l'affixe $z_C$ du point C image de B par la rotation de centre O et d'angle $\frac{2\pi}{3}$. **[0,5 pt]**

**2. a.** Justifier que $(\mathscr{C})$ est le cercle circonscrit au triangle ABC. Construire les points A, B et C sur la feuille de papier millimétré. **[0,5 pt]**

**b.** Quelle est la nature du triangle ABC ? Justifier. **[0,5 pt]**

**3.** Soit $h$ l'homothétie de centre O et de rapport $-2$.

**a.** Compléter la figure en plaçant les points P, Q et R images respectives des points A, B et C par $h$. **[0,75 pt]**

**b.** Quelle est la nature du triangle PQR ? Justifier. **[0,75 pt]**

**4.** *Dans cette question, le candidat est invité à porter sur sa copie les étapes de sa démarche même si elle n'aboutit pas.*

**a.** Donner l'écriture complexe de $h$. **[0,5 pt]**

**b.** Calculer $z_A + z_B + z_C$.
En déduire que A est le milieu du segment $[QR]$. **[0,5 pt]**

**c.** Que peut-on dire de la droite $(QR)$ par rapport au cercle $(\mathscr{C})$ ? **[0,5 pt]**

## EXERCICE 4 (Spécialité)

**1.** Le plan complexe est rapporté à un repère orthonormal direct $(O\,;\vec{u},\vec{v})$.
Soient A, B et C les points d'affixes respectives :

$$z_A = 2 + i\,,\ z_B = 5 + 2i \ \text{ et } \ z_C = i\,.$$

$s_1$ désigne la symétrie d'axe $(AB)$.

**a.** Démontrer que $s_1$ transforme tout point M d'affixe $z$ en un point M′ d'affixe $z'$ telle que :

$$z' = \left(\frac{4}{5} + \frac{3}{5}\,i\right)\overline{z} + \left(-\frac{1}{5} + \frac{3}{5}\,i\right).$$ **[0,5 pt]**

**b.** En déduire l'affixe de C′, symétrique de C par rapport à $(AB)$. **[0,5 pt]**

**c.** Démontrer que l'ensemble des points M tels que $z'$ est imaginaire pur est la droite $(\mathscr{D})$ d'équation $4x + 3y = 1$. **[0,75 pt]**

**d.** Vérifier que le point C′ appartient à $(\mathscr{D})$. **[0,25 pt]**

**2. a.** Démontrer que les droites $(\mathscr{D})$ et (AB) sont sécantes en un point $\Omega$ dont on précisera l'affixe $\omega$. **[0,5 pt]**

**b.** On désigne par $s_2$ la symétrie d'axe $(\mathscr{D})$ et par $f$ la transformation définie par $f = s_2 \circ s_1$. Justifier que $f$ est une similitude directe et préciser son rapport. **[0,5 pt]**

**c.** Déterminer les images des points C et $\Omega$ par la transformation $f$. **[0,5 pt]**

**d.** Justifier que $f$ est une rotation dont on donnera le centre. **[0,5 pt]**

**3.** *Dans cette question le candidat est invité à porter sur sa copie les étapes de sa démarche même si elle n'aboutit pas.*

**a.** Déterminer les couples d'entiers relatifs $(x\,;\,y)$ solutions de l'équation :

$$4x + 3y = 1\,.$$ **[0,5 pt]**

**b.** Déterminer les points de $(\mathscr{D})$ à coordonnées entières dont la distance au point O est inférieure à 9. **[0,5 pt]**



## COUP de POUCE

### EXERCICE 2

#### Partie A

**2.** Écrire l'équation d'une tangente à une courbe en un point et écrire que les coordonnées de l'origine vérifient l'équation de la tangente.

#### Partie B

La fonction $g$ est une primitive de $f$ sur $[0\,;\,+\infty[$.

### EXERCICE 4 (obligatoire)

**2.** Une rotation est une isométrie : l'image d'un segment [AB] est un segment de même longueur.

### EXERCICE 4 (spécialité)

**2. b.** Utiliser l'écriture complexe d'une symétrie axiale.

# 8 CORRIGÉ

## EXERCICE 1

**1. a. On admet que X suit une loi binomiale. Calcul des paramètres de cette loi.**

Le prélèvement se faisant successivement et avec remise après chaque tirage, la probabilité de tirer un stylo présentant un défaut est à chaque tirage de 0,1. On effectue 8 tirages donc :

**X : « nombre de stylos présentant un défaut » suit une loi binomiale de paramètres 8 et 0,1.**

On note $X \hookrightarrow \mathcal{B}(8\ ;\ 0{,}1)$.

**b. Calcul des probabilités des événements suivants :**

**• A « il n'y a aucun stylo avec un défaut »**

D'après le cours, on a :

$$p(\mathrm{A}) = \binom{8}{0}(0{,}1)^0(0{,}9)^8$$

$$= (0{,}9)^8$$

$$\boxed{p(\mathrm{A}) = 0{,}43 \text{ à } 10^{-2} \text{ près}}.$$

**• B « il y a au moins un stylo avec un défaut »**

L'événement B est l'événement contraire de l'événement A, donc :

$$p(\mathrm{B}) = 1 - p(\mathrm{A})$$

$$\boxed{p(\mathrm{B}) = 0{,}57 \text{ à } 10^{-2} \text{ près}}.$$

**• C « il y a exactement deux stylos avec un défaut »**

D'après le cours, on a :

$$p(\mathrm{C}) = \binom{8}{2}(0{,}1)^2(0{,}9)^6$$

$$= 28 \times 0{,}01 \times (0,\ 9)^6$$

$$\boxed{p(\mathrm{C}) = 0{,}15 \text{ à } 10^{-2} \text{ près}}.$$

**2. a. Construction d'un arbre traduisant les données de l'énoncé**

Un stylo donné présente un défaut (événement D) avec la probabilité 0,1 et ne présente aucun défaut (événement $\overline{\mathrm{D}}$) avec la probabilité 0,9. Lors-

que le stylo n'a pas de défaut, le stylo est accepté donc la branche $\overline{\text{D}} - \text{E}$ porte la probabilité 1.
Lorsque le stylo présente un défaut, il peut être accepté avec la probabilité 0,2 et être rejeté avec la probabilité 0,8.

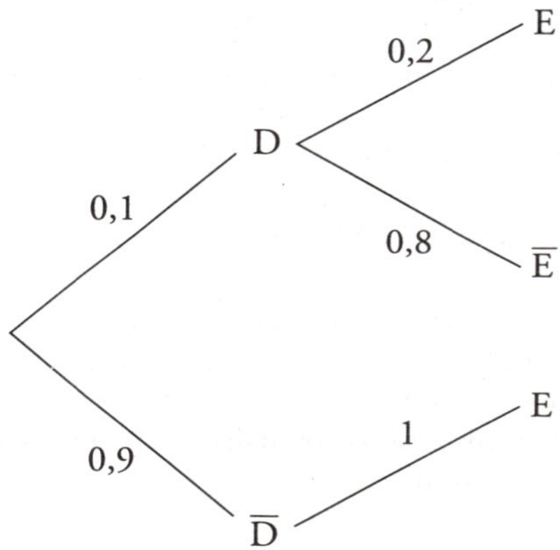


**b. Probabilité qu'un stylo soit accepté au contrôle**

Les événements D et $\overline{\text{D}}$ forment un système complet d'événements, on a avec la formule des probabilités totales :

$$p(\text{E}) = p(\text{D}) \times p_{\text{D}}(\text{E}) + p(\overline{\text{D}}) \times p_{\overline{\text{D}}}(\text{E})$$
$$= 0{,}1 \times 0{,}2 + 0{,}9 \times 1$$
$$\boxed{p(\text{E}) = 0{,}92}.$$

**c. La probabilité qu'un stylo ait un défaut sachant qu'il a été accepté au contrôle est égale à 0,022 à $10^{-3}$ près.**

L'événement E ayant une probabilité non nulle, il s'agit de calculer $p_{\text{E}}(\text{D})$.

$$p_{\text{E}}(\text{D}) = \frac{p(\text{D} \cap \text{E})}{p(\text{E})} = \frac{p(\text{D}) \times p_{\text{D}}(\text{E})}{p(\text{E})}$$
$$= \frac{0{,}1 \times 0{,}2}{0{,}92}$$
$$= \frac{1}{46}$$
$$\boxed{p_{\text{E}}(\text{D}) = 0{,}022 \text{ arrondie à } 10^{-3} \text{ près}}.$$

**3. Calcul de la probabilité qu'il n'y ait aucun stylo avec un défaut dans ce prélèvement de huit stylos. Comparaison de ce dernier résultat avec la probabilité de l'événement A calculée à la question 1.b. et commentaire.**

On prélève parmi les stylos acceptés huit stylos successivement et avec remise après chaque tirage. Le nombre Y de stylos présentant un défaut suit comme dans la question **1.** une loi binomiale de paramètre 8 et 0,022. La probabilité $p_0$ qu'il n'y ait aucun stylo avec un défaut est la probabilité que les huit stylos soient sans défaut :

$$p_0 = \binom{8}{0}(0{,}022)^0(1 - 0{,}022)^8\,.$$

En arrondissant à $10^{-2}$ près, on obtient $p_0 = 0{,}84$.

**La probabilité qu'il n'y ait aucun stylo avec un défaut dans ce prélèvement de huit stylos est égale à 0,84 à $10^{-2}$ près.**

**Le contrôle est assez efficace, la probabilité de n'obtenir que des stylos sans défaut a presque doublé.**

## EXERCICE 2

*Les parties A et B peuvent être traitées indépendamment.*

### Partie A

Soit $f$ la fonction numérique de la variable réelle $x$ définie sur $]0\,;+\infty[$ par :

$$f(x) = \frac{\ln\,(x)}{x^2},$$

$(\mathscr{C})$ sa courbe représentative.

**1. Démonstration des propriétés lues sur le tableau de variation de $f$**

• La fonction $f$ est le quotient de deux fonctions dérivables sur $]0\,;+\infty[$, le dénominateur étant non nul sur $]0\,;+\infty[$, la fonction $f$ est donc dérivable sur $]0\,;+\infty[$.

Pour tout $x$ de $]0\,;+\infty[$ :

$$f'(x) = \frac{x^2\,\dfrac{1}{x} - 2x\ln x}{x^4}$$

$$= \frac{1 - 2\ln x}{x^3} \text{ car } x > 0 \text{ car } x \text{ non nul.}$$

Pour tout $x$ de $]0\ ;+\infty[$, $x^3>0$, le signe de $f'(x)$ est donc le signe de $1-2\ln x$.
Pour tout $x$ de $]0\ ;+\infty[$ :

$$\begin{aligned}1-2\ln x=0 &\Leftrightarrow 2\ln x=1\\ &\Leftrightarrow x=\mathrm{e}^{\frac{1}{2}}.\end{aligned}$$

Et pour tout $x$ de $]0\ ;+\infty[$ :

$$\begin{aligned}1-2\ln x>0 &\Leftrightarrow 2\ln x<1\\ &\Leftrightarrow x<\mathrm{e}^{\frac{1}{2}}.\end{aligned}$$

La fonction $f$ est donc strictement croissante sur $\left]0\ ;\mathrm{e}^{\frac{1}{2}}\right[$, strictement décroissante sur $\left]\mathrm{e}^{\frac{1}{2}}\ ;+\infty\right[$ et admet un maximum au point d'abscisse $\mathrm{e}^{\frac{1}{2}}$ égal à :

$$f\left(\mathrm{e}^{\frac{1}{2}}\right)=\frac{\ln\left(\mathrm{e}^{\frac{1}{2}}\right)}{\left(\mathrm{e}^{\frac{1}{2}}\right)^2}=\frac{\frac{1}{2}}{\mathrm{e}}=\frac{1}{2\mathrm{e}}.$$

- On a pour tout $x$ de $]0\ ;+\infty[$ :

$$f(x)=\frac{\ln(x)}{x^2}=\frac{1}{x^2}\ln(x).$$

$\lim\limits_{x\to 0}\ln x=-\infty$ et $\lim\limits_{x\to 0}\dfrac{1}{x^2}=+\infty$ donc :

$$\lim_{x\to 0}f(x)=-\infty.$$

On a pour tout $x$ de $]0\ ;+\infty[$ :

$$f(x)=\frac{\ln(x)}{x^2}=\frac{1}{x}\,\frac{\ln(x)}{x}.$$

On a $\lim\limits_{x\to+\infty}\dfrac{1}{x}=\lim\limits_{x\to+\infty}\dfrac{\ln(x)}{x}=0$ donc $\lim\limits_{x\to+\infty}f(x)=0$.

**L'ensemble des données du tableau de variation sont vérifiées.**

**2. Recherche des tangentes à la courbe $(\mathscr{C})$ qui contiennent le point O origine du repère**

Pour tout $x_0$ de $]0\,;+\infty[$, soit $(x_0\,;\,f(x_0))$ un point de la courbe $(\mathscr{C})$, une équation de la tangente en ce point est :

$$y - f(x_0) = (f'(x_0))(x - x_0).$$

Pour tout $x_0$ de $]0\,;+\infty[$, cette tangente passe par le point O si, et seulement si :

$$-f(x_0) = -\frac{\ln x_0}{x_0^2} = (f'(x_0))(-x_0)$$

$$-\frac{\ln(x_0)}{x_0^2} = \left(\frac{1-2\ln x_0}{x_0^3}\right)(-x_0)$$

$$-\ln(x_0) = -(1-2\ln x_0)$$

$$3\ln x_0 = 1$$

$$x_0 = e^{\frac{1}{3}}.$$

Il y a une seule tangente à la courbe passant par l'origine, c'est la tangente au point $\left(e^{\frac{1}{3}}\,;\,f\left(e^{\frac{1}{3}}\right)\right)$ soit $\left(e^{\frac{1}{3}}\,;\,\dfrac{1}{3e^{\frac{2}{3}}}\right)$, dont une équation est :

$$y - \frac{1}{3e^{\frac{2}{3}}} = \frac{1-2\ln e^{\frac{1}{3}}}{\left(e^{\frac{1}{3}}\right)^3}\left(x - e^{\frac{1}{3}}\right)$$

$$y = \frac{1}{3e^{\frac{2}{3}}} + \frac{1-\frac{2}{3}}{e}\left(x - e^{\frac{1}{3}}\right)$$

$$y = \frac{1}{3}e^{-\frac{2}{3}} + \frac{1}{3e}x - \frac{1}{3e}e^{\frac{1}{3}}$$

$$y = \frac{1}{3e}x + \frac{1}{3}e^{-\frac{2}{3}} - \frac{1}{3}e^{-\frac{2}{3}}.$$

Une équation de la tangente cherchée est :

$$\boxed{y = \frac{1}{3e}x}.$$

## Partie B

Soit $g$ la fonction définie sur l'intervalle $]0\ ;+\infty[$ par $g(x)=\int_1^x \frac{\ln t}{t^2}\,\mathrm{d}t$.

**1. a. Relation entre les fonctions $f$ et $g$**

La fonction $f$ est continue sur l'intervalle $]0\ ;+\infty[$, elle y admet donc des primitives.

**La fonction $g$ est la primitive de $f$ sur $]0\ ;+\infty[$ qui s'annule en 1.**

**b. Sens de variation de $g$ sur $]0\ ;+\infty[$**

La fonction $g$ étant une primitive de la fonction $f$ sur $]0\ ;+\infty[$, la fonction $g$ est dérivable sur $]0\ ;\infty[$ et admet pour dérivée sur cet intervalle la fonction $f$.

Pour tout $x$ de $]0\ ;+\infty[$, $g'(x)=f(x)=\frac{\ln x}{x^2}$.

Pour tout $x$ de $]0\ ;+\infty[$, $x^2>0$ donc pour tout $x$ de $]0\ ;+\infty[$, $g'(x)$ a le signe de $\ln x$, d'où le tableau de variation de $g$ :

| $x$ | 0 | | 1 | | $+\infty$ |
|---|---|---|---|---|---|
| $g'(x)$ | ‖ | $-$ | 0 | $+$ | |
| $g$ | ‖ | ↘ | 0 | ↗ | |

**2. Interprétation géométrique des réels $g(3)$ et $g\left(\frac{1}{2}\right)$**

$$g(3)=\int_1^3 \frac{\ln t}{t^2}\,\mathrm{d}t \text{ et } g\left(\frac{1}{2}\right)=\int_1^{\frac{1}{2}} \frac{\ln t}{t^2}\,\mathrm{d}t=-\int_{\frac{1}{2}}^1 \frac{\ln t}{t^2}\,\mathrm{d}t.$$

La fonction $f$ est positive sur $[1\ ;+\infty[$.

**$g(3)$ est donc l'aire, en unités d'aire, du domaine limité par l'axe des abscisses, les droites équations $x=1$ et $x=3$ et la courbe $(\mathscr{C})$.**

La fonction $f$ est négative sur $\left[\frac{1}{2}\ ;1\right]$, $\int_{\frac{1}{2}}^1 \frac{\ln t}{t^2}\,\mathrm{d}t$ est donc l'opposé de l'aire, en unités d'aire, du domaine limité par l'axe des abscisses, les droites d'équations $x=\frac{1}{2}$ et $x=1$ et la courbe $(\mathscr{C})$.

**$g\left(\frac{1}{2}\right)$ est donc l'aire, en unités d'aire, du domaine limité par l'axe des abscisses, les droites d'équations $x=\frac{1}{2}$ et $x=1$ et la courbe $(\mathscr{C})$.**

### 3. a. Calcul, pour tout $x$ de $]0\,;\infty[$, de $g(x)$

Pour tout $x$ de $]0\,;\infty[$, $g(x)=\int_1^x \frac{\ln t}{t^2}\,\mathrm{d}t$.

Pour tout $x$ de $]0\,;\infty[$, on désigne par $\overleftrightarrow{[1\,;x]}$ l'intervalle $[1\,;x]$ si $x \geqslant 1$ et l'intervalle $[x\,;1]$ si $0<x\leqslant 1$.

> **Remarque :**
> si les deux réels $a$ et $b$ vérifient $a>b$, l'intervalle $[a\,;b]$ est l'ensemble vide.

Posons :

$$\begin{array}{lcccclccc} & \overleftrightarrow{[1\,;x]} & \to & \mathbb{R} & & & \overleftrightarrow{[1\,;x]} & \to & \mathbb{R} \\ u' : & t & \mapsto & \dfrac{1}{t^2} & \text{on choisit} & u : & t & \mapsto & -\dfrac{1}{t} \\ v : & t & \mapsto & \ln t & \text{on a} & v' : & t & \mapsto & \dfrac{1}{t}. \end{array}$$

Pour tout $x$ de $]0\,;\infty[$, les fonctions $u$ et $v$ sont dérivables sur $\overleftrightarrow{[1\,;x]}$ et de dérivées continues sur $\overleftrightarrow{[1\,;x]}$ (ce sont des fonctions rationnelles, les dénominateurs étant non nuls sur $\overleftrightarrow{[1\,;x]}$). On peut donc intégrer par parties et l'on obtient pour tout $x$ de $]0\,;\infty[$ :

$$\begin{aligned} g(x)=\int_1^x \frac{\ln t}{t^2}\,\mathrm{d}t &= \left[-\frac{\ln t}{t}\right]_1^x - \int_1^x -\frac{1}{t^2}\,\mathrm{d}t \\ &= -\frac{\ln x}{x}+\int_1^x \frac{1}{t^2}\,\mathrm{d}t \\ &= \frac{\ln x}{x}+\left[-\frac{1}{t}\right]_1^x \\ &= -\frac{\ln x}{x}-\frac{1}{x}+1. \end{aligned}$$

Donc pour tout $x$ de $]0\,;+\infty[$ :

$$\boxed{g(x)=1-\frac{\ln x+1}{x}}.$$

### b. Limite de $g$ en $+\infty$

Pour tout $x$ de $]0\,;+\infty[$, $g(x)=1-\dfrac{\ln x}{x}-\dfrac{1}{x}$.

On sait d'après le cours que $\lim\limits_{x \to +\infty} \dfrac{\ln x}{x} = 0$ et $\lim\limits_{x \to +\infty} \dfrac{1}{x} = 0$ donc :

$$\boxed{\lim_{x \to +\infty} g(x) = 1}.$$

## EXERCICE 3

On considère la suite $(u_n)_{n \in \mathbb{N}}$ définie par $u_0 = 5$ et, pour tout entier $n$ de $\mathbb{N}^*$ par, $u_n = \left(1 + \frac{2}{n}\right)u_{n-1} + \frac{6}{n}$.

**1. a. Calcul de $u_1$**

$$u_1 = \left(1 + \frac{2}{1}\right)u_0 + \frac{6}{1} = 3 \times 5 + 6$$

$$\boxed{u_1 = 21}.$$

**b. Conjecture sur la nature de la suite $(d_n)_{n \in \mathbb{N}}$ définie par :**

$$d_n = u_{n+1} - u_n$$

On a successivement :

$$d_0 = u_1 - u_0 = 16\,,\ d_1 = u_2 - u_1 = 24\,,\ d_2 = u_3 - u_2 = 32$$

$$d_3 = 40\,,\ d_4 = 48\,,\ d_5 = 56\,,\ d_6 = 64\,,$$

$$d_7 = 72\,,\ d_8 = 80\,,\ d_9 = 88\,,\ d_{10} = 96\,.$$

$$\boxed{d_1 - d_0 = d_2 - d_1 = d_3 - d_2 = \ldots = d_{10} - d_9 = 8 \text{ donc :}}$$

**Il semble que la suite $(d_n)_{n \in \mathbb{N}}$ est une suite arithmétique de premier terme $d_0 = 16$ et de raison 8.**

**2. La somme des $n$ premiers termes de la suite $(v_n)$ est égale à $4n^2 + 12n$.**

Le $n^e$ terme de la suite $(v_n)_{n \in \mathbb{N}}$ commençant à $v_0$ est $v_{n-1}$.
On a pour tout entier $n$ non nul :

$$\sum_{k=0}^{n-1} v_k = \frac{n(v_0 + v_{n-1})}{2}.$$

On a pour tout entier non nul $n$, la suite étant arithmétique de raison 8 et de premier terme $v_0 = 16$,

$$\begin{aligned} v_{n-1} &= v_0 + (n-1)8 \\ &= 8n + 8 \end{aligned}.$$

D'où pour tout entier non nul $n$ :

$$\sum_{k=0}^{n-1} v_k = \frac{n(16+8n+8)}{2}$$
$$= n(12+4n).$$

**La somme des $n$ premiers termes de la suite $(v_n)_{n \in \mathbb{N}}$ est égale à $4n^2 + 12n$.**

**3. Pour tout entier naturel $n$ on a $u_n = 4n^2 + 12n + 5$.**

Démontrons cette propriété par récurrence.

$u_0 = 5$.

Supposons que pour un certain $n$, on ait $u_n = 4n^2 + 12n + 5$, on a alors :

$$u_{n+1} = \left(1 + \frac{2}{n+1}\right)u_n + \frac{6}{n+1}$$
$$= \left(1 + \frac{2}{n+1}\right)(4n^2 + 12n + 5) + \frac{6}{n+1}$$
$$= \left(\frac{n+3}{n+1}\right)(4n^2 + 12n + 5) + \frac{6}{n+1}$$
$$= \frac{(n+3)(4n^2 + 12n + 5) + 6}{n+1}$$
$$= \frac{4n^3 + 24n^2 + 41n + 21}{n+1}.$$

Le polynôme $4x^3 + 24x^2 + 41x + 21$ a pour racine $-1$ donc pour tout réel $x$ :

$$4x^3 + 24x^2 + 41x + 21 = (x+1)(4x^2 + \alpha x + 21).$$

Le coefficient $\alpha$ est obtenu par identification, le coefficient de $x$ est 41 mais aussi $\alpha + 21$ donc $\alpha = 20$ donc pour tout réel $x$ :

$$4x^3 + 24x^2 + 41x + 21 = (x+1)(4x^2 + 20x + 21).$$

Donc pour tout entier $n$ :

$$4n^3 + 24n^2 + 41n + 21 = (n+1)(4n^2 + 20n + 21).$$

Pour tout entier $n$, l'entier $n+1$ est non nul, donc :

$$u_{n+1} = \frac{4n^3 + 24n^2 + 41n + 21}{n+1}$$
$$= \frac{(n+1)(4n^2 + 20n + 21)}{n+1}$$
$$= 4n^2 + 20n + 21.$$

Montrons que l'expression de $u_n$ est vérifiée au rang $n+1$ :

$$4(n+1)^2 + 12(n+1) + 5 = 4n^2 + 20n + 21 .$$

Donc d'après le principe de récurrence pour tout entier $n$ :

$$\boxed{u_n = 4n^2 + 12n + 5}.$$

**4. Validation de la conjecture émise à la question 1. b.**

Pour tout entier naturel $n$ :

$$\begin{aligned} d_n &= u_{n+1} - u_n \\ &= 4n^2 + 20n + 21 - (4n^2 + 12n + 5) \\ &= 8n + 16. \end{aligned}$$

**La suite $(d_n)_{n \in \mathbb{N}}$ est une suite arithmétique de premier terme $d_0 = 16$ et de raison 8.**



## EXERCICE 4 (Obligatoire)

**1. Calcul de l'affixe $z_B$ du point B image de A par la rotation de centre O et d'angle $\frac{2\pi}{3}$**

L'écriture complexe de la rotation de centre O et d'angle $\frac{2\pi}{3}$ est :

$$z' = e^{i\frac{2\pi}{3}} z .$$

D'où :

$$z_B = e^{i\frac{2\pi}{3}} z_A = e^{i\frac{2\pi}{3}} e^{i\frac{\pi}{3}} = e^{i\frac{3\pi}{3}} = e^{i\pi}$$

$$\boxed{z_B = -1}.$$

**Les coordonnées du point B sont $(-1\ ;\ 0)$.**

**• Calcul de l'affixe $z_C$ du point C image de B par la rotation de centre O et d'angle $\frac{2\pi}{3}$**

$$\begin{aligned} z_C &= e^{i\frac{2\pi}{3}} z_B = -e^{i\frac{2\pi}{3}} = e^{i\pi} e^{i\frac{2\pi}{3}} \\ &= e^{i\left(\pi + \frac{2\pi}{3}\right)} \end{aligned}$$

$$= e^{i\frac{5\pi}{3}} = e^{i\left(2\pi - \frac{\pi}{3}\right)}$$

$$= e^{i\left(-\frac{\pi}{3}\right)}$$

$$\boxed{z_C = \frac{1}{2} - i\,\frac{\sqrt{3}}{2}}.$$

**Les coordonnées du point C sont $\left(\frac{1}{2}\,;\,\frac{\sqrt{3}}{2}\right)$.**

**2. a. Le cercle $(\mathscr{C})$ est le cercle circonscrit au triangle ABC. Construction des points A, B et C**

Les affixes des points A, B et C sont des nombres complexes de module 1, A, B, C appartiennent donc tous au cercle de centre O et de rayon 1. Le cercle $(\mathscr{C})$ est le cercle circonscrit au triangle ABC.

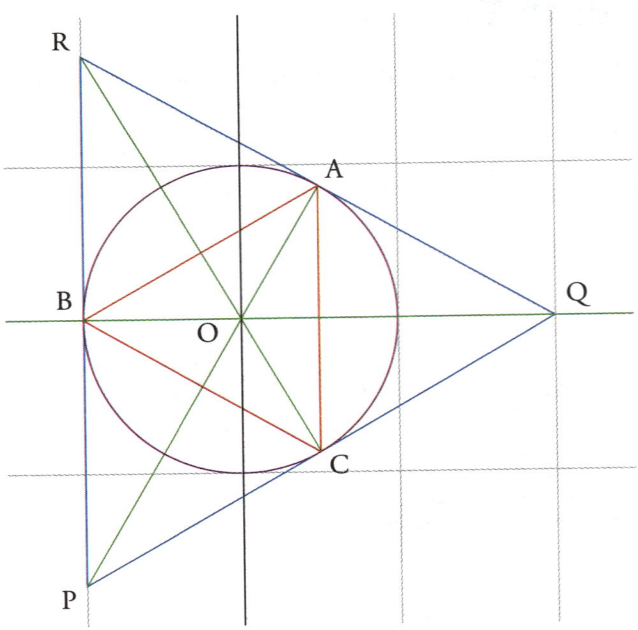

**b. Nature du triangle ABC**

L'image de C par la rotation de centre O et d'angle $\frac{2\pi}{3}$ est le point d'affixe :

$$z = e^{i\frac{2\pi}{3}} z_C = e^{i\frac{2\pi}{3}} e^{i\left(-\frac{\pi}{3}\right)} = e^{i\frac{\pi}{3}} = z_A .$$

L'image du point C est le point A.

Désignons par $r$ la rotation de centre O et d'angle $\frac{2\pi}{3}$ :

$$r(A) = B \text{ , } r(B) = C \text{ et } r(C) = A .$$

La rotation est une isométrie et le couple $(A ; B)$ a pour image le couple $(B ; C)$ et le couple $(B ; C)$ a pour image le couple $(C ; A)$ donc :

$$AB = BC = CA .$$

**Le triangle ABC est équilatéral.**

**3.** Soit $h$ l'homothétie de centre O et de rapport $-2$.

**a. Mise en place des points P, Q et R images respectives des points A, B et C par *h***

On trace les droites $(OA)$, $(OB)$ et $(OC)$ et on reporte sur les demi-droites d'origine O ne contenant pas les points A, B et C deux fois respectivement les longueurs OA, OB et OC. On construit ainsi les points P, Q et R. Voir figure précédente.

**b. Nature du triangle PQR**

Par $h$ le couple $(A ; B)$ a pour image $(P ; Q)$, le couple $(B ; C)$ a pour image $(Q ; R)$ et le couple $(A ; C)$ a pour image le couple $(P ; R)$.
D'après les propriétés de l'homothétie, on a :

$$PQ = |-2|AB = 2AB$$
$$QR = |-2|BC = 2BC$$
$$PR = |-2|AC = 2AC .$$

Mais $AB = BC = AC$ donc $PQ = QR = PR$.
**Le triangle PQR est équilatéral.**

**4. a. Écriture complexe de *h***

L'écriture complexe de $h$ est :

$$\boxed{z' = -2z}.$$

**b. Calcul de $z_A + z_B + z_C$. Le point A est le milieu du segment $[QR]$.**

$$z_A + z_B + z_C = e^{i\frac{\pi}{3}} + e^{i\pi} + e^{i\left(-\frac{\pi}{3}\right)} = \frac{1}{2} + i\frac{\sqrt{3}}{2} - 1 + \frac{1}{2} - i\frac{\sqrt{3}}{2} = 0 .$$

Donc :

$$-2(z_A + z_B + z_C) = z_P + z_Q + z_R = 0 .$$

SUJETS DE BAC

Le milieu de $[QR]$ a pour affixe :

$$\frac{z_Q + z_R}{2} = \frac{-z_P}{2} = -\frac{1}{2} z_P = z_A.$$

**Le point A est le milieu de $[QR]$.**

c. **Propriété de la droite $(QR)$**

Le triangle PQR est équilatéral, la droite $(PA)$ joint le sommet P du triangle au milieu du côté opposé, c'est donc une médiane mais donc aussi une hauteur, la droite $(PA)$ est perpendiculaire à la droite $(QR)$, le point O centre du cercle $(\mathscr{C})$ appartient à la droite $(PA)$ (car P est l'image de A par une homothétie de centre O).

En résumé, le rayon $(OA)$ est orthogonal à la droite $(QR)$ et le point d'intersection des droites $(OA)$ et $(QR)$ est le point A qui appartient au cercle.

**La droite $(QR)$ est tangente en A au cercle $(\mathscr{C})$.**

## EXERCICE 4 (Spécialité)

**1. a. La symétrie $s_1$ transforme tout point M d'affixe $z$ en un point M′ d'affixe $z'$ telle que :**

$$z' = \left(\frac{4}{5} + \frac{3}{5}\,\mathrm{i}\right)\bar{z} + \left(-\frac{1}{5} + \frac{3}{5}\,\mathrm{i}\right).$$

Posons $z = x + \mathrm{i}y$ et $z' = x' + \mathrm{i}y'$, les coordonnées du vecteur $\overrightarrow{MM'}$ sont $(x' - x\,;\, y' - y)$, les coordonnées du vecteur $\overrightarrow{AB}$ sont $(5 - 2\,;\, 2 - 1)$ soit $(3\,;\,1)$.

Le point I milieu de $[MM']$ a pour coordonnées $\left(\frac{x + x'}{2}\,;\,\frac{y + y'}{2}\right)$.

Le point M′ est l'image de M par $s_1$ si, et seulement si, les vecteurs $\overrightarrow{MM'}$ et $\overrightarrow{AB}$ sont orthogonaux et si le point I appartient à la droite $(AB)$, c'est-à-dire si, et seulement si :

$$\begin{cases} \overrightarrow{MM'} \cdot \overrightarrow{AB} = 0 \\ \text{les vecteurs } \overrightarrow{AI}\left(\frac{x + x'}{2} - 2\,;\,\frac{y + y'}{2} - 1\right) \text{ et } \overrightarrow{IB}(3\,;\,1) \text{ sont colinéaires} \end{cases}$$

soit :

$$\begin{cases} 3(x'-x)+(y'-y)=0 \\ \begin{vmatrix} \dfrac{x+x'}{2}-2 & 3 \\ \dfrac{y+y'}{2}-1 & 1 \end{vmatrix}=0 \end{cases}$$

$$\begin{cases} 3x'+y'=3x+y \\ \left(\dfrac{x+x'}{2}-2\right)-3\left(\dfrac{y+y'}{2}-1\right)=0 \end{cases}$$

$$\begin{cases} 3x'+y'=3x+y \\ x+x'-4-3(y+y'-2)=0 \end{cases}$$

$$\begin{cases} 3x'+y'=3x+y \\ x'-3y'=-2-x+3y \end{cases}.$$

En remplaçant la deuxième équation par la somme de la première et de la seconde multipliée par $-3$, on obtient le système équivalent :

$$\begin{cases} 3x'+y'=3x+y \\ 0x'+10y'=6+6x-8y \end{cases}.$$

D'où : $$y'=\frac{6x-8y+6}{10}=\frac{3x-4y+3}{5}$$

et donc :

$$x'=\frac{1}{3}\left(3x+y-\frac{3x-4y+3}{5}\right)=\frac{1}{3}\left(\frac{12x+9y-3}{5}\right)$$

$$=\frac{4x+3y-1}{5}.$$

D'où :

$$z'=\frac{4x+3y-1}{5}+\mathrm{i}\,\frac{3x-4y+3}{5}$$

$$=\frac{1}{5}\,(4(x-\mathrm{i}y)+3(x\mathrm{i}+y))+\frac{1}{5}\,(-1+3\mathrm{i})$$

$$=\frac{1}{5}\,(4(x-\mathrm{i}y)+3\mathrm{i}(x-\mathrm{i}y))+\frac{1}{5}\,(-1+3\mathrm{i})$$

$$=\frac{1}{5}\,(4\bar{z}+3\mathrm{i}\bar{z})+\frac{1}{5}\,(-1+3\mathrm{i})$$

$$=\frac{1}{5}\,(4+3\mathrm{i})\bar{z}+\frac{1}{5}\,(-1+3\mathrm{i}).$$

L'écriture complexe de $s_1$ est :

$$\boxed{z' = \left(\frac{4}{5} + \frac{3}{5}\,\mathrm{i}\right)\bar{z} + \left(-\frac{1}{5} + \frac{3}{5}\,\mathrm{i}\right)}.$$

**b. Calcul de l'affixe de $\mathrm{C}'$, symétrique de C par rapport à (AB)**

L'affixe du point C est i donc l'affixe de $\mathrm{C}'$ est :

$$\begin{aligned} z' &= \left(\frac{4}{5} + \frac{3}{5}\,\mathrm{i}\right)\bar{\mathrm{i}} + \left(-\frac{1}{5} + \frac{3}{5}\,\mathrm{i}\right) \\ &= (-\mathrm{i})\left(\frac{4}{5} + \frac{3}{5}\,\mathrm{i}\right) + \left(-\frac{1}{5} + \frac{3}{5}\,\mathrm{i}\right) \\ &= -\frac{4}{5}\,\mathrm{i} + \frac{3}{5} - \frac{1}{5} + \frac{3}{5}\,\mathrm{i} \\ &= \frac{2}{5} - \frac{1}{5}\,\mathrm{i}. \end{aligned}$$

**L'affixe du point $\mathrm{C}'$ est $\frac{2}{5} - \frac{1}{5}\,\mathrm{i}$.**

**c. L'ensemble des points M tels que $z'$ est imaginaire pur est la droite ($\mathscr{D}$) d'équation $4x + 3y = 1$.**

Posons $z = x + \mathrm{i}y$ et $z' = x' + \mathrm{i}y'$.

La relation $z' = \left(\frac{4}{5} + \frac{3}{5}\,\mathrm{i}\right)\bar{z} + \left(-\frac{1}{5} + \frac{3}{5}\,\mathrm{i}\right)$ s'écrit :

$$\begin{aligned} x' + \mathrm{i}y' &= \left(\frac{4}{5} + \frac{3}{5}\,\mathrm{i}\right)(x - \mathrm{i}y) + \left(-\frac{1}{5} + \frac{3}{5}\,\mathrm{i}\right) \\ &= \frac{4}{5}\,x + \frac{3}{5}\,y + \mathrm{i}\left(\frac{3}{5}\,x - \frac{4}{5}\,y\right) + \left(-\frac{1}{5} + \frac{3}{5}\,\mathrm{i}\right). \\ &= \frac{4}{5}\,x + \frac{3}{5}\,y - \frac{1}{5} + \mathrm{i}\left(\frac{3}{5}\,x - \frac{4}{5}\,y + \frac{3}{5}\right) \end{aligned}$$

Ce qui est équivalent à :

$$\begin{cases} x' = \frac{4}{5}\,x + \frac{3}{5}\,y - \frac{1}{5} \\ y' = \frac{3}{5}\,x - \frac{4}{5}\,y + \frac{3}{5} \end{cases}.$$

Le nombre $z'$ est un imaginaire pur si, et seulement si, $x' = 0$ c'est-à-dire :

$$\frac{4}{5}x+\frac{3}{5}y-\frac{1}{5}=0 \text{ soit } 4x+3y-1=0\,.$$

L'ensemble des points M de coordonnées $(x\,;\,y)$ tels que l'affixe $z'$ **de l'image par $s_1$ soit un imaginaire pur est la droite $(\mathscr{D})$ d'équation $4x+3y=1$.**

**d. Le point C′ appartient à $(\mathscr{D})$.**

L'affixe du point C′ est $\left(\frac{2}{5}-\frac{1}{5}\,\mathrm{i}\right)$ donc les coordonnées de C′ sont $\left(\frac{2}{5}\,;\,-\frac{1}{5}\right)$. Vérifions que ces coordonnées vérifient l'équation de $(\mathscr{D})$ :

$$4\times\frac{2}{5}+3\times\left(-\frac{1}{5}\right)=\frac{8}{5}-\frac{3}{5}=1 \text{ donc :}$$

**Le point C′ appartient à $(\mathscr{D})$.**

**2. a. Les droites $(\mathscr{D})$ et (AB) sont sécantes en un point $\Omega$ dont on précise l'affixe $\omega$.**

Une équation de la droite (AB) passant par A de vecteur directeur $\overrightarrow{AB}$ est :

$$\begin{vmatrix} x-2 & 3 \\ y-1 & 1 \end{vmatrix}=0 \text{ soit } x-2-3(y-1)=0\,.$$

Une équation de la droite (AB) est $x-3y=-1$. Les coordonnées du point intersection de $(\mathscr{D})$ et de (AB) vérifient :

$$\begin{cases} 4x+3y=1 \\ x-3y=-1 \end{cases}$$

soit en remplaçant la deuxième équation par la première à laquelle on ajoute la deuxième multipliée par $-4$ :

$$\begin{cases} 4x+3y=1 \\ 0x+15y=5 \end{cases}$$

soit :

$$\begin{cases} 4x+3y=1 \\ y=\dfrac{1}{3} \end{cases}.$$

**Les coordonnées du point $\Omega$ intersection de $(\mathscr{D})$ et de (AB) sont $\left(0\,;\,\frac{1}{3}\right)$, l'affixe $\omega$ de $\Omega$ est $\frac{1}{3}\,\mathrm{i}$.**

SUJETS DE BAC

**b. La transformation $f = s_2 \circ s_1$ est une similitude directe.**

L'écriture complexe d'une symétrie orthogonale est $z' = a\bar{z} + b$ avec $|a| = 1$.

Désignons par $z' = a_1\bar{z} + b_1$ et $z' = a_2\bar{z} + b_2$ avec $|a_1| = |a_2| = 1$, les écritures complexes respectivement des symétries $s_1$ et $s_2$.

Désignons par $z''$ l'affixe du point M″ image de M d'affixe $z$ par $f$, on a :

$$\begin{aligned} z'' &= a_2(\overline{a_1\bar{z} + b_1}) + b_2 \\ &= a_2(\overline{a_1}z + \overline{b_1}) + b_2 \\ &= a_2\overline{a_1}z + a_2\overline{b_1} + b_2. \end{aligned}$$

La transformation $f$ est donc une similitude directe de rapport :

$$|a_2\overline{a_1}| = |a_2||\overline{a_1}| = |a_2||a_1| = 1.$$

**La transformation $f$ est une similitude directe de rapport 1.**

**c. Images des points C et $\Omega$ par la transformation $f$**

Le point C a pour image C′ qui appartient à $(\mathscr{D})$, le point C′ est invariant par $s_2$ symétrie orthogonale d'axe $(\mathscr{D})$. L'image de C par $f$ est le point C′ différent de C.

**Le point $\Omega$ appartenant aux deux axes des symétries $s_1$ et $s_2$ est invariant par $s_1$ et par $s_2$ donc est invariant par $f$.**

**d. La transformation $f$ est une rotation.**

$f$ est une similitude directe de rapport 1, c'est donc une isométrie directe, tous les points ne sont pas invariants ($f(\mathrm{C}) \neq \mathrm{C}$) ce n'est donc pas l'identité, $f$ admet un point fixe $\Omega$ ce n'est donc pas une translation.

**$f$ est donc une rotation.**

**2. a. Ensemble des couples d'entiers relatifs $(x\,;y)$ solutions de l'équation $4x + 3y = 1$**

Une solution évidente est $x = 1$, $y = -1$ car $4 \times 1 + 3(-1) = 1$.

Soient $x$ et $y$ des entiers relatifs, ces entiers sont solutions de l'équation proposée si, et seulement si :

$$\begin{gathered} 4x + 3y = 1 \\ 4x + 3y = 4 \times 1 + 3(-1) \\ 4(x-1) + 3(y+1) = 0 \\ 4(x-1) = 3(-y-1). \end{gathered}$$

Les nombres $x - 1$ et $-y - 1$ sont des entiers car $x$ et $y$ le sont. D'après la relation précédente, l'entier 4 divise l'entier $3(-y-1)$ et est premier avec 3, l'entier 4 divise donc $-y-1$, il existe donc un entier relatif $k$ tel que :

$$-y - 1 = 4k.$$

D'où :

$$y = -1 - 4k \text{ avec } k \in \mathbb{Z}.$$

On en déduit alors en remplaçant dans la relation $4(x-1)=3(-y-1)$ :

$$4(x-1)=3\times 4k$$
$$x=3k+1 \text{ avec } k\in\mathbb{Z}.$$

Réciproquement, pour tout $k$ appartenant à $\mathbb{Z}$, le couple $(3k+1\ ;\ -1-4k)$ est solution de l'équation proposée :

$$4(3k+1)+3(-1-4k)=1.$$

L'ensemble des solutions est l'ensemble des couples :

$$(3k+1\ ;\ -1-4k) \text{ où } k\in\mathbb{Z}.$$

**b. Détermination des points de $(\mathcal{D})$ à coordonnées entières dont la distance au point O est inférieure à 9.**

L'ensemble des points $M_k$ de coordonnées $(3k+1\ ;\ -1-4k)$ où $k\in\mathbb{Z}$ appartiennent à $(\mathcal{D})$, est l'ensemble des points de $(\mathcal{D})$ à coordonnées entières.

On a :

$$d^2(O\ ;\ M_k)=(3k+1)^2+(-1-4k)^2$$
$$=25k^2+14k+2$$

Pour tout $k$ de $\mathbb{Z}$ :

$$d(O\ ;\ M_k)\leqslant 9 \Leftrightarrow d^2(O\ ;\ M_k)\leqslant 81$$
$$\Leftrightarrow 25k^2+14k+2\leqslant 81$$
$$\Leftrightarrow 25k^2+14k-79\leqslant 0.$$

Le trinôme $25x^2+14x-79$ a pour discriminant :

$$\Delta=14^2+4\times 25\times 79=8\ 096.$$

$\sqrt{8\ 096}=4\sqrt{506}$ les racines du trinôme sont :

$$\frac{-14+4\sqrt{506}}{50}=\frac{-7+2\sqrt{506}}{25}\approx 1{,}596$$

et

$$\frac{-14-4\sqrt{506}}{50}=\frac{-7-2\sqrt{506}}{25}\approx -2{,}08.$$

Le trinôme est négatif pour les valeurs de $k$ comprises entre les racines précédentes, soit $-1$, 0, 1 et $-2$. Il y a donc quatre points répondant à la question, les points de coordonnées :

$$\boxed{M_{-1}(-2\ ;\ 3),\ M_0(1\ ;\ -1),\ M_1(4\ ;\ -5),\ M_{-2}(-5\ ;\ 7)}$$

# 9 SUJET
## Inde, avril 2008



## EXERCICE 1

**1.** Soit $f$ la fonction définie sur $[1\ ;+\infty[$ par $f(x)=\dfrac{x}{\mathrm{e}^x-1}$ et soit H la fonction définie sur $[1\ ;+\infty[$ par $\mathrm{H}(x)=\displaystyle\int_1^x f(t)\,\mathrm{d}t$.

**a.** Justifier que $f$ et H sont bien définies sur $[1\ ;+\infty[$. **[0,5 pt]**

**b.** Quelle relation existe-t-il entre H et $f$ ? **[0,5 pt]**

**c.** Soit $\mathscr{C}$ la courbe représentative de $f$ dans un repère orthonormal $(O\,;\vec{i},\vec{j})$ du plan. Interpréter en termes d'aire le nombre $H(3)$. **[0,5 pt]**

**2.** On se propose, dans cette question, de donner un encadrement du nombre $H(3)$.

**a.** Montrer que pour tout réel $x > 0$, $\dfrac{x}{e^x - 1} = x \times \dfrac{e^{-x}}{1 - e^{-x}}$. **[0,5 pt]**

**b.** En déduire que :

$$\int_1^3 f(x)\,dx = 3\ln\left(1 - \frac{1}{e^3}\right) - \ln\left(1 - \frac{1}{e}\right) - \int_1^3 \ln\left(1 - e^{-x}\right)dx.$$

**[0,75 pt]**

**c.** Montrer que si $1 \leqslant x \leqslant 3$, alors :

$$\ln\left(1 - \frac{1}{e}\right) \leqslant \ln\left(1 - e^{-x}\right) \leqslant \ln\left(1 - \frac{1}{e^3}\right).$$ **[0,75 pt]**

**d.** En déduire un encadrement de $\int_1^3 \ln\left(1 - e^{-x}\right)dx$ puis de :

$$\int_1^3 f(x)\,dx.$$ **[0,5 pt]**

## EXERCICE 2 (Obligatoire)

*Cet exercice contient une restitution organisée de connaissances.*

### Partie A

On suppose connus les résultats suivants :

• Dans le plan complexe, on donne par leurs affixes $z_A$, $z_B$ et $z_C$ trois points A, B et C.

Alors $\left|\dfrac{z_B - z_C}{z_A - z_C}\right| = \dfrac{CB}{CA}$ et $\arg\left(\dfrac{z_B - z_C}{z_A - z_C}\right) = (\overrightarrow{CA}\,;\overrightarrow{CB})\ (2\pi)$.

• Soit $z$ un nombre complexe et soit $\theta$ un réel :
$z = e^{i\theta}$ si, et seulement si, $|z| = 1$ et $\arg(z) = \theta + 2k\pi$, où $k$ est un entier relatif.

**Démonstration de cours**

Démontrer que la rotation $r$ d'angle $\alpha$ et de centre $\Omega$ d'affixe $\omega$ est la transformation du plan qui à tout point M d'affixe $z$ associe le point M′ d'affixe $z'$ tel que :

$$z' - \omega = e^{i\alpha}(z - \omega).$$ **[1 pt]**

## Partie B

Dans un repère orthonormal direct du plan complexe $(O\ ;\ \vec{u}, \vec{v})$ d'unité graphique 2 cm, on considère les points A, B, C et D d'affixes respectives :

$$z_A = -\sqrt{3} - i\ ,\ z_B = 1 - i\sqrt{3}\ ,\ z_C = \sqrt{3} + i \text{ et } z_D = -1 + i\sqrt{3}\ .$$

**1. a.** Donner le module et un argument pour chacun des quatre nombres complexes $z_A$, $z_B$, $z_C$ et $z_D$. **[0,75 pt]**

**b.** Comment construire à la règle et au compas les points A, B, C et D dans le repère $(O\ ;\ \vec{u}, \vec{v})$ ? **[0,75 pt]**

**c.** Quelle est la nature du quadrilatère ABCD ? **[0,5 pt]**

**2.** On considère la rotation $r$ de centre B et d'angle $-\frac{\pi}{3}$.

Soient E et F les points du plan définis par $E = r(A)$ et $F = r(C)$.

**a.** Comment construire à la règle et au compas les points F et E dans le repère précédent ? **[0,75 pt]**

**b.** Donner l'écriture complexe de $r$. **[0,75 pt]**

**c.** Déterminer l'affixe du point E. **[0,5 pt]**

## EXERCICE 2 (Spécialité)

## Partie A

On suppose connu le résultat suivant :
Une application $f$ du plan muni d'un repère orthonormal direct dans lui-même est une similitude directe si, et seulement si, $f$ admet une écriture complexe de la forme $z' = az + b$, où $a \in \mathbb{C}^*$ et $b \in \mathbb{C}$.

**Démonstration de cours**

On se place dans le plan complexe. Démontrer que si A, B, A′ et B′ sont quatre points tels que A est distinct de B et A′ est distinct de B′, alors il existe une unique similitude directe transformant A en A′ et B en B′. **[1 pt]**

## Partie B

Dans le plan complexe muni d'un repère orthonormal direct $(O\ ;\ \vec{u}, \vec{v})$, on considère les points A, B, C, D d'affixes respectives :

$$z_A = -\sqrt{3} - i\ ,\ z_B = 1 - i\sqrt{3}\ ,\ z_C = \sqrt{3} + i\ ,\ z_D = -1 + i\sqrt{3}\ .$$

**1. a.** Donner le module et un argument de chacun des quatre nombres complexes $z_A$, $z_B$, $z_C$ et $z_D$. **[0,75 pt]**

**b.** Construire à la règle et au compas les points A, B, C et D (on prendra pour unité graphique 2 cm). **[0,75 pt]**

**c.** Déterminer le milieu du segment $[AC]$, celui du segment $[BD]$. Calculer le quotient $\frac{z_B}{z_A}$. En déduire la nature du quadrilatère ABCD. **[0,5 pt]**

**2.** On considère la similitude directe $g$ dont l'écriture complexe est $z' = e^{-i\frac{\pi}{3}}z + 2$.

**a.** Déterminer les éléments caractéristiques de $g$. **[0,75 pt]**

**b.** Construire à la règle et au compas les images respectives E, F et J par $g$ des points A, C et O. **[0,75 pt]**

**c.** Que constate-t-on concernant ces points E, F et J ? Le démontrer. **[0,5 pt]**



## EXERCICE 3

On considère un tétraèdre ABCD.
On note I, J, K, L, M, N les milieux respectifs des arêtes :

$$[AB], [CD], [BC], [AD], [AC] \text{ et } [BD].$$

On désigne par G l'isobarycentre des points A, B, C et D.

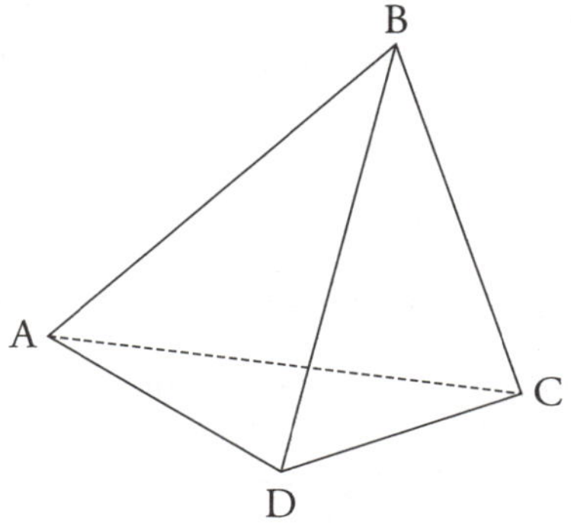


**1.** Montrer que les droites $(IJ)$, $(KL)$ et $(MN)$ sont concourantes en G. **[0,5 pt]**

Dans la suite de l'exercice, on suppose que $AB = CD$, $BC = AD$ et $AC = BD$.
(On dit que le tétraèdre ABCD est équifacial, car ses faces sont isométriques).

**2. a.** Quelle est la nature du quadrilatère IKJL ? Préciser également la nature des quadrilatères IMJN et KNLM. **[0,5 pt]**

**b.** En déduire que (IJ) et (KL) sont orthogonales. On admettra que, de même, les droites (IJ) et (MN) sont orthogonales et les droites (KL) et (MN) sont orthogonales. **[0,5 pt]**

**3. a.** Montrer que la droite (IJ) est orthogonale au plan (MKN). **[0,5 pt]**

**b.** Quelle est la valeur du produit scalaire $\overrightarrow{IJ} \cdot \overrightarrow{MK}$ ? En déduire que (IJ) est orthogonale à la droite (AB). Montrer de même que (IJ) est orthogonale à la droite (CD). **[0,5 pt]**

**c.** Montrer que G appartient aux plans médiateurs de [AB] et [CD]. **[0,5 pt]**

**d.** *Dans cette question, toute trace de recherche, même incomplète, ou d'initiative, même non fructueuse, sera prise en compte dans l'évaluation.*
Comment démontrerait-on que G est le centre de la sphère circonscrite au tétraèdre ABCD ? **[1 pt]**

## EXERCICE 4

On cherche à modéliser de deux façons différentes l'évolution du nombre, exprimé en millions, de foyers français possédant un téléviseur à écran plat, en fonction de l'année.
*Les parties A et B sont indépendantes.*

### Partie A – Un modèle discret

Soit $u_n$ le nombre, exprimé en millions, de foyers possédant un téléviseur à écran plat l'année $n$.
On pose $n = 0$ en 2005, $u_0 = 1$ et, pour tout $n \geqslant 0$ :

$$u_{n+1} = \frac{1}{10} u_n(20 - u_n).$$

**1.** Soit $f$ la fonction définie sur $[0 ; 20]$ par $f(x) = \frac{1}{10} x(20 - x)$.

**a.** Étudier les variations de $f$ sur $[0 ; 20]$. **[0,5 pt]**

**b.** En déduire que pour tout $x \in [0 ; 10]$, $f(x) \in [0 ; 10]$. **[0,5 pt]**

**c.** On donne ci-après la courbe représentative $\mathscr{C}$ de la fonction $f$ dans un repère orthonormal $(O ; \vec{i}, \vec{j})$ du plan. Représenter, sur l'axe des abscisses, à l'aide de ce graphique, les cinq premiers termes de la suite $(u_n)_{n \geqslant 0}$.

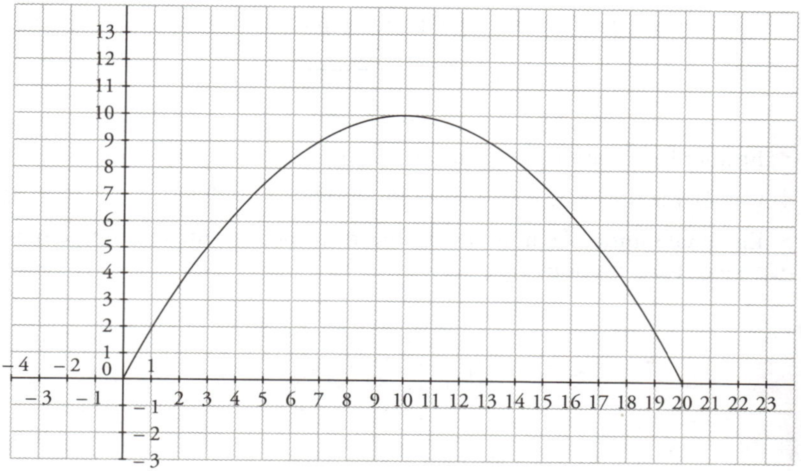

**[0,75 pt]**

**2.** Montrer par récurrence que pour tout $n \in \mathbb{N}$, $0 \leqslant u_n \leqslant u_{n+1} \leqslant 10$.

**[0,75 pt]**

**3.** Montrer que la suite $(u_n)_{n \geqslant 0}$ est convergente et déterminer sa limite.

**[0,5 pt]**

## Partie B – Un modèle continu

Soit $g(x)$ le nombre, exprimé en millions, de tels foyers l'année $x$. On pose $x = 0$ en 2005, $g(0) = 1$ et $g$ est une solution, qui ne s'annule pas sur $[0\ ;+\infty[$, de l'équation différentielle :

$$(\mathrm{E}) : y' = \frac{1}{20}\, y(10 - y).$$

**1.** On considère une fonction $y$ qui ne s'annule pas sur $[0\ ;+\infty[$ et on pose $z = \dfrac{1}{y}$.

**a.** Montrer que $y$ est solution de (E) si, et seulement si, $z$ est solution de l'équation différentielle :

$$(\mathrm{E}_1) : z' = -\frac{1}{2}\, z + \frac{1}{20}.$$

**[0,75 pt]**

**b.** Résoudre l'équation $(E_1)$ et en déduire les solutions de l'équation (E). **[0,75 pt]**

**2.** Montrer que $g$ est définie sur $[0\,;+\infty[$ par :

$$g(x) = \frac{10}{9\mathrm{e}^{-\frac{1}{2}x}+1}.$$ **[0,5 pt]**

**3.** Étudier les variations de $g$ sur $[0\,;+\infty[$. **[0,75 pt]**

**4.** Calculer la limite de $g$ en $+\infty$ et interpréter le résultat. **[0,5 pt]**

**5.** En quelle année le nombre de foyers possédant un tel équipement dépassera-t-il 5 millions ? **[0,75 pt]**

## COUP de POUCE

### EXERCICE 1

**2. d.** Si sur $[1\,;3]$, $\ell(x) \leqslant m(x)$ alors $\int_a^b \ell(x)\,\mathrm{d}x < \int_a^b m(x)\,\mathrm{d}x$ est vraie pour tous réels $a$ et $b$ tels que $1 \leqslant a \leqslant b < 3$.

### EXERCICE 2

#### Partie B

**1. b.** On construit facilement A, B, C, D à la règle et au compas car chacun de ces points a une de ses coordonnées égale à un entier.

### EXERCICE 4

**1. a.** Penser à faire apparaître $\frac{-y'}{y^2}$ qui est la dérivée de $\frac{1}{y}$.

# 9 CORRIGÉ

## EXERCICE 1

**1. a. $f$ et H sont bien définies sur $[1\ ;+\infty[$**

La fonction exponentielle est continue et strictement croissante sur $[1\ ;+\infty[$ avec $e^1-1>0$, donc pour tout $x$ de $[1\ ;+\infty[$, $e^x-1>0$. La fonction $f$ est donc définie et continue sur $[1\ ;+\infty[$ (comme quotient de deux fonctions continues, le dénominateur étant non nul).

La fonction $f$ est continue sur l'intervalle $[1\ ;+\infty[$, elle y admet donc des primitives, H est la primitive de $f$ qui s'annule en 1.

**La fonction H est donc définie sur $[1\ ;+\infty[$.**

**b. Relation entre H et $f$**

H est la primitive de $f$ qui s'annule en 1, donc H est une primitive de $f$ sur $[1\ ;+\infty[$, donc pour tout $x$ de $[1\ ;+\infty[$ :

$$\boxed{H'(x)=f(x)}.$$

**c. Interprétation en terme d'aire du nombre H(3)**

La fonction $f$ étant positive sur $[1\ ;+\infty[$ donc sur l'intervalle $[1\ ;3]$, $H(3)$ représente l'aire du domaine des points $M(x\ ;y)$ tels que :

$$\begin{cases}1\leqslant x\leqslant 3\\ 0\leqslant y\leqslant f(x)\end{cases}.$$

**$H(3)$ est donc l'aire du domaine situé entre l'axe $(O\ ;\vec{i})$, la courbe $\mathscr{C}$ et les droites d'équation $x=1$ et $x=3$.**

**2. a. Pour tout réel $x>0$, $\dfrac{x}{e^x-1}=x\times\dfrac{e^{-x}}{1-e^{-x}}$**

Pour tout réel $x$ de $\mathbb{R}_+^*$,

$$\frac{x}{e^x-1}=\frac{xe^{-x}}{(e^x-1)e^{-x}}=\frac{xe^{-x}}{1-e^{-x}}$$

soit pour tout réel $x$ de $\mathbb{R}_+^*$ :

$$\boxed{\frac{x}{e^x-1}=x\times\frac{e^{-x}}{1-e^{-x}}}.$$

**b.** $\displaystyle\int_1^3 f(x)\,\mathrm{d}x = 3\ln\left(1-\frac{1}{\mathrm{e}^3}\right) - \ln\left(1-\frac{1}{\mathrm{e}}\right) - \int_1^3 \ln(1-\mathrm{e}^{-x})\,\mathrm{d}x$

$$\int_1^3 f(x)\,\mathrm{d}x = \int_1^3 x \times \frac{\mathrm{e}^{-x}}{1-\mathrm{e}^{-x}}\,\mathrm{d}x.$$

Posons :

$$\begin{array}{llcl} & [1\,;3] & \to & \mathbb{R} \\ u' & x & \mapsto & \dfrac{\mathrm{e}^{-x}}{1-\mathrm{e}^{-x}} \\ v & x & \mapsto & x \end{array} \quad \begin{array}{c} \\ \text{on choisit} \\ \text{on a} \end{array} \quad \begin{array}{llcl} & [1\,;3] & \mapsto & \mathbb{R} \\ u & x & \mapsto & \ln(1-\mathrm{e}^{-x}) \\ v' & x & \mapsto & 1 \end{array}$$

La fonction $x \mapsto \dfrac{\mathrm{e}^{-x}}{1-\mathrm{e}^{-x}}$ est de la forme $\dfrac{h'(x)}{h(x)}$ car pour tout $x$ de $\mathbb{R}_+^*$ la fonction dérivée de $x \mapsto 1-\mathrm{e}^{-x}$ est $x \mapsto \mathrm{e}^{-x}$, de plus pour tout $x$ de $\mathbb{R}_+^*$ on a $1-\mathrm{e}^{-x} > 0$.

Les fonctions $u$ et $v$ sont dérivables sur $[1\,;3]$, les fonctions $u'$ et $v'$ sont continues sur $[1\,;3]$, on peut donc intégrer par parties :

$$\int_1^3 f(x)\,\mathrm{d}x = [x\ln(1-\mathrm{e}^{-x})]_1^3 - \int_1^3 \ln(1-\mathrm{e}^{-x})\,\mathrm{d}x$$

$$\boxed{\int_1^3 f(x)\,\mathrm{d}x = 3\ln\left(1-\frac{1}{\mathrm{e}^3}\right) - \ln\left(1-\frac{1}{\mathrm{e}}\right) - \int_1^3 \ln(1-\mathrm{e}^{-x})\,\mathrm{d}x}.$$

**c. Pour tout $x$ de $[1\,;3]$, $\ln\left(1-\frac{1}{\mathrm{e}}\right) \leqslant \ln(1-\mathrm{e}^{-x}) \leqslant \ln\left(1-\frac{1}{\mathrm{e}^3}\right)$**

Soit $g$ la fonction définie sur $[1\,;3]$ par $g(x) = \ln(1-\mathrm{e}^{-x})$. Cette fonction est dérivable sur $[1\,;3]$ comme composée de la fonction $x \mapsto 1-\mathrm{e}^{-x}$ qui est dérivable et strictement positive sur $[1\,;3]$ et de la fonction ln qui est dérivable sur $\mathbb{R}_+^*$.

Pour tout $x$ de $[1\,;3]$, $g'(x) = \dfrac{\mathrm{e}^{-x}}{1-\mathrm{e}^{-x}}$ et pour tout $x$ de $[1\,;3]$, $g'(x) > 0$ donc la fonction $g$ est strictement croissante sur $[1\,;3]$.

On a donc $g(1) \leqslant g(x) \leqslant g(3)$ soit :

$$\ln(1-\mathrm{e}^{-1}) \leqslant \ln(1-\mathrm{e}^{-x}) \leqslant \ln(1-\mathrm{e}^{-3})$$

$$\boxed{\ln\left(1-\frac{1}{\mathrm{e}}\right) \leqslant \ln(1-\mathrm{e}^{-x}) \leqslant \ln\left(1-\frac{1}{\mathrm{e}^3}\right)}.$$

**d. Encadrement de $\int_1^3 \ln(1-e^{-x})\,dx$ puis de $\int_1^3 f(x)\,dx$**

La fonction $x \mapsto \ln(1-e^{-x})$ est continue sur $[1\,;3]$ et $1<3$ donc en utilisant la double inégalité précédente :

$$\int_1^3 \ln\left(1-\frac{1}{e}\right) dx \leqslant \int_1^3 \ln(1-e^{-x})\, dx \leqslant \int_1^3 \ln\left(1-\frac{1}{e^3}\right) dx$$

$$\boxed{2\ln\left(1-\frac{1}{e}\right) \leqslant \int_1^3 \ln(1-e^{-x})\, dx \leqslant 2\ln\left(1-\frac{1}{e^3}\right)}.$$

On utilise le résultat de la question **2.b.** :

$$-2\ln\left(1-\frac{1}{e^3}\right) \leqslant -\int_1^3 \ln(1-e^{-x})\, dx \leqslant -2\ln\left(1-\frac{1}{e}\right).$$

D'où en ajoutant $3\ln\left(1-\frac{1}{e^3}\right)-\ln\left(1-\frac{1}{e}\right)$ au trois membres de l'inégalité précédente :

$$3\ln\left(1-\frac{1}{e^3}\right)-\ln\left(1-\frac{1}{e}\right)-2\ln\left(1-\frac{1}{e^3}\right) \leqslant \int_1^3 f(x)\, dx$$

$$f(x)\, dx \leqslant 3\ln\left(1-\frac{1}{e^3}\right)-\ln\left(1-\frac{1}{e}\right)-2\ln\left(1-\frac{1}{e}\right) \text{ soit :}$$

$$\boxed{\ln\left(1-\frac{1}{e^3}\right)-\ln\left(1-\frac{1}{e}\right) \leqslant \int_1^3 f(x)\, dx \leqslant 3\ln\left(1-\frac{1}{e^3}\right)-3\ln\left(1-\frac{1}{e}\right)}.$$

En valeurs approchées on peut en déduire que :

$$0{,}40 \leqslant \int_1^3 f(x)\, dx \leqslant 1{,}23\,.$$

## EXERCICE 2 (Obligatoire)

### Partie A – Démonstration de cours

**La rotation $r$ de centre $\Omega$ d'affixe $\omega$ et d'angle $\alpha$ est la transformation du plan qui à tout point M d'affixe $z$ associe le point M′ d'affixe $z'$ telle que $z'-\omega = e^{i\alpha}(z-\omega)$.**

Pour tout point M du plan, distinct de $\Omega$, d'image M′ par la rotation $r$ :

$$M' = r(M) \text{ si et seulement si } \begin{cases} \Omega M = \Omega M' \\ (\overrightarrow{\Omega M} \,;\, \overrightarrow{\Omega M'}) = \alpha + 2k\pi \ (k \in \mathbb{Z}) \end{cases} \quad (1)$$

Soit $\omega$, $z$, $z'$ les affixes des points $\Omega$, M et M'.
D'après les résultats connus du cours, on a :

$$\Omega M = |z - \omega| \ ; \ \Omega M' = |z' - \omega| .$$

Sachant que $M \neq \Omega$, $\Omega M \neq 0$, d'où $\Omega M' \neq 0$ donc $\dfrac{z' - \omega'}{z - \omega}$ existe et est non nul. On peut alors écrire :

$$\arg\left(\frac{z' - \omega}{z - \omega}\right) = (\overrightarrow{\Omega M} \,;\, \overrightarrow{\Omega M'}) + k'2\pi \ \ (k' \in \mathbb{Z}) .$$

L'équivalence (1) ci-dessus s'écrit alors, pour tout point M, distinct de $\Omega$, et d'affixe $z$, $M' = r(M)$ si et seulement si :

$$\begin{cases} |z - \omega| = |z' - \omega| \\ \arg\left(\dfrac{z' - \omega}{z - \omega}\right) = \alpha + 2k\pi \ (k \in \mathbb{Z}) \end{cases} .$$

$$\begin{cases} \dfrac{|z' - \omega|}{|z - \omega|} = \left|\dfrac{z' - \omega}{z - \omega}\right| = 1 \quad \text{car } z - \omega \neq 0 \\ \arg\left(\dfrac{z' - \omega}{z - \omega}\right) = \alpha + 2k\pi \quad (k \in \mathbb{Z}) \end{cases} .$$

Le nombre complexe $\dfrac{z' - \omega}{z - \omega}$ a pour module 1 et pour argument $\alpha$, il s'écrit donc $e^{i\alpha}$, on a donc, pour tout point M du plan, distinct de $\Omega$, et d'affixe $z$ $(z \neq \omega)$ :

$M' = r(M)$ si et seulement si $\dfrac{z' - \omega}{z - \omega} = e^{i\alpha}$,

$M' = r(M)$ si et seulement si $z' - \omega = e^{i\alpha}(z - \omega)$.
On remarque que si $z = \omega$ c'est-à-dire lorsque M est en $\Omega$, l'affixe $z'$ du point M' est égale à $\omega$ donc l'image de $\Omega$ par $r$ est bien le point $\Omega$.
La transformation $f$ qui à tout point M d'affixe $z$ dans le plan complexe associe le point M' d'affixe $z'$ est donc la rotation $r$ de centre $\Omega$ et d'angle $\alpha$ si, et seulement si, pour tout complexe $z$ :

$$\boxed{z' - \omega = e^{i\alpha}(z - \omega)}.$$

## Partie B

### 1. a. Module et argument des nombres $z_A$, $z_B$, $z_C$, $z_D$

$$|z_A| = |-\sqrt{3} - \mathrm{i}| = \sqrt{(-\sqrt{3})^2 + (-1)^2} = \sqrt{3+1} = 2\,.$$

On obtient de la même façon :

$$|z_B| = |z_C| = |z_D| = 2\,.$$

Les nombres complexes $z_A$, $z_B$, $z_C$, $z_D$ sont non nuls, on peut donc calculer un argument de chacun de ces nombres.

Soit $\theta$ un argument de $z_A$. On a par définition du module de $z_A$ et d'un argument $\theta$ de $z_A$ :

$$z_A = |z_A|(\cos\theta + \mathrm{i}\sin\theta) = 2\cos\theta + 2\mathrm{i}\sin\theta\,.$$

Or, $z_A = -\sqrt{3} - \mathrm{i}$ d'où les égalités entre les parties réelles et imaginaires des deux écritures de $z_A$ :

$$\begin{cases} 2\cos\theta = -\sqrt{3} \\ 2\sin\theta = -1 \end{cases}.$$

On en déduit $\cos\theta = -\dfrac{\sqrt{3}}{2}$ et $\sin\theta = -\dfrac{1}{2}$.

Ces deux égalités définissent $\theta$ à $2\pi$ près : $\theta = -\dfrac{5\pi}{6}\ [2\pi]$.

Un argument de $z_A$ est $\theta = -\dfrac{5\pi}{6}\ [2\pi]$.

De la même façon, on obtient les arguments de $z_B$, $z_C$, $z_D$. On peut aussi remarquer que :

$$z_B = 1 - \mathrm{i}\sqrt{3} = 2\left(\frac{1}{2} - \mathrm{i}\,\frac{\sqrt{3}}{2}\right) = 2\left(\cos\left(-\frac{\pi}{3}\right) + \mathrm{i}\sin\left(-\frac{\pi}{3}\right)\right)$$

$$z_C = \sqrt{3} + \mathrm{i} = 2\left(\frac{\sqrt{3}}{2} + \mathrm{i}\times\frac{1}{2}\right) = 2\left(\cos\frac{\pi}{6} + \mathrm{i}\sin\frac{\pi}{6}\right)$$

$$z_D = -1 + \mathrm{i}\sqrt{3} = 2\left(-\frac{1}{2} + \mathrm{i}\,\frac{\sqrt{3}}{2}\right) = 2\left(\cos\frac{2\pi}{3} + \mathrm{i}\sin\frac{2\pi}{3}\right).$$

$$\boxed{\begin{array}{l} |z_A| = |z_B| = |z_C| = |z_D| = 2\,; \\ \arg(z_A) = -\dfrac{5\pi}{6}\,;\ \arg(z_B) = -\dfrac{\pi}{3}\,;\ \arg(z_C) = \dfrac{\pi}{6}\,;\ \arg(z_D) = \dfrac{2\pi}{3} \end{array}}.$$

### b. Construction à la règle et au compas des points A, B, C, D

On a montré que $|z_A| = |z_B| = |z_C| = |z_D| = 2$ donc :

$$OA = OB = OC = OD = 2\,.$$

Les points A, B, C, D appartiennent au cercle de centre O et de rayon 2.

SUJETS DE BAC

On construit donc ce cercle au compas.
On remarque que $z_A = -\sqrt{3} - i$ donc l'ordonnée de A est $-1$ et son abscisse est strictement négative. Le point A est donc le point du cercle d'ordonnée $-1$ situé dans le troisième quadrant. Avec la règle, on trace la droite d'équation $y = -1$ (c'est la médiatrice du segment $[OK]$ où $K(0\ ;\ -2)$). Cette droite coupe le cercle en deux points dont l'un a une abscisse strictement négative : c'est le point A.
On construit de la même façon le point B du cercle d'abscisse 1 et d'ordonnée négative, le point C du cercle d'ordonnée 1 et d'abscisse positive et le point D du cercle d'abscisse $-1$ et d'ordonnée positive.

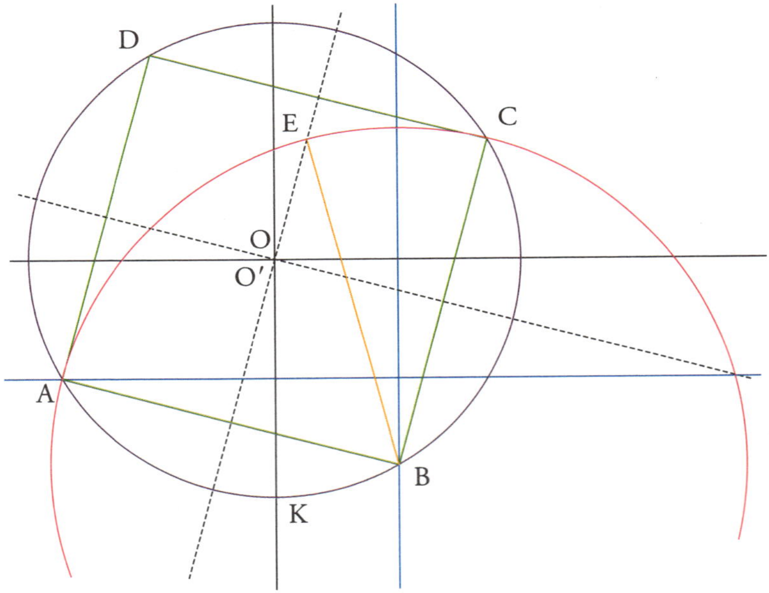


**c. Nature du quadrilatère ABCD**

- Le milieu de $[AC]$ a pour affixe $\dfrac{z_A + z_C}{2} = 0$ donc le point O est milieu de $[AC]$.

De même le milieu de $[BD]$ a pour affixe $\dfrac{z_B + z_D}{2} = 0$ donc le point O est aussi le milieu de $[AC]$.
Le quadrilatère ABCD est un parallélogramme.
- On a montré que $|z_A| = |z_B| = |z_C| = |z_D| = 2$ donc :

$$OA = OB = OC = OD$$

et donc les diagonales AC et BD ont la même longueur.

Le quadrilatère ABCD est donc un rectangle.
• Le repère $(O ; \vec{u}, \vec{v})$ étant orthonormé,
$\overrightarrow{OA} \cdot \overrightarrow{OB} = -\sqrt{3} \times 1 + (-1)(-\sqrt{3}) = 0$.
Les diagonales (AC) et (BD) sont perpendiculaires, le rectangle ABCD est donc un carré.
**Le quadrilatère ABCD est un carré de centre O.**

**2.** On considère la rotation $r$ de centre B et d'angle $-\frac{\pi}{3}$.

**a. Construction à la règle et au compas des points E et F images par *r* des points A et C**
Le point E est l'image du point A par la rotation $r$. Comme A est distinct de B, le point E est tel que :

$$\begin{cases} BE = BA \\ (\overrightarrow{BA} ; \overrightarrow{BE}) = -\frac{\pi}{3} \end{cases}.$$

Le triangle BAE est isocèle et possède un angle de $\frac{\pi}{3}$ radians, il est donc équilatéral. Le sommet E appartient donc au cercle $\Gamma$ de centre B et de rayon BA et à la médiatrice $\Delta$ de $[AB]$. La droite $\Delta$ coupe le cercle $\Gamma$ en deux points, le point E est le point tel que l'angle $(\overrightarrow{BA} ; \overrightarrow{BE})$ soit strictement négatif.
De la même façon, F étant l'image par $r$ du point C, le triangle BCF est équilatéral. Le point F est l'un des points d'intersection du cercle $\Gamma$ et de la médiatrice du segment $[BC]$. Le point F est tel que l'angle orienté $(\overrightarrow{BC} ; \overrightarrow{BF}) = -\frac{\pi}{3}$.

**b. Écriture complexe de la rotation *r***
En utilisant le résultat démontré dans la partie **A**, l'écriture complexe de la rotation $r$ de centre B d'affixe $z_B = 1 - i\sqrt{3}$ et d'angle $\alpha = -\frac{\pi}{3}$ est :

$$\begin{aligned} z' - (1 - i\sqrt{3}) &= e^{-i\frac{\pi}{3}}(z - 1 + i\sqrt{3}) \\ &= \left(\frac{1}{2} - i\frac{\sqrt{3}}{2}\right)(z - 1 + i\sqrt{3}) \\ &= \left(\frac{1}{2} - i\frac{\sqrt{3}}{2}\right)z + 1 + i\sqrt{3} \end{aligned}$$

SUJETS DE BAC

$$z' = \left(\frac{1}{2} - \mathrm{i}\,\frac{\sqrt{3}}{2}\right)z + 2\,.$$

L'écriture complexe de la rotation $r$ de centre B d'affixe $1 - \mathrm{i}\sqrt{3}$ et d'angle $-\frac{\pi}{3}$ est :

$$\boxed{z' = \left(\frac{1}{2} - \mathrm{i}\,\frac{\sqrt{3}}{2}\right)z + 2}\,.$$

**c. Affixe du point E**

Le point E est l'image par $r$ du point A d'affixe $z_{\mathrm{A}} = -\sqrt{3} - \mathrm{i}$. En utilisant l'écriture complexe de la rotation $r$, on obtient :

$$z_{\mathrm{E}} = \left(\frac{1}{2} - \mathrm{i}\,\frac{\sqrt{3}}{2}\right)(-\sqrt{3} - \mathrm{i}) + 2$$

$$\boxed{z_{\mathrm{E}} = -\sqrt{3} + 2 + \mathrm{i}}\,.$$

## EXERCICE 2 (Spécialité)

### Partie A – Question de cours

Soient A, B, A′, B′ quatre points du plan complexe tels que $\mathrm{A} \neq \mathrm{B}$ et $\mathrm{A}' \neq \mathrm{B}'$.

Soit $f$ une similitude du plan complexe, elle transforme A en A′ et B et B′ si $f(\mathrm{A}) = \mathrm{A}'$ et $f(\mathrm{B}) = \mathrm{B}'$.

Soit $z' = az + b$ l'écriture complexe de la similitude directe $f$ :

$f(\mathrm{A}) = \mathrm{A}'$ si, et seulement si, $z_{\mathrm{A}'} = az_{\mathrm{A}} + b$ ;

$f(\mathrm{B}) = \mathrm{B}'$ si, et seulement si, $z_{\mathrm{B}'} = az_{\mathrm{B}} + b$.

Ces deux égalités impliquent :

$$z_{\mathrm{A}'} - z_{\mathrm{B}'} = a(z_{\mathrm{A}} - z_{\mathrm{B}})$$

et, puisque les points A et B sont distincts, $z_{\mathrm{A}} - z_{\mathrm{B}} \neq 0$, d'où :

$$a = \frac{z_{\mathrm{A}'} - z_{\mathrm{B}'}}{z_{\mathrm{A}} - z_{\mathrm{B}}}\,.$$

Le nombre complexe $a$ existe, il est unique et non nul car les points A′ et B′ sont distincts.

On en déduit $b = z_{\mathrm{A}'} - az_{\mathrm{A}}$.

On a donc déterminé des nombres $a$ et $b$ uniques. Vérifions que la similitudes $f$ d'écriture complexe :

$$z' = \frac{z_{A'} - z_{B'}}{z_A - z_B}\, z + z_{A'} - \frac{z_{A'} - z_{B'}}{z_A - z_B}\, z_A$$

transforme bien A en A′ et B en B′.

- Si $z = z_A$, $z' = \frac{z_{A'} - z_{B'}}{z_A - z_B}\, z_A + z_{A'} - \frac{z_{A'} - z_{B'}}{z_A - z_B}\, z_A = z_{A'}$.
- Si $z = z_B$, $z' = \frac{z_{A'} - z_{B'}}{z_A - z_B}\, z_B + z_{A'} - \frac{z_{A'} - z_{B'}}{z_A - z_B}\, z_A$.

$$= \frac{z_{A'} - z_{B'}}{z_A - z_B}\,(z_B - z_A) + z_{A'}$$

$$= -(z_{A'} - z_{B'}) + z_{A'} = z_{B'}$$

**Donc, étant donnés quatre points A, A′, B, B′ tels que $A \neq B$ et $A' \neq B'$ il existe une unique similitude directe transformant A en A′ et B en B′.**

## Partie B

### 1. a. Module et argument des nombres complexes $z_A$, $z_B$, $z_C$ et $z_D$

$|z_A| = |-\sqrt{3} - i| = \sqrt{(-\sqrt{3})^2 + (-1)^2} = 2$.

De la même façon on obtient $|z_B| = |z_C| = |z_D| = 2$.

Soit $\theta$ un argument du nombre complexe non nul $z_A$.

Par définition du module et d'un argument d'un nombre complexe non nul, on a :

$$z_A = -\sqrt{3} - i = |z_A|(\cos\theta + i\sin\theta)$$
$$= 2\cos\theta + 2i\sin\theta$$

En égalant les parties réelles et imaginaires des deux expressions de $z_A$, on obtient :

$$\cos\theta = -\frac{\sqrt{3}}{2} \text{ et } \sin\theta = -\frac{1}{2}.$$

D'où $\theta = -\frac{5\pi}{6}\ [2\pi]$.

Un argument de $z_A$ est $-\frac{5\pi}{6}\ [2\pi]$.

De la même façon on obtient :

$$z_B = 1 - i\sqrt{3} = 2\left(\frac{1}{2} - i\,\frac{\sqrt{3}}{2}\right) = 2\left(\cos\left(-\frac{\pi}{3}\right) + i\sin\left(-\frac{\pi}{3}\right)\right)$$

$$z_C = \sqrt{3} + i = 2\left(\frac{\sqrt{3}}{2} + \frac{1}{2} i\right) = 2\left(\cos \frac{\pi}{6} + i \sin \frac{\pi}{6}\right)$$

$$z_D = -1 + i\sqrt{3} = 2\left(-\frac{1}{2} + i \frac{\sqrt{3}}{2}\right) = 2\left(\cos \frac{2\pi}{3} + i \sin \frac{2\pi}{3}\right).$$

$$|z_A| = |z_B| = |z_C| = |z_D| = 2 \ ;$$

$$\arg(z_A) = -\frac{5\pi}{6} \ [2\pi] \ ; \ \arg(z_B) = -\frac{\pi}{3} \ [2\pi] \ ;$$

$$\arg(z_C) = \frac{\pi}{6} \ [2\pi] \ ; \ \arg(z_D) = \frac{2\pi}{3} \ [2\pi].$$

**b. Construction à la règle et au compas des points A, B, C, D**

Voir exercice 2 (obligatoire) question **1.b.**

**c. Milieux des segments [AC] et [BD]**

- L'affixe du milieu du segment [AC] est égale à $\dfrac{z_A + z_C}{2} = 0$.

**Le milieu du segment [AC] est donc l'origine O du repère.**

- De même l'affixe du milieu du segment [BD] est $\dfrac{z_B + z_D}{2} = 0$.

**Le milieu du segment [BD] est donc l'origine O du repère.**

- Calculons $\dfrac{z_B}{z_A}$. On a :

$$\frac{z_B}{z_A} = \frac{1 - i\sqrt{3}}{-\sqrt{3} - i} = \frac{(1 - i\sqrt{3})(-\sqrt{3} + i)}{(-\sqrt{3} - i)(-\sqrt{3} + i)} = \frac{4i}{4} = i.$$

- **Nature du quadrilatère ABCD**

Le quadrilatère ABCD est un parallélogramme car [AC] et [BD] ont le même milieu O ;

L'égalité $\dfrac{z_B}{z_A} = i$ implique $\dfrac{|z_B|}{|z_A|} = 1$ d'où $OB = OA$, donc les diagonales de ABCD ont la même longueur, c'est donc un rectangle.

$\arg\left(\dfrac{z_B}{z_A}\right) = \arg(i) = \dfrac{\pi}{2}$ $[2\pi]$ donc $(\overrightarrow{OA} \ ; \overrightarrow{OB}) = \dfrac{\pi}{2}$ $[2\pi]$ et le rectangle est aussi un losange.

**Donc ABCD est un carré.**

**2.** Soit $g$ la similitude directe dont l'écriture complexe est :

$$z' = e^{-i\frac{\pi}{3}} z + 2.$$

**a. Éléments caractéristiques de $g$**

Recherche d'un point invariant par $g$. Soit $z$ l'affixe d'un point M du plan complexe. M est invariant par $g$, si, et seulement si :

$$z = e^{-i\frac{\pi}{3}}z + 2$$

$$z\left(1 - e^{-i\frac{\pi}{3}}\right) = 2\,.$$

$e^{-i\frac{\pi}{3}} = \frac{1}{2} - \frac{\sqrt{3}}{2}\,i \neq 1$ d'où, M est invariant par $g$ si, et seulement si :

$$z = \frac{2}{1 - \frac{1}{2} + \frac{\sqrt{3}}{2}\,i} = \frac{4}{1 + \sqrt{3}i} = \frac{4(1 - \sqrt{3}i)}{1 + 3}\,.$$

$$\boxed{z = 1 - \sqrt{3}i}\,.$$

Il existe un unique point fixe par $g$, c'est le point B.
On en déduit que, pour tout point M d'affixe $z$ :

$$\begin{cases} z' = e^{-i\frac{\pi}{3}}z + 2 \\ z_B = e^{-i\frac{\pi}{3}}z_B + 2 \end{cases}$$

d'où pour tout point M d'affixe $z$ :

$$z' - (1 - \sqrt{3}i) = e^{-i\frac{\pi}{3}}(z - 1 + \sqrt{3}i)\,.$$

Comme $\left|e^{-i\frac{\pi}{3}}\right| = 1$ et que $\arg\left(e^{-i\frac{\pi}{3}}\right) = -\frac{\pi}{3}\ [2\pi]$, alors cette similitude est une rotation de centre B et d'angle $-\frac{\pi}{3}$.

**La transformation $g$ est la rotation de centre B et d'angle $-\frac{\pi}{3}$.**

**b. Construction à la règle et au compas des points E, F et J**

- Pour les constructions de E et F, voir l'exercice 2 obligatoire.
- Le point J image de O a pour affixe $z_J = e^{-i\frac{\pi}{3}} \times 0 + 2 = 2$.

**Le point J est le point d'affixe 2.**

**c. Propriété des points E, F, J**

Les points A, O, C sont alignés car O est le milieu de $[AC]$. La rotation $g$ conserve l'alignement.

**Donc les points E, F, J sont alignés.**

## EXERCICE 3

**1. Les droites $(IJ)$, $(KL)$ et $(MN)$ sont concourantes en G.**

Le point G est l'isobarycentre de A, B, C, D donc G vérifie l'égalité :

$$\overrightarrow{GA}+\overrightarrow{GB}+\overrightarrow{GC}+\overrightarrow{GD}=\overrightarrow{0} \quad (1).$$

I étant le milieu de $[AB]$ on a $\overrightarrow{GA}+\overrightarrow{GB}=\overrightarrow{GI}+\overrightarrow{IA}+\overrightarrow{GI}+\overrightarrow{IB}=2\overrightarrow{GI}$ car $\overrightarrow{IA}+\overrightarrow{IB}=\overrightarrow{0}$.

De même, J étant le milieu de $[CD]$, $\overrightarrow{GC}+\overrightarrow{GD}=2\overrightarrow{GJ}$.

D'où l'égalité (1) devient $2\overrightarrow{GI}+2\overrightarrow{GJ}=\overrightarrow{0}$ qui est équivalente à :

$$\overrightarrow{GI}+\overrightarrow{GJ}=\overrightarrow{0}.$$

Les trois points I, J et G sont alignés et G est le milieu de $[IJ]$.

On montre de la même façon que G est le milieu de $[KL]$ et de $[MN]$.

K est le milieu de $[BC]$ donc $\overrightarrow{GB}+\overrightarrow{GC}=2\overrightarrow{GK}$.

L est le milieu de $[AD]$ donc $\overrightarrow{GA}+\overrightarrow{GD}=2\overrightarrow{GL}$.

L'égalité (1) devient $2\overrightarrow{GK}+2\overrightarrow{GL}=\overrightarrow{0}$ qui est équivalente à :

$$\overrightarrow{GK}+\overrightarrow{GL}=\overrightarrow{0}.$$

Ce qui prouve que G est le milieu de $[KL]$. On procède de la même manière pour $[MN]$.

**Les trois droites $(IJ)$, $(KL)$ et $(MN)$ sont donc concourantes en G.**

**2. a. Nature des quadrilatères IKJL, IMJN et KNLM**

On a montré à la question précédente que G est le milieu de $[IJ]$ et $[KL]$ ; les droites $(IJ)$ et $(KL)$ étant sécantes en G, les quatre points sont coplanaires et le quadrilatère IKJL ayant ses diagonales qui se coupent en leur milieu est un parallélogramme. Dans le triangle ABC, I et K étant les milieux des côtés $[BA]$ et $[BC]$, $IK=\frac{1}{2}AC$. De même dans le triangle BCD, K et J étant les milieux des côtés $[CB]$ et $[CD]$, $KJ=\frac{1}{2}BD$.

Dans cette question $AC=BD$ donc $IK=KJ$. Le parallélogramme IKJL possède deux côtés consécutifs de même longueur ; c'est un losange.

**Le quadrilatère IKJL est un losange.**

On montre de la même façon que les quadrilatères IMJN et KNLM sont des losanges.

**b. Les droites (IJ) et (KL) sont orthogonales.**

Les droites (IJ) et (KL) sont les diagonales du losange IKJL.

**Les droites (IJ) et (KL) sont perpendiculaires.**

Pour la même raison, les droites (IJ) et (MN), diagonales du losange IMJN, sont perpendiculaires et les droites (KL) et (MN) également.

**3. a. La droite (IJ) est orthogonale au plan (MKN).**

On a montré dans la question précédente que la droite (IJ) est perpendiculaire à (KL) et à (MN). Or ces deux droites (KL) et (MN) sont sécantes en G donc la droite (IJ) est orthogonale au plan défini par ces deux droites sécantes c'est-à-dire au plan (KMN).

**La droite (IJ) est orthogonale au plan (KMN).**

**b. Valeur du produit scalaire $\overrightarrow{IJ}\cdot\overrightarrow{MK}$**

On sait que G est le milieu de [IJ] donc $\overrightarrow{IJ}=2\overrightarrow{IG}$.

On sait aussi que G est l'intersection des droites (KL) et (MN) donc G est un point du plan (MNK). On a donc :

$$\begin{aligned}\overrightarrow{IJ}\cdot\overrightarrow{MK}&=2\overrightarrow{IG}\cdot(\overrightarrow{MG}+\overrightarrow{GK})\\&=2\overrightarrow{IG}\cdot\overrightarrow{MG}+2\overrightarrow{IG}\cdot\overrightarrow{GK}.\end{aligned}$$

La droite (IJ) étant orthogonale au plan (MNK),

$\overrightarrow{IG}\perp\overrightarrow{MG}$ et $\overrightarrow{IG}\perp\overrightarrow{GK}$ donc $\overrightarrow{IG}\cdot\overrightarrow{MG}=0$ et $\overrightarrow{IG}\cdot\overrightarrow{GK}=0$.

D'où : $$\boxed{\overrightarrow{IJ}\cdot\overrightarrow{MK}=0}.$$

Comme M et K sont les milieux des côtés [CA] et [CB] du triangle ABC :

$$\overrightarrow{MK}=\frac{1}{2}\,\overrightarrow{AB}$$

D'où $\overrightarrow{IJ}\cdot\overrightarrow{AB}=\overrightarrow{IJ}\cdot(2\overrightarrow{MK})=2\overrightarrow{IJ}\cdot\overrightarrow{MK}=0$.

**Donc la droite (IJ) est orthogonale à la droite (AB).**

• Comme on a montré que $\overrightarrow{IJ}\cdot\overrightarrow{MK}=0$, on montre que $\overrightarrow{IJ}\cdot\overrightarrow{ML}=0$. La droite (IJ) est orthogonale au plan (MKN) qui contient la droite (KL) donc les points M et L. Le point G est le milieu de [KL] et [MN], on a comme ci-dessus :

$$\overrightarrow{IJ}\cdot\overrightarrow{ML}=2\overrightarrow{IG}\cdot(\overrightarrow{MG}+\overrightarrow{GL})=2\overrightarrow{IG}\cdot\overrightarrow{MG}+2\overrightarrow{IG}\cdot\overrightarrow{GL}=0+0=0.$$

La droite (ML) joint les milieux M et L des côtés du triangle ADC donc

$\overrightarrow{ML}=\frac{1}{2}\,\overrightarrow{CD}$ d'où :

$$\overrightarrow{IJ}\cdot\overrightarrow{CD}=\overrightarrow{IJ}\cdot 2\overrightarrow{ML}=0.$$

**La droite (IJ) est donc orthogonale à la droite (CD).**

SUJETS DE BAC

**c. G appartient aux plans médiateurs de $[AB]$ et $[CD]$.**

• Dans le plan $(JAB)$, I est le milieu de $[AB]$ et la droite $(IJ)$ est orthogonale à $(AB)$, c'est donc la médiatrice de $[AB]$. Comme G appartient à la droite $(IJ)$, G est un point de la médiatrice de $[AB]$ donc G est équidistant de A et B.

**Le point G appartient donc au plan médiateur de $[AB]$.**

• De même dans le plan $(ICD)$, la droite $(IJ)$ perpendiculaire en J à $(CD)$ est la médiatrice de $[CD]$. Le point G situé sur $(IJ)$ est donc équidistant de C et D.

**Le point G appartient donc aussi au plan médiateur de $[CD]$.**

**d. Le point G est centre de la sphère circonscrite au tétraèdre ABCD.**

On a montré en **c.** que G appartient aux plans médiateurs de $[AB]$ et de $[CD]$.

On a donc $GA = GB$ et $GC = GD$.

Montrons que G appartient au plan médiateur de $[BC]$.

On sait que les quadrilatères IJKL et KNLM sont des losanges donc les diagonales $(KL)$ et $(IJ)$ d'une part et $(KL)$ et $(MN)$ d'autre part sont perpendiculaires.

La droite $(KL)$ étant perpendiculaire à deux droites $(IJ)$ et $(MN)$ sécantes en G est orthogonale au plan $(IMJN)$ et donc à toute droite de ce plan. La droite $(KL)$ est donc orthogonale à $(IM)$.

La droite $(IM)$ est la droite qui passe par les milieux I et M des côtés $[AB]$ et $[AC]$ du triangle ABC, elle est donc parallèle à $(BC)$. On en déduit que la droite $(KL)$ qui est orthogonale à $(IM)$ est aussi orthogonale à $(BC)$ et puisqu'elle passe par le milieu K de $[BC]$, c'est la médiatrice de $[BC]$ dans le plan $(LBC)$. Le point G appartient à (LK) (car G est le milieu de $[LK]$) donc G est équidistant de B et C. On a ainsi $GB = GC$.

En conclusion, le point G est équidistant des quatre sommets A, B, C, D du tétraèdre.

**G est donc le centre de la sphère circonscrite au tétraèdre.**

## EXERCICE 4

### Partie A

Soit $f$ la fonction définie sur $[0\ ;\ 20]$ par $f(x) = \dfrac{1}{10}x(20 - x)$.

**1. a. Variations de $f$ sur $[0\ ;\ 20]$**

La fonction $f$ est une fonction polynôme donc dérivable sur $\mathbb{R}$ et on a pour tout $x$ de $[0\ ;\ 20]$ :

$$f'(x) = \frac{1}{10}\,(20-2x) = \frac{1}{5}\,(10-x)\,.$$

On en déduit que :

**$f$ est strictement croissante sur $[0\ ;\ 10]$ et strictement décroissante sur $[10\ ;\ 20]$.**

| $x$ | 0 | | 10 | | 20 |
|---|---|---|---|---|---|
| $f'(x)$ | | + | 0 | − | |
| $f$ | 0 | ↗ | 10 | ↘ | 0 |

**b. Pour tout $x \in [0\ ;\ 20]$, $f(x) \in [0\ ;\ 10]$.**

La fonction $f$ est croissante sur $[0\ ;\ 10]$ donc pour tout $x$ de $[0\ ;\ 10]$, $f(0) \leqslant f(x) \leqslant f(10)$ c'est-à-dire $0 \leqslant f(x) \leqslant 10$ ou encore :

$$f(x) \in [0\ ;\ 10]\,.$$

La fonction $f$ est décroissante sur $[10\ ;\ 20]$ donc pour tout $x$ de $[10\ ;\ 20]$, $f(20) \leqslant f(x) \leqslant f(10)$ c'est-à-dire $0 \leqslant f(x) \leqslant 10$ ou encore $f(x) \in [0\ ;\ 10]$.

**Donc, pour tout $x$ de $[0\ ;\ 20]$, $f(x) \in [0\ ;\ 10]$.**

**c. Représentation sur l'axe des abscisses, des cinq premiers termes de la suite $(u_n)_{n \geqslant 0}$**

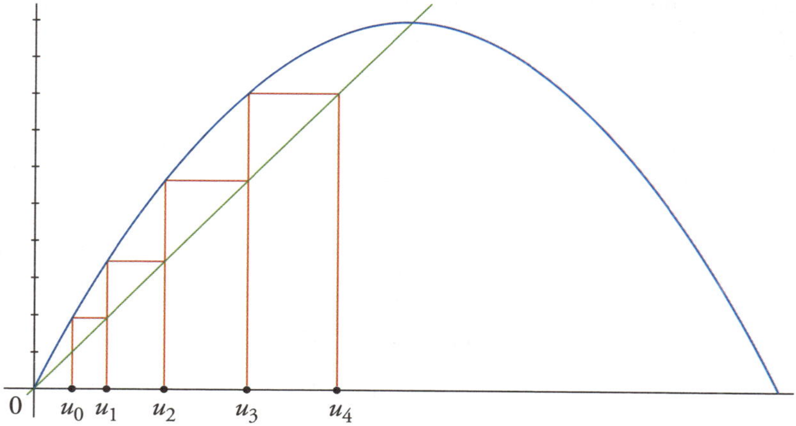


**2. Pour tout $n \in \mathbb{N}$, $0 \leqslant u_n \leqslant u_{n+1} \leqslant 10$**

$u_0 = 1$ donc $u_0 \in [0\ ;\ 10]$.

$u_1 = \dfrac{19}{10}$ donc $0 \leqslant u_0 \leqslant u_1 \leqslant 10$.

On suppose que pour un certain entier $n$, non nul, $0 \leqslant u_{n-1} \leqslant u_n \leqslant 10$.

La fonction $f$ étant croissante sur $[0\ ;\ 10]$ on a :
$f(0) \leqslant f(u_{n-1}) \leqslant f(u_n) \leqslant f(10)$ soit $0 \leqslant u_n \leqslant u_{n+1} \leqslant 10$.
D'après le principe de récurrence on a démontré que, pour tout $n \in \mathbb{N}$ :

$$\boxed{0 \leqslant u_n \leqslant u_{n+1} \leqslant 10}.$$

**3. La suite $(u_n)_{n \in \mathbb{N}}$ est convergente. Calcul de sa limite**
La suite $(u_n)$ est croissante et majorée par 10 donc elle est convergente, soit $\ell$ sa limite.
Pour tout $n$, $u_n \in [0\ ;\ 10]$ donc $\ell \in [0\ ;\ 10]$.
La fonction $f$ étant continue sur $[0\ ;\ 10]$, la limite $\ell$ vérifie $\ell = f(\ell)$

soit $\ell = \dfrac{\ell}{10}(20 - \ell)$ ou $\ell^2 - 10\ell = 0$ donc : $\ell = 0$ ou $\ell = 10$
Or, $\ell = 0$ est impossible car $u_0 = \ell$ et la suite $(u_n)$ est croissante donc :

$$\boxed{\ell = 10}.$$

## Partie B – Un modèle continu

**1.** On considère une fonction $y$ qui ne s'annule pas sur $[0\ ;\ +\infty[$ et on pose $z = \dfrac{1}{y}$.

**a. $y$ est solution de (E) si, et seulement si, $z$ est solution de $(E_1)$**
Soit $y$ une fonction solution de (E) définie sur $[0\ ;\ +\infty[$ et ne s'annulant pas sur $[0\ ;\ +\infty[$. Pour tout réel $x$ de $[0\ ;\ +\infty[$, on a :

$$y'(x) = \frac{1}{20}\, y(x)(10 - y(x)).$$

Pour tout réel $x$ de $[0\ ;\ +\infty[$, $y(x) \neq 0$ donc l'équation précédente est, pour tout réel $x$ de $[0\ ;\ +\infty[$, équivalente à :

$$-\frac{y'(x)}{[y(x)]^2} = -\frac{1}{[y(x)]^2} \times \frac{1}{20}\, y(x)(10 - y(x)).$$

$$-\frac{y'(x)}{[y(x)]^2} = -\frac{1}{2} \times \frac{1}{y(x)} + \frac{1}{20}$$

$$\left(\frac{1}{y}\right)'(x) = -\frac{1}{2}\left(\frac{1}{y}\right)(x) + \frac{1}{20}.$$

On a posé, pour tout réel $x$ de $[0\ ;\ +\infty[$ $z(x) = \dfrac{1}{y(x)}$, d'où l'équation précédente est équivalente à :

$$z'(x) = -\frac{1}{2}\, z(x) + \frac{1}{20}.$$

En conclusion, la fonction $y$ qui ne s'annule pas sur $[0\ ;+\infty[$ est solution de l'équation (E) si, et seulement si, $z$ est solution de $(E_1)$.

**b. Solutions de l'équation $(E_1)$ puis de l'équation $(E_2)$**

L'équation différentielle $(E_1)$ est une équation différentielle du premier ordre, linéaire à coefficients constants du type $y' = ay + b$ où $a = -\frac{1}{2}$ et $b = \frac{1}{20}$. L'équation différentielle $(E_1)$ a pour solutions les fonctions définies sur $\mathbb{R}$ par $z(x) = Ce^{-\frac{1}{2}x} - \frac{\frac{1}{20}}{-\frac{1}{2}}$ où C est une constante réelle quelconque soit $z(x) = Ce^{-\frac{1}{2}x} + \frac{1}{10}$ où $C \in \mathbb{R}$.

Les fonctions $z$ solutions de l'équation différentielle $(E_1)$ ne s'annulent pas sur $[0\ ;+\infty[$ si la constante réelle C est positive ou nulle.

Pour tout réel C positif ou nul, on pose $y = \frac{1}{z}$. D'après la question **a.**, « $z$ solution de $(E_1)$ » est équivalent à « $y$ solution de (E) », les fonctions $y$ définies sur $[0\ ;+\infty[$ par $y(x) = \frac{1}{z(x)}$ ne s'annulent pas sur $[0\ ;+\infty[$ et sont solutions de (E).

Les solutions de l'équation (E) qui ne s'annulent pas sur $[0\ ;+\infty[$ sont définies sur $[0\ ;+\infty[$ par :

$$\boxed{y(x) = \frac{1}{Ce^{-\frac{1}{2}x} + \frac{1}{10}} \text{ avec } C \in [0\ ;+\infty[}$$

**2. $g$ est définie sur $[0\ ;+\infty[$ par $g(x) = \dfrac{10}{9e^{-\frac{1}{2}x} + 1}$**

La fonction $g$ est solution de (E) donc pour tout réel $x$ de $[0\ ;+\infty[$ :

$$g(x) = \frac{1}{Ce^{-\frac{1}{2}x} + \frac{1}{10}}.$$

De plus, $g(0) = 1$ d'où $\dfrac{1}{C + \frac{1}{10}} = 1$.

On en déduit $C+\frac{1}{10}=1$ soit $C=\frac{9}{10}$.
La fonction $g$ est définie pour tout réel $x$ de $[0\ ;+\infty[$ par :

$$g(x)=\frac{1}{\frac{9}{10}\mathrm{e}^{-\frac{1}{2}x}+\frac{1}{10}}=\frac{10}{9\mathrm{e}^{-\frac{1}{2}x}+1}.$$

La fonction $g$ solution de (E) et vérifiant $g(0)=1$ est définie sur $[0\ ;+\infty[$ par :

$$g(x)=\frac{10}{9\mathrm{e}^{-\frac{1}{2}x}+1}.$$

**3. Études des variations de $g$ sur $[0\ ;+\infty[$**

Soit pour tout réel $x\geqslant 0$ $g(x)=\frac{10}{9\mathrm{e}^{-\frac{1}{2}x}+1}$.

La fonction $g$ est dérivable sur $[0\ ;+\infty[$ et pour tout réel $x$ de $[0\ ;+\infty[$,

$$g'(x)=\frac{-10\times 9\times\left(-\frac{1}{2}\right)\mathrm{e}^{-\frac{1}{2}x}}{\left(9\mathrm{e}^{-\frac{1}{2}x}+1\right)^2}=\frac{45\mathrm{e}^{-\frac{1}{2}x}}{\left(9\mathrm{e}^{-\frac{1}{2}x}+1\right)^2}.$$

Quel que soit le réel $x$ de $[0\ ;+\infty[$, $\mathrm{e}^{-\frac{1}{2}x}>0$ donc $g'(x)>0$.
**La fonction $g$ est donc croissante sur $[0\ ;+\infty[$.**

**4. Limite de $g$ en $+\infty$**

$\lim\limits_{x\to+\infty}\mathrm{e}^{-\frac{1}{2}x}=0$ car $\lim\limits_{x\to+\infty}\left(-\frac{1}{2}x\right)=-\infty$ et $\lim\limits_{X\to-\infty}\mathrm{e}^{X}=0$.

D'où $\lim\limits_{x\to+\infty}\left(9\mathrm{e}^{-\frac{1}{2}x}+1\right)=1$ car $\lim\limits_{x\to+\infty}9\mathrm{e}^{-\frac{1}{2}x}=0$.

D'où $\lim\limits_{x\to+\infty}g(x)=\lim\limits_{x\to+\infty}\frac{10}{9\mathrm{e}^{-\frac{1}{2}x}+1}$.

$$\boxed{\lim_{x\to+\infty}g(x)=10}.$$

**Interprétation**

Si $g(x)$ est le nombre, en millions, de foyers possédant un téléviseur à écran plat l'année $x$, la fonction $g$ étant strictement croissante, ce nombre augmentera d'année en année mais ne dépassera jamais dix millions car $g$ a pour limite 10 en $+\infty$.

**5. Année au cours de laquelle le nombre de foyers possédant un téléviseur à écran plat dépassera 5 millions**

Déterminons les réels $x$ de $[0\ ;+\infty[$ solutions de $g(x)>5$.
Cette inéquation est successivement équivalente, pour tout réel $x>0$, à :

$$\frac{10}{9e^{-\frac{1}{2}x}+1}>5$$

$$10>5\left(9e^{-\frac{1}{2}x}+1\right) \text{ car pour tout réel } x\geqslant 0,\ 9e^{-\frac{1}{2}x}+1>0.$$

$$10>45e^{-\frac{1}{2}x}+5$$

$$e^{-\frac{1}{2}x}<\frac{1}{9}.$$

Pour tout réel $x\geqslant 0$, les deux membres sont strictement positifs et la fonction logarithme népérien est strictement croissante sur $]0\ ;+\infty[$ ; on obtient donc une inéquation équivalente à la précédente en calculant les logarithmes des deux membres :

$$-\frac{1}{2}x<\ln\frac{1}{9}.$$

Cette dernière inéquation est encore équivalente, pour tout réel $x\geqslant 0$ à :

$$x>2\ln 9.$$

On a $2\ln 9\approx 4{,}39$.
On peut en conclure que le nombre de foyers possédant un téléviseur à écran plat dépassera 5 millions dans le courant de l'année 2009.
**Donc à partir de l'année 2010, il y aura plus de 5 millions de foyers possédant un tel équipement.**

# Sujets de concours

# 10 SUJET Concours EPF, mai 2008

ECOLE D'INGENIEURS

*Quatre exercices sont à traiter sur les cinq proposés :*
- *les numéros 1 et 2 sont obligatoires ;*
- *il vous suffit de choisir deux autres exercices parmi les numéros 3, 4 et 5.*

*Les quatre exercices peuvent être traités dans n'importe quel ordre.*

## EXERCICE 1 (Obligatoire)

Soit $f$ la fonction définie sur $]-1\ ;+\infty[$ par :

$$f(x)=x+1+\ln(x+1)-\ln(x+2)$$

et soit $\mathscr{C}_f$ sa courbe représentative dans un repère orthonormé.

**1.** Déterminer la limite en $-1$ de la fonction $f$.

**2.** Montrer que $\lim\limits_{x\to+\infty}\ln\left(\dfrac{x+1}{x+2}\right)=0$.

En déduire la limite en $+\infty$ de la fonction $f$.

**3.** Montrer que la droite d'équation $y=x+1$ est asymptote à la courbe $\mathscr{C}_f$ en $+\infty$.

**4.** Étudier les variations de la fonction $f$ et dresser son tableau de variation.

**5.** Donner une équation de la tangente $T_0$ à la courbe $\mathscr{C}_f$ au point d'abscisse 0.

**6.** Tracer la droite $T_0$, la courbe $\mathscr{C}_f$ ainsi que les asymptotes.

## EXERCICE 2 (Obligatoire)

On pose $I_0=\int_0^{\frac{\pi}{6}}\sin(3x)\,\mathrm{d}x$ et, pour tout entier naturel non nul $n$ :

$$I_n=\int_0^{\frac{\pi}{6}}x^n\sin(3x)\,\mathrm{d}x.$$

**1. a.** Calculer $I_0$.

**b.** En effectuant une intégration par parties, calculer $I_1$.

**2.** Sans calculer l'intégrale $I_n$ :

**a.** Montrer que la suite $(I_n)_{n \in \mathbb{N}}$ est monotone.

**b.** Pour tout entier naturel non nul $n$, comparer $I_n$ à l'intégrale $\int_0^{\frac{\pi}{6}} x^n \, dx$.

**c.** Montrer que la suite $(I_n)_{n \in \mathbb{N}}$ est convergente et déterminer sa limite.

## EXERCICE 3

Un couple a eu trois enfants. On sait que s'ils n'ont eu que des filles, la dernière s'appelle Dominique et que, sinon, le premier garçon s'appelle Dominique. Les trois enfants ont des prénoms différents.
On note $G_1$ l'événement « le premier enfant est un garçon », $F_1$ l'événement « le premier enfant est une fille » et, de même, on définit les événements $G_2$, $F_2$, $G_3$, et $F_3$.
On note également $D_1$ l'événement « le premier enfant s'appelle Dominique » et, de même, on définit $D_2$ et $D_3$.
On suppose que les événements $G_1$, $G_2$ et $G_3$ sont indépendants, et ont pour probabilité 1/2.

**1.** Parmi les événements définis ci-dessus, citer deux événements contraires, puis deux événements incompatibles mais non contraires.

**2.** Calculer les probabilités $p(D_1)$, $p(D_2)$ et $p(D_3)$.

**3.** Quelle est la probabilité que Dominique soit un garçon ?

**4.** On rencontre l'un des enfants au hasard. C'est un garçon. Quelle est la probabilité qu'il s'appelle Dominique ?

## EXERCICE 4

Soit (P) la parabole d'équation $y = x^2$ dans un repère orthonormé.
Soit A et B deux points distincts de (P) d'abscisses respectives $a$ et $b$. On suppose que $a < b$.

**1.** Pour tout point M de (P) d'abscisse $x$ (on suppose $a < x < b$), calculer la distance du point M à la droite (AB).

**2.** En déduire qu'il existe un point $M_0$ de la parabole (P) d'abscisse comprise entre $a$ et $b$ et tel que l'aire du triangle $M_0AB$ soit maximale.

Déterminer son abscisse.

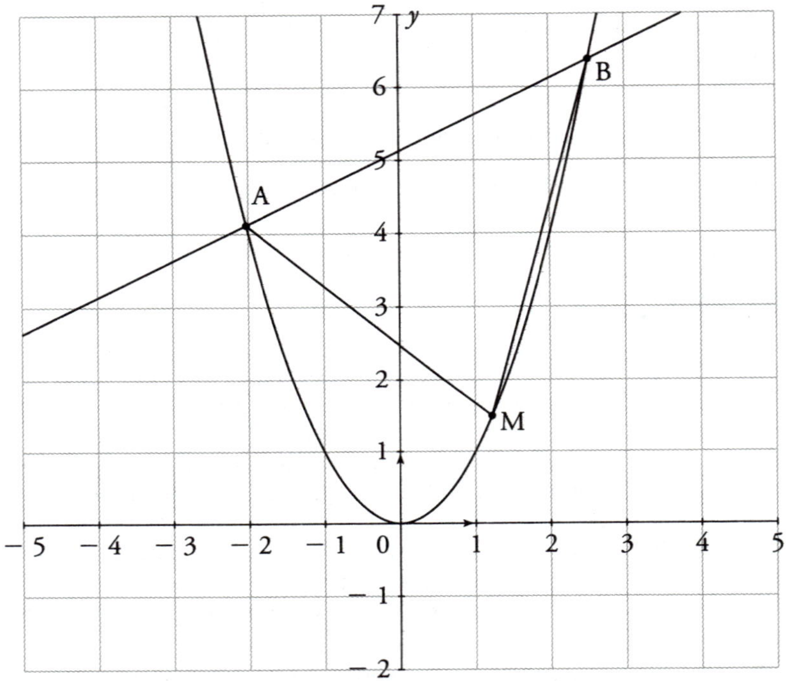


## EXERCICE 5

On cherche des nombres complexes $a$, $b$ et $c$ qui vérifient les relations :

$$(R) : |a| = |b| = |c| = 1 \text{ et } a + b + c = 0.$$

**1.** Montrer que si $a$, $b$ et $c$ vérifient les relations (R), alors $a$, $b$ et $c$ sont non nuls.

**2.** On pose $b' = \frac{b}{a}$ et $c' = \frac{c}{a}$.

**a.** Traduire les relations (R) en utilisant les formes trigonométriques des nombres $b'$ et $c'$.

**b.** Montrer qu'alors $\text{Re}\,(b') = \text{Re}\,(c') = -\frac{1}{2}$.

**c.** En déduire les nombres complexes $b'$ et $c'$ tels que $a$, $b$ et $c$ vérifient les relations (R).

3. Montrer qu'il existe une infinité de triplets $(a\ ;\ b\ ;\ c)$ de nombres complexes vérifiant les relations (R).

# 10 CORRIGÉ

## EXERCICE 1

Soit $f$ la fonction définie sur $]-1\ ;+\infty[$ par :

$$f(x)=x+1+\ln(x+1)-\ln(x+2).$$

### 1. Limite en $-1$ de la fonction $f$

$\lim\limits_{x\to-1} x+1=0$ donc $\lim\limits_{x\to-1} \ln(x+1)=-\infty$.

D'autre part $\lim\limits_{x\to-1} \ln(x+2)=\ln 1=0$, donc :

$$\boxed{\lim_{x\to-1} f(x)=-\infty}.$$

### 2. Détermination de $\lim\limits_{x\to+\infty}\left(\frac{x+1}{x+2}\right)=0$. Limite de $f$ en $+\infty$

Pour $x\neq 0$, $\dfrac{x+1}{x+2}=\dfrac{1+\frac{1}{x}}{1+\frac{2}{x}}$.

On en déduit $\lim\limits_{x\to+\infty}\dfrac{x+1}{x+2}=\lim\limits_{x\to+\infty}\dfrac{1+\frac{1}{x}}{1+\frac{2}{x}}=1$ et donc :

$$\boxed{\lim_{x\to+\infty}\ln\frac{x+1}{x+2}=\ln 1=0}.$$

On écrit, pour $x>-1$ :

$$f(x)=x+1+\ln\frac{x+1}{x+2}.$$

On en déduit :

$$\boxed{\lim_{x \to +\infty} f(x) = +\infty}.$$

**3. La droite d'équation $y = x + 1$ est asymptote à $\mathscr{C}_f$ en $+\infty$**

D'après la question **2.** :

$$\lim_{x \to +\infty} [f(x) - (x+1)] = \lim_{x \to +\infty} \ln \frac{x+1}{x+2} = 0.$$

**Donc la droite d'équation $y = x + 1$ est asymptote à $\mathscr{C}_f$ en $+\infty$.**

**4. Variations de la fonction $f$ et tableau de variation**

La fonction $f$ est dérivable sur $]-1\ ;+\infty[$, comme somme de fonctions dérivables, et pour $x > -1$ :

$$f'(x) = 1 + \frac{1}{x+1} - \frac{1}{x+2} = 1 + \frac{1}{(x+1)(x+2)}.$$

Pour $x > -1$, on a $x + 1 > 0$ et $x + 2 > 0$ donc $f'(x) > 0$.

**La fonction $f$ est strictement croissante sur $]-1\ ;+\infty[$.**

| $x$ | $-1$ | | $+\infty$ |
|---|---|---|---|
| $f'(x)$ | ‖ | $+$ | |
| $f$ | ‖ $-\infty$ | ↗ | $+\infty$ |

**5. Équation de la tangente $T_0$ à $\mathscr{C}_f$ au point d'abscisse 0**

Une équation de $T_0$ est $y = f(0) + xf'(0)$.

Comme $f(0) = 1 + \ln 1 - \ln 2 = 1 - \ln 2$,

et $f'(0) = 1 + \frac{1}{2} = \frac{3}{2}$,

on obtient :

$$\boxed{y = 1 - \ln 2 + \frac{3}{2}x}.$$

**6. Représentation graphique**

On a pour $x > -1$, $f(x) - (x+1) = \ln \frac{x+1}{x+2}$.

Comme $\frac{x+1}{x+2} < 1$, on en déduit $f(x) - (x+1) < 0$ : la courbe $\mathscr{C}_f$ est en-dessous de l'asymptote d'équation $y = x + 1$.

La droite d'équation $x = -1$ est également asymptote car $\lim\limits_{-1} f = -\infty$.

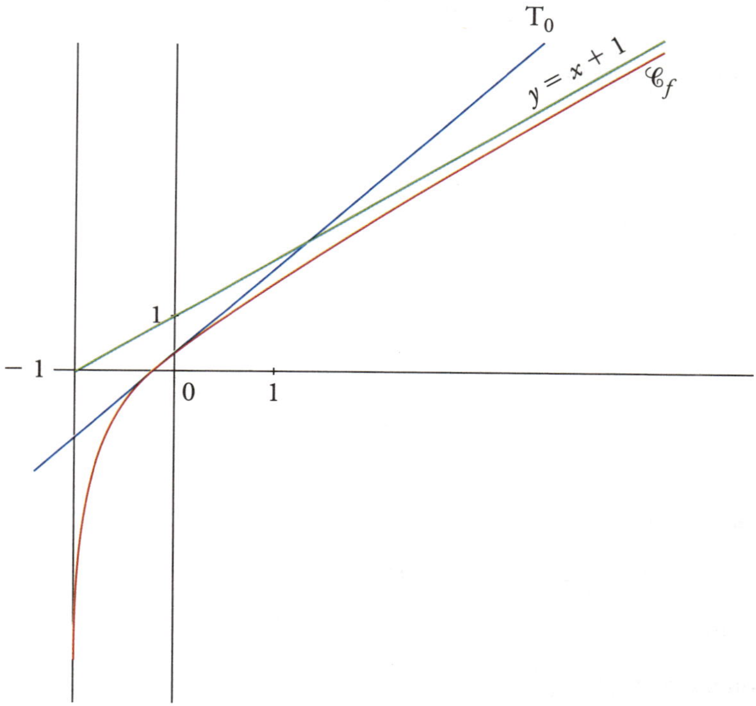




## EXERCICE 2

### 1. a. Calcul de $I_0$

$$I_0 = \int_0^{\frac{\pi}{6}} \sin(3x)\,dx = \left[-\frac{1}{3}\cos(3x)\right]_0^{\frac{\pi}{6}}$$

$$I_0 = -\frac{1}{3}\cos\frac{\pi}{2} + \frac{1}{3}\cos 0$$

$$\boxed{I_0 = \frac{1}{3}}.$$

### b. Calcul de $I_1$

On calcule $I_1$ en intégrant par parties.
On pose $u(x) = x$ ; on a alors $u'(x) = 1$.

On pose $v'(x) = \sin(3x)$ ; on choisit $v(x) = -\frac{1}{3}\cos(3x)$.

Les fonctions $u$, $u'$, $v$ et $v'$ sont continues donc :

$$I_1 = \int_0^{\frac{\pi}{6}} x \sin(3x)\,\mathrm{d}x = \int_0^{\frac{\pi}{6}} u(x)v'(x)\,\mathrm{d}x$$

$$I_1 = [u(x)v(x)]_0^{\frac{\pi}{6}} - \int_0^{\frac{\pi}{6}} u'(x)v(x)\,\mathrm{d}x$$

$$I_1 = -\frac{\pi}{6}\cos\frac{\pi}{2} - 0 + \int_0^{\frac{\pi}{6}} \frac{1}{3}\cos(3x)\,\mathrm{d}x$$

$$I_1 = 0 + \frac{1}{9}[\sin 3x]_0^{\frac{\pi}{6}}$$

$$I_1 = \frac{1}{9}\sin\frac{\pi}{2}$$

$$\boxed{I_1 = \frac{1}{9}}.$$

**2. a. Monotonie de la suite $(I_n)_{n \in \mathbb{N}}$**

Pour $x \in \left[0\ ;\ \frac{\pi}{6}\right]$ et $n \in \mathbb{N}$, $x \in [0\ ;\ 1[$,

et donc $x^{n+1} < x^n$.

Comme $3x \in \left[0\ ;\ \frac{\pi}{2}\right]$, $\sin 3x \geqslant 0$, donc :

$x^{n+1}\sin(3x) \leqslant x^n \sin(3x)$.

Par positivité de l'intégrale $0 < \frac{\pi}{6}$, on en déduit :

$$\int_0^{\frac{\pi}{6}} x^{n+1}\sin(3x)\,\mathrm{d}x \leqslant \int_0^{\frac{\pi}{6}} x^n \sin(3x)\,\mathrm{d}x,$$

$I_{n+1} \leqslant I_n$.

**La suite $(I_n)$ est donc décroissante.**

**b.** Pour $x \in \left[0\ ;\ \frac{\pi}{6}\right]$ et $n \in \mathbb{N}$, $\sin(3x) \leqslant 1$ et $x^n \geqslant 0$, donc :

$$x^n \sin(3x) \leqslant x^n.$$

Par positivité de l'intégrale $0 < \frac{\pi}{6}$, on en déduit :

$$\int_0^{\frac{\pi}{6}} x^n \sin(3x)\,\mathrm{d}x \leqslant \int_0^{\frac{\pi}{6}} x^n\,\mathrm{d}x$$

$$\boxed{I_n \leqslant \int_0^{\frac{\pi}{6}} x^n\,\mathrm{d}x}.$$

### c. Convergence de la suite $(I_n)$. Détermination de sa limite

On calcule l'intégrale :

$$\int_0^{\frac{\pi}{6}} x^n \, dx = \frac{1}{n+1} \left[x^{n+1}\right]_0^{\frac{\pi}{6}} = \frac{1}{n+1}\left(\frac{\pi}{6}\right)^{n+1}.$$

On sait par ailleurs que, pour $x \in \left[0 \, ; \frac{\pi}{6}\right]$ et $n \in \mathbb{N}$, $x^n \sin(3x) \geqslant 0$.

On en déduit $I_n \geqslant 0$.

On a donc, pour tout $n \in \mathbb{N}$ :

$$\boxed{0 \leqslant I_n \leqslant \frac{1}{n+1}\left(\frac{\pi}{6}\right)^{n+1}}.$$

Comme $\frac{\pi}{6} \in \,]0 \, ; 1[$, on a $\lim\limits_{n \to +\infty} \left(\frac{\pi}{6}\right)^{n+1} = 0 = \lim\limits_{n \to +\infty} \frac{1}{n+1}$ donc :

$$\lim_{n \to +\infty} \frac{1}{n+1}\left(\frac{\pi}{6}\right)^{n+1} = 0.$$

Par encadrement, on en déduit :

$$\boxed{\lim_{n \to +\infty} I_n = 0}.$$

**La suite $(I_n)$ converge vers 0.**

## EXERCICE 3

### 1. Détermination de deux événements contraires puis deux événements incompatibles mais non contraires

**Les événements $G_1$ et $F_1$ sont contraires (et de même $G_2$ et $F_2$, et $G_3$ et $F_3$).**
Les enfants ont tous des prénoms différents, car $\Omega = D_1 \cup D_2 \cup D_3$ et aucun de ces trois événements n'est impossible donc :
**Les événements $D_1$ et $D_2$ (et de même $D_1$ et $D_3$ et $D_2$ et $D_3$) sont incompatibles non contraires.**

### 2. Calcul des probabilités $p(D_1)$, $p(D_2)$ et $p(D_3)$

L'événement $D_1$ est réalisé si le premier enfant est un garçon, car si l'enfant qui porte le prénom Dominique est une fille, cela signifie que le couple n'a eu que des filles, et alors c'est la dernière fille, c'est-à-dire la troisième qui s'appelle Dominique.
On a donc $D_1 = G_1$ et :

Concours

$$\boxed{p(D_1) = p(G_1) = \frac{1}{2}}.$$

Le même raisonnement montre que $D_2$ est réalisé si le deuxième enfant est un garçon et si c'est le premier garçon.
On a donc $D_2 = F_1 \cap G_2$ et par indépendance des événements $F_1$ et $G_2$ :

$$p(D_2) = p(F_1 \cap G_2) = p(F_1) \times p(G_2)$$
$$p(D_2) = (1 - p(G_1)) \times p(G_2)$$
$$\boxed{p(D_2) = \left(1 - \frac{1}{2}\right)\frac{1}{2} = \frac{1}{4}}.$$

L'événement $D_3$ est réalisé si les trois enfants sont des filles ou si le troisième enfant est le premier garçon. On a donc :

$$D_3 = (F_1 \cap F_2 \cap F_3) \cup (F_1 \cap F_2 \cap G_3)$$
$$D_3 = (F_1 \cap F_2) \cap (F_3 \cup G_3).$$

Comme $F_3$ et $G_3$ sont des événements contraires,

$$\boxed{D_3 = F_1 \cap F_2}.$$

Par indépendance des événements $F_1$ et $F_2$, on obtient :

$p(D_3) = p(F_1 \cap F_2) = p(F_1) \times p(F_2)$,
$p(D_3) = (1 - p(G_1))(1 - p(G_2))$
$p(D_3) = \left(1 - \frac{1}{2}\right)\left(1 - \frac{1}{2}\right) = \frac{1}{4}$.

$\boxed{p(D_3) = \frac{1}{4}}$.

**3. Probabilité que Dominique soit un garçon**

Soit A l'événement « Dominique est un garçon ».
L'événement contraire $\overline{A}$ « Dominique est une fille » est réalisé si les trois enfants sont des filles.
On a donc $\overline{A} = F_1 \cap F_2 \cap F_3$ et par indépendance des événements $F_1$, $F_2$ et $F_3$ :

$p(\overline{A}) = p(F_1 \cap F_2 \cap F_3) = p(F_1) \times p(F_2) \times p(F_3)$

$p(\overline{A}) = \left(\frac{1}{2}\right)^3 = \frac{1}{8}$.

On en déduit :

$$\boxed{p(A) = 1 - p(\overline{A}) = \frac{7}{8}}.$$

**4. Probabilité qu'un garçon s'appelle Dominique**

Soit G l'événement « l'enfant choisi est un garçon » ;
D l'événement « l'enfant choisi s'appelle Dominique ».

On cherche $p_{\mathrm{G}}(\mathrm{D})=\dfrac{p(\mathrm{G}\cap\mathrm{D})}{p(\mathrm{G})}$.

$p(\mathrm{G})=\dfrac{1}{2}$ car la probabilité qu'un enfant donné soit un garçon est $\dfrac{1}{2}$.

Pour calculer $p(\mathrm{G}\cap\mathrm{D})$, on introduit les événements $\mathrm{E}_1$, $\mathrm{E}_2$ et $\mathrm{E}_3$ où $\mathrm{E}_i$ est « l'enfant rencontré au hasard est le $i$-ème ».

Comme $\mathrm{E}_1$, $\mathrm{E}_2$, $\mathrm{E}_3$ forment un système complet d'événements :

$p(\mathrm{G}\cap\mathrm{D})=p_{\mathrm{E}_1}(\mathrm{G}\cap\mathrm{D})p(\mathrm{E}_1)+p_{\mathrm{E}_2}(\mathrm{G}\cap\mathrm{D})p(\mathrm{E}_2)+p_{\mathrm{E}_3}(\mathrm{G}\cap\mathrm{D})p(\mathrm{E}_3)$.

L'enfant est choisi au hasard donc :

$$p(\mathrm{E}_1)=p(\mathrm{E}_2)=p(\mathrm{E}_3)=\frac{1}{3}.$$

$p_{\mathrm{E}_1}(\mathrm{G}\cap\mathrm{D})=p_{\mathrm{E}_1}(\mathrm{G})$, car si le premier enfant est un garçon, il s'appelle Dominique, et $p_{\mathrm{E}_1}(\mathrm{G})=p(\mathrm{G}_1)=\dfrac{1}{2}$.

Donc $p_{\mathrm{E}_1}(\mathrm{G}\cap\mathrm{D})=\dfrac{1}{2}$.

Ensuite, on a $p_{\mathrm{E}_2}(\mathrm{G}\cap\mathrm{D})=p(\mathrm{F}_1\cap\mathrm{G}_2)=\dfrac{1}{4}$, car pour que le deuxième enfant soit un garçon qui s'appelle Dominique, il faut qu'il soit le premier garçon donc que le premier enfant soit une fille.

Le même raisonnement conduit à :

$$p_{\mathrm{E}_3}(\mathrm{G}\cap\mathrm{D})=p(\mathrm{F}_1\cap\mathrm{F}_2\cap\mathrm{G}_3)=\frac{1}{8}.$$

Finalement, on obtient :

$$p(\mathrm{G}\cap\mathrm{D})=\frac{1}{3}\times\frac{1}{2}+\frac{1}{3}\times\frac{1}{4}+\frac{1}{3}\times\frac{1}{8}=\frac{1}{3}\times\frac{7}{8}=\frac{7}{24}$$

$p_{\mathrm{G}}(\mathrm{D})=\dfrac{\frac{7}{24}}{\frac{1}{2}}$ soit : $\boxed{p_{\mathrm{G}}(\mathrm{D})=\dfrac{7}{12}}$.

## EXERCICE 4

### 1. Distance d'un point M d'abscisse $x$ à la droite $d$

La droite (AB) a pour coefficient directeur :

$$\frac{b^2-a^2}{b-a}=b+a.$$

CONCOURS

On obtient le point A de coordonnées $(a\ ;\ a^2)$ donc elle a pour équation :

$$y = (b + a)(x - a) + a^2$$

$$\boxed{(a + b)x - y - ab = 0}.$$

On sait que la distance du point de coordonnées $(\alpha\ ;\ \beta)$ à une droite d'équation $ux + vy + w = 0$ est :

$$\frac{|u\alpha + v\beta + w|}{\sqrt{\alpha^2 + \beta^2}}.$$

La distance du point $M(x\ ;\ x^2)$ de P à la droite (AB) est donc :

$$\boxed{d = \frac{|(a + b)x - x^2 - ab|}{\sqrt{(a + b)^2 + 1}}}.$$

On remarque que :
$(a + b)x - x^2 - ab = ax - x^2 + bx - ab = x(a - x) + b(x - a)$
et donc $(a + b)x - x^2 - ab = (a - x)(x - b)$.
Comme $a < x < b$, on a $a - x < 0$ et $x - b < 0$, donc $(a - x)(x - b) > 0$, donc :

$$\boxed{d = \frac{(a + b)x - x^2 - ab}{\sqrt{(a + b)^2 + 1}}}.$$

### 2. Existence et abscisse du point $M_0$ tel que l'aire du triangle $M_0AB$ soit maximale

Avec les notations précédentes, l'aire du triangle MAB est :

$$\mathcal{A} = \frac{1}{2}\ d \times AB = \frac{(a + b)x - x^2 - ab}{2\sqrt{(a + b)^2 + 1}}\ AB.$$

Les points A et B étant fixés, $\mathcal{A}$ est maximale si $(a + b)x - x^2 - ab$ est maximale. On étudie la fonction $f$ définie sur $[a\ ;\ b]$ par :

$$f(x) = (a + b)x - x^2 - ab.$$

La fonction $f$ est dérivable et :

$$f'(x) = a + b - 2x.$$

On a donc

$$f'(x) = 0 \Leftrightarrow x = \frac{a + b}{2}$$

$$f'(x) > 0 \Leftrightarrow x < \frac{a + b}{2} \text{ et } f'(x) < 0 \Leftrightarrow x > \frac{a + b}{2}.$$

La fonction $f$ est donc croissante sur $\left[a\ ;\ \frac{a + b}{2}\right]$ et décroissante sur $\left[\frac{a + b}{2}\ ;\ b\right]$. Son maximum est obtenu pour $x = \frac{a + b}{2}$.

**L'aire du triangle MAB est maximale si $M_0$ est le point de (P) d'abscisse $\frac{a+b}{2}$.**

## EXERCICE 5

**1. Si *a*, *b* et *c* vérifient les relations (R), alors *a*, *b* et *c* sont non nuls.**
Les nombres complexes *a*, *b*, *c* ont pour module 1 donc :
**Les nombres *a*, *b*, *c* sont non nuls.**

**2. a. Expression des relations (R) en fonction des formes trigonométriques de $b'$ et $c'$**
En divisant par *a*, on obtient :

$$1 + \frac{b}{a} + \frac{c}{a} = 0$$

c'est-à-dire :

$$1 + b' + c' = 0.$$

$|b'| = \frac{|b|}{|a|} = 1$ et $|c'| = \frac{|c|}{|a|} = 1$, donc il existe des réels $\alpha$ et $\beta$ tels que :

$$\boxed{b' = e^{i\alpha} \quad c' = e^{i\beta}}$$

On a donc $e^{i\alpha} + e^{i\beta} = -1$.
En considérant la partie réelle et la partie imaginaire, on obtient le système :

$$\boxed{\begin{cases} \cos\alpha + \cos\beta = -1 \\ \sin\alpha + \sin\beta = 0 \end{cases}}.$$

**b. Montrons que $\mathrm{Re}\,(b') = \mathrm{Re}\,(c') = -\frac{1}{2}$.**

Comme $\sin\alpha = -\sin\beta$, on a :

$$\cos^2\alpha = 1 - \sin^2\alpha = 1 - \sin^2\beta = \cos^2\beta$$

et donc $\cos\beta = \cos\alpha$ ou $\cos\beta = -\cos\alpha$.
Il est impossible d'avoir $\cos\beta = -\cos\alpha$,
car sinon $\cos\beta + \cos\alpha = 0 \neq -1$.
On a donc $\cos\beta = \cos\alpha$ et $2\cos\alpha = \cos\alpha + \cos\beta = -1$.

On en déduit : $\boxed{\cos\alpha = \cos\beta = -\frac{1}{2}}$.

Comme Re $(b') = \cos\alpha$ et Re $(c') = \cos\beta$, on a donc :

$$\boxed{\operatorname{Re}(b') = \operatorname{Re}(c') = -\frac{1}{2}}.$$

**c. Détermination de $b'$ et $c'$ tels que $a$, $b$ et $c$ vérifient les relations (R)**

On en déduit :

$$\sin^2\alpha = \sin^2\beta = 1 - \cos^2\alpha = 1 - \frac{1}{4} = \frac{3}{4}.$$

Comme $\sin\beta = -\sin\alpha$, on obtient :

$$\{\sin\alpha\ ;\ \sin\beta\} = \left\{-\frac{\sqrt{3}}{2}\ ;\ \frac{\sqrt{3}}{2}\right\}.$$

On a donc $b' = \cos\alpha + \mathrm{i}\sin\alpha = \frac{1}{2} - \frac{\sqrt{3}}{2}\,\mathrm{i}$ ou $\frac{1}{2} + \frac{\sqrt{3}}{2}\,\mathrm{i}$ c'est-à-dire :

$$b' = \mathrm{e}^{-\mathrm{i}\frac{\pi}{3}} \text{ ou } b' = \mathrm{e}^{\mathrm{i}\frac{\pi}{3}}.$$

$$c' = \cos\alpha - \mathrm{i}\sin\alpha = \overline{b'}.$$

Finalement :

$$\left(b' = \mathrm{e}^{-\mathrm{i}\frac{\pi}{3}} \text{ et } c' = \mathrm{e}^{\mathrm{i}\frac{\pi}{3}}\right) \text{ ou } \left(b' = \mathrm{e}^{\mathrm{i}\frac{\pi}{3}} \text{ et } c' = \mathrm{e}^{-\mathrm{i}\frac{\pi}{3}}\right).$$

**3. Existence d'une infinité de triplets $(a\ ;\ b\ ;\ c)$ de nombres complexes vérifiant les relations (R)**

Le triplet $a$, $b$, $c$ est solution de (R) si $|a| = |b| = |c| = 1$ et si $b' = \frac{b}{a}$ et $c' = \frac{c}{a}$ sont égaux à $\mathrm{e}^{-\mathrm{i}\frac{\pi}{3}}$ et $\mathrm{e}^{\mathrm{i}\frac{\pi}{3}}$.

Si $a$ est un nombre quelconque de module 1, il faut avoir $b = b'a$ et $c = c'a$.

On a bien $|b| = |b'||a| = 1$ et $|c| = |c'||a| = 1$.

On écrit $a = \mathrm{e}^{\mathrm{i}\theta}$.

On obtient $b = \mathrm{e}^{-\mathrm{i}\frac{\pi}{3}}\mathrm{e}^{\mathrm{i}\theta} = \mathrm{e}^{\mathrm{i}\left(\theta - \frac{\pi}{3}\right)}$ et $c = \mathrm{e}^{\mathrm{i}\frac{\pi}{3}}\mathrm{e}^{\mathrm{i}\theta} = \mathrm{e}^{\mathrm{i}\left(\theta + \frac{\pi}{3}\right)}$

ou $b = \mathrm{e}^{\mathrm{i}\left(\theta + \frac{\pi}{3}\right)}$ et $c = \mathrm{e}^{\mathrm{i}\left(\theta - \frac{\pi}{3}\right)}$.

On obtient une infinité de solutions, puisque $\theta$ est un réel quelconque. Ce sont tous les triplets de la forme :

$$\boxed{\left(\mathrm{e}^{\mathrm{i}\theta}\ ;\ \mathrm{e}^{\mathrm{i}\left(\theta - \frac{\pi}{3}\right)}\ ;\ \mathrm{e}^{\mathrm{i}\left(\theta + \frac{\pi}{3}\right)}\right) \text{ ou } \left(\mathrm{e}^{\mathrm{i}\theta}\ ;\ \mathrm{e}^{\mathrm{i}\left(\theta + \frac{\pi}{3}\right)}\ ;\ \mathrm{e}^{\mathrm{i}\left(\theta - \frac{\pi}{3}\right)}\right),\ \theta \in \mathbb{R}}$$

# SUJET 11
## Concours ESIEE, mai 2008

*Durée de cette épreuve : deux heures sans calculatrice.*
*(Chaque question est pourvue de cinq réponses, plusieurs réponses peuvent être vraies ou fausses.) Toute bonne réponse entraîne une bonification, toute erreur est pénalisée.*

### EXERCICE 1

**(A)** $\lim\limits_{x \to +\infty} \dfrac{\ln x}{x} = 0$.

**(B)** $\lim\limits_{x \to +\infty} \dfrac{\ln (x^2)}{x} = 0$.

**(C)** $\lim\limits_{x \to +\infty} \dfrac{(\ln x)^2}{x} = 0$.

**(D)** $\lim\limits_{x \to +\infty} \dfrac{\ln x}{\ln (x^2)} = 0$.

**(E)** $\lim\limits_{x \to +\infty} \dfrac{\sqrt{x+1}\,\ln x}{x} = 0$.

### EXERCICE 2

Pour toutes fonctions $f$ et $g$ définies sur $[1\,;+\infty[$

**(A)** Si $\lim\limits_{x \to +\infty} f(x) = +\infty$ et $\lim\limits_{x \to +\infty} g(x) = +\infty$ alors $\lim\limits_{x \to +\infty} \dfrac{f(x)}{g(x)} = 1$.

**(B)** Si $\lim\limits_{x \to +\infty} f(x) = 0$ et $\lim\limits_{x \to +\infty} g(x) = 0$ alors $\lim\limits_{x \to +\infty} \dfrac{f(x)}{g(x)} = 1$.

**(C)** Si $\lim\limits_{x \to +\infty} \dfrac{f(x)}{g(x)} = +\infty$ alors $\lim\limits_{x \to +\infty} f(x) = +\infty$.

**(D)** Si $\lim\limits_{x \to +\infty} \dfrac{f(x)}{g(x)} = 0$ alors $\lim\limits_{x \to +\infty} f(x) = 0$.

**(E)** Si $\lim\limits_{x \to +\infty} \dfrac{f(x)}{g(x)} = 1$ alors il existe $a \in [1 ; +\infty[$ tel que pour tout $x \in [a ; +\infty[$ :

$$f(x) = g(x).$$

## EXERCICE 3

Soit $f$ la fonction définie sur $[-3 ; 4]$ par $f(x) = 4 + 3x^2 - x^4$. On note $\mathscr{C}$ sa courbe représentative dans un repère orthonormal $(O ; \vec{i}, \vec{j})$.

**(A)** $\mathscr{C}$ admet exactement trois tangentes horizontales.

**(B)** $\mathscr{C}$ admet au point d'abscisse 2 une tangente d'équation :

$$[y = -20x + 40].$$

**(C)** $f$ est décroissante sur $[-1 ; 0]$.

**(D)** $f$ est croissante sur $[-3 ; -2]$.

**(E)** L'équation $f(x) = 0$ admet exactement deux solutions distinctes dans $[-3 ; 4]$.

## EXERCICE 4

Soit $f$ la fonction définie sur $\mathbb{R}\backslash\{2\}$ par $f(x) = \dfrac{x}{4} + \dfrac{1}{(x-2)}$. On note $\mathscr{C}$ la courbe représentative de $f$ dans un repère orthonormal $(O ; \vec{i}, \vec{j})$, $T_a$ la tangente à $\mathscr{C}$ au point d'abscisse $a$.

**(A)** $T_1$ est parallèle à $T_3$.

**(B)** Il existe $a \in ]2 ; +\infty[$ tel que le point $M(a ; f(a))$ soit un point d'intersection de $T_1$ avec $\mathscr{C}$.

**(C)** Il existe $b \in ]2 ; +\infty[$ tel que $T_1$ soit perpendiculaire à $T_b$.

**(D)** Il existe $c \in ]2 ; +\infty[$ tel que $T_{-2}$ soit parallèle à $T_c$.

**(E)** Il existe $d \in ]2 ; +\infty[$ tel que $T_{-2}$ soit perpendiculaire à $T_d$.

## EXERCICE 5

Soit $f$ la fonction définie sur $\mathbb{R}$ par $f(x) = 3\,\dfrac{x^2 - x}{x^2 - x + 1}$.

**(A)** Pour tout $x \in \mathbb{R}$, $f'(x) = 3\,\dfrac{2x - 1}{(x^2 - x + 1)^2}$.
**(B)** $f$ est croissante sur $[2\,;+\infty[$.
**(C)** Pour tout $x \in [1\,;+\infty[$, $f(x) \geqslant 0$.
**(D)** L'équation $f(x) = 1$ admet exactement deux solutions distinctes.
**(E)** L'équation $f(x) = -1$ admet exactement deux solutions distinctes.

## EXERCICE 6

La fonction $f$ est dérivable sur $\mathbb{R}$ et a le tableau de variation suivant :

| $x$ | $-\infty$ | | $0$ | | $+\infty$ |
|---|---|---|---|---|---|
| $f$ | $0$ | $\nearrow$ | $1$ | $\searrow$ | $0$ |

(les flèches obliques traduisent une monotonie stricte).
$f$ peut être définie par :
**(A)** $f(x) = 1 + x \sin x$.
**(B)** $f(x) = \dfrac{1}{1 + x^2}$.
**(C)** $f(x) = \dfrac{1}{1 + \ln(x^2 + 1)}$.
**(D)** $f(x) = \mathrm{e}^{-x^2}$.
**(E)** $f(x) = \mathrm{e}^{-x}(1 + \mathrm{e}^{2x})$.

## EXERCICE 7

Un bateau N est au mouillage près d'une côte rectiligne.
Le point de la côte le plus proche noté H, est à 4 km.
Le skipper doit arriver au plus vite au village V situé à 11 km du point H, sur la côte. La vitesse du skipper est limitée à 5 km/h en canot et 6 km/h à pied. On note M le point d'accostage, $x$ la distance HM et $f(x)$ le temps de trajet total.

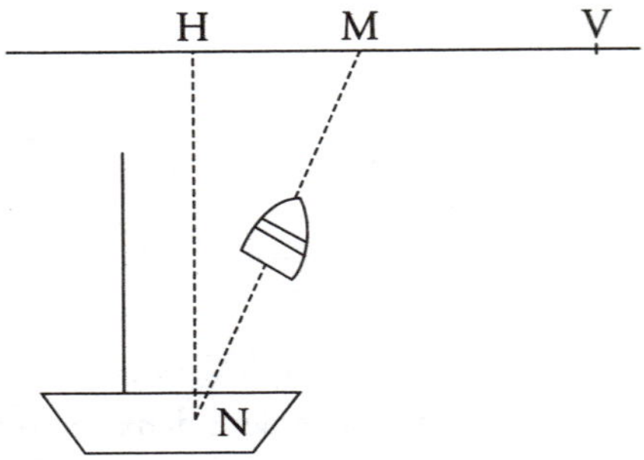


**(A)** Pour tout $x \in [0\ ;\ 11]$, $f(x) = \dfrac{\sqrt{16+x^2}}{5} + \dfrac{11-x}{6}$.

**(B)** Pour tout $x \in [0\ ;\ 11]$, $f'(x) = \dfrac{1}{10\sqrt{16+x^2}} - \dfrac{1}{6}$.

**(C)** $f$ admet un minimum en $x = 0$.

**(D)** Le skipper pour aller au plus vite doit accoster au village.

**(E)** Le skipper pour aller au plus vite doit accoster au point M tel que $\mathrm{HM} = \dfrac{20}{\sqrt{11}}$.

## EXERCICE 8

Soit $\mathscr{C}$ un cône de hauteur 4 cm et de rayon de base 2 cm, $\mathscr{C}'$ un cylindre de hauteur $h$ et de rayon $r$ inscrit dans le cône $\mathscr{C}$.

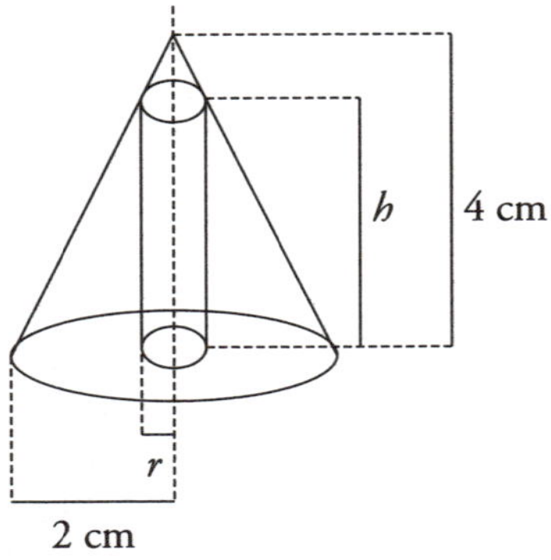


**(A)** L'équation déterminant $\mathscr{C}$ est $x^2 + y^2 = 4 - z$.

**(B)** Le volume de $\mathscr{C}'$ est $\pi r^2 h$.

**(C)** $h = 4 - r$.
**(D)** Le volume de $\mathscr{C}'$ est maximal pour $h = 2$ cm.
**(E)** Le volume maximal de $\mathscr{C}'$ est $4\pi$ cm$^3$.

## EXERCICE 9

Soit $f$ une fonction numérique **paire**, définie et dérivable sur $\mathbb{R}$, dont la courbe représentative dans un repère orthonormé $(\mathrm{O}\ ;\vec{i},\vec{j})$ est sur $[0\ ;+\infty[$.

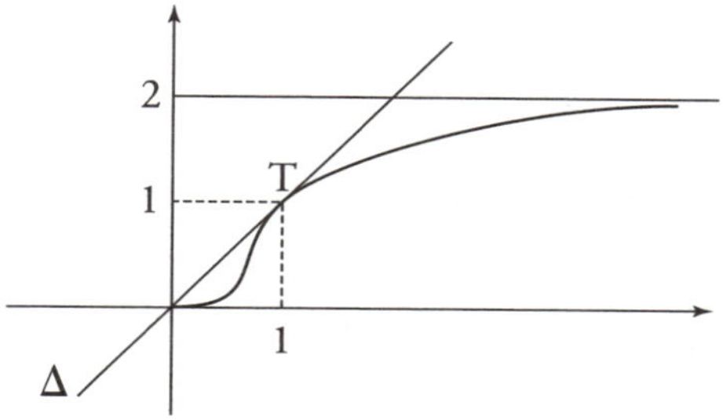


La droite d'équation $y = 2$ est asymptote à la courbe.
La droite $\Delta$ est tangente à la courbe au point T.
Alors :
**(A)** $f'(1) = 1$.
**(B)** $\lim\limits_{x \to -\infty} f(x) = -2$.
**(C)** Pour tout $x \in \mathbb{R}$, $f'(x) \geqslant 0$.
**(D)** $f$ est décroissante sur $]-\infty\ ;0]$.
**(E)** $\int_{-1}^{1} f(x)\ \mathrm{d}x = 0$.

## EXERCICE 10

Soit $f$ la fonction définie sur $\mathbb{R}\backslash\{-1\}$ par $f(x) = \dfrac{x^2 - 4}{x + 1}$.

**(A)** $\lim\limits_{x \to +\infty} [f(x) - x] = -1$.
**(B)** Il existe $a \in \mathbb{R}$ tel que pour tout $x \in \mathbb{R}\backslash\{-1\}$ :

$$\left[f(x) = x - 1 + \frac{a}{x + 1}\right].$$

**(C)** Pour tout $b \in \mathbb{R}$, l'équation $f(x) = b$ admet exactement deux solutions distinctes.

**(D)** $\int_0^1 f(x)\,\mathrm{d}x \geqslant 0$.

**(E)** $\int_{-3}^{-2} f(x)\,\mathrm{d}x \leqslant \int_0^1 f(x)\,\mathrm{d}x$.

## EXERCICE 11

Soit $f$ la fonction définie sur $\mathbb{R}$ par $f(x) = x^3 \cos x - \sin x$.

**(A)** $f$ est une fonction impaire.

**(B)** $\int_{-\frac{\pi}{2}}^{0} f(x)\,\mathrm{d}x = \int_0^{\frac{\pi}{2}} f(x)\,\mathrm{d}x$.

**(C)** $\int_0^{\frac{\pi}{2}} x^2 \sin x\,\mathrm{d}x = -2\int_0^{\frac{\pi}{2}} x \cos x\,\mathrm{d}x$.

**(D)** $\int_0^{\frac{\pi}{2}} x \cos x\,\mathrm{d}x = \frac{\pi}{2} - 1$.

**(E)** $\int_0^{\frac{\pi}{2}} f(x)\,\mathrm{d}x = \frac{\pi^3}{8} - 3\pi$.

## EXERCICE 12

**(A)** Pour tout $x \in \mathbb{R}$, il existe $y \in \mathbb{R}$, $x + y > 0$.

**(B)** Il existe $x \in \mathbb{R}$, pour tout $y \in \mathbb{R}$, $x + y > 0$.

**(C)** Pour tout $x \in \mathbb{R}$, pour tout $y \in \mathbb{R}$, $(x + y)^2 = x^2 + y^2$.

**(D)** Pour tout $x \in \mathbb{R}$, il existe $y \in \mathbb{R}$, $(x + y)^2 = x^2 + y^2$.

**(E)** Il existe $x \in \mathbb{R}$, pour tout $y \in \mathbb{R}$, $(x + y)^2 = x^2 + y^2$.

## EXERCICE 13

Pour toute suite réelle $(u_n)$, on considère les énoncés suivants :
P « pour tout $n \in \mathbb{N}$, il existe $M \in \mathbb{R}$, $|u_n| \leqslant M$ » ;
Q « Il existe $M \in \mathbb{R}$, pour tout $n \in \mathbb{N}$, $|u_n| \leqslant M$ ».
**(A)** Si P est vrai alors Q est vrai.
**(B)** Si Q est vrai alors P est vrai.
**(C)** Si $(u_n)$ est croissante et vérifie P alors $(u_n)$ est convergente.
**(D)** Si $(u_n)$ est décroissante alors $(u_n)$ vérifie Q.
**(E)** Si $(u_n)$ est convergente alors $(u_n)$ vérifie Q.

## EXERCICE 14

Pour toute suite réelle $(u_n)$ :
**(A)** Si $(u_n)$ est strictement décroissante alors $\lim\limits_{n \to +\infty} u_n = -\infty$.
**(B)** Si $(u_n)$ n'est pas minorée alors $\lim\limits_{n \to +\infty} u_n = -\infty$.
**(C)** Si $\lim\limits_{n \to +\infty} u_n = -\infty$ alors $(u_n)$ est décroissante à partir d'un certain rang.
**(D)** Si $\lim\limits_{n \to +\infty} u_n = -\infty$ alors $(u_n)$ est majorée.
**(E)** $(u_n)$ est soit majorée soit minorée.

## EXERCICE 15

$x$, $y$, $z$ sont trois réels. On considère les énoncés suivants :
P : « Si $x = 1$ alors $z = 2$ ou $y = 3$ »
Q : « Si $z = 2$ et $y = 4$ alors $x = 3$ »
**(A)** P équivaut à l'énoncé « Si $x = 1$ et $z \neq 2$ alors $y = 3$ ».
**(B)** Q équivaut à l'énoncé « (Si $z = 2$ alors $x = 3$) et (Si $y = 4$ alors $x = 3$) ».
**(C)** La négation de P est « Si $x = 1$ alors $z \neq 2$ ou $y \neq 3$ ».
**(D)** La négation de P est « $x = 1$ et $z \neq 2$ et $y \neq 3$ ».
**(E)** La négation de Q est « Si $x \neq 1$ alors $z \neq 2$ ou $y \neq 4$ ».

## EXERCICE 16

Soit $\omega$ un réel strictement positif. Soit $z = \dfrac{1+i\omega}{1-i\omega}$.

**(A)** La partie réelle de $z$ est égale à 1.

**(B)** La partie imaginaire de $z$ est égale à $\dfrac{2\omega}{1+\omega^2}$.

**(C)** Le module de $z$ est égal à 1.

**(D)** Le module de $\dfrac{(1+i\omega)^2}{1-i\omega}$ est égal à $\sqrt{1+\omega^2}$.

**(E)** Le module de $\dfrac{1+i\omega}{(1-i\omega)^2}$ est égal au module de $\dfrac{(1+i\omega)^2}{1-i\omega}$.

## EXERCICE 17

À tout nombre complexe $z$ différent de $-2$ on associe le nombre complexe $Z = \dfrac{z-i}{z+2}$.

L'ensemble des points M d'affixe $z$ tel que :

**(A)** Z est un nombre réel est une droite ;

**(B)** Z est un nombre réel strictement positif est un demi-cercle ;

**(C)** $\arg Z = 2k\pi \ (k \in \mathbb{Z})$ est une droite ;

**(D)** $Z - \overline{Z} = 0$ est un cercle ;

**(E)** $|Z| = 1$ est une droite.

## EXERCICE 18

Dans l'espace rapporté à un repère orthonormal $(O ; \vec{i}, \vec{j}, \vec{k})$, on considère les points :

$$P(0 ; 0 ; 2\sqrt{2}), \quad Q(-1 ; \sqrt{3} ; 0), \quad R(-1 ; -\sqrt{3} ; 0).$$

**(A)** Tout point de l'axe $(O ; \vec{i})$ est équidistant des points P et Q.

**(B)** Tout point de l'axe $(O ; \vec{i})$ est équidistant des points P et R.

**(C)** Il existe un unique point S de l'axe $(O ; \vec{i})$ tel que le triangle PQS soit équilatéral.

**(D)** Pour tout point T de l'axe $(O ; \vec{i})$ le triangle PRT est équilatéral.

**(E)** L'ensemble des points M de l'espace tel que le tétraèdre PQRM soit régulier a exactement deux éléments.

## EXERCICE 19

Dans l'espace rapporté à un repère orthonormal $(O ; \vec{i}, \vec{j}, \vec{k})$, on considère le plan P passant par $L(0 ; 1 ; 1)$ et de vecteur normal $\vec{n}(1 ; 2 ; -1)$ ; le plan Q d'équation $x-y-z+3=0$ ; le point $M(1 ; 1 ; 1)$.

**(A)** P et Q sont perpendiculaires.

**(B)** Le point $N\left(-2 ; \frac{4}{3} ; -\frac{1}{3}\right)$ appartient à l'intersection de P et Q.

**(C)** La distance de M à P est égale à 1.

**(D)** La distance de M à P est égale à la distance LM.

**(E)** L'intersection de la droite $(LM)$ et du plan Q est vide.

## EXERCICE 20

On dispose d'un lot L de vis provenant pour 30 % de l'usine U, 50 % de l'usine V et 20 % de l'usine W.

La probabilité qu'une vis venant de U soit défectueuse est 0,03.

La probabilité qu'une vis venant de V soit défectueuse est 0,02.

La probabilité qu'une vis venant de W soit défectueuse est 0,04.

On tire une vis du lot L.

**(A)** La probabilité que la vis vienne de U **et** soit défectueuse est $\frac{9}{100}$.

**(B)** La probabilité que la vis vienne de U ou V est $\frac{8}{10}$.

**(C)** La probabilité que la vis soit défectueuse **sachant** qu'elle vient de V est $\frac{1}{100}$.

**(D)** La probabilité que la vis soit défectueuse est $\frac{27}{1\,000}$.

**(E)** La probabilité que la vis vienne de W **sachant** qu'elle est défectueuse est $\frac{1}{5}$.

CONCOURS

# 11 CORRIGÉ

## EXERCICE 1

**(A) VRAI**

C'est un résultat du cours.

**(B) VRAI**

$$\lim_{x \to +\infty} \frac{\ln (x^2)}{x} = \lim_{x \to +\infty} 2 \frac{\ln x}{x} = 0 \text{ d'après } \textbf{(A)}.$$

**(C) VRAI**

On a $\lim\limits_{x \to +\infty} \dfrac{(\ln x)^2}{x} = \lim\limits_{x \to +\infty} \left(\dfrac{\ln x}{x^{1/2}}\right)^2 = 0$,

car pour tout réel $\alpha > 0$, $\lim\limits_{x \to +\infty} \dfrac{\ln x}{x^\alpha} = 0$.

**(D) FAUX**

Pour tout $x > 1$, $\dfrac{\ln x}{\ln (x^2)} = \dfrac{\ln x}{2 \ln x} = \dfrac{1}{2}$,

donc $\lim\limits_{x \to +\infty} \dfrac{\ln x}{\ln (x^2)} = \dfrac{1}{2}$.

**(E) VRAI**

Pour $x > 0$, $\dfrac{\sqrt{x+1}}{x} \ln x = \dfrac{\sqrt{x}\sqrt{1+\frac{1}{x}}}{x} \ln x = \sqrt{1+\dfrac{1}{x}}\, \dfrac{\ln x}{\sqrt{x}}$.

Comme $\lim\limits_{x \to +\infty} \sqrt{1+\dfrac{1}{x}} = 1$ et $\lim\limits_{x \to +\infty} \dfrac{\ln x}{\sqrt{x}} = 0$, on a bien :

$$\lim_{x \to +\infty} \frac{\sqrt{x+1}}{x} \ln x = 0.$$

## EXERCICE 2

**(A) FAUX**

Donnons un contre-exemple.

Si, pour $x \geqslant 1$, $f(x) = x$ et $g(x) = x^2$,

on a $\lim\limits_{x \to +\infty} f(x) = +\infty$, $\lim\limits_{x \to +\infty} g(x) = +\infty$,

mais $\lim\limits_{x \to +\infty} \dfrac{f(x)}{g(x)} = \lim\limits_{x \to +\infty} \left(\dfrac{1}{x}\right) = 0$.

**(B) FAUX**

Donnons un contre-exemple.

Si, pour $x \geqslant 1$, $f(x) = \dfrac{1}{x}$ et $g(x) = \dfrac{1}{x^2}$

on a $\lim\limits_{x \to +\infty} f(x) = 0$, $\lim\limits_{x \to +\infty} g(x) = 0$,

mais $\lim\limits_{x \to +\infty} \dfrac{f(x)}{g(x)} = \lim\limits_{x \to +\infty} x = +\infty$.

**(C) FAUX**

Reprenons le contre-exemple de **(B)**.

$\lim\limits_{x \to +\infty} \dfrac{f(x)}{g(x)} = +\infty$, mais $\lim\limits_{x \to +\infty} f(x) = 0$.

**(D) FAUX**

Reprenons le contre-exemple de **(A)**.

$\lim\limits_{x \to +\infty} \dfrac{f(x)}{g(x)} = 0$, mais $\lim\limits_{x \to +\infty} f(x) = +\infty$.

**(E) FAUX**

Donnons un contre-exemple.

Soit, pour $x \geqslant 1$, $f(x) = x + 1$ et $g(x) = x$.

$\lim\limits_{x \to +\infty} \dfrac{f(x)}{g(x)} = \lim\limits_{x \to +\infty} \left(1 + \dfrac{1}{x}\right) = 1$,

mais, pour tout $x \geqslant 1$ $f(x) \neq g(x)$.

## EXERCICE 3

**(A) VRAI**

La fonction $f$ est dérivable sur $\mathbb{R}$ et pour tout réel $x$,

$$f'(x) = 6x - 4x^3 = 4x\left(\frac{3}{2} - x^2\right).$$

$$f'(x) = 0 \Leftrightarrow x = 0 \text{ ou } x^2 = \frac{3}{2} \Leftrightarrow x = 0 \text{ ou } x = -\sqrt{\frac{3}{2}} \text{ ou } x = \sqrt{\frac{3}{2}}$$

Aux points d'abscisse 0, $-\sqrt{\frac{3}{2}}$ et $\sqrt{\frac{3}{2}}$, le coefficient directeur de la tangente à $\mathscr{C}$ est nul donc la tangente est horizontale.

**(B) VRAI**

Au point d'abscisse 2, $\mathscr{C}$ admet une tangente d'équation :

$$y = f(2) + f'(2)(x-2).$$

Comme $f(2) = 4 + 12 - 16 = 0$ et $f'(2) = 12 - 32 = -20$, on obtient :

$$y = -20(x-2),$$

$$\boxed{y = -20x + 40}.$$

**(C) VRAI**

Pour tout $x \in [-1 ; 0]$, $f'(x) = 4x\left(\frac{3}{2} - x^2\right)$.

On a alors $4x \leqslant 0$ et $x^2 \in [0 ; 1]$ donc $\frac{3}{2} - x^2 \geqslant 0$.

On en déduit, pour tout $x \in [-1 ; 0]$, $f'(x) \leqslant 0$.

**La fonction $f$ est décroissante sur $[-1 ; 0]$.**

**(D) VRAI**

Pour tout $x \in [-3 ; -2]$, $f'(x) = 4x\left(\frac{3}{2} - x^2\right)$.

On a alors $4x \leqslant 0$ et $x^2 \geqslant 4$ donc $\frac{3}{2} - x^2 \leqslant 0$.

On en déduit $f'(x) \geqslant 0$ pour tout $x \in [-3 ; -2]$.

**La fonction $f$ croît sur $[-3 ; -2]$.**

**(E) VRAI**

Résolvons l'équation $f(x) = 0$.

C'est une **équation bicarrée.**

On pose $X = x^2$ et on obtient :

$$-X^2 + 3X + 4 = 0.$$

$\Delta = 9 + 16 = 25 = 5^2$ et les solutions sont :

$$X' = \frac{-3-5}{-2} = 4 \text{ et } X'' = \frac{-3+5}{-2} = -1.$$

On obtient ensuite $x^2 = 4$ ou $x^2 = -1$, c'est-à-dire $x = -2$ ou $x = 2$, la deuxième équation n'ayant pas de solution.

**L'équation $f(x) = 0$ a deux solutions, $-2$ et $2$ dans $[-3 ; 4]$.**

## EXERCICE 4

Soit $f$ définie sur $\mathbb{R} \setminus \{2\}$ par $f(x)=\dfrac{x}{4}+\dfrac{1}{x-2}$.

**(A) VRAI**

La fonction $f$ est dérivable sur $\mathbb{R} \setminus \{2\}$ et :

$$f'(x)=\frac{1}{4}-\frac{1}{(x-2)^2}.$$

On en déduit :

$$f'(1)=\frac{1}{4}-1=-\frac{3}{4} \text{ et } f'(3)=\frac{1}{4}-1=-\frac{3}{4}.$$

Comme $f'(1)=f'(3)$, les tangentes $T_1$ et $T_3$ ont même coefficient directeur ; elles sont donc parallèles.

**(B) FAUX**

La droite $T_1$ a pour équation :

$$y=f(1)+f'(1)(x-1)$$

$f(1)=\dfrac{1}{4}-1=-\dfrac{3}{4}$ et $f'(1)=-\dfrac{3}{4}$, on obtient :

$$y=-\frac{3}{4}-\frac{3}{4}(x-1)$$

$$\boxed{y=-\frac{3}{4}x}.$$

Le point de $\mathscr{C}$ d'abscisse $a$ appartient à $T_1$ si :

$f(a)=-\dfrac{3}{4}a$ c'est-à-dire $\dfrac{a}{4}+\dfrac{1}{a-2}=-\dfrac{3}{4}a$.

On en déduit $\dfrac{1}{a-2}=-a$, c'est-à-dire $-a(a-2)=1$.

On obtient l'équation du second degré :

$a^2-2a+1=0$, soit $(a-1)^2=0$ d'où $a=1$.

Le point d'abscisse 1 est donc le seul point de $\mathscr{C}$ qui appartient à $T_1$ : il n'existe pas $a>2$ tel que $M(a\,;\,f(a))$ soit un point d'intersection de $T_1$ avec $\mathscr{C}$.

**(C) FAUX**

Les droites $T_1$ et $T_b$ ont pour coefficients directeurs $f'(1)$ et $f'(b)$. Elles sont donc perpendiculaires si, et seulement si :

$$f'(1)\cdot f'(b)=-1.$$

Comme $f'(1)=-\dfrac{3}{4}$ et $f'(b)=\dfrac{1}{4}-\dfrac{1}{(b-2)^2}$, on obtient :

$$-\frac{3}{4}\left(\frac{1}{4}-\frac{1}{(b-2)^2}\right)=-1$$

$$\frac{3}{4(b-2)^2}=-1+\frac{3}{16}=-\frac{13}{16}.$$

C'est impossible, car pour tout $b>2$, on $\frac{3}{4(b-2)^2}>0$.

Il n'existe pas $b>2$ tel que les tangentes $T_1$ et $T_b$ soient perpendiculaires.

**(D) VRAI**

On a $f'(-2)=\frac{1}{4}-\frac{1}{16}=\frac{3}{16}$.

Les tangentes $T_{-2}$ et $T_c$ sont parallèles si, et seulement si :

$$f'(-2)=f'(c),$$

c'est-à-dire $\frac{3}{16}=\frac{1}{4}-\frac{1}{(c-2)^2}$.

On obtient $\frac{1}{(c-2)^2}=\frac{1}{16}$ d'où $(c-2)^2=16$.

Donc $c-2=4$, car $c>2$. On a donc $c=6$.
La droite $T_{-2}$ est parallèle à $T_6$.

**(E) VRAI**

Les droites $T_{-2}$ et $T_d$ sont perpendiculaires si, et seulement si, $f'(-2)f'(d)=-1$. On obtient :

$$\frac{3}{16}\left(\frac{1}{4}-\frac{1}{(d-2)^2}\right)=-1$$

$$\frac{1}{4}-\frac{1}{(d-2)^2}=-\frac{16}{3},$$

$$\frac{1}{(d-2)^2}=\frac{1}{4}+\frac{16}{3}=\frac{67}{12}$$

$$(d-2)^2=\frac{12}{67},$$

$$d-2=\sqrt{\frac{12}{67}} \text{ car } d>2$$

$$d=2+\sqrt{\frac{12}{67}}.$$

Il existe $d>2$ tel que $T_{-2}$ et $T_d$ sont perpendiculaires.

## EXERCICE 5

**(A) VRAI**

Pour réel $x$, $x^2 - x + 1 > 0$ car $\Delta = 1 - 4 = -3 < 0$, donc $f$ est définie et dérivable sur $\mathbb{R}$.

Pour tout réel $x$,

$$f'(x) = 3\ \frac{(2x-1)(x^2-x+1)-(2x-1)(x^2-x)}{(x^2-x+1)^2}$$

$$\boxed{f'(x) = 3\ \frac{(2x-1)}{(x^2-x+1)^2}}.$$

**(B) VRAI**

Pour $x \geqslant 2$, on a $2x-1 \geqslant 3 > 0$ et $(x^2-x+1)^2 > 0$ donc $f'(x) > 0$.

**Donc la fonction $f$ est croissante sur $[2\ ;+\infty[$.**

**(C) VRAI**

Pour tout $x \geqslant 1$, on a $x^2 - x = x(x-1) \geqslant 0$.

Or, $x \geqslant 0$ et $(x-1) \geqslant 0$.

On en déduit $x^2 - x + 1 > 0$ et $f(x) \geqslant 0$.

**(D) VRAI**

Pour tout réel $x$ :

$$f'(x) = 0 \Leftrightarrow 2x-1 = 0 \Leftrightarrow x = \frac{1}{2},$$

$$f'(x) < 0 \Leftrightarrow 2x-1 < 0 \Leftrightarrow x < \frac{1}{2},$$

$$f'(x) > 0 \Leftrightarrow 2x-1 > 0 \Leftrightarrow x > \frac{1}{2}.$$

La fonction $f$ est strictement décroissante sur $\left]-\infty\ ;\frac{1}{2}\right]$ et strictement croissante sur $\left[\frac{1}{2}\ ;+\infty\right[$.

De plus, $f\left(\frac{1}{2}\right) = 3 \times \dfrac{\frac{1}{4}-\frac{1}{2}}{\frac{1}{4}-\frac{1}{2}+1} = 3 \times \dfrac{-\frac{1}{4}}{\frac{3}{4}} = -1$.

$$\lim_{x \to -\infty} f(x) = \lim_{x \to -\infty} 3 \times \frac{1-\frac{1}{x}}{1-\frac{1}{x}+\frac{1}{x^2}} = 3 \text{ et } \lim_{x \to +\infty} f(x) = 3.$$

La fonction $f$ est continue et strictement décroissante de $\left]-\infty\,;\frac{1}{2}\right]$ **sur l'intervalle image** $[-1\,;3[$.

De même $f$ est continue et strictement croissante sur $\left[\frac{1}{2}\,;+\infty\right[$ à valeurs dans $[-1\,;3[$.

Comme $1 \in\,]-1\,;3[$, l'équation $f(x)=1$ possède exactement une solution sur chacun des intervalles $\left]-\infty\,;\frac{1}{2}\right[$ et $\left]\frac{1}{2}\,;+\infty\right[$.

**(E) FAUX**

$f\left(\frac{1}{2}\right)=-1$ et comme $f$ est strictement décroissante sur $\left[\frac{1}{2}\,;+\infty\right[$ et strictement croissante sur $\left]-\infty\,;\frac{1}{2}\right]$, on a pour $x\neq\frac{1}{2}$, $f(x)>-1$.

**L'équation $f(x)=-1$ a une seule solution $\frac{1}{2}$.**

## EXERCICE 6

**(A) FAUX**

$1+\frac{\pi}{2}\sin\frac{\pi}{2}=1+\frac{\pi}{2}>1$ : les fonctions $f$ et $x\mapsto 1+x\sin x$ n'ont pas même valeur en $\frac{\pi}{2}$. Elles ne sont pas égales.

**(B) VRAI**

La fonction $g : x\mapsto\frac{1}{1+x^2}$ est dérivable sur $\mathbb{R}$ et $g'(x)=\frac{-2x}{(1+x^2)^2}$.

Donc $g'(x)$ a le signe de $-x$.

Ainsi $g$ est croissante sur $]-\infty\,;0]$ et décroissante sur $[0\,;+\infty[$. De plus $g(0)=1$ et $\lim\limits_{x\to-\infty}g(x)=\lim\limits_{x\to+\infty}g(x)=0$.

**Les fonctions $f$ et $g$ ont même tableau de variation.**

**(C) VRAI**

Pour tout réel $x$, $x^2+1>0$ donc $\ln(x^2+1)$ existe.

De plus, $x^2+1\geqslant 1$ donc $\ln(x^2+1)\geqslant 0$ et $1+\ln(x^2+1)>0$.

La fonction $h : x \mapsto \dfrac{1}{1+\ln(x^2+1)}$ est définie et dérivable sur $\mathbb{R}$ et :

$$h'(x) = -\frac{\dfrac{2x}{(x^2+1)}}{(1+\ln(x^2+1))^2}.$$

Ainsi $h'(x)$ a le signe de $-x$, c'est-à-dire :

$$h'(x) > 0 \Leftrightarrow x < 0 \text{ et } h'(x) < 0 \Leftrightarrow x > 0.$$

La fonction $h$ est strictement croissante sur $]-\infty\,;0]$ et strictement décroissante sur $[0\,;+\infty[$.

De plus $h(0) = \dfrac{1}{1+\ln 1} = 1$ et $\lim\limits_{x\to-\infty} h(x) = \lim\limits_{x\to+\infty} h(x) = 0$.

**Les fonctions $h$ et $f$ ont même tableau de variation.**

**(D) VRAI**

La fonction $k : x \mapsto e^{-x^2}$ est dérivable sur $\mathbb{R}$ et $k'(x) = -2xe^{-x^2}$.

La fonction $k'$ est strictement positive sur $]-\infty\,;0[$ et strictement négative sur $]0\,;+\infty[$, donc $k$ est strictement croissante sur $]-\infty\,;0]$ et strictement décroissante sur $[0\,;+\infty[$. De plus $k(0) = 1$ et :

$$\lim_{x\to-\infty} k(x) = \lim_{x\to+\infty} k(x) = \lim_{x\to-\infty} \exp(x) = 0.$$

**De nouveau, $k$ a le même tableau de variation que $f$.**

**(E) FAUX**

On pose, pour tout réel $x$, $\ell(x) = e^{-x}(1+e^{2x}) = e^{-x} + e^{x}$.

$\lim\limits_{x\to+\infty} e^{x} = +\infty$ et $\lim\limits_{x\to+\infty} e^{-x} = 0$ donc $\lim\limits_{x\to+\infty} \ell(x) = +\infty$.

Ainsi **$\ell$ et $f$ n'ont pas même limite en $+\infty$, donc $f$ ne peut pas être la fonction $\ell$.**

## EXERCICE 7

**(A) VRAI**

On a $\mathrm{HN} = 4$, $\mathrm{HM} = x$ et d'après le théorème de Pythagore :

$$\mathrm{NM} = \sqrt{\mathrm{HN}^2 + \mathrm{HM}^2} = \sqrt{16 + x^2}.$$

Le temps de trajet de N à M est $\dfrac{\mathrm{NM}}{5} = \dfrac{\sqrt{16+x^2}}{5}$.

$\mathrm{MV} = 11 - x$ donc le temps de trajet de M à V est :

$$\frac{\mathrm{MV}}{6} = \frac{11-x}{6}.$$



CONCOURS

Le temps de trajet total est donc, pour tout $x \in [0\,;\,11]$ :

$$f(x) = \frac{\sqrt{16+x^2}}{5} + \frac{11-x}{6}.$$

**(B) FAUX**

La fonction $f$ est dérivable sur $[0\,;\,11]$ comme somme de fonctions dérivables et :

$$f'(x) = \frac{2x}{5 \times 2\sqrt{16+x^2}} - \frac{1}{6} = \frac{x}{5\sqrt{16+x^2}} - \frac{1}{6}.$$

**(C) FAUX**

$f'(0) = -\frac{1}{6} < 0$ et par continuité de $f'$, il existe $\alpha > 0$ tel que $f'(x) < 0$ si $x \in [0\,;\,\alpha]$. La fonction $f$ est strictement décroissante sur $[0\,;\,\alpha]$ donc **$f$ n'admet pas un minimum en 0**.

**(D) FAUX**

Pour $x \in [0\,;\,11]$ :

$f'(x) = 0 \Leftrightarrow 6x = 5\sqrt{16+x^2} \Leftrightarrow 36x^2 = 25 \times 16 + 25x^2$

$f'(x) = 0 \Leftrightarrow 11x^2 = 25 \times 16 \Leftrightarrow x^2 = \frac{25 \times 16}{11}$

$f'(x) = 0 \Leftrightarrow x = \frac{20}{\sqrt{11}}.$

On obtient de même :

- $f'(x) > 0 \Leftrightarrow 6x > 5\sqrt{16+x^2} \Leftrightarrow x > \frac{20}{\sqrt{11}}$
- $f'(x) < 0 \Leftrightarrow 6x < 5\sqrt{16+x^2} \Leftrightarrow x < \frac{20}{\sqrt{11}}.$

La fonction $f$ décroît sur $\left[0\,;\,\frac{20}{\sqrt{11}}\right]$ et croît sur $\left[\frac{20}{\sqrt{11}}\,;\,11\right]$.

**Son minimum est obtenu en $x = \frac{20}{\sqrt{11}}$.**

Le skipper, pour aller le plus vite, ne doit pas accoster au village (ce qui correspond à $x = 11$) mais accoster au point M défini par $HM = \frac{20}{\sqrt{11}}$.

**(E) VRAI**

Voir question **(D)**.

## EXERCICE 8

**(A) FAUX**

Si le cône C a une équation de ce type, l'axe des ordonnés est l'axe du cylindre et l'intersection de C avec le plan d'équation $z=0$ est le cercle d'équations $\begin{cases} x^2+y^2=4 \\ z=0 \end{cases}$, qui est de rayon 2.

Ainsi le plan d'équation $z=0$ est la base de cône.

**Si on coupe C par un plan contenant l'axe, on trouve la réunion de deux segments.**

Or l'intersection de la surface d'équation $x^2+y^2=4-z$ et du plan d'équation $y=0$ est l'ensemble des points qui vérifient $\begin{cases} y=0 \\ z=4-x^2 \end{cases}$.

Cette intersection est incluse dans une parabole.

**(B) VRAI**

Le volume d'un cylindre est égal au produit de la base par la hauteur, soit ici $\pi r^2 \times h$.

**(C) FAUX**

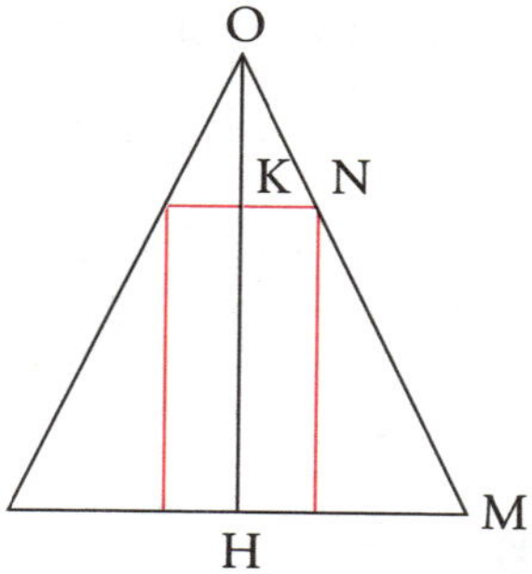


**Vue de face du cylindre et du cône**

Avec les notations de la figure, on obtient :

$\frac{\text{KN}}{\text{HM}} = \frac{\text{OK}}{\text{OH}}$, c'est-à-dire $\frac{r}{2} = \frac{4-h}{4}$.

On en déduit $h = 4-2r$.

**(D) FAUX**

Le volume du cylindre $\mathscr{C}'$ est :

$$V = \pi r^2 h = \pi r^2(4-2r) = \pi(4r^2-2r^3).$$



CONCOURS

On étudie $f$ définie sur $[0\ ;\ 2]$ par :

$$f(r) = \pi(4r^2 - 2r^3).$$

La fonction $f$ est dérivable sur $[0\ ;\ 2]$ et :

$$f'(r) = \pi(8r - 6r^2) = 6\pi r\left(\frac{4}{3} - r\right).$$

La fonction $f'$ s'annule en 0 et $\frac{4}{3}$. Pour $r > 0$, $f'(r)$ a le signe de $\frac{4}{3} - r$ et on a donc :

$$f'(r) > 0 \Leftrightarrow 0 < r < \frac{4}{3}$$

$$f'(r) < 0 \Leftrightarrow \frac{4}{3} < r < 2.$$

La fonction $f$ est donc croissante sur $\left[0\ ;\ \frac{4}{3}\right]$ et décroissante sur $\left[\frac{4}{3}\ ;\ 2\right]$.

$f$ atteint son maximum en $r = \frac{4}{3}$.

On a alors $h = 4 - 2r = 4 - \frac{8}{3} = \frac{4}{3}$ cm.

**(E) FAUX**

Le volume maximal, obtenu pour $r = \frac{4}{3}$ cm, vaut :

$$V_{max} = \pi \times \left[4 \cdot \left(\frac{4}{3}\right)^2 - 2 \cdot \left(\frac{4}{3}\right)^3\right] = \pi\left(\frac{4}{3}\right)^2\left(4 - 2 \cdot \frac{4}{3}\right)$$

$$V_{max} = \pi\left(\frac{4}{3}\right)^3 = \frac{64\pi}{27}.$$

## EXERCICE 9

**(A) VRAI**

Le coefficient directeur de $\Delta$ est égal à 1, c'est-à-dire $f'(1) = 1$.

**(B) FAUX**

Comme $f$ est paire :

$$\boxed{\lim_{x \to -\infty} f(x) = \lim_{x \to +\infty} f(x) = 2}.$$

**(C) FAUX**

La fonction $f$ est paire donc pour tout réel $x$, $f(-x) = f(x)$.

Elle est dérivable sur $\mathbb{R}$. En dérivant, on obtient, pour tout réel $x$, $-f'(-x) = f'(x)$.

**La fonction $f'$ est donc impaire.**

En particulier $f'(-1) = -f'(1) = -1$ donc $f'(-1) < 0$.

**(D) VRAI**

On voit sur la courbe représentative que $f$ est croissante sur $[0\ ;+\infty[$.

**Comme elle est paire, elle est décroissante sur $]-\infty\ ;0]$.**

**(E) FAUX**

Comme $f$ est paire :

$$\int_{-1}^{1} f(x)\ \mathrm{d}x = 2\int_{0}^{1} f(x)\ \mathrm{d}x.$$

Car $f$ est positive ou nulle sur $[0\ ;1]$ et pas identiquement nulle.

## EXERCICE 10

**(A) VRAI**

Pour tout réel $x \neq -1$ :

$$f(x) - x = \frac{x^2-4}{x+1} - x = \frac{-4-x}{x+1}.$$

Pour $x > 0$, on peut écrire :

$$f(x) - x = \frac{-1-\frac{4}{x}}{1+\frac{1}{x}}.$$

On en déduit :

$$\lim_{x\to+\infty}(f(x)-x) = \frac{-1}{1} = -1.$$

**(B) VRAI**

Pour tout $x \neq -1$ :

$$f(x) - (x-1) = \frac{x^2-4}{x+1} - (x+1) = \frac{(x^2-4)-(x^2-1)}{x+1} = \frac{-3}{x+1},$$

c'est-à-dire :

$$f(x) = x - 1 - \frac{3}{x+1}.$$

**(C) VRAI**

Soit $b \in \mathbb{R}$. On a pour tout $x \neq -1$ :

$f(x) = b \Leftrightarrow x^2 - 4 = b(x+1) \Leftrightarrow x^2 - bx - 4 - b = 0$.

Cette équation du seconde degré a pour discriminant :

$$\Delta = b^2 + 4(4+b) = b^2 + 4b + 16 = (b+2)^2 + 12 > 0\,.$$

L'équation a donc exactement deux solutions distinctes pour tout réel $b$.

**(D) FAUX**

Pour $x \in [0\ ;\ 1]$, $x^2 \leqslant 1$ donc $x^2 - 4 < 0$ et $x + 1 > 0$.

On en déduit que $f(x) < 0$ si $x \in [0\ ;\ 1]$.

Par positivité de l'intégrale, on en déduit car $0 < 1$ :

$$\int_0^1 f(x)\,\mathrm{d}x < 0\,.$$

**(E) FAUX**

En écrivant pour $x \neq -1$, $f(x) = x - 1 - \dfrac{3}{x+1}$, on obtient :

$$\int_{-3}^{-2} f(x)\,\mathrm{d}x = \int_{-3}^{-2}\left(x - 1 - \frac{3}{x+1}\right)\mathrm{d}x = \left[\frac{x^2}{2} - x - 3\ln|x+1|\right]_{-3}^{-2}$$

$$\int_{-3}^{-2} f(x)\,\mathrm{d}x = (2 + 2 - 3\ln 1) - \left(\frac{9}{2} + 3 - 3\ln 2\right) = -\frac{7}{2} + 3\ln 2\,.$$

On a de même :

$$\int_0^1 f(x)\,\mathrm{d}x = \int_0^1\left(x - 1 - \frac{3}{x+1}\right)\mathrm{d}x = \left[\frac{x^2}{2} - x - 3\ln(x+1)\right]_0^1$$

$$\int_0^1 f(x)\,\mathrm{d}x = \left[\frac{1}{2} - 1 - 3\ln 2 - 0\right]_0^1 = -\frac{1}{2} - 3\ln 2\,.$$

On en déduit :

$$\int_0^1 f(x)\,\mathrm{d}x - \int_{-3}^{-2} f(x)\,\mathrm{d}x = 3 - 6\ln 2 = 3(1 - \ln 4) < 0$$

car $4 > \mathrm{e}$ donc $\ln 4 > 1$.

On a donc :

$$\int_0^1 f(x)\,\mathrm{d}x < \int_{-3}^{-2} f(x)\,\mathrm{d}x\,.$$

## EXERCICE 11

**(A) VRAI**

Comme la fonction cos est paire et la fonction sin impaire, on obtient, pour tout réel $x$ :

$$f(-x) = (-x)^3\cos(-x) - \sin(-x)$$

$$f(-x) = -x^3\cos x + \sin x$$

$$f(-x) = -f(x)\,.$$

**La fonction $f$ est impaire.**

**(B) FAUX**

Comme $f$ est impaire :

$$\int_{-\frac{\pi}{2}}^{0} f(x)\,\mathrm{d}x = -\int_{0}^{\frac{\pi}{2}} f(x)\,\mathrm{d}x.$$

**(C) FAUX**

On intègre par parties.
On pose $u(x) = x^2$, on a alors $u'(x) = 2x$ ;
On pose $v'(x) = \sin x$, on choisit $v(x) = -\cos x$.
Les fonctions $u$, $u'$, $v$, $v'$ sont continues donc :

$$\int_{0}^{\frac{\pi}{2}} x^2 \sin x\,\mathrm{d}x = \int_{0}^{\frac{\pi}{2}} u(x)v'(x)\,\mathrm{d}x = [u(x)v(x)]_0^{\frac{\pi}{2}} - \int_{0}^{\frac{\pi}{2}} u'(x)v(x)\,\mathrm{d}x$$

$$\int_{0}^{\frac{\pi}{2}} x^2 \sin x\,\mathrm{d}x = \underbrace{[-x^2 \cos x]_0^{\frac{\pi}{2}}}_{=0} + \int_{0}^{\frac{\pi}{2}} 2x \cos x\,\mathrm{d}x$$

$$\int_{0}^{\frac{\pi}{2}} x^2 \sin x\,\mathrm{d}x = 2\int_{0}^{\frac{\pi}{2}} x \cos x\,\mathrm{d}x.$$

**(D) VRAI**

On intègre de nouveau par parties, en intégrant $\cos x$ et en dérivant $x$. On obtient :

$$\int_{0}^{\frac{\pi}{2}} x \cos x\,\mathrm{d}x = [x \sin x]_0^{\frac{\pi}{2}} - \int_{0}^{\frac{\pi}{2}} \sin x\,\mathrm{d}x$$

$$\int_{0}^{\frac{\pi}{2}} x \cos x\,\mathrm{d}x = \frac{\pi}{2} - 0 + [\cos x]_0^{\frac{\pi}{2}}$$

$$\int_{0}^{\frac{\pi}{2}} x \cos x\,\mathrm{d}x = \frac{\pi}{2} - 1.$$

**(E) FAUX**

Par linéarité de l'intégrale :

$$\int_{0}^{\frac{\pi}{2}} f(x)\,\mathrm{d}x = \int_{0}^{\frac{\pi}{2}} x^3 \cos x\,\mathrm{d}x - \int_{0}^{\frac{\pi}{2}} \sin x\,\mathrm{d}x.$$

On intègre par parties la première intégrale, en intégrant $\cos x$ et en dérivant $x^3$.
On obtient :

$$\int_{0}^{\frac{\pi}{2}} x^3 \cos x\,\mathrm{d}x = [x^3 \sin x]_0^{\frac{\pi}{2}} - \int_{0}^{\frac{\pi}{2}} 3x^2 \sin x\,\mathrm{d}x.$$

CONCOURS

$$\int_0^{\frac{\pi}{2}} x^3 \cos x \, dx = \left(\frac{\pi}{2}\right)^3 - \int_0^{\frac{\pi}{2}} 3x^2 \sin x \, dx.$$

D'après **(B)** et **(C)** :

$$\int_0^{\frac{\pi}{2}} x^2 \sin x \, dx = 2 \int_0^{\frac{\pi}{2}} x \cos x = 2\left(\frac{\pi}{2} - 1\right) = \pi - 2.$$

On en déduit :

$$\int_0^{\frac{\pi}{2}} x^3 \cos x \, dx = \frac{\pi^3}{8} - 3\pi + 6.$$

Enfin :

$$\int_0^{\frac{\pi}{2}} \sin x \, dx = [-\cos x]_0^{\frac{\pi}{2}} = 1$$

et donc :

$$\int_0^{\frac{\pi}{2}} f(x) \, dx = \frac{\pi^3}{8} - 3\pi + 6 - 1 = \frac{\pi^3}{8} - 3\pi + 5.$$

## EXERCICE 12

**(A) VRAI**

Pour tout réel $x$, si $y = -x + 1$, alors $x + y = 1 > 0$.

**(B) FAUX**

L'énoncé signifie que, pour tout $y \in \mathbb{R}$, $y > -x$, c'est-à-dire que $-x$ minore $\mathbb{R}$.

C'est faux car on sait que $\mathbb{R}$ n'est pas minoré.

**(C) FAUX**

Pour tout $x \in \mathbb{R}$, pour tout $y \in \mathbb{R}$ :

$(x+y)^2 = x^2 + y^2 + 2xy$,

ce qui n'est pas toujours égal à $x^2 + y^2$.

**(D) VRAI**

Pour tout $x \in \mathbb{R}$, si on prend $y = 0$, on obtient :

$$(x+y)^2 = x^2 = x^2 + y^2.$$

**(E) VRAI**

Soit $x = 0$. Pour tout réel $y$ :

$$(x+y)^2 = y^2 = x^2 + y^2.$$

## EXERCICE 13

**(A) FAUX**
L'énoncé P est toujours vrai car pour tout $n \in \mathbb{N}$, on peut trouver un réel qui majore $|u_n|$.
L'énoncé Q signifie que la suite $(u_n)$ est bornée.
Ainsi si P est vrai, on n'a pas nécessairement Q vrai car, si $(u_n)$ est une suite non bornée, par exemple $u_n = n$, on a P vrai et Q faux.
**(B) VRAI**
En effet P est toujours vrai donc en particulier si Q est vrai.
**(C) FAUX**
L'énoncé P ne signifie pas que $(u_n)$ est majorée.
Si on définit $(u_n)$ par $u_n = n$, la suite $(u_n)$ est croissante, vérifie P et diverge vers $+\infty$.
**(D) FAUX**
Si $(u_n)$ est décroissante, elle peut ne pas être bornée et donc ne pas vérifier Q. La suite $(u_n)$ définie par $u_n = -n$ donne un contre-exemple.
**(E) VRAI**
C'est un résultat du cours qu'une suite convergente est bornée.

CONCOURS

## EXERCICE 14

**(A) FAUX**
La suite $(u_n)$ peut être strictement décroissante et minorée, auquel cas elle converge. Par exemple, la suite définie pour tout $n \in \mathbb{N}$ par $u_n = \dfrac{1}{n+1}$ est strictement décroissante et converge vers 0.
**(B) FAUX**
La suite $(u_n)$ définie par $u_n = (-1)^n n$, n'est pas minorée car pour tout $n$ impair, $u_n = -n$. Elle n'a pas pour limite $-\infty$, car pour tout $n$ pair $u_n = n \geqslant 0$.
Pour que l'énoncé soit correct, il aurait fallu rajouter que $(u_n)$ est décroissante.
**(C) FAUX**
La suite définie par $u_n = -n + (-1)^n$ pour tout entier $n$ diverge vers $-\infty$, car pour tout $n$, $u_n \leqslant -n + 1$ et $\lim\limits_{n \to +\infty} (-n+1) = -\infty$.
Or, $u_{n+1} - u_n = -(n+1) + (-1)^{n+1} + n - (-1)^n = -1 - 2(-1)^n$.
Donc pour $n$ impair, $u_{n+1} - u_n$ est strictement positif et la suite $u_n$ n'est pas décroissante.

**(D) VRAI**

Si $\lim_{n \to +\infty} u_n = -\infty$, tous les termes de la suite à partir d'un certain rang $n_0$ sont négatifs, par définition de la limite. Notons M le plus grand des réels $u_0, u_1, ..., u_{n_0}, 0$.

On a alors, pour $n \leqslant n_0$, $u_n \leqslant M$, et pour $n \geqslant n_0$, $u_n \leqslant 0 \leqslant M$.

**La suite $(u_n)$ est majorée par M.**

**(E) FAUX**

La suite $(u_n)$ définie par $u_n = (-1)^n n$ n'est ni majorée ni minorée car pour $n$ pair, $u_n = n$ et pour $n$ impair, $u_n = -n$. Comme $\lim_{n \to +\infty} n = +\infty$ et $\lim_{n \to +\infty} -n = -\infty$, on peut prendre des valeurs supérieures à tout réel A et des valeurs inférieures à tout réel A.

## EXERCICE 15

**(A) VRAI**

P signifie que si $x = 1$ alors $z = 2$ ou $y = 3$, c'est-à-dire $y = 3$ si $z \neq 2$.

**(B) FAUX**

L'énoncé Q signifie que si $z = 2$ et $y = 4$ alors on a $x = 3$.

Si l'hypothèse est seulement $z = 2$ ou seulement $y = 4$, il n'y a aucune raison d'avoir $x = 3$. Donc les énoncés (Si $z = 2$ alors $x = 3$) et (Si $y = 4$ alors $x = 3$) ne sont pas nécessairement réalisés et a fortiori leur conjonction.

**(C) FAUX**

La négation d'un énoncé du type (si A alors B) est (A et non B) ; de plus la négation de (A ou B) est (non A et non B).

Ainsi la négation du P est :

$$x = 1 \text{ et non } (z = 2 \text{ ou } y = 3).$$

c'est-à-dire :

$$x = 1 \text{ et } z \neq 2 \text{ et } y \neq 3.$$

**(D) VRAI**

Déjà traité dans **(C)**.

**(E) FAUX**

Comme dans **(C)** la négation de Q est :

$$z = 2 \text{ et } y = 4 \text{ et } x \neq 3.$$

## EXERCICE 16

**(A) FAUX**

En multipliant le dénominateur par son conjugué, on obtient :

$$z = \frac{(1 + i\omega)^2}{1 + \omega^2} = \frac{1 - \omega^2 + 2i\omega}{1 + \omega^2}.$$

La partie réelle de $z$ est $\dfrac{1 - \omega^2}{1 + \omega^2}$.

Elle est différente de 1, car $\omega$ n'est pas nul.

**(B) VRAI**

Il résulte de **(A)** que $\text{Im}\,(z) = \dfrac{2\omega}{1 + \omega^2}$.

**(C) VRAI**

D'après les propriétés du module :

$$|z| = \frac{|1 + i\omega|}{|1 - i\omega|} = \frac{\sqrt{1 + \omega^2}}{\sqrt{1 + \omega^2}} = 1.$$

**(D) VRAI**

D'après les propriétés du module :

$$\left|\frac{(1 + i\omega^2)}{1 - i\omega}\right| = \frac{|1 + i\omega|^2}{|1 - i\omega|} = \frac{1 + \omega^2}{\sqrt{1 + \omega^2}} = \sqrt{1 + \omega^2}.$$

**(E) FAUX**

$$\left|\frac{1 + i\omega}{(1 - i\omega)^2}\right| = \frac{|1 + i\omega|}{|1 - i\omega|^2} = \frac{\sqrt{1 + \omega^2}}{1 + \omega^2} = \frac{1}{\sqrt{1 + \omega^2}}.$$

Comme $\sqrt{1 + \omega^2} \neq \dfrac{1}{\sqrt{1 + \omega^2}}$ car $\omega \neq 0$, le module de $\dfrac{1 + i\omega}{(1 - i\omega)^2}$ n'est pas égal au module de $\dfrac{(1 + i\omega)^2}{1 - i\omega}$.

## EXERCICE 17

**(A) FAUX**

On pose $z = x + iy$, avec $x$ et $y$ réels. On obtient :

$$Z = \frac{x + (y - 1)i}{x + 2 + yi} = \frac{(x + (y - 1)i)(x + 2 - yi)}{(x + 2)^2 + y^2}$$

$$Z = \frac{x(x + 2) + y(y - 1) + ((x + 2)(y - 1) - xy)i}{(x + 2)^2 + y^2}$$

$$Z = \frac{x^2 + y^2 + 2x - y + (-x + 2y - 2)i}{(x + 2)^2 + y^2}.$$

Ainsi Z est réel si, et seulement si, $-x+2y-2=0$. Le point M doit appartenir à la droite $\mathscr{D}$ d'équation $-x+2y-2=0$, privée du point de coordonnées $(-2\ ;\ 0)$ car si $z=-2$, Z n'est pas défini.

**(B) FAUX**

L'ensemble des points M tels que Z soit un réel strictement positif est inclus dans la droite $\mathscr{D}$. Ce n'est donc pas un demi-cercle.

**(C) FAUX**

$\arg Z = 2k\pi\ (k \in \mathbb{Z})$ si, et seulement si, Z est un réel strictement positif. D'après l'expression de Z trouvée dans la question **(A)**, cela équivaut à :

$$\begin{cases} -x+2y-2=0 \\ x^2+y^2+2x-y>0 \end{cases}.$$

On obtient $x=2y-2$ et :
$x^2+y^2+2x-y=4y^2-8y+4+y^2+4y-4-y=5y^2-5y$
$x^2+y^2+2x-y=5y(y-1)$.
Ainsi $\arg Z=2k\pi\ (k\in\mathbb{Z})$ si, et seulement si :

$$\begin{cases} -x+2y-2=0 \\ y\in\ ]-\infty\ ;\ 0[\ \cup\ ]1\ ;\ +\infty[ \end{cases}.$$

L'ensemble cherché est la réunion de deux demi-droites incluses dans la droite $\mathscr{D}$.

**(D) FAUX**

On a $Z-\overline{Z}=0$ si $Z=\overline{Z}$, c'est-à-dire si, et seulement si, Z est réel. On trouve donc la droite $\mathscr{D}$ privée d'un point et pas un cercle.

**(E) VRAI**

Pour tout $z\in\mathbb{C}\setminus\{-2\}$ :

$$|Z|=\frac{|x+(y-1)\mathrm{i}|}{|(x+2)+y\mathrm{i}|}=\frac{\sqrt{x^2+(y-1)^2}}{\sqrt{(x+2)^2+y^2}}.$$

On en déduit :

$|Z|=1 \Leftrightarrow \sqrt{x^2+(y-1)^2}=\sqrt{(x+2)^2+y^2} \Leftrightarrow x^2+(y-1)^2=(x+2)^2+y^2$

$|Z|=1 \Leftrightarrow x^2+y^2+1-2y=x^2+4x+4+y^2$,

$|Z|=1 \Leftrightarrow 4x+2y+3=0$.

L'ensemble des points M tel que $|Z|=1$ est la droite d'équation $4x+2y+3=0$.

## EXERCICE 18

**(A) FAUX**
Soit M un point de l'axe $(O\ ;\ \vec{i})$. Il existe $x \in \mathbb{R}$ tel que M ait pour coordonnées $(x\ ;\ 0\ ;\ 0)$.

$$MP = \sqrt{x^2 + (2\sqrt{2})^2} = \sqrt{x^2 + 8}$$

$$MQ = \sqrt{(x+1)^2 + 3}.$$

Si $x = 0$ on a $MP = \sqrt{8}$ et $MQ = 2$ donc $MP \neq MQ$.

**(B) FAUX**
Avec les notations précédentes :

$$MR = \sqrt{(x+1)^2 + 3}.$$

Si $x = 0$, on a $MP = \sqrt{8}$ et $MR = 2$ donc $MP \neq MR$.

**(C) VRAI**
Pour tout point S de l'axe $(O\ ;\ \vec{i})$ :

$$SQ = \sqrt{(x+1)^2 + 3}$$
$$SP = \sqrt{x^2 + 8}.$$

$PQ = 2\sqrt{3}$ donc le triangle SQP est équilatéral si et seulement si :

$$\begin{cases} SP^2 = SQ^2 \\ SP^2 = PQ^2 \end{cases} \text{soit} \begin{cases} (x+1)^2 + 3 = x^2 + 8 \\ x^2 + 8 = 12 \end{cases} \text{soit} \begin{cases} 2x = 4 \\ x^2 = 4 \end{cases}$$

ce qui équivaut à $x = 2$. Il y a donc un seul point de l'axe $(O\ ;\ \vec{i})$ pour lequel SPQ est équilatéral.

**(D) FAUX**
Si pour tout point T de l'axe $(O\ ;\ \vec{i})$ le triangle PRT était équilatéral, on aurait en particulier $TP = TR$. Nous avons montré que ce n'est pas vrai pour tout point T de $(O\ ;\ \vec{i})$ dans la question **(B)**.

**(E) VRAI**
On remarque que le triangle est équilatéral. En effet :

$$PQ = \sqrt{1+3+8} = 2\sqrt{3},\ PR = \sqrt{1+3+8} = 2\sqrt{3},\ QR = 2\sqrt{3}.$$

Soit M le point de coordonnées $(x\ ;\ y\ ;\ z)$.
Le tétraèdre MPQR est régulier si, et seulement si :

$$MP = MQ = MR = 2\sqrt{3}.$$

On a :

$$MP^2 = x^2 + y^2 + (z - 2\sqrt{2})^2$$
$$MQ^2 = (x+1)^2 + (y - \sqrt{3})^2 + z^2$$
$$MR^2 = (x+1)^2 + (y + \sqrt{3})^2 + z^2.$$

$$MQ = MR \Leftrightarrow MQ^2 = MR^2 \Leftrightarrow -2y\sqrt{3} \Leftrightarrow 2y\sqrt{3} \Leftrightarrow y = 0.$$

Si $y = 0$, alors $MQ^2 = MR^2 = (x+1)^2 + 3 + z^2$ ;

$MQ = MR = 2\sqrt{3} \Leftrightarrow (x+1)^2 + 3 + z^2 = 12 \Leftrightarrow x^2 + 2x + z^2 = 8$ (1)

D'autre part :

$MP^2 = x^2 + (z - 2\sqrt{2})^2 = x^2 + z^2 - 4\sqrt{2}z + 8$ ;

$MP = 2\sqrt{3} \Leftrightarrow x^2 + z^2 - 4\sqrt{2}z + 8 = 12 \Leftrightarrow x^2 + z^2 - 4\sqrt{2}z = 4$ (2)

En soustrayant l'équation **(2)** à l'équation **(1)**, on obtient :

$$2x + 4\sqrt{2}z = 4$$
$$x = -2\sqrt{2}z + 2.$$

En remplaçant dans **(2)**, on obtient :

$(-2\sqrt{2}z + 2)^2 + z^2 - 4\sqrt{2}z = 4$,

$8z^2 - 8\sqrt{2}z + 4 + z^2 - 4\sqrt{2}z = 4$

$9z^2 - 12\sqrt{2}z = 0$

$z(9z - 12\sqrt{2}) = 0$

$z = 0$ ou $z = \dfrac{12\sqrt{2}}{9} = \dfrac{4\sqrt{2}}{3}$

Si $z = 0$ alors $x = 2$.

Si $z = \dfrac{4\sqrt{2}}{3}$ alors $x = -2\sqrt{2} \times \dfrac{4\sqrt{2}}{3} + 2 = -\dfrac{16}{3} + 2 = -\dfrac{10}{3}$

On trouve deux point M tels que le tétraèdre PQRM soit régulier, de coordonnées $(2\ ;\ 0\ ;\ 0)$ et $\left(-\dfrac{10}{3}\ ;\ 0\ ;\ \dfrac{4\sqrt{2}}{3}\right)$.

## EXERCICE 19

**(A) VRAI**

Un vecteur normal au plan Q est $\vec{n}'(1\ ;\ -1\ ;\ -1)$.

On a $\vec{n} \cdot \vec{n}' = 1 - 2 + 1 = 0$, donc les plans P et Q sont perpendiculaires.

**(B) VRAI**

Le point N appartient au plan P si, et seulement si, $\overrightarrow{LN} \cdot \vec{n} = 0$.

Le vecteur $\overrightarrow{LN}$ a pour coordonnées $\left(-2\ ;\ \dfrac{1}{3}\ ;\ -\dfrac{4}{3}\right)$.

Donc $\overrightarrow{LN} \cdot \vec{n} = -2 + \dfrac{2}{3} + \dfrac{4}{3} = 0$.

Ainsi le point N appartient à P.

De plus, les coordonnées de N vérifient l'équation de Q :

$$-2 - \frac{4}{3} + \frac{1}{3} + 3 = -2 - 1 + 3 = 0,$$

donc N appartient à Q.
Le point N appartient à l'intersection de P et de Q.
**(C) FAUX**
Soit H le projeté orthogonal de M sur P. Le vecteur $\overrightarrow{MH}$ est normal à P donc il existe $\lambda \in \mathbb{R}$ tel que $\overrightarrow{MH} = \lambda\vec{n}$.
Si on note $(x\ ;\ y\ ;\ z)$ les coordonnées de H, on a donc :

$$\begin{cases} x - 1 = \lambda \\ y - 1 = 2\lambda \\ z - 1 = -\lambda \end{cases} \text{ c'est-à-dire } \begin{cases} x = 1 + \lambda \\ y = 1 + 2\lambda \\ z = 1 - \lambda \end{cases}.$$

De plus, M appartient à P donc $\overrightarrow{LH} \cdot \vec{n} = 0$.
Les coordonnées de $\overrightarrow{LH}$ sont :

$$(1 + \lambda\ ;\ 1 + 2\lambda - 1\ ;\ 1 - \lambda - 1) = (1 + \lambda\ ;\ 2\lambda\ ;\ -\lambda).$$

On a donc $1 + \lambda + 2 \times 2\lambda + \lambda = 0$, c'est-à-dire $\lambda = -\dfrac{1}{6}$.
La distance de M à P est donc :

$$MH = |\lambda|\|\vec{n}\| = \frac{1}{6}\sqrt{1 + 4 + 1} = \frac{\sqrt{6}}{6}.$$

**(D) FAUX**

La distance de M à P est égale à $\dfrac{\sqrt{6}}{6}$, alors que $LM = 1$.
**(E) FAUX**
Le vecteur $\overrightarrow{LM}$ a pour coordonnées $(1\ ;\ 0\ ;\ 0)$. Un vecteur de coordonnées $(a\ ;\ b\ ;\ c)$ a une direction parallèle au plan Q d'équation $x - y - z + 3 = 0$ si, et seulement si :

$$a - b - c = 0.$$

On en déduit que la droite (LM) n'est pas parallèle au plan Q (car $1 - 0 - 0 = 1 \neq 0$).
Ainsi la droite (LM) coupe le plan Q en un point unique.
Donc l'intersection de (LM) et Q est non vide.

## EXERCICE 20

Notons D l'événement « la vis est défectueuse », A1, A2, A3 les événements « la vis vient de l'usine U », « la vis vient de l'usine V », « la vis vient de l'usine W ».
**(A) FAUX**
Par hypothèse $p_U(D) = 0{,}03$ et $p(U) = 0{,}3$.

On en déduit la probabilité cherchée :

$$p(D \cap U) = p_U(D) \times p(U) = 0{,}03 \times 0{,}3 = 0{,}009 = \frac{9}{1\ 000}.$$

**(B) VRAI**

$p(U \cup V) = p(U) + p(V) + 0{,}3 + 0{,}5 = 0{,}8 = \dfrac{8}{10}.$

**(C) FAUX**

On a par hypothèse $p_V(D) = 0{,}02 = \dfrac{2}{100}.$

**(D) VRAI**

On applique la formule des probabilités totales avec le système complet d'événements U, V, W.

On obtient :

$p(D) = p(D \cap U) + p(D \cap V) + p(D \cap W)$

$p(D) = p_U(D) \times p(U) + p_V(D) \times p(V) + p_W(D) \times p(W)$

$p(D) = 0{,}03 \times 0{,}3 + 0{,}02 \times 0{,}5 + 0{,}04 \times 0{,}2.$

$p(D) = \dfrac{9}{1\ 000} + \dfrac{10}{1\ 000} + \dfrac{8}{1\ 000} = \dfrac{27}{1\ 000}.$

**(E) FAUX**

Il s'agit de déterminer :

$p_D(W) = \dfrac{p(D \cap W)}{p(D)} = \dfrac{p_W(D) \times p(W)}{p(D)}.$

On obtient :

$$p_D(W) = \frac{0{,}04 \times 0{,}2}{\frac{27}{1\ 000}} = \frac{8}{27}.$$

# Exercices classés par thèmes

# Analyse

Amérique du Sud, novembre 2007 [1h 10 min]

## 1 SUJET

**1.** On considère la fonction $f_1$ définie sur $[0\ ;+\infty[$ par :

$$f_1(x)=2x-2+\ln(x^2+1).$$

**a.** Déterminer la limite de $f_1$ en $+\infty$.

**b.** Déterminer la dérivée de $f_1$.

**c.** Dresser le tableau de variation de $f_1$.

**2.** Soit $n$ un entier naturel non nul. On considère la fonction $f_n$, définie sur $[0\ ;+\infty[$ par :

$$f_n(x)=2x-2+\frac{\ln(x^2+1)}{n}.$$

**a.** Déterminer la limite de $f_n$ en $+\infty$.

**b.** Démontrer que la fonction $f_n$ est strictement croissante sur $[0\ ;+\infty[$.

**c.** Démontrer que l'équation $f_n(x)=0$ admet une unique solution $\alpha_n$ sur $[0\ ;+\infty[$.

**d.** Justifier que, pour tout entier naturel $n$, $0<\alpha_n<1$.

**3.** Montrer que, pour tout entier naturel non nul $n$, $f_n(\alpha_{n+1})>0$.

**4. Étude de la suite $(\alpha_n)$**

**a.** Montrer que la suite $(\alpha_n)$ est croissante.

**b.** En déduire qu'elle est convergente.

**c.** Utiliser l'expression $\alpha_n=1-\dfrac{\ln(\alpha_n^2+1)}{2n}$ pour déterminer la limite de cette suite.

## 1 CORRIGÉ

### 1. a. Limite de $f_1$ en $+\infty$

La fonction $f_1$ est définie sur $[0\ ;+\infty[$ car, pour tout $x$ de $\mathbb{R}^+$, le réel $1+x^2$ est strictement positif et la fonction logarithme est définie sur $\mathbb{R}_+^*$.
Pour tout $x$ de $\mathbb{R}^+$ :

$$f_1(x)=2x-2+\ln(x^2+1).$$

$\lim\limits_{x \to +\infty} x^2 = +\infty$, $\lim\limits_{x \to +\infty} (x^2+1) = +\infty$ donc :

$\lim\limits_{x \to +\infty} \ln(x^2+1) = +\infty$ et $\lim\limits_{x \to +\infty} (2x-2) = +\infty$.

Donc d'après le théorème sur la somme des limites :

$$\boxed{\lim_{x \to +\infty} f_1(x) = +\infty}.$$

**b. Dérivée de $f_1$**

$f_1$ est la somme de deux fonctions dérivables sur $\mathbb{R}^+$ (la fonction affine $x \mapsto 2x-2$ et la fonction $x \mapsto \ln(x^2+1)$ qui est la composée de la fonction $x \mapsto x^2+1$, qui est dérivable sur $\mathbb{R}^+$ et strictement positive, et de la fonction logarithme qui est dérivable sur $\mathbb{R}_+^*$). Donc pour tout $x$ de $\mathbb{R}^+$ :

$$\boxed{f_1'(x) = 2 + \frac{2x}{x^2+1}}.$$

**c. Tableau de variation de $f_1$**

Pour tout $x$ de $\mathbb{R}^+$, $2x \geqslant 0$ et $x^2+1 > 0$, donc $\dfrac{2x}{x^2+1} \geqslant 0$, soit pour tout $x$ de $\mathbb{R}^+$, $f_1'(x) \geqslant 2 > 0$.

La fonction $f_1$ est donc strictement croissante sur $[0\,;+\infty[$.
D'où le tableau de variation :

| $x$ | $0$ | $+\infty$ |
|---|---|---|
| $f_1'(x)$ | $+$ | |
| $f_1$ | $-2$ ↗ | $+\infty$ |

**2. a. Limite de $f_n$ en $+\infty$**

Pour $n$ fixé, on a encore $\lim\limits_{x \to +\infty} \dfrac{\ln(x^2+1)}{n} = +\infty$, et donc :

$$\boxed{\lim_{x \to +\infty} f_n(x) = +\infty}.$$

**b. Variation de la fonction $f_n$ sur $[0\,;+\infty[$**

Pour tout $n \in \mathbb{N}^*$, la fonction $f_n$ est strictement croissante sur $[0\,;+\infty[$.

EXERCICES

Pour tout $n \in \mathbb{N}^*$, la fonction $f_n$ est la somme de fonctions dérivables sur $[0\ ;+\infty[$ et, on a pour tout $x$ de $\mathbb{R}^+$ :

$$\boxed{f_n'(x) = 2 + \frac{2x}{n(x^2+1)}}.$$

Comme à la question **1.**, pour tout $n \in \mathbb{N}^*$, pour tout $x$ de $\mathbb{R}^+$, $f_n'(x) \geqslant 2$.

**Pour tout $n \in \mathbb{N}^*$, la fonction $f_n$ est strictement croissante sur $[0\ ;+\infty[$.**

**c. L'équation $f_n(x) = 0$ admet une unique solution $\alpha_n$ sur $[0\ ;+\infty[$**

La fonction $f_n$ est continue et strictement croissante sur $[0\ ;+\infty[$.

De plus $f_n(0) = -2$ et $\lim_{x \to +\infty} f_n(x) = +\infty$.

**Donc il existe un réel unique $\alpha_n$ tel que $f_n(\alpha_n) = 0$.**

**d. Pour tout entier naturel non nul $n$, $0 < \alpha_n < 1$**

Pour tout entier naturel non nul $n$, $f_n(1) = \dfrac{\ln 2}{n}$ et $f_n(0) = -2$.

Or, $-2 < 0 < \dfrac{\ln 2}{n}$ soit :

$$f_n(0) < f_n(\alpha_n) < f_n(1).$$

La fonction $f_n$ étant croissante sur $[0\ ;1]$ on a :

$$\boxed{0 < \alpha_n < 1}.$$

**3. Pour tout entier naturel non nul $n$, $f_n(\alpha_{n+1}) > 0$**

On a pour tout entier naturel non nul $n$,

$$f_{n+1}(\alpha_{n+1}) = 2\alpha_{n+1} - 2 + \frac{\ln(\alpha_{n+1}^2 + 1)}{n+1} = 0$$

et :

$$f_n(\alpha_{n+1}) = 2\alpha_{n+1} - 2 + \frac{\ln(\alpha_{n+1}^2 + 1)}{n}.$$

Donc, pour tout entier naturel non nul $n$ :

$$\begin{aligned} f_n(\alpha_{n+1}) &= f_n(\alpha_{n+1}) - 0 \\ &= f_n(\alpha_{n+1}) - f_{n+1}(\alpha_{n+1}) \\ &= \ln(\alpha_{n+1}^2 + 1)\left(\frac{1}{n} - \frac{1}{n+1}\right) \\ &= \ln(\alpha_{n+1}^2 + 1)\ \frac{1}{n(n+1)}. \end{aligned}$$

Pour tout entier naturel non nul $n$, $\dfrac{1}{n(n+1)} > 0$ et $\ln(\alpha_{n+1}^2 + 1) > 0$ car pour tout entier non nul $n$, $0 < \alpha_n$ donc $0 < \alpha_{n+1}^2$ donc :

$$\alpha_{n+1}^2 + 1 > 1.$$

Donc pour tout entier naturel non nul $n$ :

$$\boxed{f_n(\alpha_{n+1}) > 0}.$$

**4. a. La suite $(\alpha_n)$ est croissante**

On vient de démontrer que pour tout entier naturel non nul $n$, $0 < f_n(\alpha_{n+1})$ ou encore $f_n(\alpha_n) < f_n(\alpha_{n+1})$.

Comme la fonction $f_n$ est croissante sur $\mathbb{R}^+$, pour tout entier naturel non nul $n$, $\alpha_n < \alpha_{n+1}$.

**La suite $(\alpha_n)$ est croissante.**

**b. La suite $(\alpha_n)$ est convergente**

La suite $(\alpha_n)$ est croissante et majorée par 1.

**Donc la suite $(\alpha_n)$ est convergente.**

**c. Calcul de la limite de la suite $(\alpha_n)$**

Pour tout entier $n$ non nul :

$$\alpha_n = 1 - \frac{\ln(\alpha_n^2 + 1)}{2n}.$$

Désignons par $\ell$ la limite de la suite $(\alpha_n)$.

$\lim\limits_{n \to +\infty} \alpha_n = \ell$, $\lim\limits_{n \to +\infty} \ln(\alpha_n^2 + 1) = \ln(\ell^2 + 1)$ et donc :

$$\lim_{n \to +\infty} \frac{\ln(\alpha_n^2 + 1)}{2n} = \lim_{n \to +\infty} \frac{\ln(\ell^2 + 1)}{2n} = 0.$$

$$\lim_{n \to +\infty} \alpha_n = \lim_{n \to +\infty} \left[1 - \frac{\ln(\alpha_n^2 + 1)}{2n}\right] = 1 \text{ donc :}$$

$$\boxed{\lim_{n \to +\infty} \alpha_n = 1}.$$



## 2 SUJET

Antilles-Guyane, septembre 2007 [1 h]

### Question de cours

Soit I un intervalle de $\mathbb{R}$.

Soient $u$ et $v$ deux fonctions continues, dérivables sur I telles que $u'$ et $v'$ soient continues sur I.

Rappeler et démontrer la formule d'intégration par parties sur un intervalle $[a\,;\,b]$ de I.

## Partie A

Soit $f$ une fonction définie et dérivable sur l'intervalle $[0\,;\,1]$.
On note $f'$ la fonction dérivée de $f$.
On suppose que $f'$ est continue sur l'intervalle $[0\,;\,1]$.

**1.** Utiliser la question de cours pour montrer que :

$$\int_0^1 f(x)\,\mathrm{d}x = f(1) - \int_0^1 x f'(x)\,\mathrm{d}x.$$

**2.** En déduire que $\displaystyle\int_0^1 (f(x) - f(1))\,\mathrm{d}x = -\int_0^1 x f'(x)\,\mathrm{d}x$.

## Partie B

On désigne par ln la fonction logarithme népérien.

Soit $f$ la fonction définie sur l'intervalle $]-2\,;\,2[$ par :

$$f(x) = \ln\left(\frac{2+x}{2-x}\right).$$

Soit $\mathscr{C}$ la courbe représentative de $f$ sur l'intervalle $]-2\,;\,2[$ dans un repère orthonormal $(\mathrm{O}\,;\,\vec{i}, \vec{j})$ d'unité graphique 2 cm.

**1.** Déterminer les limites de $f$ aux bornes de son ensemble de définition.

**2. a.** Montrer que pour tout réel $x$ de l'intervalle $]-2\,;\,2[$, on a :

$$f'(x) = \frac{4}{4-x^2}.$$

**b.** En déduire les variations de $f$ sur l'intervalle $]-2\,;\,2[$.

## Partie C

La courbe $\mathscr{C}$ est tracée page suivante.
Hachurer la partie $\mathscr{P}$ du plan constituée des points $\mathrm{M}(x\,;\,y)$ tels que :

$$0 \leqslant x \leqslant 1 \text{ et } f(x) \leqslant y \leqslant \ln 3.$$

En utilisant la **partie A**, calculer en $\mathrm{cm}^2$ l'aire de $\mathscr{P}$.

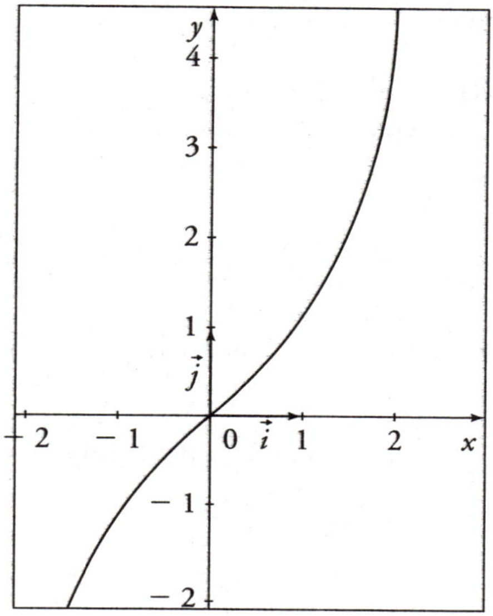


## 2 CORRIGÉ

### Question de cours

**Rappelons et démontrons la formule d'intégration par parties sur un intervalle $[a\ ;\ b]$.**

Soient $u$ et $v$ deux fonctions continues, dérivables sur $[a\ ;\ b]$ telles que $u'$ et $v'$ soient continues sur $[a\ ;\ b]$.
Pour tout $t$ de $[a\ ;\ b]$ :

$$(uv)'(t) = u'(t)v(t) + u(t)v'(t).$$

Soit pour tout $t$ de $[a\ ;\ b]$ :

$$u'(t)v(t) = (uv)'(t) - u(t)v'(t).$$

Les fonctions $u'v$, $(uv)'$ et $uv'$ sont continues sur $[a\ ;\ b]$, les intégrales de ces trois fonctions sur $[a\ ;\ b]$ existent et en utilisant la propriété de linéarité de l'intégrale :

$$\int_a^b u'(t)v(t)\ \mathrm{d}t = \int_a^b [(uv)'(t) - u(t)v'(t)]\ \mathrm{d}t$$

$$= \int_a^b (uv)'(t)\ \mathrm{d}t - \int_a^b u(t)v'(t)\ \mathrm{d}t$$

Une primitive de $(uv)'$ sur $[a\ ;\ b]$ est $uv$ d'où :

$$\boxed{\int_a^b u'(t)v(t)\ \mathrm{d}t = [u(t)v(t)]_a^b - \int_a^b u(t)v'(t)\ \mathrm{d}t}.$$

## Partie A

### 1. Démonstration de la relation $\int_0^1 f(x)\ \mathrm{d}x = f(1) - \int_0^1 xf'(x)\ \mathrm{d}x$

La fonction $f$ est continue sur $\mathbb{R}$, l'intégrale $\int_0^1 f(x)\ \mathrm{d}x$ existe, on peut écrire :

$$\int_0^1 f(x)\ \mathrm{d}x = \int_0^1 1 \times f(x)\ \mathrm{d}x.$$

Posons :

$$f \begin{array}{ccc} [0\ ;\ 1] & \rightarrow & \mathbb{R} \\ x & \mapsto & f(x) \end{array} \quad \text{on a} \quad f' \begin{array}{ccc} [0\ ;\ 1] & \rightarrow & \mathbb{R} \\ x & \mapsto & f'(x) \end{array}$$

$$v' \quad x \mapsto 1 \quad \text{on choisit} \quad v \quad x \mapsto x$$

Les fonctions $f$ et $v$ sont dérivables sur $[0\ ;\ 1]$ ($f$ par hypothèse et la fonction $v$ est la fonction identité sur $[0\ ;\ 1]$).
Les fonctions $f'$ et $v'$ sont continues sur $[0\ ;\ 1]$. On peut donc intégrer par parties et l'on a :

$$\begin{aligned} \int_0^1 f(x)\ \mathrm{d}x = \int_0^1 1 \times f(x)\ \mathrm{d}x &= \int_0^1 v'(x) \times f(x)\ \mathrm{d}x \\ &= [v(x) \times f(x)]_0^1 - \int_0^1 v(x) \times f'(x)\ \mathrm{d}x \\ &= [xf(x)]_0^1 - \int_0^1 xf'(x)\ \mathrm{d}x. \end{aligned}$$

$$\boxed{\int_0^1 f(x)\ \mathrm{d}x = f(1) - \int_0^1 xf'(x)\ \mathrm{d}x}.$$

### 2. On en déduit que $\int_0^1 (f(x) - f(1))\ \mathrm{d}x = -\int_0^1 xf'(x)\ \mathrm{d}x$

Une primitive sur $[0\ ;\ 1]$ de $x \mapsto f(1)$ est $x \mapsto xf(1)$, d'où :

$$\int_0^1 f(1)\ \mathrm{d}x = [xf(1)]_0^1 = f(1).$$

Donc :

$$\int_0^1 f(x)\,\mathrm{d}x = f(1) - \int_0^1 x f'(x)\,\mathrm{d}x$$
$$= \int_0^1 f(1)\,\mathrm{d}x - \int_0^1 x f'(x)\,\mathrm{d}x$$

Donc :

$$\int_0^1 f(x)\,\mathrm{d}x - \int_0^1 f(1)\,\mathrm{d}x = -\int_0^1 x f'(x)\,\mathrm{d}x.$$

En utilisant la linéarité de l'intégrale :

$$\boxed{\int_0^1 [f(x) - f(1)]\,\mathrm{d}x = -\int_0^1 x f'(x)\,\mathrm{d}x}.$$

## Partie B

La fonction $f$ est la composée de la fonction $u : x \mapsto \dfrac{2+x}{2-x}$ et de la fonction logarithme. La fonction $u$ est une fonction rationnelle définie et dérivable donc continue sur $\mathbb{R}\backslash\{2\}$. Sur $]-2\,;\,2[$, la fonction $u$ est dérivable et strictement positive (quotient de deux fonctions strictement positives sur $]-2\,;\,2[$), la fonction logarithme est dérivable sur $\mathbb{R}_+^*$ donc la fonction $f$ est dérivable sur $]-2\,;\,2[$.

**1. Calcul des limites de $f$ aux bornes de son ensemble de définition**

$\lim\limits_{x \to -2} (2+x) = 0$ et $\lim\limits_{x \to -2} (2-x) = 4$,

donc $\lim\limits_{x \to -2} \left(\dfrac{2+x}{2-x}\right) = 0$ et pour tout $x$ de $]-2\,;\,2[$, $\dfrac{2+x}{2-x} > 0$.

De plus $\lim\limits_{y \to 0} \ln y = -\infty$ donc :

$$\boxed{\lim_{x \to -2} f(x) = -\infty}.$$

$\lim\limits_{x \to +2} (2+x) = 4$ et $\lim\limits_{x \to 2} (2-x) = 0$.

De plus pour tout $x$ de $]-2\,;\,2[$, $(2-x) > 0$ donc $\lim\limits_{x \to 2} \left(\dfrac{2+x}{2-x}\right) = +\infty$.

Enfin, $\lim\limits_{y \to +\infty} \ln y = +\infty$ donc :

$$\boxed{\lim_{x \to 2} f(x) = +\infty}.$$

EXERCICES

**2. a. Pour tout réel $x$ de l'intervalle $]-2\,;\,2[$, $f'(x)=\dfrac{4}{4-x^2}$**

La fonction $f$ est dérivable sur $]-2\,;\,2[$.
Pour tout $x$ de $]-2\,;\,2[$, on a $(2+x)>0$ et $(2-x)>0$ donc :

$$\ln\left(\frac{2+x}{2-x}\right)=\ln\,(2+x)-\ln\,(2-x).$$

D'où pour tout $x$ de $]-2\,;\,2[$ :

$$f'(x)=\frac{1}{2+x}-\frac{-1}{2-x}=\frac{1}{2+x}+\frac{1}{2-x}$$

$$\boxed{f'(x)=\frac{4}{4-x^2}}.$$

**b. Détermination des variations de $f$ sur l'intervalle $]-2\,;\,2[$**
Pour tout $x$ de $]-2\,;\,2[$, $4-x^2>0$ donc $f'(x)>0$.
**Donc la fonction $f$ est strictement croissante sur $]-2\,;\,2[$.**

## Partie C

**Calculons en $cm^2$ l'aire de $\mathcal{P}$.**
Pour tout $x$ de $[0\,;\,1]$ on a $\ln 3-f(x)\geqslant 0$.
La fonction $x\mapsto \ln 3-f(x)$ est continue sur $[0\,;\,1]$ donc l'aire demandée en unités d'aire est égale à :

$$\int_0^1[\ln 3-f(x)]\,\mathrm{d}x=\int_0^1[f(1)-f(x)]\,\mathrm{d}x$$

$$=\int_0^1 xf'(x)\,\mathrm{d}x=\int_0^1\frac{4x}{4-x^2}\,\mathrm{d}x=-2\int\frac{-2x}{4-x^2}\,\mathrm{d}x$$

$$=[-2\ln|4-x^2|]_0^1=2\ln\left(\frac{4}{3}\right)\text{ u.a.}$$

Le repère est orthonormé et l'unité graphique est 2 cm donc :

$$1\text{ u.a.}=4\text{ cm}^2.$$

D'où $\mathcal{P}=4\times 2\ln\left(\dfrac{4}{3}\right)$ soit :

$$\boxed{\mathcal{P}=8\ln\left(\frac{4}{3}\right)\text{ cm}^2}.$$

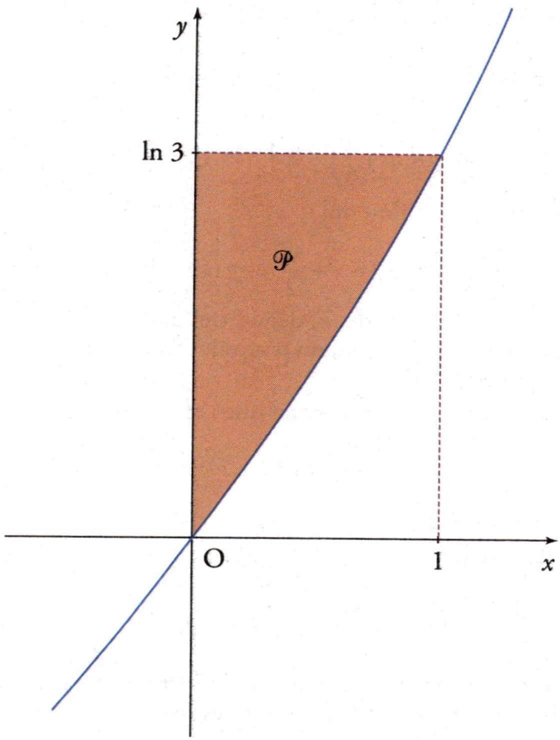


3 SUJET

Antilles-Guyane, septembre 2006 [1h]



On se propose de déterminer des valeurs approchées de l'intégrale :

$$I = \int_0^{\frac{1}{2}} \frac{10t^2}{1+t^2}\, dt$$

en utilisant deux méthodes distinctes.
Les parties A et B sont largement indépendantes l'une de l'autre.

## Partie A – Utilisation d'une intégration par parties

**1.** En remarquant que $\dfrac{10t^2}{1+t^2} = 5t \times \dfrac{2t}{1+t^2}$, établir l'égalité :

$$\mathrm{I} = \frac{5}{2} \times \ln\left(\frac{5}{4}\right) - 5\int_0^{\frac{1}{2}} \ln(1+t^2)\,\mathrm{d}t.$$

**2.** On pose, pour $x$ positif ou nul :

$$f(x) = \ln(1+x) - x + \frac{x^2}{2} \quad \text{et} \quad g(x) = \ln(1+x) - x.$$

**a.** En utilisant les variations de $f$, démontrer que $f(x) \geqslant 0$.
En procédant de la même façon, on pourrait établir que $g(x) \leqslant 0$, inégalité que l'on admettra ici.
**b.** À l'aide de ce qui précède, montrer que l'encadrement :

$$t^2 - \frac{t^4}{2} \leqslant \ln(1+t^2) \leqslant t^2$$

est vrai pour tout réel $t$.
**c.** Déduire de la question précédente que :

$$-\frac{5}{24} \leqslant -5\int_0^{\frac{1}{2}} \ln(1+t^2)\,\mathrm{d}t \leqslant -\frac{37}{192}.$$

**3.** En utilisant les questions précédentes, donner un encadrement d'amplitude inférieure à 0,02 de I par des nombres décimaux ayant trois chiffres après la virgule.

## Partie B – Utilisation de la méthode d'Euler

**1.** On pose $\phi(x) = \displaystyle\int_0^x \frac{10t^2}{1+t^2}\,\mathrm{d}t$ pour $x \in \left[0\,;\,\frac{1}{2}\right]$.
Préciser $\phi(0)$ ainsi que la fonction dérivée de $\phi$.

**2.** On rappelle que la méthode d'Euler permet de construire une suite de points $\mathrm{M}_n(x_n\,;\,y_n)$ proches de la courbe représentative de $\phi$.
En choisissant comme pas $h = 0{,}1$ on obtient la suite de points $\mathrm{M}_n$ définie pour $n$ entier naturel par :

$$\begin{cases} x_0 = 0 \\ y_0 = 0 \end{cases} \text{et} \begin{cases} x_{n+1} = x_n + 0{,}1 \\ y_{n+1} = y_n + \phi'(x_n) \times 0{,}1 \end{cases}.$$

En utilisant, sans la justifier, l'égalité $x_n = \dfrac{n}{10}$, vérifier que :

$$y_{n+1} = y_n + \frac{n^2}{100+n^2}.$$

**3.** Calculer $y_1$ et $y_2$, puis exprimer $y_3$, $y_4$ et $y_5$ sous la forme d'une somme de fractions que l'on ne cherchera pas à simplifier.
Donner maintenant une valeur approchée à 0,001 près de $y_5$.

Le réel $x_5$ étant égal à $\frac{1}{2}$, $y_5$ est donc une valeur approchée de $\phi\left(\frac{1}{2}\right)$ c'est-à-dire de I.

**4.** Avec la méthode d'Euler au pas $h = 0{,}01$ on obtient, pour I, la valeur approchée 0,354.
Les valeurs de I obtenues avec la méthode d'Euler sont-elles compatibles avec l'encadrement de la question **3.** de la partie **A** ?

## 3 CORRIGÉ

### Partie A – Utilisation d'une intégration par parties

**1. Relation $\mathrm{I} = \frac{5}{2} \times \ln\left(\frac{5}{4}\right) - 5\int_0^{\frac{1}{2}} \ln(1+t^2)\,\mathrm{d}t$**

On a $\mathrm{I} = \frac{5}{2} \times \ln\left(\frac{5}{4}\right) - 5\int_0^{\frac{1}{2}} \ln(1+t^2)\,\mathrm{d}t$.

Pour tout $t$ de $\left[0\,;\frac{1}{2}\right]$, on a $\frac{10t^2}{1+t^2} = 5t \times \frac{2t}{1+t^2}$.

Posons :

$$u : \begin{array}{ccc} \left[0\,;\frac{1}{2}\right] & \to & \mathbb{R} \\ t & \mapsto & 5t \end{array} \quad \text{on a} \quad u' : \begin{array}{ccc} \left[0\,;\frac{1}{2}\right] & \to & \mathbb{R} \\ t & \mapsto & 5 \end{array}$$

$$v' : t \mapsto \frac{2t}{1+t^2} \quad \text{on choisit} \quad v : t \mapsto \ln(1+t^2)$$

car la fonction $t \mapsto 1+t^2$ est dérivable et a pour dérivée la fonction $t \mapsto 2t$.

Les fonctions $u$ et $v$ sont dérivables sur $\left[0\,;\frac{1}{2}\right]$ et les fonctions $u'$ et $v'$ sont continues sur $\left[0\,;\frac{1}{2}\right]$ ; on peut faire une intégration par parties :

$$\mathrm{I} = [(5t)\ln(1+t^2)]_0^{\frac{1}{2}} - \int_0^{\frac{1}{2}} 5\ln(1+t^2)\,\mathrm{d}t$$

EXERCICES

$$I = \frac{5}{2} \ln\left(\frac{5}{4}\right) - 5 \int_0^{\frac{1}{2}} \ln(1 + t^2)\, dt$$

$$\boxed{I = \frac{5}{2} \times \ln\left(\frac{5}{4}\right) - 5 \int_0^{\frac{1}{2}} \ln(1 + t^2)\, dt}.$$

**2.** On pose pour $x$ positif ou nul :

$$f(x) = \ln(1 + x) - x + \frac{x^2}{2} \text{ et } g(x) = \ln(1 + x) - x.$$

**a. Pour tout $x$, de $\mathbb{R}_+$, $f(x) \geqslant 0$**

La fonction $f$ est la somme de la fonction $x \mapsto \ln(1 + x)$ et de la fonction polynôme $x \mapsto -x + \frac{x^2}{2}$ qui sont toutes deux dérivables sur $\mathbb{R}_+$, la fonction $f$ est donc dérivable sur $\mathbb{R}_+$ et pour tout $x$ de $\mathbb{R}_+$ on a :

$$f'(x) = \frac{1}{1 + x} - 1 + x = \frac{x^2}{1 + x}.$$

Pour tout $x$ de $\mathbb{R}_+^*$, on a $f'(x) > 0$, la fonction $f$ est donc strictement croissante sur $\mathbb{R}_+^*$ et donc strictement croissante sur $\mathbb{R}_+$. De plus $f(0) = 0$.

**D'où pour tout $x$ de $\mathbb{R}_+$, $f(x) \geqslant 0$.**

On démontrerait de même que pour tout $x$ de $\mathbb{R}_+$, $g(x) \leqslant 0$.

**b. Pour tout réel $t$, on a $t^2 - \frac{t^4}{2} \leqslant \ln(1 + t^2) \leqslant t^2$.**

D'après la question précédente, pour tout réel $x$ positif, $f(x) \geqslant 0$ et $g(x) \leqslant 0$ soit :

$$\ln(1 + x) \geqslant x - \frac{x^2}{2} \text{ et } \ln(1 + x) \leqslant x.$$

Soit encore pour tout réel $x$ positif :

$$x - \frac{x^2}{2} \leqslant \ln(1 + x) \leqslant x.$$

Pour tout réel $t$, le réel $t^2$ est positif (on peut donc poser dans la double inégalité précédente $x = t^2$), donc pour tout réel $t$ :

$$\boxed{t^2 - \frac{t^4}{2} \leqslant \ln(1 + t^2) \leqslant t^2}.$$

**c. Pour tout réel $t$, on a $-\dfrac{5}{24} \leqslant -5\displaystyle\int_0^{\frac{1}{2}} \ln(1+t^2)\,\mathrm{d}t \leqslant -\dfrac{37}{192}$.**

Les trois fonctions $t \mapsto t^2 - \dfrac{t^4}{2}$ ; $t \mapsto \ln(1+t^2)$ et $t \mapsto t^2$ sont continues sur $\left[0\,;\,\dfrac{1}{2}\right]$ et $0 \leqslant \dfrac{1}{2}$, les intégrales des trois fonctions sur $\left[0\,;\,\dfrac{1}{2}\right]$ sont donc dans le même ordre que les fonctions d'où :

$$\int_0^{\frac{1}{2}} \left(t^2 - \frac{t^4}{2}\right)\mathrm{d}t \leqslant \int_0^{\frac{1}{2}} \ln(1+t^2)\,\mathrm{d}t \leqslant \int_0^{\frac{1}{2}} t^2\,\mathrm{d}t$$

$$\left[\frac{t^3}{3} - \frac{t^5}{10}\right]_0^{\frac{1}{2}} \leqslant \int_0^{\frac{1}{2}} \ln(1+t^2)\,\mathrm{d}t \leqslant \left[\frac{t^3}{3}\right]_0^{\frac{1}{2}}$$

$$\frac{37}{960} \leqslant \int_0^{\frac{1}{2}} \ln(1+t^2)\,\mathrm{d}t \leqslant \frac{1}{24}.$$

Donc en multipliant les trois membres par le réel négatif $-5$ et donc en changeant le sens des inégalités :

$$\boxed{-\frac{5}{24} \leqslant -5\int_0^{\frac{1}{2}} \ln(1+t^2)\,\mathrm{d}t \leqslant -\frac{37}{192}}.$$

**3. Encadrement d'amplitude inférieure à 0,02 de I par des nombres décimaux ayant trois chiffres après la virgule**

En ajoutant $\dfrac{5}{2} \times \ln\left(\dfrac{5}{4}\right)$ aux trois membres de la double inégalité précédente on obtient :

$$\frac{5}{2}\ln\left(\frac{5}{4}\right) - \frac{5}{24} \leqslant \frac{5}{2}\ln\left(\frac{5}{4}\right) - 5\int_0^{\frac{1}{2}} \ln(1+t^2)\,\mathrm{d}t \leqslant \frac{5}{2}\ln\left(\frac{5}{4}\right) - \frac{37}{192}$$

$$\frac{5}{2}\ln\left(\frac{5}{4}\right) - \frac{5}{24} \leqslant \mathrm{I} \leqslant \frac{5}{2}\ln\left(\frac{5}{4}\right) - \frac{37}{192}.$$

On a $\dfrac{5}{2}\ln\left(\dfrac{5}{4}\right) - \dfrac{5}{24} \approx 0{,}349\ 53$ et $\dfrac{5}{2}\ln\left(\dfrac{5}{4}\right) - \dfrac{37}{192} \approx 0{,}365\ 15$ d'où un encadrement demandé possible est :

$$\boxed{0{,}349 \leqslant \mathrm{I} \leqslant 0{,}366}.$$

EXERCICES

## Partie B – Utilisation de la méthode d'Euler

**1. On pose $\phi(x)=\int_0^x \frac{10t^2}{1+t^2}\,dt$ pour $x\in\left[0\,;\frac{1}{2}\right]$. Calcul de $\phi(0)$ et de la fonction dérivée de $\phi$**

$\phi(0)=\int_0^0 \frac{10t^2}{1+t^2}\,dt$ donc :

$$\boxed{\phi(0)=0}.$$

La fonction $t\mapsto \frac{10t^2}{1+t^2}$ est continue sur $\left[0\,;\frac{1}{2}\right]$, donc cette fonction admet des primitives sur $\left[0\,;\frac{1}{2}\right]$, la fonction $\phi$ est la primitive sur $\left[0\,;\frac{1}{2}\right]$ de $t\mapsto \frac{10t^2}{1+t^2}$ qui s'annule en 0.

La fonction $\phi$ est donc dérivable sur $\left[0\,;\frac{1}{2}\right]$ et pour tout $x$ de $\left[0\,;\frac{1}{2}\right]$ :

$$\boxed{\phi'(x)=\frac{10x^2}{1+x^2}}.$$

**2. Méthode d'Euler**

On construit une suite de points du plan $M_n(x_n\,;y_n)$ par la méthode suivante en choisissant le pas $h=0{,}1$. On pose $x_0=0$ et $y_0=0$ et pour tout entier $n$, $x_{n+1}=x_n+0{,}1$ et $y_{n+1}=y_n+\phi'(x_n)\times 0{,}1$.

On admet que l'on trouve pour tout entier $n$, $x_n=\frac{n}{10}$.

> **Remarque :**
>
> La suite $(x_n)$ est une suite arithmétique de raison 0,1 et de premier terme 0 donc pour tout entier $n$, $x_n=0+0{,}1\times n=\frac{n}{10}$.

On a :

$$\begin{aligned} y_{n+1} &= y_n+\phi'(x_n)\times 0{,}1 \\ &= y_n+0{,}1\times\frac{10x_n^2}{1+x_n^2} \\ &= y_n+0{,}1\,\frac{\frac{10n^2}{100}}{1+\frac{n^2}{100}} \\ &= y_n+\frac{n^2}{100+n^2} \end{aligned}.$$

Pour tout entier naturel $n$ :

$$\boxed{y_{n+1} = y_n + \frac{n^2}{100 + n^2}}.$$

**3. Calcul de $y_1$ et $y_2$, puis de $y_3$, $y_4$ et $y_5$. Valeur approchée à 0,001 près de $y_5$**

$y_1 = 0 + \frac{0}{100} = 0$ ; $y_2 = 0 + \frac{1}{101} = \frac{1}{101}$ ; $y_3 = \frac{1}{101} + \frac{4}{104}$,

$y_4 = \frac{1}{101} + \frac{4}{104} + \frac{9}{109}$ ; $y_5 = \frac{1}{101} + \frac{4}{104} + \frac{9}{109} + \frac{16}{116}$.

$$\boxed{y_5 \approx 0{,}269}.$$

Le réel $x_5$ est égal à $\frac{1}{2}$, donc $y_5$ est une valeur approchée de $\phi\left(\frac{1}{2}\right)$ donc de I.

**Une valeur approchée de I par la méthode d'Euler au pas 0,1 est $y_5 \approx 0{,}269$.**

**4.** Avec la méthode d'Euler au pas $h = 0{,}01$ on obtient, pour I, la valeur approchée 0,354.

**La valeur obtenue au pas $h = 0{,}01$ est compatible avec l'encadrement fait à la question 3. de la partie A, mais la valeur obtenue avec la méthode d'Euler au pas 0,1 est incompatible avec l'encadrement de I.**

## 4 SUJET

Polynésie, novembre 2007 [1h 20 min]

On désigne par $(\mathscr{E})$ l'ensemble des fonctions $f$ continues sur l'intervalle $[0~;~1]$ et vérifiant les conditions $(P_1)$, $(P_2)$ et $(P_3)$ suivantes :

- $(P_1)$ : $f$ est strictement croissante sur l'intervalle $[0~;~1]$.
- $(P_2)$ : $f(0) = 0$ et $f(1) = 1$.
- $(P_3)$ : pour tout réel $x$ de l'intervalle $[0~;~1]$, $f(x) \leqslant x$.

Dans un repère orthonormal $(O~;~\vec{i}, \vec{j})$ du plan, on note $(\mathscr{C})$ la courbe représentative d'une fonction $f$ de l'ensemble $(\mathscr{E})$ et $(\mathscr{D})$ la droite d'équation $y = x$.

À toute fonction $f$ de $(\mathscr{E})$, on associe le nombre réel :

$$I_f = \int_0^1 [x - f(x)]\,dx.$$

**1. a.** Une seule des trois courbes ci-dessous représente une fonction de $(\mathscr{E})$. La déterminer en justifiant l'élimination des deux autres.

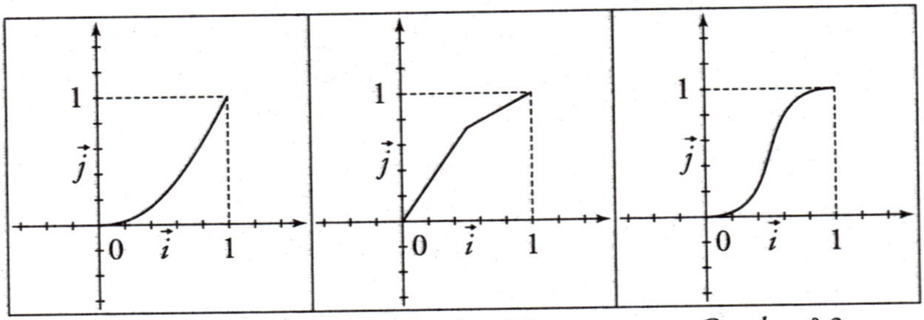


*Courbe n° 1* *Courbe n° 2* *Courbe n° 3*

**b.** Montrer que, pour toute fonction $f$ de $(\mathscr{E})$, $I_f \geqslant 0$.

**2.** Soit $h$ la fonction définie sur l'intervalle $[0 ; 1]$ par :

$$h(x) = 2^x - 1.$$

(On rappelle que, pour tout $x$ réel, $2^x = e^{x \ln 2}$).

**a.** Montrer que la fonction $h$ vérifie les conditions $(P_1)$ et $(P_2)$.

**b.** Soit $\varphi$ la fonction définie sur l'intervalle $[0 ; 1]$ par :

$$\varphi(x) = 2^x - x - 1.$$

Montrer que, pour tout $x$ de $[0 ; 1]$, $\varphi(x) \leqslant 0$. (On pourra étudier le sens de variation de la fonction $\varphi$ sur $[0 ; 1]$).
En déduire que la fonction $h$ appartient à l'ensemble $(\mathscr{E})$.

**c.** Montrer que le réel $I_h$ associé à la fonction $h$ est égal à $\dfrac{3}{2} - \dfrac{1}{\ln 2}$.

**3.** Soit P une fonction définie sur l'intervalle $[0 ; 1]$ par :

$$P(x) = ax^2 + bx + c$$

où $a$, $b$ et $c$ sont trois nombres réels tels que $0 < a < 1$.
On se propose de déterminer les valeurs des réels $a$, $b$ et $c$ pour que la fonction P appartienne à l'ensemble $(\mathscr{E})$ et que $I_P = I_h$.

**a.** Montrer que la fonction P vérifie la propriété $(P_2)$ si, et seulement si, pour tout réel $x$ de l'intervalle $[0 ; 1]$ :

$$P(x) = ax^2 + (1 - a)x.$$

Montrer que toute fonction P définie sur $[0 ; 1]$ par :

$$P(x) = ax^2 + (1 - a)x$$

avec $0 < a < 1$ appartient à $(\mathscr{E})$.

**b.** Exprimer en fonction de $a$ le réel $I_P$ associé à la fonction P.

**c.** Montrer qu'il existe une valeur du réel $a$ pour laquelle $I_P = I_h$.
Quelle est cette valeur ?

## 4 CORRIGÉ

**1. a. Détermination de la courbe représentant une fonction de $(\mathscr{E})$**
Il est clair que les courbes n° 2 et n° 3 ne vérifient pas la propriété $(P_3)$ (position relative de la courbe et de la droite d'équation $y = x$) donc seule la courbe n° 1 peut représenter une fonction de l'ensemble $(\mathscr{E})$.
Les deux autres propriétés sont vérifiées par la courbe n° 1.
**La fonction représentée par la courbe n° 1 appartient à $(\mathscr{E})$.**

**b. Pour toute fonction $f$ de $(\mathscr{E})$, $I_f \geqslant 0$**
Comme on sait que pour tout $x$ de $[0 ; 1]$, $f(x) \leqslant x$ soit $x - f(x) \geqslant 0$ donc, ayant $0 \leqslant 1$, on a $\int_0^1 [x - f(x)]\, dx \geqslant 0$ soit :

$$\boxed{I_f \geqslant 0}.$$

**2. a. La fonction $h$ vérifie les conditions $(P_1)$ et $(P_2)$.**
La fonction $h$ est la somme de la composée de la fonction $x \mapsto x \ln 2$ et de la fonction exponentielle qui sont toutes deux dérivables sur $[0 ; 1]$ et d'une fonction constante, donc $h$ est dérivable sur $[0 ; 1]$ et l'on a pour tout $x$ de $[0 ; 1]$, $h'(x) = (\ln 2)e^{x \ln 2} > 0$ donc $h$ est strictement croissante sur $[0 ; 1]$.
$h(0) = 2^0 - 1 = 0$ et $h(1) = 2^1 - 1 = 1$ donc :

**$h$ vérifie $(P_1)$ et $(P_2)$.**

**b. Pour tout $x$ de $[0 ; 1]$, $\varphi(x) \leqslant 0$**
La fonction $\varphi$, somme de la fonction $h$ et de la fonction $x \mapsto -x$ toutes deux dérivables sur $\mathbb{R}$, est dérivable sur $\mathbb{R}$, donc $h$ est dérivable sur $[0 ; 1]$ et on a pour tout $x$ de $[0 ; 1]$ :

$$\varphi'(x) = (\ln 2)e^{x \ln 2} - 1.$$

La fonction $\varphi' = h \times \ln 2 - 1$ est dérivable sur $[0 ; 1]$ et on a pour tout $x$ de $[0 ; 1]$ :

$$\varphi''(x) = (\ln 2)^2 e^{x \ln 2}.$$

Donc, pour tout $x$ de $[0 ; 1]$ :

$$\varphi''(x) > 0.$$

La fonction $\varphi'$ est donc strictement croissante sur $[0 ; 1]$. De plus $\varphi'(0) = \ln 2 - 1 < 0$, $\varphi'(1) = 2 \ln 2 - 1 > 0$ et $\varphi'$ est continue sur $[0 ; 1]$, donc il existe $\alpha \in [0 ; 1]$ tel que $\varphi'(\alpha) = 0$.
La fonction $\varphi$ est décroissante sur $[0 ; \alpha]$ et croissante sur $[\alpha ; 1]$.
D'où le tableau de variation de $\varphi$ :

EXERCICES

| $x$ | $0$ | | $\alpha$ | | $1$ |
|---|---|---|---|---|---|
| $\varphi''(x)$ | | $+$ | | $+$ | |
| $\varphi'$ | $\varphi'(0)$ | $\nearrow$ | $0$ | $\nearrow$ | $\varphi'(1)$ |
| $\varphi'(x)$ | | $-$ | $0$ | $+$ | |
| $\varphi$ | $0$ | $\searrow$ | | $\nearrow$ | $0$ |

Comme $\varphi(0) = \varphi(1) = 0$ on en déduit que pour tout $x$ de $[0\ ;\ 1]$ on a $\varphi(x) \leqslant 0$ soit pour tout $x$ de $[0\ ;\ 1]$, $h(x) \leqslant x$.
La fonction $h$ vérifie la condition $(P_3)$ donc :
**La fonction $h$ appartient à l'ensemble $(\mathscr{E})$.**

**c. Calcul de $I_h$**

La fonction $x \mapsto x - (2^x - 1)$ est la fonction $-\varphi$, elle est donc continue sur $[0\ ;\ 1]$, on peut donc calculer l'intégrale suivante :

$$I_h = \int_0^1 [x - (2^x - 1)]\ dx$$
$$= \int_0^1 [x - e^{x \ln 2} + 1]\ dx$$
$$= \left[\frac{x^2}{2} - \frac{1}{\ln 2}\ e^{x \ln 2} + x\right]_0^1$$
$$= \left[\frac{x^2}{2} - \frac{2^x}{\ln 2} + x\right]_0^1$$
$$= \frac{1}{2} + 1 - \frac{2}{\ln 2} + \frac{1}{\ln 2}.$$

$$\boxed{I_h = \frac{3}{2} - \frac{1}{\ln 2}}.$$

**3. a. • La fonction P vérifie la propriété $(P_2)$ si, et seulement si, pour tout réel $x$ de l'intervalle $[0\ ;\ 1]$, $P(x) = ax^2 + (1 - a)x$.**

La fonction P vérifie la propriété $(P_2)$ si, et seulement si,

$$P(0) = c = 0 \text{ et } P(1) = a + b + c = 1$$

donc :
$$\begin{cases} c = 0 \\ b = 1 - a \end{cases}$$

soit pour tout réel $x$ de $[0\ ;\ 1]$ :

$$\boxed{P(x) = ax^2 + (1-a)x}.$$

**• Les fonctions P définies sur $[0\ ;\ 1]$ par $P(x) = ax^2 + (1-a)x$ avec $0 < a < 1$ appartiennent à $(\mathscr{E})$.**

On sait déjà que cette fonction P vérifie la condition $(P_2)$.
Pour tout $x$ de $[0\ ;\ 1]$, $P'(x) = 2ax + (1-a)$ est évidemment positive sur $[0\ ;\ 1]$ donc P est une fonction strictement croissante sur $[0\ ;\ 1]$ : P vérifie la condition $(P_1)$.
Pour tout $x$ de $[0\ ;\ 1]$, $P(x) - x = ax^2 - ax = ax(x-1)$ qui est négatif car, lorsque $x \in [0\ ;\ 1]$, on a $(x-1) \leqslant 0$ et $ax \geqslant 0$.
La fonction P vérifie la condition $(P_3)$.
Les trois conditions étant vérifiées :

**P appartient à $(\mathscr{E})$.**

**b. Expression en fonction de $a$ du réel $I_P$ associé à la fonction P**

$$\begin{aligned} I_P &= \int_0^1 [x - ax^2 - (1-a)x]\,\mathrm{d}x \\ &= \int_0^1 (ax - ax^2)\,\mathrm{d}x \\ &= \left[\frac{ax^2}{2} - \frac{ax^3}{3}\right]_0^1 \\ &= \frac{a}{2} - \frac{a}{3} \end{aligned}$$

$$\boxed{I_P = \frac{a}{6}}.$$

**c. Existence et calcul d'une valeur du réel $a$ pour laquelle $I_P = I_h$**

$I_P = I_h$ si, et seulement si, $\dfrac{a}{6} = \dfrac{3}{2} - \dfrac{1}{\ln 2}$ donc :

$$\boxed{a = 9 - \frac{6}{\ln 2}}.$$

$a \approx 0{,}34$ donc $0 < a < 1$.

EXERCICES

5 Asie, juin 2005 [1 h 20 min]

## SUJET

On s'intéresse dans cet exercice à une suite de nombres rationnels qui converge vers $e^2$.
On définit, pour tout entier naturel $n \geqslant 1$, l'intégrale :

$$I_n = \int_0^2 \frac{1}{n!}(2-x)^n e^x \, dx.$$

**1.** Calculer $I_1$.

**2.** Établir que pour tout entier naturel $n \geqslant 1$ :

$$0 \leqslant I_n \leqslant \frac{2^n}{n!}(e^2 - 1).$$

**3.** À l'aide d'une intégration par parties, montrer que pour tout entier naturel $n \geqslant 1$ :

$$I_{n+1} = I_n - \frac{2^{n+1}}{(n+1)!}.$$

**4.** Démontrer par récurrence que :

$$e^2 = 1 + \frac{2}{1!} + \frac{2^2}{2!} + \ldots + \frac{2^n}{n!} + I_n.$$

**5.** On pose, pour tout entier naturel $n \geqslant 1$, $u_n = \frac{2^n}{n!}$.

**a.** Calculer $\frac{u_{n+1}}{u_n}$ et prouver que pour tout entier naturel $n \geqslant 3$ :

$$u_{n+1} \leqslant \frac{1}{2} u_n.$$

**b.** En déduire que pour tout entier naturel $n \geqslant 3$, $0 \leqslant u_n \leqslant u_3 \left(\frac{1}{2}\right)^{n-3}$.

**6.** En déduire la limite de la suite $(u_n)$ puis celle de la suite $(I_n)$.

**7.** Justifier enfin que :

$$e^2 = \lim_{n \to +\infty} \left(1 + \frac{2}{1!} + \frac{2^2}{2!} + \ldots + \frac{2^n}{n!}\right).$$

# 5 CORRIGÉ

On définit pour tout entier naturel $n \geqslant 1$, $I_n = \int_0^2 \frac{1}{n!}(2-x)^n e^x \, dx$.

## 1. Calcul de $I_1$

Pour $n = 1$, $I_1 = \int_0^2 (2-x)e^x \, dx$.

Intégrons par parties en posant, pour tout réel $x$ de $[0 ; 2]$.
On pose $u(x) = 2 - x$ d'où $u'(x) = -1$.
On pose $v'(x) = e^x$ et on choisit $v(x) = e^x$.
Les fonctions $u$ et $v$ sont dérivables sur $[0 ; 2]$ et de dérivées continues sur $[0 ; 2]$, on a donc :

$$I_1 = [(2-x)e^x]_0^2 - \int_0^2 -e^x \, dx$$

$$I_1 = 0 - 2 + \int_0^2 e^x \, dx = -2 + [e^x]_0^2$$

$$\boxed{I_1 = e^2 - 3}.$$

## 2. Encadrement de $I_n$

Pour tout réel $x$ de $[0 ; 2]$ on a successivement :

$$0 \leqslant x \leqslant 2$$

$$0 \geqslant -x \geqslant -2$$

$$2 + 0 \geqslant 2 - x \geqslant 2 - 2$$

soit :

$$0 \leqslant 2 - x \leqslant 2.$$

La fonction $x \mapsto x^n$, pour tout entier naturel $n \geqslant 1$, est strictement croissante sur $[0 ; +\infty[$ donc, on a, pour tout réel $x$ de $[0 ; 2]$ et tout entier naturel $n$ non nul :

$$0 \leqslant (2-x)^n \leqslant 2^n.$$

Puisque $\frac{1}{n!}$ et $e^x$ sont des nombres strictement positifs lorsque $n \in \mathbb{N}^*$ et $x \in [0 ; 2]$, on a :

$$0 \leqslant \frac{1}{n!}(2-x)^n e^x \leqslant \frac{1}{n!} 2^n e^x.$$

D'après les propriétés des intégrales, puisque $0 \leqslant 2$, on déduit des inégalités précédentes, les inégalités suivantes :

$$\int_0^2 0 \, dx \leqslant \int_0^2 \frac{1}{n!}(2-x)^n e^x \, dx \leqslant \int_0^2 \frac{1}{n!} 2^n e^x \, dx$$

EXERCICES

$$0 \leqslant I_n \leqslant \frac{2^n}{n!}[e^x]_0^2$$

$$0 \leqslant I_n \leqslant \frac{2^n}{n!}(e^2 - 1).$$

Quel que soit l'entier naturel $n \geqslant 1$, on a :

$$\boxed{0 \leqslant I_n \leqslant \frac{2^n}{n!}(e^2 - 1)}.$$

### 3. Relation entre $I_{n+1}$ et $I_n$ pour $n \geqslant 1$

$I_{n+1} = \int_0^2 \frac{1}{(n+1)!}(2-x)^{n+1}e^x \, dx = \frac{1}{(n+1)!}\int_0^2 (2-x)^{n+1}e^x \, dx.$

Posons, pour tout réel $x$ de $[0 ; 2]$ :

$$u(x) = (2-x)^{n+1} \text{ et } v'(x) = e^x.$$

On obtient alors $u'(x) = (n+1)(-1)(2-x)^n$,
et on choisit $v(x) = e^x$.
Les fonctions $u$, $v$ sont dérivables sur $[0 ; 2]$ et de dérivées continues sur $[0 ; 2]$, on a donc :

$$I_{n+1} = \frac{1}{(n+1)!}\left[[(2-x)^{n+1}e^x]_0^2 - \int_0^2 (-1)(n+1)(2-x)^n e^x \, dx\right]$$

$$I_{n+1} = \frac{1}{(n+1)!}\left[-2^{n+1} + (n+1)\int_0^2 (2-x)^n e^x \, dx\right]$$

$$I_{n+1} = -\frac{2^{n+1}}{(n+1)!} + \frac{1}{n!}\int_0^2 (2-x)^n e^x \, dx$$

$$I_{n+1} = I_n - \frac{2^{n+1}}{(n+1)!}.$$

Donc, pour tout entier naturel $n \geqslant 1$ :

$$\boxed{I_{n+1} = I_n - \frac{2^{n+1}}{(n+1)!}}.$$

### 4. Pour $n \geqslant 1$, $e^2 = 1 + \frac{2}{1!} + \frac{2^2}{2!} + \ldots + \frac{2^n}{n!} + I_n \quad (E_n)$

• Vérifions l'égalité pour $n = 1$. Nous avons calculé au **1.** $I_1 = e^2 - 3$

d'où $e^2 = 3 + I_1 = 1 + \frac{2}{1!} + I_1$.

L'égalité est donc vraie pour $n = 1$.

• Supposons qu'il existe un entier $n$, $n \geqslant 1$, pour lequel l'égalité $(E_n)$ soit vraie. On aurait donc :

$$e^2 = 1 + \frac{2}{1!} + \frac{2^2}{2!} + \dots + \frac{2^n}{n!} + I_n.$$

En utilisant l'égalité $I_{n+1} = I_n - \dfrac{2^{n+1}}{(n+1)!}$ obtenue au **3.**, on a :

$$e^2 = 1 + \frac{2}{1!} + \frac{2^2}{2!} + \dots + \frac{2^n}{n!} + I_{n+1} + \frac{2^{n+1}}{(n+1)!}.$$

Ce qui s'écrit : $e^2 = 1 + \dfrac{2}{1!} + \dfrac{2^2}{2!} + \dots + \dfrac{2^{n+1}}{(n+1)!} + I_{n+1}$.

On vient de montrer que si l'égalité $(E_n)$ est vraie alors $(E_{n+1})$ est vraie.
Comme $(E_1)$ est vraie d'après le principe de récurrence :
**L'égalité $(E_n)$ est vraie pour tout entier naturel $n \geqslant 1$.**

**5.** On pose, pour tout entier naturel $n \geqslant 1$, $u_n = \dfrac{2^n}{n!}$.

**a. Pour tout $n \geqslant 3$, $u_{n+1} \leqslant \dfrac{1}{2} u_n$.**

Pour tout entier naturel $n \geqslant 1$, $u_n \neq 0$, donc :

$$\frac{u_{n+1}}{u_n} = \frac{2^{n+1}}{(n+1)!} \times \frac{n!}{2^n} = \frac{2}{n+1}.$$

Pour tout entier naturel $n \geqslant 3$ alors $n + 1 \geqslant 4$ et puisque $n + 1$ et 4 sont strictement positifs, on en déduit que :

$$\frac{1}{n+1} \leqslant \frac{1}{4}$$

d'où

$$\frac{2}{n+1} \leqslant \frac{1}{2}.$$

Donc pour tout entier naturel $n \geqslant 3$, $\dfrac{u_{n+1}}{u_n} \leqslant \dfrac{1}{2}$.

Comme, pour tout entier naturel $n \geqslant 3$, $u_n > 0$, on obtient pour tout $n \geqslant 3$ :

$$\boxed{0 < u_{n+1} \leqslant \frac{1}{2} u_n}.$$

**b. Pour tout entier naturel $n \geqslant 3$, $0 \leqslant u_n \leqslant u_3\left(\frac{1}{2}\right)^{n-3}$.**

- L'inégalité est vraie pour $n = 3$ car on a bien :

$$0 \leqslant u_3 \leqslant u_3 \times \left(\frac{1}{2}\right)^0 \ ; \ u_3 = \frac{2^3}{6}.$$

- Supposons qu'il existe un entier naturel $n \geqslant 3$ tel que :

$$0 \leqslant u_n \leqslant u_3\left(\frac{1}{2}\right)^{n-3}.$$

Comme on a montré que, pour tout $n \geqslant 3$ :

$$u_{n+1} \leqslant \frac{1}{2} u_n,$$

on en déduit que $u_{n+1} \leqslant \frac{1}{2} u_n \leqslant \frac{1}{2} u_3\left(\frac{1}{2}\right)^{n-3}$

donc $$u_{n+1} \leqslant u_3\left(\frac{1}{2}\right)^{n+1-3}.$$

D'autre part, il est clair que pour tout entier naturel $n \geqslant 3$, $u_n \geqslant 0$.
Donc on a bien :

$$0 \leqslant u_{n+1} \leqslant u_3\left(\frac{1}{2}\right)^{n+1-3}.$$

D'après le principe de récurrence, on a pour tout entier naturel $n \geqslant 3$ :

$$\boxed{0 \leqslant u_n \leqslant u_3\left(\frac{1}{2}\right)^{n-3}}.$$

**6. Limite de $u_n$**

Pour tout entier naturel $n \geqslant 3$,

$$0 \leqslant u_n \leqslant u_3\left(\frac{1}{2}\right)^{n-3}.$$

$-1 < \frac{1}{2} < 1$ donc $\lim\limits_{n \to +\infty} \left(\frac{1}{2}\right)^{n-3} = 0$ d'où $\lim\limits_{n \to +\infty} u_3\left(\frac{1}{2}\right)^{n-3} = 0$.

Pour tout entier naturel $n \geqslant 3$, $u_n$ est compris entre 0 et une quantité qui tend vers zéro lorsque $n$ tend vers $+\infty$ donc $(u_n)$ admet une limite quand $n$ tend vers $+\infty$ et cette limite est la limite commune des premier et troisième membres de l'encadrement de $u_n$. Donc :

$$\boxed{\lim_{n \to +\infty} u_n = 0}.$$

• **Limite de $I_n$**

On a montré que pour tout entier $n \geqslant 1$ :

$$0 \leqslant I_n \leqslant \frac{2^n}{n!}(e^2 - 1).$$

Comme précédemment, on a $\lim\limits_{n \to +\infty} \frac{2^n}{n!}(e^2 - 1) = 0$, les premier et troisième membres de l'encadrement de $I_n$ ont pour limite 0 lorsque $n$ tend vers $+\infty$, donc la suite $(I_n)$ a, elle aussi, pour limite 0.

$$\boxed{\lim_{n \to +\infty} I_n = 0}.$$

**7.** $e^2 = \lim\limits_{n \to +\infty} \left(1 + \frac{2}{1!} + \frac{2^2}{2!} + \ldots + \frac{2^n}{n!}\right)$

L'égalité obtenue en **4.** peut s'écrire, pour tout entier naturel $n \geqslant 1$ :

$$e^2 - \left(1 + \frac{2}{1!} + \frac{2^2}{2!} + \ldots + \frac{2^n}{n!}\right) = I_n$$

d'où : $\lim\limits_{n \to +\infty} \left[e^2 - \left(1 + \frac{2}{1!} + \frac{2^2}{2!} + \ldots + \frac{2^n}{n!}\right)\right] = \lim\limits_{n \to +\infty} I_n = 0$

d'où :

$$\boxed{\lim_{n \to +\infty} \left(1 + \frac{2}{1!} + \frac{2^2}{2!} + \ldots + \frac{2^n}{n!}\right) = e^2}.$$

## 6 SUJET

National, septembre 2007 [1 h 10 min]

EXERCICES

**1.** La suite $u$ est définie par $u_0 = 2$ et $u_{n+1} = \frac{1}{3} u_n + \frac{23}{27}$ pour tout entier naturel $n$.

**a.** On a représenté ci-dessous dans un repère orthonormé direct du plan, la droite d'équation $y = \frac{1}{3} x + \frac{23}{27}$ et le point A de coordonnées $(2 ; 0)$. Construire sur l'axe des abscisses les quatre premiers termes de la suite $u$.

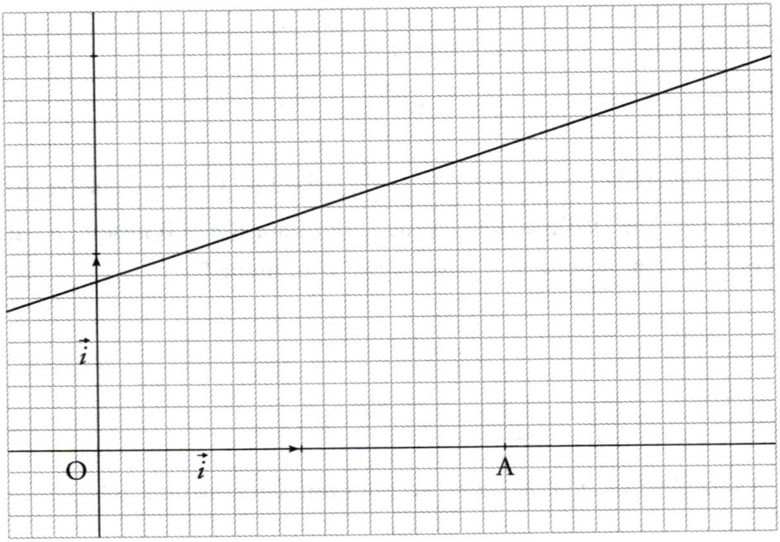


**b.** Démontrer que si la suite $u$ est convergente alors sa limite est $\ell = \frac{23}{18}$.

**c.** Démontrer que pour tout entier naturel $n$, on a $u_n \geqslant \frac{23}{18}$.

**d.** Étudier la monotonie de la suite $u$ et donner sa limite.

**2. a.** Soit $n$ un entier naturel supérieur ou égal à 1. Démontrer que :

$$\sum_{k=2}^{n+1} \frac{1}{10^k} = \frac{1}{90}\left(1 - \frac{1}{10^n}\right)$$

c'est-à-dire que $\frac{1}{10^2} + \frac{1}{10^3} + \dots + \frac{1}{10^{n+1}} = \frac{1}{90}\left(1 - \frac{1}{10^n}\right)$.

**b.** La suite $v$ est définie par $v_n = 1{,}277\ 7\dots7$ avec $n$ décimales consécutives égales à 7.
Ainsi $v_0 = 1{,}2$, $v_1 = 1{,}27$ et $v_2 = 1{,}277$.
En utilisant le **a.** démontrer que la limite de la suite $v$ est un nombre rationnel $r$ (c'est-à-dire le quotient de deux entiers).

**3.** La suite $u$ définie au **1.** et la suite $v$ sont-elles adjacentes ? Justifier.

## 6 CORRIGÉ

**1. a. Construction sur l'axe des abscisses des quatre premiers termes de la suite $u$**

On construit les droites d'équations $y = x$ et $y = \frac{1}{3}x + \frac{23}{27}$.

Soit $f$ la fonction définie sur $\mathbb{R}$ par $f(x) = \frac{1}{3}x + \frac{23}{27}$.

On a pour tout entier $n$, $u_{n+1} = f(u_n)$.

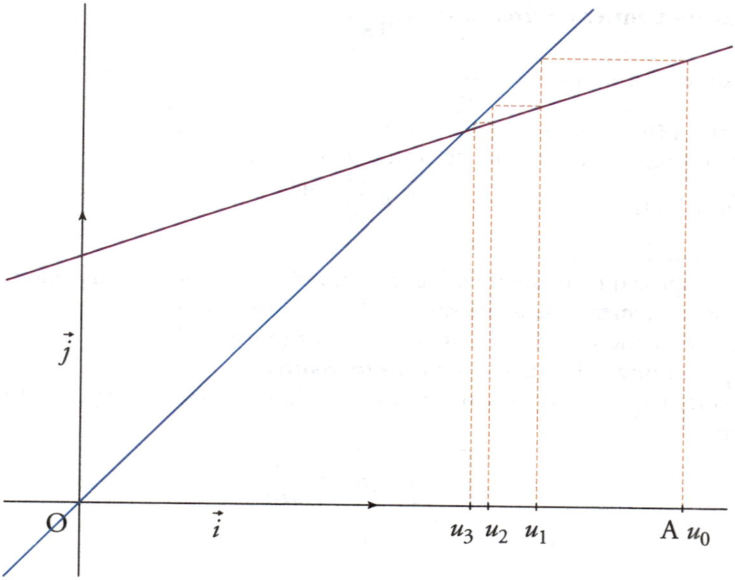


**b. Démontrons que si la suite $u$ est convergente alors sa limite est $\ell = \frac{23}{18}$**

La fonction $f$ est une fonction continue sur $\mathbb{R}$, la limite de la suite $u$, si elle existe, vérifie $\ell = f(\ell)$ soit $\frac{1}{3}\ell + \frac{23}{27} = \ell$ soit :

$$\boxed{\ell = \frac{23}{18}}.$$

**c. Pour tout entier naturel $n$ on a $u_n \geqslant \frac{23}{18}$.**

On le montre par récurrence :

- Initialisation : $u_0 = 2$ donc $u_0 \geqslant \dfrac{23}{18}$.
- Hérédité

On suppose qu'il existe un entier naturel $n$ tel que $u_n \geqslant \dfrac{23}{18}$. La fonction $f$ est une fonction affine strictement croissante donc $f(u_n) \geqslant f\left(\dfrac{23}{18}\right)$ soit $u_{n+1} \geqslant \dfrac{23}{54} + \dfrac{23}{27}$, soit $u_{n+1} \geqslant \dfrac{69}{54}$ ou encore $u_{n+1} \geqslant \dfrac{23}{18}$.

On a donc bien démontré par récurrence que :

**Pour tout entier naturel $n$, $u_n \geqslant \dfrac{23}{18}$.**

La suite $u$ est minorée par $\dfrac{23}{18}$.

**d. Monotonie de la suite $u$ et convergence de la suite $u$**

Démontrons la monotonie de la suite $u$ par récurrence.

- Initialisation : $u_0 = 2$ et $u_1 = \dfrac{2}{3} + \dfrac{23}{27} = \dfrac{41}{27}$ donc $u_0 > u_1$.
- Hérédité

On suppose qu'il existe un entier $n$ non nul, tel que $u_{n-1} > u_n$. Comme $f$ est strictement croissante sur $\mathbb{R}$, $f(u_{n-1}) > f(u_n)$ soit $u_n > u_{n+1}$.
Donc on a montré par récurrence que pour tout $n$ de $\mathbb{N}$ : $u_n \geqslant u_{n+1}$ :
**$(u_n)$ est une suite strictement décroissante.**
La suite $(u_n)$ est décroissante et minorée donc elle est convergente. On a alors :

$$\boxed{\lim_{n \to +\infty} (u_n) = \frac{23}{18}}.$$

**2. a. Pour tout entier naturel $n$ supérieur ou égal à 1 :**

$$\sum_{k=2}^{n+1} \frac{1}{10^k} = \frac{1}{90}\left(1 - \frac{1}{10^n}\right).$$

$\displaystyle\sum_{k=2}^{n+1} \frac{1}{10^k}$ est la somme des $n$ premiers termes d'une suite géométrique de premier terme $\dfrac{1}{10^2}$ et de raison $\dfrac{1}{10}$. La raison est différente de 1, donc :

$$\sum_{k=2}^{n+1} \frac{1}{10^k} = \frac{\frac{1}{10^2} - \left(\frac{1}{10}\right)^{n+2}}{1 - \frac{1}{10}} = \frac{1}{10^2}\,\frac{1 - \left(\frac{1}{10}\right)^n}{1 - \frac{1}{10}} = \frac{1}{10^2}\,\frac{1 - \left(\frac{1}{10}\right)^n}{\frac{9}{10}}$$

$$\sum_{k=2}^{n+1} \frac{1}{10^k} = \frac{10}{9 \times 10^2}\left(1 - \left(\frac{1}{10}\right)^n\right)$$

$$\boxed{\sum_{k=2}^{n+1} \frac{1}{10^k} = \frac{1}{90}\left(1 - \frac{1}{10^n}\right)}.$$

**b. La limite de la suite $v$ est un nombre rationnel $r$ (c'est-à-dire le quotient de deux entiers)**

$$v_1 = 1{,}2 + 7 \times \frac{1}{10^2} \; ; \quad v_2 = 1{,}2 + 7\left(\frac{1}{10^2} + \frac{1}{10^3}\right) \; ;$$

et pour tout entier $n$ non nul :

$$v_n = 1{,}2 + 7\left(\sum_{k=2}^{n+1} \frac{1}{10^k}\right) = 1{,}2 + \frac{7}{90}\left(1 - \frac{1}{10^n}\right).$$

$\lim\limits_{n \to +\infty} \frac{1}{10^n} = 0$ donc :

$$\lim_{n \to +\infty} v_n = \lim_{n \to +\infty}\left[1{,}2 + \frac{7}{90}\left(1 - \frac{1}{10^n}\right)\right]$$

$$= \frac{12}{10} + \frac{7}{90} = \frac{115}{90} = \frac{23}{18}.$$

$$\boxed{\lim_{n \to +\infty} v_n = \frac{23}{18}}.$$

**3. La suite $u$ définie au 1. et la suite $v$ sont-elles adjacentes ?**

- La suite $(u_n)$ est décroissante d'après **1.d.**
- Pour tout $n$ non nul, $v_{n+1} - v_n = \dfrac{7}{10^{n+2}}$ par définition.

Donc $(v_n)$ est croissante.

- $\lim\limits_{n \to +\infty} u_n = \lim\limits_{n \to +\infty} v_n = \dfrac{23}{18}$

donc $\lim\limits_{n \to +\infty} (u_n - v_n) = 0$.

**Les suites $(u_n)$ et $(v_n)$ sont donc adjacentes.**

France métropolitaine, septembre 2007 [50 min]

## 7 SUJET

On considère les deux équations différentielles suivantes définies sur $\left]-\frac{\pi}{2} ; \frac{\pi}{2}\right[$ :

$$(\mathrm{E}) : y' + (1 + \tan x)y = \cos x$$

$$(\mathrm{E_0}) : y' + y = 1 .$$

**1.** Donner l'ensemble des solutions de l'équation $(\mathrm{E_0})$.

**2.** Soient $f$ et $g$ deux fonctions dérivables sur $\left]-\frac{\pi}{2} ; \frac{\pi}{2}\right[$ et telles que :

$$f(x) = g(x)\cos x .$$

Démontrer que la fonction $f$ est solution de (E) si, et seulement si, la fonction $g$ est solution de $(\mathrm{E_0})$.

**3.** Déterminer la solution $f$ de (E) telle que $f(0) = 0$ .

## 7 CORRIGÉ

### 1. Ensemble des solutions de l'équation $(\mathrm{E_0})$

La solution générale de l'équation $(\mathrm{E_0})$ est :

$$\boxed{y = 1 + k\mathrm{e}^{-x} \text{ où } k \in \mathbb{Z}}.$$

### 2. La fonction $f$ définie par $f(x) = g(x)\cos x$ est solution de (E) sur $\left]-\frac{\pi}{2} ; \frac{\pi}{2}\right[$ si, et seulement si, la fonction $g$ est solution de $(\mathrm{E_0})$.

$f$ définie par $f(x) = g(x)\cos x$ est solution de (E) sur $\left]-\frac{\pi}{2} ; \frac{\pi}{2}\right[$ si, et seulement si, pour tout $x$ de $\left]-\frac{\pi}{2} ; \frac{\pi}{2}\right[$ :

$$f'(x) + (1 + \tan x)f(x) = \cos x$$

c'est-à-dire :

$$g'(x)\cos x - g(x)\sin x + (1 + \tan x)g(x)\cos x = \cos x .$$

Sur $\left]-\frac{\pi}{2} ; \frac{\pi}{2}\right[$, $\cos x$ est un réel non nul et $\tan x = \dfrac{\sin x}{\cos x}$ existe, d'où $f$ est solution de (E) pour tout $x$ de $\left]-\frac{\pi}{2} ; \frac{\pi}{2}\right[$ si, et seulement si :

$$g'(x)\cos x - g(x)\sin x + g(x)\cos x + g(x)\sin x = \cos x$$

c'est-à-dire si, et seulement si :

$$[g'(x)+g(x)]\cos x=\cos x.$$

Pour tout $x$ de $\left]-\frac{\pi}{2}\,;\frac{\pi}{2}\right[$, $\cos x$ est un réel non nul donc si, et seulement si :

$$g'(x)+g(x)=1.$$

**La fonction $f$ définie sur $\left]-\frac{\pi}{2}\,;\frac{\pi}{2}\right[$ par $f(x)=g(x)\cos x$ est solution de (E) si, et seulement si, la fonction $g$ est solution de ($E_0$).**

### 3. Solution $f$ de (E) telle que $f(0)=0$

• Montrons que toute solution de (E) sur $\left]-\frac{\pi}{2}\,;\frac{\pi}{2}\right[$ s'écrit $f(x)=g(x)\cos x$ où $g$ est une solution de ($E_0$).

Pour tout $x$ de $\left]-\frac{\pi}{2}\,;\frac{\pi}{2}\right[$, $\cos x\neq 0$.

Posons pour tout $x$ de $\left]-\frac{\pi}{2}\,;\frac{\pi}{2}\right[$, $h(x)=\dfrac{f(x)}{\cos x}$.

La fonction $h$ est dérivable sur $\left]-\frac{\pi}{2}\,;\frac{\pi}{2}\right[$ car quotient de fonction dérivables, le dénominateur étant non nul sur $\left]-\frac{\pi}{2}\,;\frac{\pi}{2}\right[$.

Pour tout $x$ de $\left]-\frac{\pi}{2}\,;\frac{\pi}{2}\right[$, $h'(x)=\dfrac{f'(x)\cos x+f(x)\sin x}{\cos^2 x}$.

$f$ est solution de (E) sur $\left]-\frac{\pi}{2}\,;\frac{\pi}{2}\right[$ si, et seulement si, pour tout $x$ de $\left]-\frac{\pi}{2}\,;\frac{\pi}{2}\right[$ :

$$f'(x)+(1+\tan x)f(x)=\cos x$$

ou encore, le réel $\cos x$ étant non nul si, et seulement si, pour tout $x$ de $\left]-\frac{\pi}{2}\,;\frac{\pi}{2}\right[$ :

$$\frac{f'(x)}{\cos x}+\frac{(1+\tan x)}{\cos x}f(x)=1$$

$$\frac{f'(x)}{\cos x}+\frac{(1+\tan x)}{\cos x}f(x)=1$$

$$\frac{f'(x)}{\cos x}+\left(\frac{1}{\cos x}+\frac{\tan x}{\cos x}\right)f(x)=1$$

EXERCICES

$$\frac{f'(x)}{\cos x}+\left(\frac{1}{\cos x}+\frac{\sin x}{\cos^2 x}\right)f(x)=1$$

$$\frac{f'(x)}{\cos x}+\frac{\sin x}{\cos^2 x}f(x)+\frac{1}{\cos x}f(x)=1$$

$$\frac{f'(x)\cos x+f(x)\sin x}{\cos^2 x}+\frac{f(x)}{\cos x}=1$$

$$h'(x)+h(x)=1$$

Donc une fonction $f$ est solution de (E) sur $\left]-\frac{\pi}{2}\,;\,\frac{\pi}{2}\right[$ si, et seulement si, la fonction $x\mapsto\frac{f(x)}{\cos x}$ est solution de $(E_0)$ sur $\left]-\frac{\pi}{2}\,;\,\frac{\pi}{2}\right[$.

L'ensemble des solutions de (E) sur $\left]-\frac{\pi}{2}\,;\,\frac{\pi}{2}\right[$ est l'ensemble des fonctions $x\mapsto g(x)\cos x$ où $g$ est une solution de $(E_0)$ sur $\left]-\frac{\pi}{2}\,;\,\frac{\pi}{2}\right[$.

• Déterminons la solution $f$ de (E) celle que $f(0)=0$.

$f$ étant une solution de (E) sur $\left]-\frac{\pi}{2}\,;\,\frac{\pi}{2}\right[$, il existe une solution $g$ de $(E_0)$ telle que $f(x)=g(x)\cos x$. L'ensemble des solutions de $(E_0)$ est l'ensemble des fonctions $x\mapsto 1+k\mathrm{e}^{-x}$ où $k$ est un nombre réel.

$f$ étant une solution de (E) sur $\left]-\frac{\pi}{2}\,;\,\frac{\pi}{2}\right[$, il existe un réel $k$ tel que $f(x)=(1+k\mathrm{e}^{-x})\cos x$ donc si $f(0)=1+k=0$ alors $k=-1$.

Il existe une unique solution $f$ de (E) sur $\left]-\frac{\pi}{2}\,;\,\frac{\pi}{2}\right[$ telle que $f(0)=0$, elle est définie pour tout $x$ de $\left]-\frac{\pi}{2}\,;\,\frac{\pi}{2}\right[$ par :

$$\boxed{f(x)=(1-\mathrm{e}^{-x})\cos x}.$$

# Nombres complexes

## 8 SUJET

Amérique du Sud, novembre 2007 [1 h]

Le plan $\mathscr{P}$ est rapporté à un repère orthonormal direct $(O\ ;\ \vec{u}, \vec{v})$.
*On fera une figure qui sera complétée au fur et à mesure.*
Soit $f$ l'application qui à tout point M de $\mathscr{P}$ d'affixe non nulle $z$ associe le point M′ d'affixe :

$$z' = \frac{1}{2}\left(z + \frac{1}{z}\right).$$

**1.** Soit E le point d'affixe $z_E = -i$. Déterminer l'affixe du point E′, image de E par $f$.

**2.** Déterminer l'ensemble des points M tels que $M' = M$.

**3.** On note A et B les points d'affixes respectives 1 et $-1$.
Soit M un point distinct des points O, A et B.

**a.** Montrer que, pour tout nombre complexe $z$ différent de 0, 1 et $-1$, on a :

$$\frac{z'+1}{z'-1} = \left(\frac{z+1}{z-1}\right)^2.$$

**b.** En déduire une expression de $\frac{M'B}{M'A}$ en fonction de $\frac{MB}{MA}$ puis une expression de l'angle $(\overrightarrow{M'A}\ ;\ \overrightarrow{M'B})$ en fonction de l'angle $(\overrightarrow{MA}\ ;\ \overrightarrow{MB})$.

**4.** Soit $\Delta$ la médiatrice du segment [AB]. Montrer que si M est un point de $\Delta$ distinct du point O, alors M′ est un point de $\Delta$.

**5.** Soit $\Gamma$ le cercle de diamètre [AB].

**a.** Montrer que si le point M appartient à $\Gamma$ alors le point M′ appartient à la droite (AB).

**b.** Tout point de la droite (AB) a-t-il un antécédent par $f$ ?

## 8 CORRIGÉ

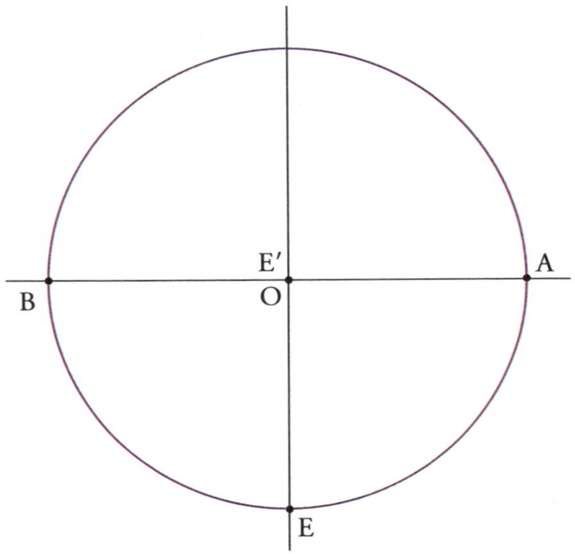


**1. Soit E le point d'affixe $z_E = -i$. Affixe du point E′, image de E par $f$**

$z_{E'} = \frac{1}{2}\left(-i + \frac{1}{-i}\right) = \frac{1}{2}\left(-i + \frac{i}{1}\right) = 0.$

**E a donc pour image O.**

**2. Ensemble des points M tels que M′ = M**

Pour tout point M du plan d'affixe $z$ non nulle, $M' = M$ si, et seulement si :

$$z = \frac{1}{2}\left(z + \frac{1}{z}\right)$$

ou $2z^2 = z^2 + 1$ ou $z^2 = 1$ donc si, et seulement si, $z = 1$ ou $z = -1$.

**Les points invariants par $f$ sont donc les points d'affixe 1 et $-1$.**

**3.** On note A et B les points d'affixes respectives 1 et $-1$.
Soit M un point distinct des points O, A et B et $z$ l'affixe de M.

**a. Pour tout nombre complexe $z$ différent de 0, 1 et $-1$, $\frac{z'+1}{z'-1} = \left(\frac{z+1}{z-1}\right)^2$.**

Montrons que si $z$ est différent de 0, 1 et $-1$ alors $z' - 1 \neq 0$.

Raisonnons par l'absurde.

Si $z' = 1$ alors $\frac{1}{2}\left(z + \frac{1}{z}\right) = 1$ et donc $\frac{z^2 + 1 - 2z}{z} = 0$.

Donc $(z-1)^2 = 0$. Le seul nombre complexe $z$ ayant pour image 1 est $z = 1$. Donc si $z$ est différent de 0, 1 et $-1$ alors $z' - 1 \neq 0$ et l'expression $\frac{z'+1}{z'-1}$ existe.

Pour tout nombre complexe $z$ différent de 0, 1 et $-1$ :

$$\frac{z'+1}{z'-1} = \frac{\frac{1}{2}\left(z + \frac{1}{z}\right) + 1}{\frac{1}{2}\left(z + \frac{1}{z}\right) - 1} = \frac{z + \frac{1}{z} + 2}{z + \frac{1}{z} - 2}.$$

$$= \frac{z^2 + 1 + 2z}{z^2 + 1 - 2z} = \frac{(z+1)^2}{(z-1)^2}$$

$$\boxed{\frac{z'+1}{z'-1} = \left(\frac{z+1}{z-1}\right)^2}.$$

**b. Expression de $\frac{\text{M}'\text{B}}{\text{M}'\text{A}}$ en fonction de $\frac{\text{MB}}{\text{MA}}$ puis une expression de l'angle $(\overrightarrow{\text{M}'\text{A}}\,;\overrightarrow{\text{M}'\text{B}})$ en fonction de l'angle $(\overrightarrow{\text{MA}}\,;\overrightarrow{\text{MB}})$**

En utilisant le résultat de la question **3.a.** on déduit l'égalité des modules des deux membres.

Pour tout nombre complexe $z$ différent de 0, 1 et $-1$ :

$$\left|\frac{z'+1}{z'-1}\right| = \left|\left(\frac{z+1}{z-1}\right)^2\right|$$

$$\frac{|z'+1|}{|z'-1|} = \frac{|(z+1)^2|}{|(z-1)^2|}$$

$$\boxed{\frac{\text{M}'\text{B}}{\text{M}'\text{A}} = \left(\frac{\text{MB}}{\text{MA}}\right)^2}.$$

Pour tout nombre complexe $z$ différent de 0, 1 et $-1$, les nombres complexes $\frac{z'+1}{z'-1}$ et $\left(\frac{z+1}{z-1}\right)^2$ sont non nuls, les arguments sont égaux à $2\pi$ près.

EXERCICES

$$\arg\left(\frac{z'+1}{z'-1}\right)=\arg\left(\frac{z+1}{z-1}\right)^2+2k\pi \text{ avec } k\in\mathbb{Z}$$

soit $(\overrightarrow{AM'} ; \overrightarrow{BM'})=2(\overrightarrow{AM} ; \overrightarrow{BM})+2k\pi$ avec $k\in\mathbb{Z}$ donc :

$$\boxed{(\overrightarrow{M'A} ; \overrightarrow{M'B})=2(\overrightarrow{MA} ; \overrightarrow{MB})+2k\pi \text{ avec } k\in\mathbb{Z}}.$$

**4. Soit $\Delta$ la médiatrice du segment $[AB]$. Si M est un point de $\Delta$ distinct du point O, alors $M'$ est un point de $\Delta$.**

Si M est un point de $\Delta$ alors $MA=MB$ soit $\frac{MB}{MA}=1$.

Donc d'après la question précédente $\frac{M'B}{M'A}=1$ soit $M'B=M'A$

donc : $\boxed{M'\in\Delta}$.

**5. a. Si le point M appartient à $\Gamma$ alors le point $M'$ appartient à la droite $(AB)$.**

Si M est un point du cercle de diamètre [AB], alors :

$$(\overrightarrow{MA} ; \overrightarrow{MB})=\pm\frac{\pi}{2}\quad[2\pi].$$

Donc d'après la question précédente:

$$(\overrightarrow{M'A} ; \overrightarrow{M'B})=2(\overrightarrow{MA} ; \overrightarrow{MB})=2\left(\pm\frac{\pi}{2}\right)=\pi\quad[2\pi],$$

donc les points A, B et $M'$ sont alignés ou encore :

$$\boxed{M'\in(AB)}$$

et même $M'\in[AB]$.

**b. Antécédents de tout point de la droite $(AB)$ par $f$.**

Soit $M'$ un point de la droite $(AB)$ d'affixe $z'=a$ avec $a\in\mathbb{R}$.
$M'$ admet un antécédent d'affixe $z$ par $f$ si, et seulement si :

$$a=\frac{1}{2}\left(z+\frac{1}{z}\right)$$

soit $2az=z^2+1$ ou encore $z^2-2az+1=0$.
On a $\Delta=4a^2-4=4(a^2-1)$.
Cette équation admet toujours des racines non nulles sur $\mathbb{C}$, donc :
**Tout point de $(AB)$ admet au moins un antécédent.**

# 9 SUJET

Antilles-Guyane, juin 2007 [00 min]

$(O\ ;\ \vec{u}, \vec{v})$ est un repère orthonormal direct du plan complexe.
Soit A le point d'affixe $1 + i$.
Au point M d'affixe $z$, on associe le point M′ d'affixe $z'$ telle que :

$$z' = \frac{1}{2}(z + i\bar{z}).$$

**1.** On pose $z = x + iy$ et $z' = x' + iy'$ avec $x$, $y$, $x'$ et $y'$ réels.

**a.** Démontrer les égalités suivantes :

$$x' = \frac{1}{2}(x + y) \quad \text{et} \quad y' = \frac{1}{2}(x + y).$$

En déduire que le point M′ appartient à la droite (OA).

**b.** Déterminer l'ensemble des points M du plan tels que $M = M'$.

**c.** Démontrer que pour tout point M du plan, les vecteurs $\overrightarrow{MM'}$ et $\overrightarrow{OA}$ sont orthogonaux.

**2.** Soit $r$ la rotation de centre O et d'angle $\frac{\pi}{2}$. $M_1$ est le point d'affixe $z_1$ image de M par $r$, $M_2$ le point d'affixe $z_2 = \bar{z}$, $M_3$ le point d'affixe $z_3$ tel que le quadrilatère $OM_1M_3M_2$ soit un parallélogramme.

**a.** Dans cette question uniquement, M a pour affixe $4 + i$, placer les points M, $M_1$, $M_2$, $M_3$.

**b.** Exprimer $z_1$ en fonction de $z$, puis $z_3$ en fonction de $z$.

**c.** $OM_1M_3M_2$ est-il un losange ? Justifier.

**d.** Vérifier que $z' - z = \frac{1}{2}iz_3$.

En déduire que $MM' = \frac{1}{2}OM_3$.

**3.** Démontrer que les points M, $M_1$, $M_2$ et $M_3$ appartiennent à un même cercle de centre O si et seulement si $MM' = \frac{1}{2}OM$.
Donner alors la mesure en radians de l'angle géométrique $\widehat{M'OM}$.

## 9 CORRIGÉ

**1.** On pose $z = x + \mathrm{i}y$, $z' = x' + \mathrm{i}y'$ où $z' = \frac{1}{2}(z + \mathrm{i}\bar{z})$.

**a. • Calcul de $x'$ et $y'$ en fonction de $x$ et $y$**

Pour tout $z$ de $\mathbb{C}$, $z' = \frac{1}{2}(z + \mathrm{i}\bar{z})$.

On pose $z = x + \mathrm{i}y$ avec $x$ et $y$ réels, et on obtient :

$$z' = \frac{1}{2}[x + \mathrm{i}y + \mathrm{i}(x - \mathrm{i}y)]$$

$$= \frac{1}{2}(x + y + \mathrm{i}(x + y))$$

$$z' = \frac{1}{2}(x + y) + \frac{1}{2}(x + y)\mathrm{i}.$$

On pose $z' = x' + \mathrm{i}y'$ d'où en égalant les parties réelles et imaginaires :

$$\boxed{\begin{aligned} x' &= \frac{1}{2}(x + y) \\ y' &= \frac{1}{2}(x + y) \end{aligned}}$$

**• Le point M′ est un point de la droite (OA)**

Quel que soit le complexe $z$ de $\mathbb{C}$, on a :

$$z' = x' + \mathrm{i}y' = \frac{1}{2}(x + y)(1 + \mathrm{i}).$$

Le point A a pour affixe $z_A = 1 + \mathrm{i}$, le point M′ est le point d'affixe $z'$ d'où :

$$\boxed{z' = \frac{1}{2}(x + y)z_A}.$$

Le nombre $\frac{1}{2}(x + y)$ est un nombre réel donc l'égalité précédente montre que :

**Les points O, A, M′ sont alignés.**

**b. Ensemble des points M du plan tel que M = M′**

Soit $\mathscr{E}$ l'ensemble des points M du plan vérifiant M = M′.

Un point M d'affixe $z = x + \mathrm{i}y$ appartient à $\mathscr{E}$ si, et seulement si :

$$x = x' \quad \text{et} \quad y = y'$$

donc si, et seulement si :

$$x = \frac{1}{2}(x+y) \quad \text{et} \quad y = \frac{1}{2}(x+y)$$

si, et seulement si :

$$x = y \text{ et } x = y.$$

**Donc l'ensemble $\mathscr{E}$ des points M tels que M = M′ est la droite d'équation $y = x$, c'est-à-dire la droite (OA).**

**c. Pour tout point M du plan, les vecteurs $\overrightarrow{MM'}$ et $\overrightarrow{OA}$ sont orthogonaux**

Calculons les coordonnées des vecteurs $\overrightarrow{MM'}$ et $\overrightarrow{OA}$.
Quel que soit le point M d'affixe $z = x + iy$, le vecteur $\overrightarrow{MM'}$ a pour coordonnées :

$$(x' - x\,;\,y' - y) = \left(\frac{1}{2}(x+y) - x\,;\,\frac{1}{2}(x+y) - y\right)$$

$$= \left(\frac{1}{2}(-x+y)\,;\,\frac{1}{2}(x-y)\right).$$

Le vecteur $\overrightarrow{OA}$ a pour coordonnées $(1\,;\,1)$.
On a alors, pour tout réel $x$ et tout réel $y$ :

$$\overrightarrow{MM'} \cdot \overrightarrow{OA} = \frac{1}{2}(-x+y) + \frac{1}{2}(x-y) = 0.$$

**Donc, quel que soit le point M du plan, les vecteurs $\overrightarrow{MM'}$ et $\overrightarrow{OA}$ sont orthogonaux.**

**2.** Soit $r$ la rotation de centre O et d'angle $\frac{\pi}{2}$.

**a. Construction des points M, $M_1$, $M_2$, $M_3$**

- M a pour coordonnées $(4\,;\,1)$.
- $M_1$ est l'image de M par $r$. L'écriture complexe de la rotation $r$ est :

$$z' = e^{i\frac{\pi}{2}} z = iz.$$

Donc $M_1$ a pour affixe :

$$z_1 = iz = i(4 + i) = -1 + 4i.$$

Le point $M_1$ a pour coordonnées $(-1\,;\,4)$.
- Le point $M_2$ a pour affixe :

$$z_2 = \bar{z} = (\overline{4 + i}) = 4 - i.$$

Les coordonnées de $M_2$ sont $(4\,;\,-1)$.
- Le point $M_3$ est tel que $OM_1M_3M_2$ est un parallélogramme donc $M_3$ vérifie l'égalité $\overrightarrow{OM_1} = \overrightarrow{M_2M_3}$.

EXERCICES

L'affixe $z_3$ vérifie alors :

$$z_1 = z_3 - z_2$$
$$z_3 = z_1 + z_2$$
$$= -1 + 4i + 4 - i$$
$$z_3 = 3 + 3i\,.$$

Le point $M_3$ a pour coordonnées $(3\,;\,3)$.
On place les points M, $M_1$, $M_2$, $M_3$ sur la figure.

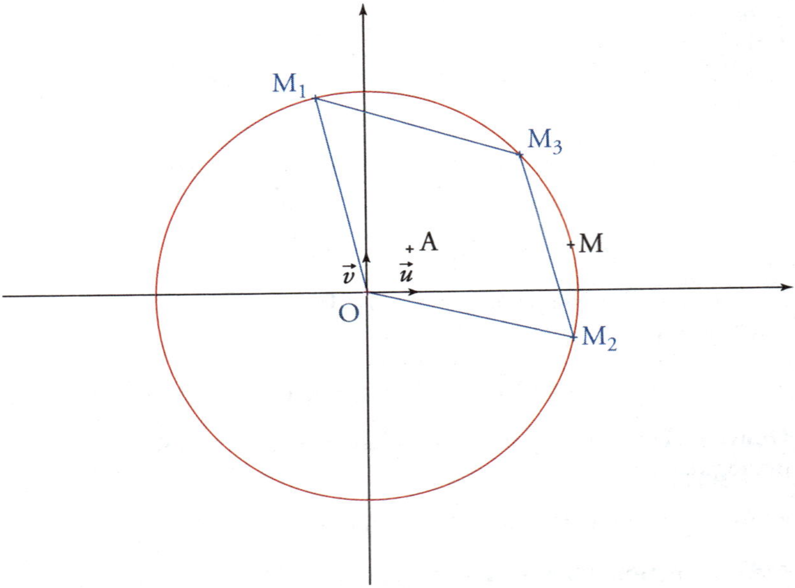


**b. Expression de $z_1$ et $z_3$ en fonction de $z$**

• Le point $M_1$ d'affixe $z_1$ est l'image par $r$ du point M d'affixe $z$. L'écriture complexe de la rotation $r$ est $z' = iz$ donc :

$$\boxed{z_1 = iz}\,.$$

• Le quadrilatère $OM_1M_3M_2$ est un parallélogramme éventuellement aplati si, et seulement si :

$$\overrightarrow{OM_1} = \overrightarrow{M_2M_3}$$
$$z_1 = z_3 - z_2$$
$$z_3 = z_1 + z_2$$
$$z_3 = iz + \bar{z}\,.$$

Le quadrilatère $OM_1M_3M_2$ est un parallélogramme éventuellement aplati si, et seulement si :

$$\boxed{z_3 = iz + \bar{z}}.$$

**c. Le parallélogramme $OM_1M_3M_2$ est un losange**
Soit $z$ l'affixe de :

$$OM_1 = |iz| = |i||z| = |z| \; ;$$
$$OM_2 = |z_2| = |\bar{z}| = |z| .$$

**Le parallélogramme $OM_1M_3M_2$ a donc deux côtés consécutifs de même longueur, c'est un losange.**

**d. Pour tout complexe $z$, $z' - z = \frac{1}{2}\, iz_3$ et $MM' = \frac{1}{2}\, OM_3$**

• Pour tout nombre complexe $z$ :

$$z' - z = \frac{1}{2}\,(z + i\bar{z}) - z = -\frac{1}{2}\,z + \frac{1}{2}\,i\bar{z}.$$

D'autre part, pour tout complexe $z$ :

$$\frac{1}{2}\,iz_3 = \frac{1}{2}\,i(iz + \bar{z}) = -\frac{1}{2}\,z + \frac{1}{2}\,i\bar{z}.$$

On a donc bien, pour tout $z$ de $\mathbb{C}$, l'égalité :

$$\boxed{z' - z = \frac{1}{2}\,iz_3}.$$

• Pour tout nombre complexe $z$, $z' - z$ est l'affixe du vecteur $\overrightarrow{MM'}$ donc l'égalité $z' - z = \frac{1}{2}\,iz_3$ implique :

$$|z' - z| = \left|\frac{1}{2}\,iz_3\right| \quad \text{puis} \quad |z' - z| = \frac{1}{2}\,|i||z_3| \text{ où } |i| = 1 .$$

On obtient finalement, pour tout point M d'affixe $z$ :

$$\boxed{MM' = \frac{1}{2}\,OM_3}.$$

**3. • Les points M, $M_1$, $M_2$ et $M_3$ appartiennent à un même cercle de centre O si, et seulement si, $MM' = \frac{1}{2}$ OM**

On a : $OM = |z|$

$$OM_1 = |iz| = |z|$$
$$OM_2 = |z_2| = |\bar{z}| = |z| .$$

Les trois points M, $M_1$, $M_2$ appartiennent au cercle $\mathscr{C}$ de centre O et de rayon $r = |z|$ .

EXERCICES

Le point $M_3$ d'affixe $z_3$ appartient au cercle $\mathscr{C}$ si, et seulement si :

$$OM_3 = OM.$$

Or, on a montré au **2.d.** que, pour tout $z$ complexe,

$\frac{1}{2}\,iz_3 = z' - z$, puis que $MM' = \frac{1}{2}\,OM_3$ d'où $OM_3 = 2MM'$.

Donc le point $M_3$ appartient au cercle $\mathscr{C}$ si, et seulement si :

$$OM_3 = OM = 2MM'.$$

soit : $$\boxed{MM' = \frac{1}{2}\,OM}.$$

**Les quatre points M, $M_1$, $M_2$ et $M_3$ appartiennent à un cercle si, et seulement si, $MM' = \frac{1}{2}\,OM$.**

• **Mesure de l'angle géométrique $\widehat{M'OM}$**

On suppose que M et M′ ne sont pas confondus avec O et que $MM' = \frac{1}{2}\,OM$. Les trois points O, M, M′ déterminent un triangle rectangle en M′ car on a montré en **1.a.** que le point M′ appartient à la droite (OA), puis en **1.c.** que les vecteurs $\overrightarrow{MM'}$ et $\overrightarrow{OA}$ sont orthogonaux.

Dans le triangle OMM′ rectangle en M′, on a :

$$\sin \widehat{M'OM} = \frac{MM'}{OM} = \frac{1}{2}.$$

**Donc $\widehat{M'OM}$ mesure $\frac{\pi}{6}$ radian.**

France métropolitaine, septembre 2007 [1 h]

## 10 SUJET

Soit les nombres complexes :

$$z_1 = \sqrt{2} + i\sqrt{6}, \quad z_2 = 2 + 2i \quad \text{et} \quad Z = \frac{z_1}{z_2}.$$

**1.** Écrire Z sous forme algébrique.

**2.** Donner les modules et arguments de $z_1$, $z_2$ et Z.

**3.** En déduire $\cos\frac{\pi}{12}$ et $\sin\frac{\pi}{12}$.

**4.** Le plan est muni d'un repère orthonormal ; on prendra 2 cm comme unité graphique.
On désigne par A, B et C les points d'affixes respectives $z_1$, $z_2$ et Z. Placer le point B, puis placer les points A et C en utilisant la règle et le compas (on laissera les traits de construction apparents).

**5.** Écrire sous forme algébrique le nombre complexe $Z^{2007}$.

## 10 CORRIGÉ

### 1. Écriture de Z sous forme algébrique

$$Z = \frac{\sqrt{2} + i\sqrt{6}}{2 + 2i} = \frac{(\sqrt{2} + i\sqrt{6})(2 - 2i)}{(2 + 2i)(2 - 2i)}$$

$$Z = \frac{(\sqrt{2} + i\sqrt{6})(2 - 2i)}{8} = \frac{(\sqrt{2} + i\sqrt{6})(1 - i)}{4}$$

$$\boxed{Z = \frac{\sqrt{2} + \sqrt{6}}{4} + i\,\frac{\sqrt{6} - \sqrt{2}}{4}}.$$

### 2. Modules et arguments de $z_1$, $z_2$ et Z

Les nombres $z_1$, $z_2$ et Z sont tous les trois non nuls, on peut donc chercher pour chacun d'eux module et argument,

$$\boxed{|z_1| = 2\sqrt{2}}.$$

Soit $\theta_1$ un argument de $z_1$. $\begin{cases} \cos\,\theta_1 = \dfrac{1}{2} \\ \sin\,\theta_1 = \dfrac{\sqrt{3}}{2} \end{cases}$ donc :

$$\boxed{\arg\,(z_1) = \frac{\pi}{3}\ \ [2\pi]}.$$

Donc $z_1 = 2\sqrt{2}e^{i\frac{\pi}{3}}$.

$$\boxed{|z_2| = 2\sqrt{2}}.$$

Soit $\theta_2$ un argument de $z_2$. $\begin{cases} \cos\theta_2 = \dfrac{\sqrt{2}}{2} \\ \sin\theta_2 = \dfrac{\sqrt{2}}{2} \end{cases}$ donc :

$$\boxed{\arg(z_2) = \frac{\pi}{4}\ [2\pi]}.$$

Donc $z_2 = 2\sqrt{2}e^{i\frac{\pi}{4}}$.

$|Z| = 1$ et $\arg(Z) = \arg(z_1) - \arg(z_2) = \frac{\pi}{3} - \frac{\pi}{4} = \frac{\pi}{12}\ [2\pi]$.

Donc $Z = e^{i\frac{\pi}{12}}$.

### 3. Calcul de $\cos\frac{\pi}{12}$ et de $\sin\frac{\pi}{12}$

On déduit de la question précédente que $Z = \cos\frac{\pi}{12} + i\sin\frac{\pi}{12}$ d'où par identification des deux écritures du nombre complexe Z :

$$\boxed{\cos\frac{\pi}{12} = \frac{\sqrt{2}+\sqrt{6}}{4} \text{ et } \sin\frac{\pi}{12} = \frac{\sqrt{6}-\sqrt{2}}{4}}.$$

### 4. Construction du point B, puis des points A et C en utilisant la règle et le compas

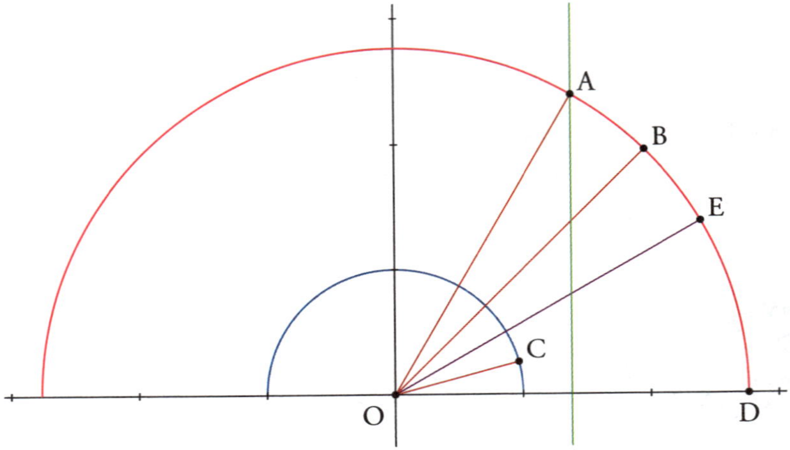


On place le point B de coordonnées $(2\ ;\ 2)$.
On a donc $OB = 2\sqrt{2} = |z_2| = |z_1| = OA$.

On trace le cercle $\mathscr{C}$ de centre O, passant par B, qui a pour rayon $2\sqrt{2}$. Il coupe l'axe $(O ; \vec{u})$ en un point D. On trace la médiatrice de [OD] d'équation $x = \sqrt{2}$ qui coupe $\mathscr{C}$ au point A d'ordonnée strictement positive. On trace la bissectrice (OE) de l'angle $\widehat{DOA}$, et la bissectrice de l'angle $\widehat{DOE}$ qui coupe le cercle de centre O et de rayon 1 au point C.

**5. Écriture sous forme algébrique du nombre complexe $Z^{2007}$**

$|Z^{2007}| = |Z|^{2007} = 1$.

$$\arg(Z^{2007}) = 2007 \times \frac{\pi}{12} = \frac{669}{4}\pi = \frac{672}{4}\pi - \frac{3\pi}{4} \equiv -\frac{3\pi}{4} \ [\text{mod } 2\pi]$$

Donc $Z^{2007} = \cos\left(-\frac{3\pi}{4}\right) + i \sin\left(-\frac{3\pi}{4}\right)$ soit :

$$\boxed{Z^{2007} = -\frac{\sqrt{2}}{2} - i\frac{\sqrt{2}}{2}}.$$

Polynésie, septembre 2005 [1 h 15 min]

## 11 SUJET

Le plan est rapporté à un repère orthonormal direct $(O ; \vec{u}, \vec{v})$ (unité graphique : 1 cm).

### Partie A

Dans le repère $(O ; \vec{u}, \vec{v})$, on considère la courbe $\mathscr{H}$ d'équation :

$$y^2 - x^2 = 16.$$

**1.** Montrer que $\mathscr{H}$ est la réunion de deux courbes $\mathscr{C}$ et $\mathscr{C}'$ où $\mathscr{C}$ est la courbe représentative de la fonction $f$ définie sur $\mathbb{R}$ par $f(x) = \sqrt{x^2 + 16}$ et où $\mathscr{C}'$ est l'image de $\mathscr{C}$ par une transformation simple que l'on précisera.

**2.** Étudier la fonction $f$ (limites aux bornes de l'ensemble de définition et sens de variation).

**3. a.** Montrer que la droite d'équation $y = x$ est une asymptote de $\mathscr{C}$.

**b.** Tracer $\mathscr{H}$ dans le repère $(O ; \vec{u}, \vec{v})$.

**4.** On nomme A et B les points de la courbe $\mathscr{C}$ d'abscisses respectives $-3$ et 3.

On considère le domaine $\mathscr{D}$ du plan constitué des points $M(x ; y)$ vérifiant :

$$-3 \leqslant x \leqslant 3 \text{ et } \sqrt{x^2 + 16} \leqslant y \leqslant 5.$$

EXERCICES

Hachurer le domaine $\mathcal{D}$ et exprimer l'aire de $\mathcal{D}$ à l'aide d'une intégrale que l'on ne cherchera pas à calculer.

## Partie B

On appelle $r$ la rotation de centre O et d'angle $-\frac{\pi}{4}$.

**1. a.** Donner l'écriture complexe de $r$.

**b.** On désigne par $x'$ et $y'$ les coordonnées du point M′, image du point $M(x\ ;y)$ du plan.

Vérifier que : $$\begin{cases} x' = \frac{1}{\sqrt{2}}(x+y) \\ y' = \frac{1}{\sqrt{2}}(-x+y) \end{cases}.$$

Déterminer les coordonnées des points A′ et B′, images respectives de A et B par la rotation $r$. Placer les points A′ et B′ dans le repère $(O\ ;\vec{u},\vec{v})$.

**2.** Soit $\mathcal{H}'$ l'hyperbole d'équation $xy = 8$.

**a.** Tracer $\mathcal{H}'$ dans le repère $(O\ ;\vec{u},\vec{v})$.

**b.** Montrer que $\mathcal{H}'$ est l'image de $\mathcal{H}$ par la rotation $r$.

**3.** Soit $\mathcal{D}'$ l'image de $\mathcal{D}$ par la rotation $r$. On admet que $\mathcal{D}'$ est l'ensemble des points $M(x\ ;y)$ du plan vérifiant :

$$\sqrt{2} \leqslant x \leqslant 4\sqrt{2} \text{ et } \frac{8}{x} \leqslant y \leqslant 5\sqrt{2} - x.$$

**a.** Hachurer $\mathcal{D}'$.

**b.** Calculer l'aire de $\mathcal{D}'$, exprimée en $cm^2$.
En déduire une valeur approchée à $10^{-3}$ près de l'aire de $\mathcal{D}$.

# 11 CORRIGÉ

## Partie A

### 1. $\mathcal{H}$ réunion de deux courbes

Un point $M(x\ ;y)$ appartient à $\mathcal{H}$ si, et seulement si, $y^2 - x^2 = 16$ c'est-à-dire si, et seulement si, $y^2 = x^2 + 16$ soit encore si, et seulement si, $y = \sqrt{x^2+16}$ ou $y = -\sqrt{x^2+16}$ donc $\mathcal{H}$ est la réunion des représentations graphiques des fonctions définies sur $\mathbb{R}$ :

$$x \mapsto \sqrt{x^2+16} \text{ et } x \mapsto -\sqrt{x^2+16}.$$

Soit $\mathscr{C}$ la courbe représentative de la fonction $f$ définie sur $\mathbb{R}$ par :

$$f(x) = \sqrt{x^2 + 16}.$$

La représentation graphique de la fonction définie sur $\mathbb{R}$ par :

$$x \mapsto -\sqrt{x^2 + 16}$$

est la courbe $\mathscr{C}'$ image de $\mathscr{C}$ par la symétrie d'axe $(O\,;\vec{i})$. Donc $\mathscr{H}$ est la réunion de $\mathscr{C}$ et $\mathscr{C}'$.

**Donc $\mathscr{H}$ est la réunion de $\mathscr{C}$ et $\mathscr{C}'$.**

### 2. Étude de la fonction $f$

La fonction $f$ est définie sur $\mathbb{R}$.

Pour tout $x$ de $\mathbb{R}$, $f(-x) = f(x)$, la fonction $f$ est paire, la courbe $\mathscr{C}$ est symétrique par rapport à $(O\,;\vec{j})$. Il suffit d'étudier les variations de la fonction $f$ sur $\mathbb{R}_+$ et de compléter la courbe obtenue par une symétrie par rapport à $(O\,;\vec{j})$.

La fonction $f$ est la composée de la fonction $x \mapsto x^2 + 16$ qui est dérivable sur $\mathbb{R}$ à valeur dans $\mathbb{R}_+^*$ et de la fonction $x \mapsto \sqrt{x}$ qui est dérivable sur $\mathbb{R}_+^*$. Elle est donc dérivable sur $\mathbb{R}$ et pour tout $x$ de $\mathbb{R}_+$ :

$$\boxed{f'(x) = \frac{x}{\sqrt{x^2 + 16}}}.$$

$f'(x) > 0$ pour $x \in \mathbb{R}_+^*$ donc la fonction $f$ est strictement croissante sur $\mathbb{R}_+$.

De plus :

$$\boxed{\lim_{x \to +\infty} f(x) = \lim_{x \to +\infty} \sqrt{x^2 + 16} = +\infty}.$$

### 3. a. La droite d'équation $y = x$ est une asymptote de $\mathscr{C}$

Calculons pour tout $x$ de $\mathbb{R}_+$ :

$$\begin{aligned} f(x) - x &= \sqrt{x^2 + 16} - x \\ &= \frac{(\sqrt{x^2 + 16} - x)(\sqrt{x^2 + 16} + x)}{\sqrt{x^2 + 16} + x} \end{aligned}$$

car pour tout $x$ de $\mathbb{R}_+$, $\sqrt{x^2 + 16} + x \neq 0$

$$f(x) - x = \frac{x^2 + 16 - x^2}{\sqrt{x^2 + 16} + x} = \frac{16}{\sqrt{x^2 + 16} + x}.$$

EXERCICES

Comme $\lim\limits_{x \to +\infty} [\sqrt{x^2+16}+x] = +\infty$ on a :

$$\boxed{\lim_{x \to +\infty} [f(x) - x] = 0}.$$

**La droite d'équation $y = x$ est asymptote à $\mathscr{C}$ au voisinage de $+\infty$. Par symétrie on peut en déduire que la droite d'équation $y = -x$ est aussi asymptote à $\mathscr{C}$.**

**b. Représentation graphique**

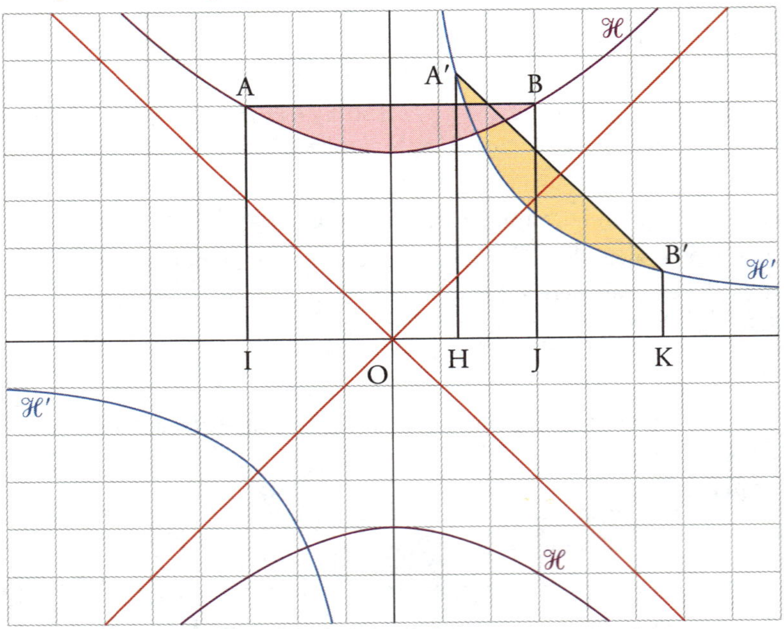


**4.** On considère le domaine $\mathscr{D}$ du plan constitué des points $M(x\,;y)$ vérifiant :

$$-3 \leqslant x \leqslant 3 \text{ et } \sqrt{x^2+16} \leqslant y \leqslant 5.$$

Le domaine $\mathscr{D}$ est colorié en rose sur le dessin.
L'aire $\mathscr{A}$ du domaine $\mathscr{D}$ en unités d'aire est égale à :

$$\int_{-3}^{3} [5 - f(x)]\,\mathrm{d}x = 30 - \int_{-3}^{3} \sqrt{x^2+16}\,\mathrm{d}x$$

$$\int_{-3}^{3} [5 - f(x)]\,\mathrm{d}x = 2\int_{0}^{3} [5 - f(x)]\,\mathrm{d}x \text{ donc :}$$

$$\boxed{\mathscr{A} = 30 - 2\int_{0}^{3} \sqrt{x^2+16}\,\mathrm{d}x}.$$

## Partie B

### 1. a. Écriture complexe de $r$

L'expression complexe de la rotation $r$ de centre O et d'angle $-\frac{\pi}{4}$ est :

$$\boxed{z' = ze^{-i\frac{\pi}{4}}}.$$

### b. Calcul de $x'$ et $y'$ coordonnées du point M′, image du point M$(x\,;y)$ du plan par $r$

En posant $z = x + iy$ et $z' = x' + iy'$, on obtient :

$$\begin{aligned} z' &= x' + iy' \\ &= ze^{-i\frac{\pi}{4}} \\ &= (x+iy)\left(\frac{\sqrt{2}}{2} - i\,\frac{\sqrt{2}}{2}\right) \\ &= x\,\frac{\sqrt{2}}{2} + y\,\frac{\sqrt{2}}{2} + i\left(-x\,\frac{\sqrt{2}}{2} + y\,\frac{\sqrt{2}}{2}\right) \end{aligned}$$

soit par définition de l'égalité de deux nombres complexes :

$$\boxed{\begin{cases} x' = \dfrac{\sqrt{2}}{2}\,(x+y) \\[2ex] y' = \dfrac{\sqrt{2}}{2}\,(-x+y) \end{cases}}.$$

Si A′ et B′ sont les images respectives de A et B, en utilisant les expressions trouvées précédemment on a :

$$\boxed{A'(\sqrt{2}\,;\,4\sqrt{2}) \text{ et } B'(4\sqrt{2}\,;\,\sqrt{2})}.$$

### 2. a. Représentation graphique de $\mathcal{H}'$ dans le repère $(O\,;\vec{i},\vec{j})$

Voir la figure précédente.

### b. $\mathcal{H}'$ est l'image de $\mathcal{H}$ par la rotation $r$

La rotation $r$ est une bijection du plan dans lui-même.
M′$(x'\,;y')$ est l'image de M$(x\,;y)$ si, et seulement si :

$$x' = \frac{\sqrt{2}}{2}\,(x+y) \text{ et } y' = \frac{\sqrt{2}}{2}\,(-x+y)$$

ou encore si, et seulement si :

$$x = \frac{\sqrt{2}}{2}\,(x'-y') \text{ et } y = \frac{\sqrt{2}}{2}\,(x'+y').$$

EXERCICES

Si $M(x\,;y) \in \mathscr{H}$ alors $y^2 - x^2 = 16$ soit :

$$\frac{1}{2}(x'+y')^2 - \frac{1}{2}(x'-y')^2 = 16$$

$$x'y' = 8,$$

le point $M'$ est un point de $\mathscr{H}'$.
L'image de $\mathscr{H}$ par la rotation $r$ est inclus dans $\mathscr{H}'$.

**Réciproquement**
Si $M' \in \mathscr{H}'$ alors $x'y' = 8$ soit $\frac{\sqrt{2}}{2}(x+y) \times \frac{\sqrt{2}}{2}(-x+y) = 8$ c'est-à-dire $y^2 - x^2 = 16$.

Le point $M'$ est bien l'image d'un point de $\mathscr{H}$.

**$\mathscr{H}'$ est l'image de $\mathscr{H}$ par la rotation $r$**

**3. a. Représentation de $\mathscr{D}'$**
On a hachuré $\mathscr{D}'$ sur la figure précédente.

**b. Calcul de l'aire de $\mathscr{D}'$, exprimée en cm$^2$.**
Pour calculer l'aire de $\mathscr{D}'$ on calcule l'aire du trapèze $HA'B'K$ et on lui soustrait l'aire du domaine plan $HA'B'K$ situé sous la courbe $\mathscr{H}'$.

L'aire du trapèze $HA'B'K$ est $\frac{\sqrt{2}+4\sqrt{2}}{2} \times (4\sqrt{2}-\sqrt{2})$.

L'aire du domaine plan $HA'B'K$ situé sous la courbe $\mathscr{H}'$ est égale en unités d'aire à $\int_{\sqrt{2}}^{4\sqrt{2}} \frac{8}{x}\,dx$ car $\mathscr{H}'$ est la représentation graphique sur $\mathbb{R}^*$ de la fonction $x \mapsto \frac{8}{x}$.

Cette dernière fonction étant positive sur $\mathbb{R}_+^*$ :

$$\text{aire}\,(\mathscr{D}') = \frac{\sqrt{2}+4\sqrt{2}}{2} \times (4\sqrt{2}-\sqrt{2}) - \int_{\sqrt{2}}^{4\sqrt{2}} \frac{8}{x}\,dx = 15 - [8\ln x]_{\sqrt{2}}^{4\sqrt{2}}$$

$\text{aire}\,(\mathscr{D}') = 15 - 8\ln 4$.

La rotation étant une isométrie elle conserve les aires, d'où :

$$\boxed{\text{aire}\,(\mathscr{D}') = \text{aire}\,(\mathscr{D}) = 15 - 8\ln 4 \approx 3{,}910 \text{ (u.a. ou cm}^2)}.$$

# Probabilités

## 12 SUJET

Antilles-Guyane, septembre 2007 [1 h 10 min]

*Les trois parties de cet exercice sont indépendantes.*
Une urne contient 15 boules identiques indiscernables au toucher de couleur noire, blanche, ou rouge.
On sait de plus qu'il y a au moins deux boules de chaque couleur dans l'urne.
On tire au hasard simultanément deux boules dans l'urne et on note leur couleur.
Soit l'événement G : « obtenir deux boules de même couleur ».

### Partie A

On suppose que l'urne contient 3 boules noires et 7 boules blanches.
Calculer la probabilité de l'événement G.

### Partie B

On note $n$, $b$ et $r$ le nombre de boules respectivement noires, blanches et rouges figurant dans l'urne.

**1.** On note $g(n\,;\,b\,;\,r)$ la probabilité en fonction de $n$, $b$ et $r$ de l'événement G.
Démontrer que :

$$g(n\,;\,b\,;\,r) = \frac{1}{210}\,[n(n-1) + b(b-1) + r(r-1)]\,.$$

**2.** Le but de cette question est de déterminer $n$, $b$ et $r$ afin que la probabilité $g(n\,;\,b\,;\,r)$ soit minimale.
L'espace est muni d'un repère $(O\,;\,\vec{i}, \vec{j}, \vec{k})$ orthonormal.
Soient les points N, B et R de coordonnées respectives $(15\,;\,0\,;\,0)$, $(0\,;\,15\,;\,0)$ et $(0\,;\,0\,;\,15)$ et soit M le point de coordonnées $(n\,;\,b\,;\,r)$.
On pourra se rapporter à la figure page suivante.

**a.** Justifier qu'une équation cartésienne du plan (NBR) est :

$$x + y + z - 15 = 0\,.$$

**b.** En déduire que le point M est un point du plan (NBR).

EXERCICES

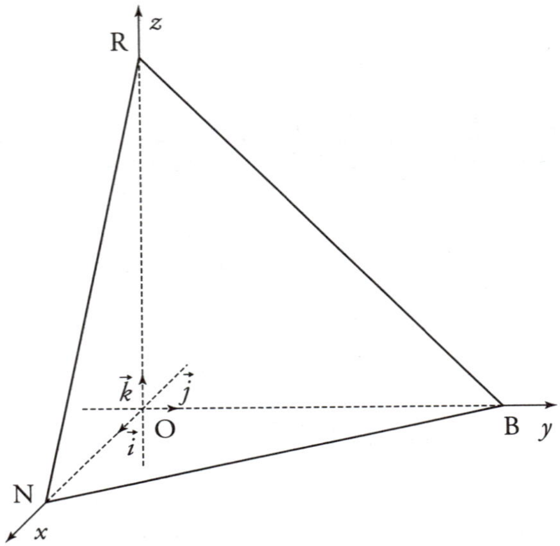


**c.** Démontrer que $g(n\ ;\ b\ ;\ r) = \dfrac{1}{210}\left(\text{OM}^2 - 15\right)$.

**d.** Soit H le projeté orthogonal du point O sur le plan (NBR).
Déterminer les coordonnées du point H.

**e.** En déduire les valeurs de $n$, $b$ et $r$ afin que la probabilité $g(n\ ;\ b\ ;\ r)$ soit minimale. Justifier que cette probabilité minimale est égale à $\dfrac{2}{7}$.

## Partie C

On suppose que les nombres de boules de chaque couleur ont été choisis par l'organisateur d'un jeu, de telle sorte que la probabilité de l'événement G soit $\dfrac{2}{7}$.

Un joueur mise $x$ euros, avec $x$ entier naturel non nul, puis tire simultanément au hasard deux boules de l'urne. Dans tous les cas, il perd sa mise de départ. S'il obtient deux boules de la même couleur, il reçoit $k$ fois le montant de sa mise, avec $k$ nombre décimal strictement supérieur à 1. Sinon, il ne reçoit rien.

On note X la variable aléatoire égale au gain algébrique du joueur.

**1.** Calculer l'espérance E(X) de la variable X en fonction de $x$ et de $k$.

**2.** Déterminer la valeur de $k$ pour laquelle le jeu est équitable.

## 12 CORRIGÉ

## Partie A

### Calcul de la probabilité de l'événement G

L'urne contient trois boules noires, sept boules noires et quinze boules au total, il y a donc $15-(3+7)=5$ boules rouges. Toutes les boules sont indiscernables au toucher, les tirages de deux boules sont donc équiprobables. On peut donc calculer la probabilité demandée en faisant les dénombrements des cas favorables et des cas possibles.

Le nombre de manières de tirer deux boules parmi quinze est $\binom{15}{2}$.

L'événement G est la réunion de trois événements incompatibles deux à deux :
« obtenir 2 boules noires » noté $N_2$,
« obtenir 2 boules blanches » noté $B_2$
« obtenir 2 boules rouges » noté $R_2$.

Le nombre de manières de tirer deux boules noires parmi trois est $\binom{3}{2}$,

le nombre de manières de tirer deux boules blanches parmi sept est $\binom{7}{2}$

le nombre de manières de tirer deux boules rouges parmi cinq est $\binom{5}{2}$

donc :

$$p(G)=p(N_2)+p(B_2)+p(R_2)=\frac{\binom{3}{2}}{\binom{15}{2}}+\frac{\binom{7}{2}}{\binom{15}{2}}+\frac{\binom{5}{2}}{\binom{15}{2}} \text{ soit :}$$

$$\boxed{p(G)=\frac{34}{105}}.$$

## Partie B

### 1. Calcul de $g(n\,;b\,;r)$

On se trouve dans la même situation que dans la partie **A**, en faisant un raisonnement identique on obtient donc :

EXERCICES

$$g(n\,;b\,;r)=\frac{\binom{n}{2}+\binom{b}{2}+\binom{r}{2}}{\binom{15}{2}}$$

$$g(n\,;b\,;r)=\frac{\frac{n(n-1)}{2}+\frac{b(b-1)}{2}+\frac{r(r-1)}{2}}{\frac{15\times 14}{2}}$$

$$\boxed{g(n\,;b\,;r)=\frac{1}{210}\,[n(n-1)+b(b-1)+r(r-1)]}.$$

**2. a. Une équation cartésienne du plan (NBR) est $x+y+z-15=0$**

N'étant pas tous les trois à l'origine, les points N, B et R appartenant aux trois axes de coordonnées ne peuvent être alignés.

Les trois points N, B et R définissent un plan.

$x+y+z-15=0$ est l'équation d'un plan. Les coordonnées des trois points N, B et R vérifient $x+y+z-15=0$.

L'équation du plan (NBR) est :

$$\boxed{x+y+z-15=0}.$$

**b. Le point M est un point du plan (NBR)**

D'après l'énoncé il y a 15 boules dans l'urne donc $b+n+r=15$.

Les coordonnées du point M vérifient l'équation du plan.

**Donc M est un point du plan (NBR).**

**c. Montrons que $g(n\,;b\,;r)=\frac{1}{210}\,(\mathrm{OM}^2-15)$.**

$$g(n\,;b\,;r)=\frac{1}{210}\,[n(n-1)+b(b-1)+r(r-1)]$$

$$=\frac{1}{210}\,[n^2+b^2+r^2-(n+b+r)]$$

Comme $\mathrm{OM}^2=n^2+b^2+r^2$ et $n+b+r=15$ on a :

$$\boxed{g(n\,;b\,;r)=\frac{1}{210}\,(\mathrm{OM}^2-15)}.$$

**d. Calcul des coordonnées du point H**

On sait que (OH) est orthogonale au plan (NBR) de vecteur normal $\vec{u}(1\,;1\,;1)$ donc les coordonnées de $\overrightarrow{\mathrm{OH}}$ donc de H sont de la forme $(a\,;a\,;a)$.

Le point H est sur le plan (NBR) donc ses coordonnées vérifient l'équation de (NBR) soit $a+a+a-15=0$, d'où $a=5$.

**Les coordonnées du point H sont $(5\,;5\,;5)$.**

**e. Détermination des valeurs de $n$, $b$ et $r$ afin que la probabilité $g(n\ ;\ b\ ;\ r)$ soit minimale et calcul de cette probabilité**
La distance OM est minimale lorsque M est le projeté orthogonal de O sur le plan (NBR) donc si M est le point H. Donc si :

$$\boxed{n = b = r = 5}.$$

Dans ce cas la probabilité est $g(5\ ;\ 5\ ;\ 5) = \frac{1}{210}\ (25 + 25 + 25 - 15)$ soit :

$$\boxed{g(5\ ;\ 5\ ;\ 5) = \frac{2}{7}}.$$

## Partie C

**1. Calcul de l'espérance E(X) de la variable X en fonction de $x$ et de $k$**
X est la variable « gain du joueur » c'est-à-dire la différence entre ce qu'il gagne et ce qu'il a misé, on a donc $X(\Omega) = \{kx - x\ ;\ -x\}$. L'événement $[X = kx - x]$ est réalisé s'il tire deux boules de la même couleur donc :

$$P([X = kx - x]) = \frac{2}{7}.$$

$[X = -x]$ est l'événement contraire de l'événement précédent d'où :

$$P([X = -x]) = \frac{5}{7}.$$

$E(X) = \frac{2}{7}\ (kx - x) + \frac{5}{7}\ (-x) = \frac{2}{7}\ kx - x$ soit :

$$\boxed{E(X) = \frac{2k - 7}{7}\ x}.$$

**2. Calcul de la valeur de $k$ pour laquelle le jeu est équitable**
Un jeu est dit équitable lorsque $E(X) = 0$ donc lorsque :

$$\boxed{k = \frac{7}{2}}.$$

EXERCICES

**13 SUJET** Polynésie, septembre 2005 [50 min]

On étudie le mouvement aléatoire d'une puce.
Cette puce se déplace sur trois cases notées A, B et C.
À l'instant 0, la puce est en A.

Pour tout entier naturel $n$ :

- si à l'instant $n$, la puce est en A, alors à l'instant $(n+1)$, elle est :

soit en B avec une probabilité égale à $\frac{1}{3}$,

soit en C avec une probabilité égale à $\frac{2}{3}$ ;

- si à l'instant $n$ la puce est en B, alors à l'instant $(n+1)$, elle est : soit en C, soit en A de façon équiprobable ;
- si à l'instant $n$ la puce est en C, alors elle y reste.

On note $A_n$ (respectivement $B_n$, $C_n$) l'événement « à l'instant $n$ la puce est en A » (respectivement en B, en C).

On note $a_n$ (respectivement $b_n$, $c_n$) la probabilité de l'événement $A_n$ (respectivement $B_n$, $C_n$).

On a donc $a_0 = 1$, $b_0 = c_0 = 0$.

*Pour traiter l'exercice, on pourra s'aider d'arbres pondérés.*

**1.** Calculer $a_k$, $b_k$ et $c_k$ pour $k$ entier naturel tel que $1 \leqslant k \leqslant 3$.

**2. a.** Montrer que, pour tout entier naturel $n$, $a_n + b_n + c_n = 1$ et :

$$\begin{cases} a_{n+1} = \dfrac{1}{2}\, b_n \\ b_{n+1} = \dfrac{1}{3}\, a_n \end{cases}.$$

**b.** Montrer que, pour tout entier naturel $n$,

$$a_{n+2} = \frac{1}{6}\, a_n.$$

**c.** En déduire que, pour tout entier naturel $p$ :

$$\begin{cases} a_{2p} = \left(\dfrac{1}{6}\right)^p \text{ et } a_{2p+1} = 0 \\ b_{2p} = 0 \text{ et } b_{2p+1} = \dfrac{1}{3}\left(\dfrac{1}{6}\right)^p \end{cases}.$$

**3.** Montrer que $\lim\limits_{n \to +\infty} a_n = 0$.

On admet que $\lim\limits_{n \to +\infty} b_n = 0$.

Quelle est la limite de $c_n$ lorsque $n$ tend vers $+\infty$ ?

## 13 CORRIGÉ

**1. Calcul de $a_k$, $b_k$ et $c_k$ et pour $k$ entier naturel tel que $1 \leqslant k \leqslant 3$**

On sait que $a_0 = 1$ , $b_0 = 0$ et $c_0 = 0$ , construisons l'arbre des possibilités :

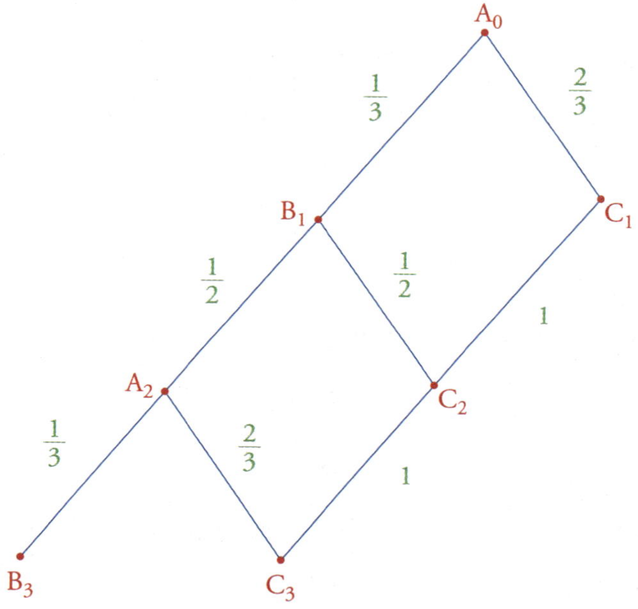


À l'aide de l'arbre précédent, $a_1 = 0$ , $b_1 = \frac{1}{3}$ et $c_1 = \frac{2}{3}$.

Au rang d'après on a :

$$a_2 = \frac{1}{3} \times \frac{1}{2} = \frac{1}{6},\ b_2 = 0 \text{ et } c_2 = \frac{1}{3} \times \frac{1}{2} + \frac{2}{3} \times 1 = \frac{5}{6}.$$

Au troisième rang on a :

$$a_3 = 0,\ b_3 = \frac{1}{3} \times \frac{1}{2} \times \frac{1}{3} = \frac{1}{18}$$

$$c_3 = \frac{1}{3} \times \frac{1}{2} \times \frac{2}{3} + \frac{1}{3} \times \frac{1}{2} \times 1 + \frac{2}{3} \times 1 \times 1 = \frac{17}{18}.$$

**2. a. Pour tout entier naturel $n$ :**

$$a_n + b_n + c_n = 1,\ a_{n+1} = \frac{1}{2}\, b_n \text{ et } b_{n+1} = \frac{1}{3}\, a_n$$

EXERCICES

Pour tout entier naturel $n$, il y a un événement certain : ou bien la puce est A, ou bien elle est en B, ou bien elle est en C, donc ces trois événements étant incompatibles deux à deux :

$$\boxed{a_n + b_n + c_n = 1}.$$

En utilisant l'arbre, on remarque que la puce ne peut être en A que si elle était à l'étape précédente en B, donc pour tout entier naturel $n$ :

$$\boxed{a_{n+1} = \frac{1}{2}\, b_n}.$$

Elle ne peut être en B que si elle était précédemment en A, soit, pour tout entier naturel $n$ :

$$\boxed{b_{n+1} = \frac{1}{3}\, a_n}.$$

**b. Pour tout entier naturel $n$, $a_{n+2} = \frac{1}{6}\, a_n$**

On a vu à la question précédente que $a_{n+2} = \frac{1}{2}\, b_{n+1}$ et $b_{n+1} = \frac{1}{3}\, a_n$, donc $a_{n+2} = \frac{1}{2}\left(\frac{1}{3}\, a_n\right)$ soit pour tout $n \in \mathbb{N}$ :

$$\boxed{a_{n+2} = \frac{1}{6}\, a_n}.$$

**c. Pour tout entier naturel $p$, calcul de $a_{2p}$, $a_{2p+1}$, $b_{2p}$ et $b_{2p+1}$**

• Montrons que $a_{2p} = \left(\frac{1}{6}\right)^p$ par récurrence.

On a $a_{2\times 0} = 1 = \left(\frac{1}{6}\right)^0$.

On suppose qu'il existe un entier $p$ tel que $a_{2p} = \left(\frac{1}{6}\right)^p$. On a alors :

$$a_{2p+2} = \frac{1}{6}\, a_{2p} = \frac{1}{6} \times \left(\frac{1}{6}\right)^p = \left(\frac{1}{6}\right)^{p+1}.$$

La formule est donc vraie au rang $p+1$. On a démontré par récurrence que, pour tout $p \geqslant 0$ :

$$\boxed{a_{2p} = \left(\frac{1}{6}\right)^p}.$$

• On sait que $a_1 = 0$. On suppose qu'il existe un entier $p$ tel que $a_{2p+1} = 0$ alors :

$$a_{2p+3} = \frac{1}{6}\, a_{2p+1} = 0.$$

On a démontré par récurrence que, pour tout $p \geqslant 0$ :

$$\boxed{a_{2p+1} = 0}.$$

On en déduit que, quel que soit $p$ :

$$\boxed{b_{2p} = \frac{1}{3}\, a_{2p-1} = 0 \text{ et } b_{2p+1} = \frac{1}{3}\, a_{2p} = \frac{1}{3}\left(\frac{1}{6}\right)^p}.$$

**3. Étude de la convergence de $(a_n)$ et $(c_n)$**

Recherchons la limite de la suite $(a_n)$.

Les termes de rang impair sont nuls, et on sait que $\lim\limits_{n \to \infty} \left(\frac{1}{6}\right)^n = 0$, donc la suite des termes pairs et la suite des termes impairs de la suite $(a_n)$ convergent et ont la même limite donc :

$$\boxed{\lim_{n \to \infty} a_n = 0}.$$

Comme pour tout entier $n$ de $\mathbb{N}$, $a_n + b_n + c_n = 1$ on a pour tout entier $n$ de $\mathbb{N}$, $c_n = 1 - a_n - b_n$.

$\lim\limits_{\to +\infty} a_n = 0$ et $\lim\limits_{n \to +\infty} b_n = 0$ donc :

$$\boxed{\lim_{n \to \infty} c_n = 0}.$$

## 14 SUJET

Amérique du Sud, novembre 2003 [45 min]

Un sac contient 4 jetons numérotés respectivement $-1$, 0, 0, 1 et indiscernables au toucher.

On tire un jeton du sac, on note son numéro $x$ et on le remet dans le sac ; on tire un second jeton, on note son numéro $y$ et on le remet dans le sac ; puis on tire un troisième jeton, on note son numéro $z$ et on le remet dans le sac.

Tous les jetons ont la même probabilité d'être tirés.

À chaque tirage de trois jetons, on associe, dans l'espace muni d'un repère orthonormal $(O ; \vec{i}, \vec{j}, \vec{k})$, le point M de coordonnées $(x ; y ; z)$.

Sur la figure page suivante sont placés les 27 points correspondant aux différentes positions possibles du point M.

Les coordonnées du point A sont $(1 ; -1 ; -1)$ dans le repère $(O ; \vec{i}, \vec{j}, \vec{k})$.

On note $\mathscr{C}$ le cube ABCDEFGH dessiné ci-dessous.

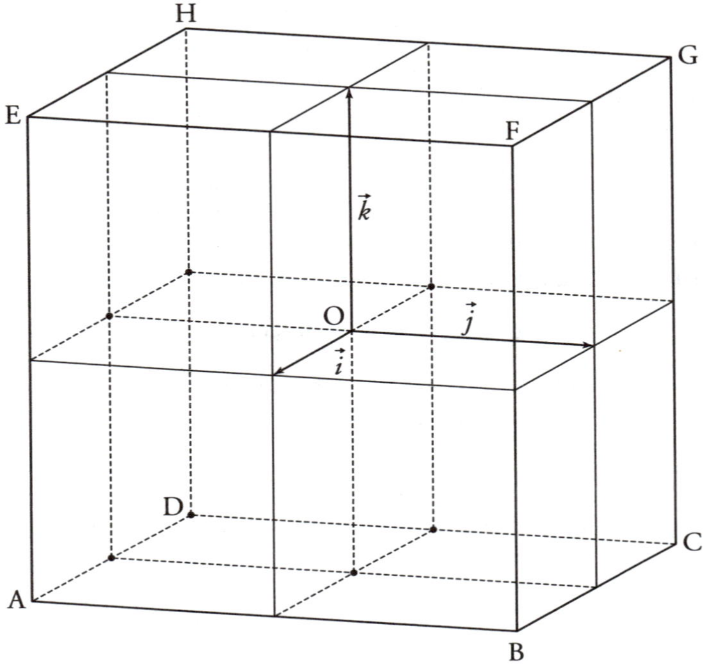


**1.** Démontrer que la probabilité que le point M soit en A est égale à $\frac{1}{64}$.

**2.** On note $E_1$ l'événement « M appartient à l'axe des abscisses ».

Démontrer que la probabilité de $E_1$ est égale à $\frac{1}{4}$.

**3.** Soit $\mathcal{P}$ le plan passant par O et orthogonal au vecteur $\vec{n}(1\ ;\ 1\ ;\ 1)$.

**a.** Déterminer une équation cartésienne du plan $\mathcal{P}$.

**b.** Tracer en couleur sur le graphique ci-dessus, la section du plan $\mathcal{P}$ et du cube $\mathcal{C}$. (On ne demande pas de justification).

**c.** On note $E_2$ l'événement « M appartient à $\mathcal{P}$ ».

Quelle est la probabilité de l'événement $E_2$ ?

**4.** On désigne par $\mathcal{B}$ la boule de centre O et de rayon 1,5 (c'est-à-dire l'ensemble des points M de l'espace tels que $OM \leqslant 1{,}5$).
On note $E_3$ l'événement « M appartient à la boule $\mathcal{B}$ ».
Déterminer la probabilité de l'événement $E_3$.

## 14 CORRIGÉ

Les quatre jetons étant indiscernables au toucher et ayant la même probabilité d'être tirés,

la probabilité $p_{-1}$ d'obtenir le jeton numéroté $-1$ est $p_{-1} = \frac{1}{4}$ ;

la probabilité $p_0$ d'obtenir le jeton numéroté 0 est $p_0 = \frac{2}{4} = \frac{1}{2}$ ;

la probabilité $p_1$ d'obtenir le jeton numéroté 1 est $p_1 = \frac{1}{4}$.

Les tirages successifs étant faits avec remise, sont indépendants deux à deux et l'événement V « obtenir successivement les numéros $x$ puis $y$ puis $z$ » a pour probabilité le produit des probabilités de tirer les numéros $x$, $y$ et $z$.

**1. Probabilité que le point M soit en A.**

M est en A si on tire successivement les numéros $1, -1, -1$. Soit $E_A$ l'événement « M est en A ». On a donc :

$$p(E_A) = p_1 \times p_{-1} \times p_{-1} = \frac{1}{4} \times \frac{1}{4} \times \frac{1}{4} = \frac{1}{64}.$$

$$\boxed{p(E_A) = \frac{1}{64}}.$$

**2. Probabilité de l'événement $E_1$ « M appartient à l'axe des abscisses ».**

L'événement $E_1$ est réalisé si on tire les numéros $y$ et $z$ nuls, $x$ étant quelconque. La probabilité de tirer un premier numéro $x$ quelconque est égale à 1, celle de tirer le numéro zéro est $\frac{1}{2}$, d'où :

$$p(E_1) = 1 \times \frac{1}{2} \times \frac{1}{2} = \frac{1}{4}.$$

$$\boxed{p(E_1) = \frac{1}{4}}.$$

**3. a. Équation du plan $\mathcal{P}$**

Le plan $\mathcal{P}$ passant par O et orthogonal au vecteur $\vec{n}$ est l'ensemble des points M de l'espace vérifiant $\overrightarrow{OM} \cdot \vec{n} = 0$.

Soit $(x\,;y\,;z)$ les coordonnées du point M, $\overrightarrow{OM}$ a pour coordonnées $(x\,;y\,;z)$.

$\vec{n}$ a pour coordonnées $(1\,;1\,;1)$, le repère $(O\,;\vec{i}, \vec{j}, \vec{k})$ étant orthonormé, le produit scalaire $\overrightarrow{OM} \cdot \vec{n}$ est égal à :

$$x \times 1 + y \times 1 + z \times 1.$$

EXERCICES

On a donc, pour tout point $M(x\,;\,y\,;\,z)$ de l'espace :

$M(x\,;\,y\,;\,z) \in \mathscr{P}$ si et seulement si $\overrightarrow{OM} \cdot \vec{n} = 0$

si et seulement si $x + y + z = 0$.

**Une équation de $\mathscr{P}$ est $x + y + z = 0$.**

**b. Section du plan $\mathscr{P}$ et du cube**

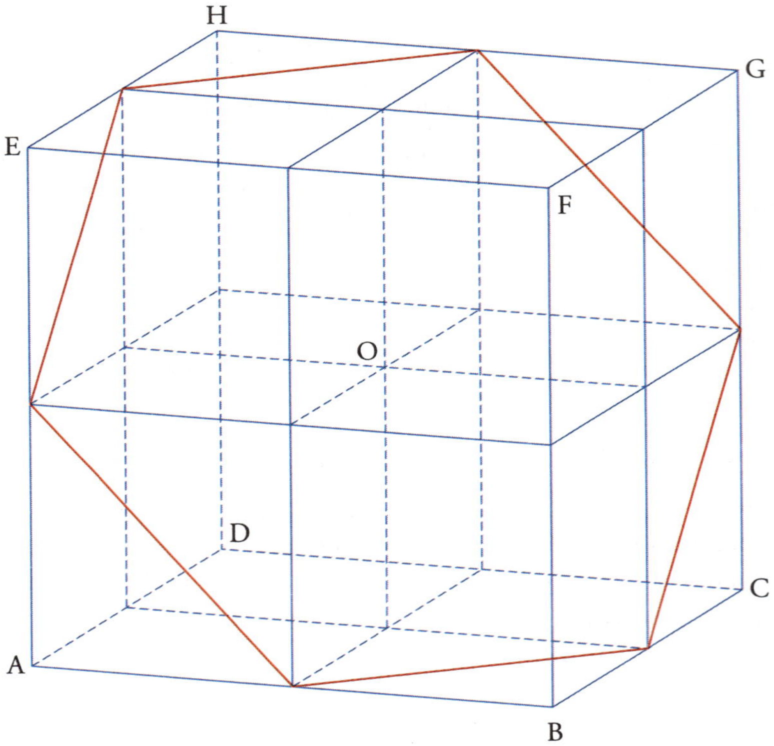


Pour obtenir la section du plan $\mathscr{P}$ avec une face du cube, il suffit de connaître deux points appartenant à $\mathscr{P}$ et à la face considérée.
Pour cela, on s'aide de l'équation de $\mathscr{P}$ obtenue en **3. a.**.
Par exemple, cherchons la trace de $\mathscr{P}$ sur la face ABCD du cube. Tous les points du plan ABCD ont pour cote $z = -1$. Donc il suffit de choisir $x$ et $y$ de telle sorte que $x + y - 1 = 0$.
Les points $(1\,;\,0\,;\,-1)$ et $(0\,;\,1\,;\,-1)$ appartiennent à $\mathscr{P}$ et à la face ABCD. La trace du plan $\mathscr{P}$ sur la face ABCD est le segment passant par les milieux de $[AB]$ et $[BC]$.
En procédant de la même façon pour les six faces du cube, on obtient la section de $\mathscr{P}$ et du cube $\mathscr{C}$ : cette section est un hexagone régulier.

### c. Probabilité de l'événement $E_2$

L'événement $E_2$ est réalisé si et seulement si les trois numéros $x$, $y$, $z$ tirés vérifient $x+y+z=0$.

Écrivons tous les cas possibles sachant que $x$, $y$, $z$ peuvent prendre toutes valeurs de l'ensemble $\{-1\ ;\ 0\ ;\ 1\}$ :

pour $x=-1$ on a $(-1\ ;\ 1\ ;\ 0)$ ou $(-1\ ;\ 0\ ;\ 1)$ ;

pour $x=0$ on a $(0\ ;\ 0\ ;\ 0)$ ou $(0\ ;\ 1\ ;\ -1)$ ou $(0\ ;\ -1\ ;\ 1)$ ;

pour $x=1$ on a $(1\ ;\ 0\ ;\ -1)$ ou $(1\ ;\ -1\ ;\ 0)$.

On obtient ainsi sept points notés $A_0$, $A_1$, $A_2$, ..., $A_6$.

La probabilité de $E_2$ est la probabilité que M soit en $A_0$ ou $A_1$ ou ... ou $A_6$.

Les événements $e_i$ « M est en $A_i$ » pour $0 \leqslant i \leqslant 6$ sont incompatibles deux à deux, donc $p(E_2)$ est la somme des probabilités $p(e_i)$ que l'on calcule comme en 1.

$$p(E_2) = 6 \times \left(\frac{1}{4}\right)^2 \times \frac{1}{2} + \frac{1}{2} \times \frac{1}{2} \times \frac{1}{2}$$

$$p(E_2) = \frac{3}{16} + \frac{1}{8}$$

$$p(E_2) = \frac{5}{16}.$$

**La probabilité $p(E_2)$ est égale à $\frac{5}{16}$.**

### 4. Probabilité de l'événement $E_3$

L'événement $E_3$ est réalisé si M appartient à la boule $\mathcal{B}$.

Parmi les 27 points du cube, il y a :

- le centre O
- 6 points sur les axes situés à une distance 1 de O
- 12 points situés à une distance $\sqrt{2}$ de O
- 8 points (les sommets) situés à une distance $\sqrt{3}$ de O.

Sachant que $\sqrt{2} < 1{,}5 < \sqrt{3}$, seuls les huit sommets du cube sont extérieurs à la boule $\mathcal{B}$.

Calculons la probabilité de l'événement contraire de $E_3$. $\overline{E_3}$ est la réunion des huit événements incompatibles deux à deux : M est en A, M est en B, ..., M est en H. Chacun de ces événements a pour probabilité $\frac{1}{64}$ d'où :

$$p(\overline{E_3}) = 8 \times \frac{1}{64} = \frac{1}{8}$$

$$p(E_3) = 1 - p(\overline{E_3}) = 1 - \frac{1}{8}$$

$$p(E_3) = \frac{7}{8}.$$

**La probabilité que M appartienne à la boule est $\frac{7}{8}$.**

EXERCICES

Nouvelle-Calédonie, novembre 2003 [45 min]

## 15 SUJET

On observe sur une longue période le nombre d'accidents de scooters à un carrefour. Il est alors possible de proposer la modélisation suivante : pour $n$ scooters franchissant le carrefour durant une année ($n$ est un grand nombre inconnu), on admet que la variable aléatoire $S_n$ qui totalise le nombre d'accidents de scooters à ce carrefour durant cette année suit une loi binomiale ; on estime que l'espérance mathématique de $S_n$ notée $E(S_n)$ est égale à 10.
Soit $p$ la probabilité pour un scooter d'être accidenté à ce carrefour pendant l'année considérée.

**1.** Calculer $p$, puis justifier l'égalité $p(S_n = k) = \binom{n}{k}\left(\frac{10}{n}\right)^k\left(1 - \frac{10}{n}\right)^{n-k}$, où $k$ est un entier naturel tel que $0 \leqslant k \leqslant n$.

**2. a.** Établir l'égalité $\ln\,[p(S_n = 0)] = -10 \times \dfrac{\ln\left(1 - \frac{10}{n}\right)}{\frac{-10}{n}}$ où ln désigne la fonction logarithme népérien ; en déduire que $\lim\limits_{n \to \infty} p(S_n = 0) = e^{-10}$.

**b.** Démontrer que $p(S_n = k+1) = p(S_n = k) \times \dfrac{n-k}{n-10} \times \dfrac{10}{k+1}$, où $k$ est un entier naturel tel que $0 \leqslant k \leqslant n - 1$.

**c.** Démontrer que si $\lim\limits_{n \to \infty} p(S_n = k) = e^{-10}\dfrac{10^k}{k!}$ pour $0 \leqslant k \leqslant n$, alors on a également $\lim\limits_{n \to \infty} p(S_n = k+1) = e^{-10}\dfrac{10^{k+1}}{(k+1)!}$ pour $0 \leqslant k+1 \leqslant n$.

**d.** Démontrer en utilisant un raisonnement par récurrence sur l'entier naturel $k$ que $\lim\limits_{n \to \infty} p(S_n = k) = e^{-10}\dfrac{10^k}{k!}$ où $k$ est un entier naturel tel que $0 \leqslant k \leqslant n$.

**3.** On suppose que le nombre $n$ est suffisamment grand pour que l'on puisse admettre que $e^{-10}\dfrac{10^k}{k!}$ est une approximation acceptable de $p(S_n = k)$. Utiliser cette approximation pour calculer à $10^{-4}$ près la probabilité pour qu'au cours de cette année il y ait au moins trois accidents de scooters à ce carrefour.

## 15 CORRIGÉ

**1. Calcul de $p$ et justification de l'égalité :**

$$p(S_n = k) = \binom{n}{k}\left(\frac{10}{n}\right)^k\left(1-\frac{10}{n}\right)^{n-k}$$

**où $k$ est un entier naturel tel que $0 \leqslant k \leqslant n$.**

$S_n$ est égal au nombre d'accidents pour $n$ scooters passant au carrefour. $S_n$ suit une loi binomiale de paramètres $n$ et $p$ où $n$ est le nombre de scooters passant au carrefour et $p$ la probabilité pour qu'un scooter ait un accident.

On sait alors que $E(S_n) = n \times p$. On a donc $n \times p = 10$ soit $\boxed{p = \frac{10}{n}}$.

$S_n$ suit une loi binomiale de paramètres $n$ et $\frac{10}{n}$ donc pour tout entier $k$ tel que $0 \leqslant k \leqslant n$,

$$\boxed{p(S_n = k) = \binom{n}{k}\left(\frac{10}{n}\right)^k\left(1-\frac{10}{n}\right)^{n-k}}.$$

**2. a.** $\ln\,[p(S_n = 0)] = -10 \times \dfrac{\ln\left(1-\frac{10}{n}\right)}{\frac{-10}{n}}$ **où ln désigne la fonction logarithme népérien ;** $\lim\limits_{n \to +\infty} p(S_n = 0) = e^{-10}$.

En utilisant la formule précédente, $p(S_n = 0) = \left(1-\frac{10}{n}\right)^n$.

$p(S_n = 0)$ étant un réel strictement positif :

$$\ln\,[p(S_n = 0)] = n\ln\left(1-\frac{10}{n}\right) = -10 \times \frac{\ln\left(1-\frac{10}{n}\right)}{\frac{-10}{n}}.$$

On pose $h = -\frac{10}{n}$, on a $\lim\limits_{n \to +\infty} \dfrac{\ln\left(1-\frac{10}{n}\right)}{\frac{-10}{n}} = \lim\limits_{h \to 0} \dfrac{\ln\,(1+h)}{h} = 1$ donc

$\lim\limits_{n \to +\infty} \ln\,[p(S_n = 0)] = -10$ soit :

$$\boxed{\lim_{x \to +\infty} p(S_n = 0) = e^{-10}}.$$

**b.** $p(S_n = k+1) = p(S_n = k) \times \dfrac{n-k}{n-10} \times \dfrac{10}{k+1}$ **où $k$ est un entier naturel compris entre 0 et $n-1$.**

Sachant que $p(S_n = k) \neq 0$ pour tout entier $k$ tel que $0 \leqslant k \leqslant n-1$, on a :

$$\frac{p(S_n = k+1)}{p(S_n = k)} = \frac{\binom{n}{k+1}\left(\frac{10}{n}\right)^{k+1}\left(1-\frac{10}{n}\right)^{n-k-1}}{\binom{n}{k}\left(\frac{10}{n}\right)^{k}\left(1-\frac{10}{n}\right)^{n-k}}$$

$$= \frac{\dfrac{n!}{(k+1)!(n-k-1)!} \times \dfrac{10}{n}}{\dfrac{n!}{k!(n-k)!} \times \left(1-\dfrac{10}{n}\right)}$$

$$= \frac{n-k}{k+1} \times \frac{10}{n-10} \text{ donc :}$$

$$\boxed{p(S_n = k+1) = p(S_n = k) \times \frac{n-k}{n-10} \times \frac{10}{k+1}}.$$

**c. Si $\lim\limits_{n \to +\infty} p(S_n = k) = e^{-10}\dfrac{10^k}{k!}$, pour $0 \leqslant k \leqslant n$, alors, également pour $0 \leqslant k+1 \leqslant n$ : $\lim\limits_{n \to +\infty} p(S_n = k+1) = e^{-10}\dfrac{10^{k+1}}{(k+1)!}$.**

$$\lim_{n \to +\infty} p(S_n = k+1) = \lim_{n \to +\infty}\left[p(S_n = k) \times \frac{n-k}{n-10} \times \frac{10}{k+1}\right]$$

$$= e^{-10}\frac{10^k}{k!} \times \frac{10}{k+1}$$

$$= e^{-10}\frac{10^{k+1}}{(k+1)!}$$

car $\lim\limits_{n \to +\infty} \dfrac{n-k}{n-10} = \lim\limits_{n \to +\infty} \dfrac{n}{n} = 1$ donc :

$$\boxed{\lim_{n \to +\infty} p(S_n = k+1) = \frac{e^{-10} \times 10^{k+1}}{(k+1)!}}$$

**d. Si $k$ est un entier naturel tel que $0 \leqslant k \leqslant n$, alors $\lim\limits_{n \to +\infty} p(S_n = k) = e^{-10}\dfrac{10^k}{k!}$.**

On vérifie que $\lim\limits_{n \to +\infty} p(S_n = 0) = e^{-10} = e^{-10} \times \dfrac{10^0}{0!}$. On sait que si

$\lim\limits_{n \to +\infty} p(S_n = k) = e^{-10} \dfrac{10^k}{k!}$, pour $0 \leqslant k \leqslant n$, alors on a également $\lim\limits_{n \to +\infty} p(S_n = k+1) = e^{-10} \dfrac{10^{k+1}}{(k+1)!}$ pour $0 \leqslant k+1 \leqslant n$.

Par récurrence on a montré que pour tout $0 \leqslant k \leqslant n$ :

$$\boxed{\lim_{n \to +\infty} p(S_n = k) = e^{-10} \frac{10^k}{k!}}.$$

### 3. Probabilité pour qu'il y ait au moins trois accidents de scooter à ce carrefour

$$p(S_n \geqslant 3) = 1 - [p(S_n = 0) + p(S_n = 1) + p(S_n = 2)]$$

$$p(S_n \geqslant 3) = 1 - e^{-10}\left(\frac{10^0}{0!} + \frac{10^1}{1!} + \frac{10^2}{2!}\right)$$

$$\boxed{p(S_n \geqslant 3) \approx 0{,}9972}.$$

**Remarque :**

On dit que l'on a approché une loi binomiale par une loi de Poisson.

## 16 SUJET

Nouvelle-Calédonie, novembre 2007 [1 h]

Un responsable de magasin achète des composants électroniques auprès de deux fournisseurs dans les proportions suivantes : 25 % au premier fournisseur et 75 % au second.

La proportion de composants défectueux est de 3 % chez le premier fournisseur et de 2 % chez le second.

On note :

- D l'événement « le composant est défectueux ».
- $F_1$ l'événement « le composant provient du premier fournisseur ».
- $F_2$ l'événement « le composant provient du second fournisseur ».

**1. a.** Dessiner un arbre pondéré.

**b.** Calculer $p(D \cap F_1)$, puis démontrer que $p(D) = 0{,}022\ 5$.

**c.** Sachant qu'un composant est défectueux, quelle est la probabilité qu'il provienne du premier fournisseur ?

*Dans toute la suite de l'exercice, on donnera une valeur approchée des résultats à $10^{-3}$ près.*

**2.** Le responsable commande 20 composants. Quelle est la probabilité qu'au moins deux d'entre eux soient défectueux ?

**3.** La durée de vie de l'un de ces composants est une variable aléatoire notée X qui suit la loi de durée de vie sans vieillissement ou loi exponentielle de paramètre $\lambda$ , avec $\lambda$ réel strictement positif.

**a.** Sachant que $p(X > 5) = 0{,}325$ , déterminer $\lambda$ .

Pour les questions suivantes, on prendra $\lambda = 0{,}225$ .

**b.** Quelle est la probabilité qu'un composant dure moins de 8 ans ? plus de 8 ans ?

**c.** Quelle est la probabilité qu'un composant dure plus de 8 ans sachant qu'il a déjà duré plus de 3 ans ?

## 16 CORRIGÉ

**1. a. Arbre pondéré**

À l'aide des données de l'énoncé on obtient :

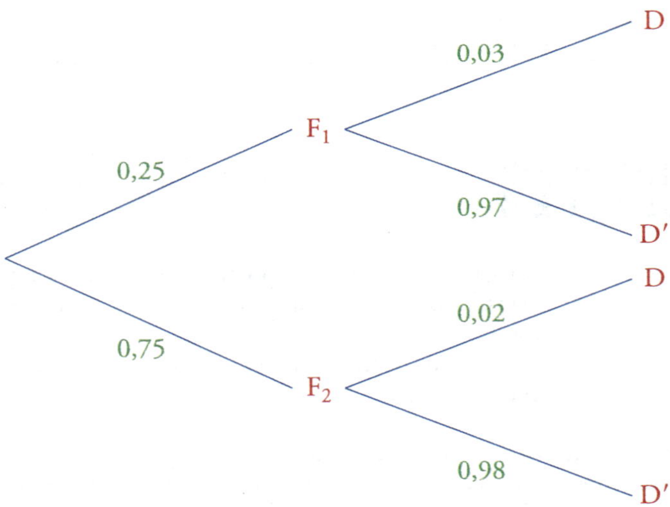


**b. Calcul de $p(D \cap F_1)$, puis de $p(D)$**

$p(F_1) = 0{,}25$ est un réel non nul, donc en utilisant l'arbre pondéré on obtient :

$$p(D \cap F_1) = p(F_1) \times p_{F_1}(D) = 0{,}25 \times 0{,}03$$

$$\boxed{p(D \cap F_1) = 0{,}007\ 5}.$$

Les événements $F_1$ et $F_2$ forment un système complet d'événements donc en utilisant la formule des probabilités totales, et l'arbre construit :

$$p(\mathrm{D}) = p(\mathrm{D} \cap \mathrm{F}_1) + p(\mathrm{D} \cap \mathrm{F}_2)$$
$$= 0{,}007\ 5 + p(\mathrm{F}_2)p_{\mathrm{F}_2}(\mathrm{D}) = 0{,}007\ 5 + 0{,}75 \times 0{,}02$$

$$\boxed{p(\mathrm{D}) = 0{,}022\ 5}.$$

**c. Sachant qu'un composant est défectueux, calcul de la probabilité qu'il provienne du premier fournisseur**

La probabilité de l'événement D est non nulle, la probabilité demandée est $p_{\mathrm{D}}(\mathrm{F}_1)$.

En utilisant, la définition d'une probabilité conditionnelle :

$$p_{\mathrm{D}}(\mathrm{F}_1) = \frac{p(\mathrm{D} \cap \mathrm{F}_1)}{p(\mathrm{D})} = \frac{0{,}007\ 5}{0{,}022\ 5} = \frac{0{,}03}{0{,}09}$$

$$\boxed{p_{\mathrm{D}}(\mathrm{F}_1) = \frac{1}{3}}.$$

**2. Le responsable commande 20 composants. Calcul de la probabilité qu'au moins deux d'entre eux soient défectueux**

On considère que la commande de 20 composants revient à faire 20 expériences identiques indépendantes pour lesquelles la probabilité de « succès » (obtenir un composant défectueux !) est 0,022 5. On est donc dans le cadre d'un schéma de Bernoulli, avec les paramètres $n = 20$ et 0,022 5. La probabilité d'avoir au moins deux composants défectueux est l'événement contraire d'avoir 0 ou 1 composant défectueux soit :

$$p = 1 - \binom{20}{0} \times 0{,}022\ 5^0 \times 0{,}977\ 5^{20} - \binom{20}{1} \times 0{,}022\ 5^1 \times 0{,}977\ 5^{19}$$

soit avec l'approximation demandée :

$$\boxed{p = 0{,}074}.$$

**3. a. Sachant que $p([\mathrm{X} > 5]) = 0{,}325$, calcul de $\lambda$**

On sait que $p([\mathrm{X} > 5]) = \mathrm{e}^{-5\lambda}$ donc $\mathrm{e}^{-5\lambda} = 0{,}325$ soit $\lambda = -\frac{1}{5} \ln 0{,}325$ :

$$\boxed{\lambda \approx 0{,}225}.$$

**b. Calcul de la probabilité qu'un composant dure moins de 8 ans, plus de 8 ans**

$p([\mathrm{X} \leqslant 8]) = \int_0^8 \lambda \mathrm{e}^{-\lambda t}\, \mathrm{d}t = [-\mathrm{e}^{-0{,}225t}]_0^8 = 1 - \mathrm{e}^{-1{,}8}$ soit :

$$\boxed{p([\mathrm{X} \leqslant 8]) \approx 0{,}835}.$$

$p([\mathrm{X} > 8]) = 1 - p([\mathrm{X} \leqslant 8])$ soit :

EXERCICES

$$\boxed{p([X > 8]) \approx 0{,}165}.$$

**c. Calcul de la probabilité qu'un composant dure plus de 8 ans sachant qu'il a déjà duré plus de 3 ans**

La loi étant sans vieillissement

$$p_{[X \geqslant 3]}([X > 8]) = p([X > 5])$$

donc avec l'approximation demandée :

$$\boxed{p_{[X \geqslant 3]}([X > 8]) = 0{,}325}.$$

Amérique du Sud, novembre 2006 [40 min]

## 17 SUJET

Un jardinier dispose de deux lots 1 et 2 contenant chacun de très nombreux bulbes donnant des tulipes de couleurs variées.

La probabilité pour qu'un bulbe du lot 1 donne une tulipe jaune est égale à $\frac{1}{4}$. La probabilité pour qu'un bulbe du lot 2 donne une tulipe jaune est égale à $\frac{1}{2}$.

Ce jardinier choisit au hasard un lot et plante 50 bulbes de tulipes.

Soit $n$ un entier naturel vérifiant $0 \leqslant n \leqslant 50$.

On définit les événements suivants :

A « le jardinier a choisi le lot 1 » ;

B « le jardinier a choisi le lot 2 » ;

$J_n$ « le jardinier obtient $n$ tulipes jaunes ».

**1.** Dans cette question, on suppose que le jardinier choisit le lot 1.

**a.** Quelle loi de probabilité suit le nombre de tulipes jaunes obtenues à partir de 50 bulbes du lot 1 ?

**b.** Quelle est l'espérance mathématique de cette loi ?

**c.** Donner une expression de la probabilité que le jardinier obtienne $n$ tulipes jaunes.

**d.** Calculer la probabilité que le jardinier obtienne 15 tulipes jaunes. On donnera l'arrondi au millième du résultat.

**2. Probabilités conditionnelles**

**a.** Montrer que $p_B(J_n) = \binom{50}{n} 2^{-50}$.

**b.** En déduire la probabilité que le jardinier obtienne $n$ tulipes jaunes.

**c.** On note $p_n$ la probabilité conditionnelle de l'événement A sachant que $J_n$ est réalisé. Établir que :

$$p_n = \frac{3^{50-n}}{3^{50-n} + 2^{50}}.$$

**d.** Pour quelles valeurs de $n$ a-t-on $p_n \geqslant 0{,}9$ ?
Comment peut-on interpréter ce résultat ?

## 17 CORRIGÉ

**1. a. Loi de probabilité suivie par le nombre de tulipes jaunes obtenues à partir de 50 bulbes du lot 1**

Comme il y a de nombreux bulbes, on peut considérer que c'est une expérience de Bernoulli car on suppose que chaque choix d'un bulbe a la même probabilité $\frac{1}{4}$ de donner une tulipe jaune.

**Le nombre de tulipes jaunes obtenues suit une loi binomiale de paramètres N = 50 et $p = \frac{1}{4}$.**

**b. Espérance mathématique de cette loi**

L'espérance mathématique d'une loi binomiale de paramètres N = 50 et $p = \frac{1}{4}$ est :

$$E = Np = \frac{50}{4}$$

$$\boxed{E = \frac{25}{2}}.$$

**c. Expression de la probabilité que le jardinier obtienne $n$ tulipes jaunes**

Sachant que le jardinier a choisi le lot 1, l'événement « obtenir $n$ tulipes jaunes parmi 50 » où $n$ est un entier naturel inférieur à 50 a pour probabilité $\binom{50}{n}\left(\frac{1}{4}\right)^n\left(\frac{3}{4}\right)^{50-n}$. Si $J_n$ désigne l'événement « obtenir $n$ tulipes jaunes parmi 50 » et A l'événement « choisir le lot 1 », on a donc :

$$\boxed{p_A(J_n) = \binom{50}{n}\left(\frac{1}{4}\right)^n\left(\frac{3}{4}\right)^{50-n}}.$$

EXERCICES

**d. Probabilité que le jardinier obtienne 15 tulipes jaunes**

On choisit $n = 15$ donc :

$$\boxed{p_{\mathrm{A}}(\mathrm{J}_{15}) = \binom{50}{15}\left(\frac{1}{4}\right)^{15}\left(\frac{3}{4}\right)^{35} \approx 0{,}089}.$$

**2. a. Calcul de $p_{\mathrm{B}}(\mathrm{J}_n)$**

Si on choisit le lot 2, on a autant de chances d'avoir une tulipe jaune que le contraire. Le nombre de tulipes jaunes obtenues suit une loi binomiale de paramètres $\mathrm{N} = 50$ et $p = \frac{1}{2}$.

La probabilité d'obtenir $n$ tulipes jaunes $(0 \leqslant n \leqslant 50)$ sachant que l'on a choisi le lot 2 est donc :

$$p_{\mathrm{B}}(\mathrm{J}_n) = \binom{50}{n}\left(\frac{1}{2}\right)^{n} \times \left(\frac{1}{2}\right)^{50-n} = \binom{50}{n}\left(\frac{1}{2}\right)^{50}$$

$$\boxed{p_{\mathrm{B}}(\mathrm{J}_n) = \binom{50}{n}2^{-50}}.$$

**b. Probabilité que le jardinier obtienne $n$ tulipes jaunes**

Les événements A et B forment un système complet d'événements. En appliquant la formule des probabilités totales, on obtient pour tout entier naturel $n$ inférieur ou égal à 50 :

$$\begin{aligned} p(\mathrm{J}_n) &= p(\mathrm{A}) \times p_{\mathrm{A}}(\mathrm{J}_n) + p(\mathrm{B}) \times p_{\mathrm{B}}(\mathrm{J}_n) \\ &= \frac{1}{2}\binom{50}{n}\frac{3^{50-n}}{4^{50}} + \frac{1}{2}\binom{50}{n}2^{-50} \\ &= \frac{1}{2}\binom{50}{n}\left(\frac{3^{50-n}}{4^{50}} + \frac{1}{2^{50}}\right) \end{aligned}$$

$$\boxed{p(\mathrm{J}_n) = \frac{1}{2}\binom{50}{n}\frac{3^{50-n} + 2^{50}}{4^{50}}}.$$

**c. Calcul de $p_n$, probabilité conditionnelle de l'événement A sachant que $\mathrm{J}_n$ est réalisé**

D'après le résultat obtenu en **2.b.**, pour tout entier naturel $n$ inférieur ou égal à 50, $p(\mathrm{J}_n)$ est un réel non nul, et on a pour tout entier naturel $n$ inférieur ou égal à 50 :

$$p_n = p_{\mathrm{J}_n}(\mathrm{A})$$

$$= \frac{p(\mathrm{J}_n \cap \mathrm{A})}{p(\mathrm{J}_n)} = \frac{p(\mathrm{A}) \times p_{\mathrm{A}}(\mathrm{J}_n)}{p(\mathrm{J}_n)}$$

$$= \frac{\frac{1}{2} \times \binom{50}{n}\left(\frac{1}{4}\right)^n\left(\frac{3}{4}\right)^{50-n}}{\frac{1}{2}\binom{50}{n}\left(\frac{3^{50-n}+2^{50}}{4^{50}}\right)}$$

$$= \frac{\frac{3^{50-n}}{4^{50}}}{\frac{3^{50-n}+2^{50}}{4^{50}}}$$

$$\boxed{p_n = \frac{3^{50-n}}{3^{50-n}+2^{50}}}.$$

**d. Valeurs de $n$ pour lesquelles $p_n \geqslant 0{,}9$ et interprétation**

Pour tout entier naturel $n$ inférieur ou égal à 50,

$$p_n \geqslant 0{,}9 \Leftrightarrow \frac{3^{50-n}}{3^{50-n}+2^{50}} \geqslant 0{,}9$$

$$\Leftrightarrow 3^{50-n} \geqslant 0{,}9(3^{50-n}+2^{50}) \text{ car } 3^{50-n}+2^{50} > 0$$

$$\Leftrightarrow 0{,}1 \times 3^{50-n} \geqslant 0{,}9 \times 2^{50}$$

$$\Leftrightarrow (50-n)\ln 3 \geqslant \ln(9 \times 2^{50}) \text{ car la fonction ln est croissante sur } \mathbb{R}_+^*$$

$$\Leftrightarrow n \leqslant 50 - \frac{\ln(2^{50} \times 9)}{\ln 3} \text{ car } \ln 3 > 0$$

$$\Leftrightarrow n \leqslant 16{,}4.$$

**Donc, pour $n \leqslant 16$ on a $p_n \geqslant 0{,}9$.**

Interprétation

**Si le nombre de tulipes jaunes est peu élevé (ici moins de 17) la probabilité d'avoir choisi le lot 1 est très grande ; si ce nombre de tulipes jaunes se rapproche de 25 sur 50, la probabilité est grande que le lot choisi soit le lot 2.**

France métropolitaine, septembre 2005 [40 min]

# 18 SUJET

## Partie A

On dispose d'un dé en forme de tétraèdre régulier, possédant une face bleue, deux faces rouges et une face verte ; on suppose le dé parfaitement équilibré. Une partie consiste à effectuer deux lancers successifs et indépendants de ce dé. À chaque lancer, on note la couleur de la face cachée.
On considère les événements suivants :
- E est l'événement « à l'issue d'une partie, les deux faces notées sont vertes »,
- F est l'événement « à l'issue d'une partie, les deux faces notées sont de la même couleur ».

**1.** Calculer les probabilités des événements E et F ainsi que la probabilité de E sachant F.

**2.** On effectue dix parties identiques et indépendantes.
Calculer la probabilité d'obtenir au moins deux fois l'événement F au cours de ces dix parties (on en donnera une valeur approchée décimale à $10^{-3}$ près).

## Partie B

On souhaite savoir si le dé utilisé peut être considéré comme parfaitement équilibré. Pour cela, on numérote de 1 à 4 les quatre faces de ce dé, puis on lance ce dé 160 fois en notant le nombre $n_i$ de fois où chaque face $i$ est cachée ; on obtient les résultats suivants :

| **Face $i$** | 1 | 2 | 3 | 4 |
|---|---|---|---|---|
| **Effectif $n_i$** | 34 | 48 | 46 | 32 |

On note $f_i$ la fréquence relative à la face $i$ et $d^2_{\text{obs}}$ le réel $\sum_{i=1}^{4}\left(f_i-\frac{1}{4}\right)^2$.

On simule ensuite 1 000 fois l'expérience consistant à tirer un chiffre au hasard 160 fois parmi l'ensemble $\{1 ; 2 ; 3 ; 4\}$ puis, pour chaque simulation, on calcule $d^2=\sum_{i=1}^{4}\left(\mathrm{F}_i-\frac{1}{4}\right)^2$, où $\mathrm{F}_i$ est la fréquence d'apparition du chiffre $i$. Le 9e décile de la série statistique des 1 000 valeurs de $d^2$ est égal à 0,009 8.
Au vu de l'expérience réalisée et au risque de 10 %, peut-on considérer le dé comme parfaitement équilibré ?

## 18 CORRIGÉ

### Partie A

**1. Calcul des probabilités des événements E et F ainsi que la probabilité de E sachant que F est réalisé**

On construit un arbre de probabilités pondérées :

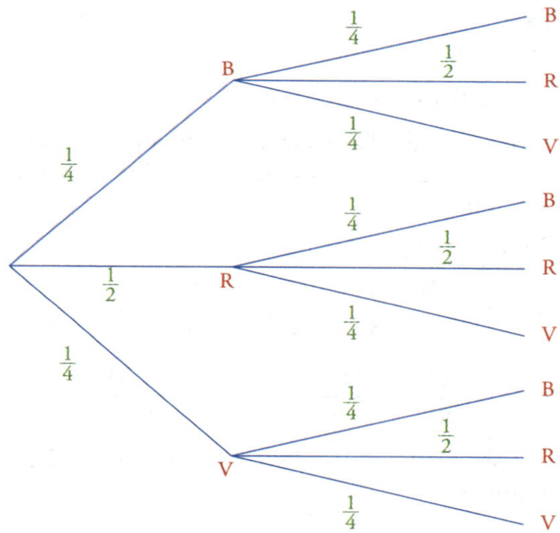


En utilisant l'arbre et l'indépendance des résultats des lancers

$$p(\text{E}) = p(\text{V et V}) = \frac{1}{4} \times \frac{1}{4}$$

$$\boxed{p(\text{E}) = \frac{1}{16}}$$

$$p(\text{F}) = p(\text{V et V}) + p(\text{B et B}) + p(\text{R et R}) = \frac{1}{16} + \frac{1}{16} + \frac{1}{4} = \frac{6}{16}$$

$$\boxed{p(\text{F}) = \frac{3}{8}}.$$

La probabilité de l'événement F est non nulle d'où :

$$p_F(E) = \frac{p(E \cap F)}{p(F)} = \frac{p(E)}{p(F)} = \frac{\frac{1}{16}}{\frac{3}{8}}$$

$$\boxed{p_F(E) = \frac{1}{6}}.$$

**2. Calcul de la probabilité d'obtenir au moins deux fois l'événement F au cours de ces dix parties**

On a un schéma de Bernoulli avec $n = 10$ et $p = \frac{3}{8}$.

L'événement contraire de l'événement « obtenir au moins deux fois l'événement F au cours de ces dix parties » est « obtenir moins de deux fois l'événement F » donc :

$P = 1 - p(\text{« 0 fois F »}) - p(\text{« 1 fois F »})$

$$P = 1 - \binom{10}{0}\left(\frac{3}{8}\right)^0 \times \left(\frac{5}{8}\right)^{10} - \binom{10}{1}\left(\frac{3}{8}\right)^1 \times \left(\frac{5}{8}\right)^9$$

$$= 1 - \frac{5^{10}}{8^{10}} - \frac{10 \times 3 \times 5^9}{8^{10}} = 1 - \frac{7 \times 5^{10}}{8^{10}}.$$

La probabilité d'obtenir au moins deux fois l'événement F au cours de ces dix parties est donc :

$$\boxed{1 - \frac{7 \times 5^{10}}{8^{10}} \approx 0{,}936}.$$

## Partie B

On souhaite savoir si le dé utilisé peut être considéré comme parfaitement équilibré. On calcule $d^2_{\text{obs}}$ :

$$d^2_{\text{obs}} = \left(\frac{34}{160} - \frac{1}{4}\right)^2 + \left(\frac{48}{160} - \frac{1}{4}\right)^2 + \left(\frac{46}{160} - \frac{1}{4}\right)^2 + \left(\frac{32}{160} - \frac{1}{4}\right)^2$$

$d^2_{\text{obs}} \approx 7{,}812\ 5 \times 10^{-3}$

Le neuvième décile $D_9$ la série statistique des 1 000 valeurs de $d^2$ étant égal à 0,009 8, $d^2_{\text{obs}} < D_9$.

**On peut donc considérer le dé comme parfaitement équilibré au risque 10 %.**

# Géométrie dans l'espace

## 19 SUJET

Polynésie, novembre 2007 [50 min]

On considère un cube ABCDEFGH d'arête de longueur 3.

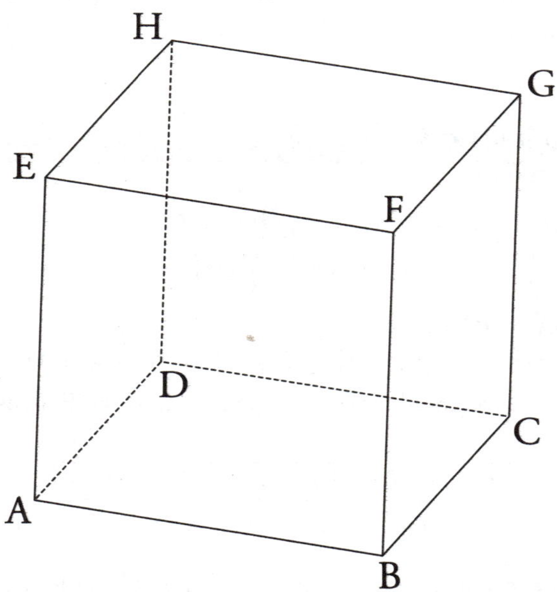


On choisit le repère orthonormal $(D\ ;\ \vec{i}, \vec{j}, \vec{k})$ tel que :

$$\vec{i} = \frac{1}{3}\,\overrightarrow{DA},\ \vec{j} = \frac{1}{3}\,\overrightarrow{DC} \text{ et } \vec{k} = \frac{1}{3}\,\overrightarrow{DH}.$$

**1. a.** Donner les coordonnées des points A, C et E.

**b.** Déterminer les coordonnées du point L barycentre du système : $\{(C\ ;\ 2)\ ;\ (E\ ;\ 1)\}$.

**c.** Déterminer les coordonnées des vecteurs $\overrightarrow{AE}$ et $\overrightarrow{DL}$.

**2.** Soit $(a\ ;\ b)$ un couple de réels.
On note M le point de la droite (AE) tel que $\overrightarrow{AM} = a\overrightarrow{AE}$ et N le point de la droite (DL) tel que $\overrightarrow{DN} = b\overrightarrow{DL}$.

EXERCICES

**a.** Montrer que le vecteur $\overrightarrow{MN}$ est orthogonal aux vecteurs $\overrightarrow{AE}$ et $\overrightarrow{DL}$ si, et seulement si, le couple $(a\ ;\ b)$ vérifie le système :

$$\begin{cases} -a+2b=1 \\ 3a-b=0 \end{cases}.$$

**b.** En déduire qu'il existe un seul point $M_0$ de (AE) et un seul point $N_0$ de (DL) tels que la droite $(M_0N_0)$ est orthogonale aux droites (AE) et (DL).

**c.** Déterminer les coordonnées des points $M_0$ et $N_0$ puis calculer la distance $M_0N_0$.

## 19 CORRIGÉ

### 1. a. Calcul des coordonnées des points A, C et E

Comme $\vec{i}=\frac{1}{3}\,\overrightarrow{DA}$, $\vec{j}=\frac{1}{3}\,\overrightarrow{DC}$ et $\vec{k}=\frac{1}{3}\,\overrightarrow{DH}$,

et $\overrightarrow{DE}=\overrightarrow{DA}+\overrightarrow{DH}$ on a :

$$\overrightarrow{DA}=3\vec{i},\ \overrightarrow{DC}=3\vec{j},\ \overrightarrow{DH}=3\vec{k} \text{ et } \overrightarrow{DE}=3\vec{i}+3\vec{k}.$$

On en déduit les coordonnées des points A, C et E dans le repère $(D\ ;\ \vec{i},\vec{j},\vec{k})$ :

$$\boxed{A(3\ ;\ 0\ ;\ 0),\ C(0\ ;\ 3\ ;\ 0) \text{ et } E(3\ ;\ 0\ ;\ 3)}.$$

### b. Calcul des coordonnées du point L, barycentre du système $\{(C\ ;\ 2)\ ;\ (E\ ;\ 1)\}$

La somme des coefficients étant non nulle, le point L existe et a pour coordonnées dans le repère $(D\ ;\ \vec{i},\vec{j},\vec{k})$ :

$$x_L=\frac{2x_C+x_E}{3},\ y_L=\frac{2y_C+y_E}{3},\ z_L=\frac{2z_C+z_E}{3}.$$

D'où :

$$\boxed{L(1\ ;\ 2\ ;\ 1)}.$$

### c. Calcul des coordonnées des vecteurs $\overrightarrow{AE}$ et $\overrightarrow{DL}$

En utilisant les coordonnées trouvées précédemment :

$$\boxed{\overrightarrow{AE}(0\ ;\ 0\ ;\ 3) \text{ et } \overrightarrow{DL}(1\ ;\ 2\ ;\ 1)}.$$

**2. a. Le vecteur $\overrightarrow{MN}$ est orthogonal aux vecteurs $\overrightarrow{AE}$ et $\overrightarrow{DL}$ si, et seulement si, le couple $(a\ ;\ b)$ vérifie le système $\begin{cases}-a+2b=1\\3a-b=0\end{cases}$**

Les vecteurs $\overrightarrow{MN}$ et $\overrightarrow{AE}$ sont orthogonaux si, et seulement si, $\overrightarrow{MN}\cdot\overrightarrow{AE}=0$.
Sachant que $\overrightarrow{AM}=3a\overrightarrow{AE}$ les coordonnées de $\overrightarrow{AM}$ sont $(0\ ;\ 0\ ;\ 3a)$ et ayant les coordonnées de $A(3\ ;\ 0\ ;\ 0)$ on a les coordonnées de M par différences : $M(3\ ;\ 0\ ;\ 3a)$.
Par un raisonnement identique on a $\overrightarrow{DN}(b\ ;\ 2b\ ;\ b)$ et $N(b\ ;\ 2b\ ;\ b)$.
Les coordonnées de $\overrightarrow{MN}$ sont donc $(b-3\ ;\ 2b\ ;\ b-3a)$.
Exprimons à l'aide du produit scalaire l'orthogonalité de $\overrightarrow{MN}$ et $\overrightarrow{AE}$.
$\overrightarrow{MN}$ et $\overrightarrow{AE}$ sont orthogonaux si, et seulement si :

$$\overrightarrow{MN}\cdot\overrightarrow{AE}=3(b-3a)=0.$$

De même $\overrightarrow{MN}$ et $\overrightarrow{DL}$ sont orthogonaux si, et seulement si,

$$\overrightarrow{MN}\cdot\overrightarrow{DL}=b-3+4b+b-3a=0$$

donc $\overrightarrow{MN}$ est orthogonal à $\overrightarrow{AE}$ et $\overrightarrow{DL}$ si, et seulement si :

$$\boxed{\begin{cases}-a+2b=1\\3a-b=0\end{cases}}.$$

**b. Existence d'un seul point $M_0$ de (AE) et d'un seul point $N_0$ de (DL) tels que la droite $(M_0N_0)$ est orthogonale aux droites (AE) et (DL)**

On résout le système précédent et on obtient en remplaçant la 2e ligne par $L_1+2L_2$ (selon le codage habituel) :

$$\begin{cases}-a+2b=1\\5a=1\end{cases}\quad\text{qui a une solution unique}\quad\begin{cases}a=\dfrac{1}{5}\\[2mm] b=\dfrac{3}{5}\end{cases}.$$

**Il existe donc un seul point $M_0$ de (AE) et un seul point $N_0$ de (DL) qui vérifient $\overrightarrow{AM}=\frac{1}{5}\overrightarrow{AE}$ et $\overrightarrow{DN}=\frac{3}{5}\overrightarrow{DL}$.**

**c. Calcul des coordonnées des points $M_0$ et $N_0$ puis calcul de la distance $M_0N_0$**

On remplace $a$ et $b$ dans les coordonnées de $M(3\ ;\ 0\ ;\ 3a)$ et $N(b\ ;\ 2b\ ;\ b)$, on obtient :

$$\boxed{M_0\left(3\ ;\ 0\ ;\ \frac{3}{5}\right)\text{ et }N_0\left(\frac{3}{5}\ ;\ \frac{6}{5}\ ;\ \frac{3}{5}\right)}.$$

EXERCICES

$\overrightarrow{M_0N_0}\left(-\frac{12}{5}\ ;\ \frac{6}{5}\ ;\ 0\right)$ donc :

$$M_0N_0^2 = \left(-\frac{12}{5}\right)^2 + \left(\frac{6}{5}\right)^2 = \frac{36}{5}$$

soit :

$$\boxed{M_0N_0 = \frac{6\sqrt{5}}{5} \text{ unités de longueur}}.$$

Amérique du Sud, novembre 2007 [1 h]]

## 20 SUJET

L'espace est muni d'un repère orthonormal $(O\ ;\ \vec{i}, \vec{j}, \vec{k})$.

**1.** On considère le point A de coordonnées $(-2\ ;\ 8\ ;\ 4)$ et le vecteur $\vec{u}$ de coordonnées $(1\ ;\ 5\ ;\ -1)$.
Déterminer une représentation paramétrique de la droite $(d)$ passant par A et de vecteur directeur $\vec{u}$.

**2.** On considère les plans $(\mathcal{P})$ et $(\mathcal{Q})$ d'équations cartésiennes respectives :

$$x - y - z = 7 \text{ et } x - 2z = 11\,.$$

Démontrer que les plans $(\mathcal{P})$ et $(\mathcal{Q})$ sont sécants. On donnera une représentation paramétrique de leur droite d'intersection, notée $(d')$.
Montrer que le vecteur de coordonnées $(2\ ;\ 1\ ;\ 1)$ est un vecteur directeur de $(d')$.

**3.** Démontrer que les droites $(d)$ et $(d')$ ne sont pas coplanaires.

**4.** On considère le point H de coordonnées $(-3\ ;\ 3\ ;\ 5)$ et le point H′ de coordonnées $(3\ ;\ 0\ ;\ -4)$.

**a.** Vérifier que H appartient à $(d)$ et que H′ appartient à $(d')$.

**b.** Démontrer que la droite (HH′) est perpendiculaire aux droites $(d)$ et $(d')$.

**c.** Calculer la distance entre les droites $(d)$ et $(d')$, c'est-à-dire la distance HH′.

**5.** Déterminer l'ensemble des points M de l'espace tels que :

$$\overrightarrow{MH'} \cdot \overrightarrow{HH'} = 126\,.$$

## 20 CORRIGÉ

**1. Représentation paramétrique de la droite $(d)$ passant par $A(-2\ ;\ 8\ ;\ 4)$ et de vecteur directeur $\vec{u}(1\ ;\ 5\ ;\ -1)$**

$M(x\ ;\ y) \in (d)$ si, et seulement s'il existe $t \in \mathbb{R}$ tel que $\overrightarrow{AM} = t\vec{u}$ soit :

$\begin{cases} x-(-2)=t\times 1 \\ y-8=t\times 5 \\ z-4=t\times(-1) \end{cases}$ donc :

$$\boxed{\begin{cases} x=-2+t \\ y=8+5t, \qquad t\in\mathbb{R} \\ z=4-t \end{cases}}$$

**2. Représentation paramétrique de la droite d'intersection des plans $(\mathcal{P})$ et $(\mathcal{Q})$, notée $(d')$**

Le vecteur de coordonnées $(2\ ;\ 1\ ;\ 1)$ est un vecteur directeur de $(d')$.
Les plans $(\mathcal{P})$ et $(\mathcal{Q})$ ont respectivement pour vecteur normal $\vec{n}_1(1\ ;\ -1\ ;\ -1)$ et $\vec{n}_2(1\ ;\ 0\ ;\ -2)$ qui ne sont pas colinéaires (il n'existe pas de réel $k$ tel que $\vec{n}_1 = k\vec{n}_2$, le vecteur $\vec{n}_2$ étant non nul). Ces deux plans ne sont pas parallèles et sont donc sécants.
Tout point $M(x\ ;\ y\ ;\ z)$ de l'espace appartient à leur droite commune si et seulement si :

$\begin{cases} x-y-z=7 \\ x-2z=11 \end{cases}$, soit en posant $z=t$, $\begin{cases} x-y-t=7 \\ x-2t=11 \\ z=t \end{cases}$ ou :

$$\boxed{\begin{cases} x=11+2t \\ y=4+t, \qquad t\in\mathbb{R} \\ z=t \end{cases}}$$

qui est une représentation paramétrique de la droite $(d')$.
Le point $B(11\ ;\ 4\ ;\ 0)$ appartient, à la droite $(d')$ et le vecteur de coordonnées $(2\ ;\ 1\ ;\ 1)$ est un vecteur directeur de cette droite.
**$\vec{u}'$ est un vecteur directeur de cette droite.**

EXERCICES

**3.** **Les droites $(d)$ et $(d')$ ne sont pas coplanaires**

Pour montrer que les droites $(d)$ et $(d')$ ne sont pas coplanaires, on va démontrer successivement que les droites ne sont pas parallèles et ne sont pas sécantes.

• Les vecteurs $\vec{u}(1\ ;\ 5\ ;\ -1)$ et $\vec{u}'(2\ ;\ 1\ ;\ 1)$ ne sont pas colinéaires.

**Donc les droites $(d)$ et $(d')$ ne sont pas parallèles.**

• Raisonnons par l'absurde et supposons qu'il existe un point M commun à $(d)$ et $(d')$ de paramètre $t$ sur $(d)$ et de paramètre $t'$ sur $(d')$. Les coordonnées $(x\ ;\ y\ ;\ z)$ de M vérifieraient :

$$\begin{cases} x = 11 + 2t = -2 + t' \\ y = 4 + t = 8 + 5t' \\ z = t = 4 - t' \end{cases}$$

$$\begin{cases} 2t - t' = -13 \\ t - 5t' = 4 \\ 6t' = 0 \end{cases}$$

Ce système n'a pas de solution car on a nécessairement $t' = 0$ et donc $t = 4$ et $t = -\dfrac{13}{2}$.

**Donc les droites $(d)$ et $(d')$ ne sont pas sécantes.**

**4. a.** **Le point H appartient à $(d)$ et le point H′ appartient à $(d')$**

$\text{H}(-3\ ;\ 3\ ;\ 5) \in (d)$ si, et seulement si, il existe $t \in \mathbb{R}$ tel que :

$$\begin{cases} -3 = -2 + t \\ 3 = 8 + 5t \\ 5 = 4 - t \end{cases}$$

qui a une solution évidente $t = -1$.

**Donc H appartient à $(d)$.**

$\text{H}'(3\ ;\ 0\ ;\ -4) \in (d')$ si, et seulement si, il existe $t \in \mathbb{R}$ tel que :

$$\begin{cases} 3 = 11 + 2t \\ 0 = 4 + t \\ -4 = t \end{cases}$$

qui a pour solution évidente $t = -4$.

**Donc H′ appartient à $(d')$.**

**b. La droite $(HH')$ est perpendiculaire aux droites $(d)$ et $(d')$**
$\overrightarrow{HH'}(6\,;-3\,;-9)$.
Or $\overrightarrow{HH'}\,.\,\vec{u}=6\times1-3\times5-9\times(-1)=6-15+9=0$.
**Donc $(HH')$ et $(d)$ sont perpendiculaires.**
$\overrightarrow{HH'}\,.\,\vec{u}=6\times2-3\times1-9\times1=12-3-9=0$.
**Donc $(HH')$ et $(d')$ sont perpendiculaires.**

**c. Calcul de la distance entre les droites $(d)$ et $(d')$, c'est-à-dire la distance $(HH')$**
La droite $(HH')$ est la perpendiculaire commune aux droites $(d)$ et $(d')$.
La distance $HH'$ est la plus courte distance entre les droites $(d)$ et $(d')$.
$HH'^2=6^2+(-3)^2+(-9)^2=36+9+81=126$.
D'où $HH'=\sqrt{126}=\sqrt{9\times14}$ soit :

$$\boxed{HH'=3\sqrt{14}}.$$

**5. Ensemble des points M de l'espace tels que $\overrightarrow{MH'}\,.\,\overrightarrow{HH'}=126$**
$M(x\,;y\,;z)$ vérifie
$\overrightarrow{MH'}\,.\,\overrightarrow{HH'}=(3-x)\times6+(0-y)\times(-3)+(-4-z)\times(-9)=126$
soit en simplifiant par 3,
$2(3-x)+y+3(4+z)=42$ ou $6-2x+y+12+3z=42$ :

$$\boxed{-2x+y+3z=24}.$$

De plus, d'après la question précédente, $\overrightarrow{HH'}\,.\,\overrightarrow{HH'}=126$ donc $\overrightarrow{MH'}\,.\,\overrightarrow{HH'}=126$ équivaut à :

$$\overrightarrow{MH'}\,.\,\overrightarrow{HH'}=\overrightarrow{HH'}\,.\,\overrightarrow{HH'}$$
$$(\overrightarrow{MH'}-\overrightarrow{HH'})\,.\,\overrightarrow{HH'}=0$$
$$\overrightarrow{MH}\,.\,\overrightarrow{HH'}=0$$

**L'ensemble des points M est donc le plan perpendiculaire en H à la droite $(HH')$.**

## 21 SUJET

Nouvelle-Calédonie, novembre 2007 [1 h]

Soit OABC un tétraèdre trirectangle (les triangles OAB, OBC, OCA sont rectangles en O). On note H le projeté orthogonal de O sur le plan $(ABC)$. Le but de l'exercice est d'étudier quelques propriétés de ce tétraèdre.

**1. a.** Pourquoi la droite $(OH)$ est-elle orthogonale à la droite $(BC)$ ?
Pourquoi la droite $(OA)$ est-elle orthogonale à la droite $(BC)$ ?

EXERCICES

**b.** Démontrer que les droites (AH) et (BC) sont orthogonales. On démontre de façon analogue que les droites (BH) et (AC) sont orthogonales. Ce résultat est ici admis.

**c.** Que représente le point H pour le triangle ABC ?

**2.** L'espace est maintenant muni d'un repère orthonormé $(O ; \vec{i}, \vec{j}, \vec{k})$. On considère les points $A(1 ; 0 ; 0)$, $B(0 ; 2 ; 0)$ et $C(0 ; 0 ; 3)$.

**a.** Déterminer une équation cartésienne du plan (ABC).

**b.** Déterminer une représentation paramétrique de la droite $\mathcal{D}$ passant par O et orthogonale au plan (ABC).

**c.** Démontrer que le plan (ABC) et la droite $\mathcal{D}$ se coupent en un point H de coordonnées $\left(\frac{36}{49} ; \frac{18}{49} ; \frac{12}{49}\right)$.

**3. a.** Calculer la distance du point O au plan (ABC).

**b.** Calculer le volume du tétraèdre OABC. En déduire l'aire du triangle ABC.

**c.** Vérifier que le carré de l'aire du triangle ABC est égal à la somme des carrés des aires des autres faces de ce tétraèdre.

## 21 CORRIGÉ

**1. a. Les droites (OH) et (OA) sont orthogonales à la droite (BC)**

H est le projeté orthogonal de O sur le plan (ABC) donc (OH) est orthogonale au plan (ABC) donc à toute droite du plan (ABC), en particulier à la droite (BC).

D'après les hypothèses, la droite (OA) est orthogonale à (OB) et à (OC) donc au plan (OBC) et à toute droite du plan (OBC), en particulier (BC).

**Donc les droites (OH) et (OA) sont orthogonales à (BC).**

**b. La droite (AH) est orthogonale à la droite (BC)**

En utilisant la question précédente :

$$\overrightarrow{AH} \cdot \overrightarrow{BC} = (\overrightarrow{AO} + \overrightarrow{OH}) \cdot \overrightarrow{BC} = \overrightarrow{AO} \cdot \overrightarrow{BC} + \overrightarrow{OH} \cdot \overrightarrow{BC} = 0.$$

Donc :

$$\boxed{(AH) \perp (BC)}.$$

On démontre de la même façon :

$$(BH) \perp (AC).$$

**c. Le point H est orthocentre du triangle ABC**

(AH) et (BH) sont deux hauteurs du triangle (ABC) donc :

**H est l'orthocentre du triangle ABC.**

**2.** L'espace est maintenant muni d'un repère orthonormé $(O ; \vec{i}, \vec{j}, \vec{k})$.
On considère les points $A(1 ; 0 ; 0)$, $B(0 ; 2 ; 0)$ et $C(0 ; 0 ; 3)$.

**a. Équation cartésienne du plan (ABC)**

Les points A, B et C ne sont pas alignés donc il existe $a$, $b$, $c$ et $d$ tel que $ax + by + cz + d = 0$ soit une équation du plan (ABC).
Les coordonnées des points A, B et C doivent vérifier cette équation donc :

$$\begin{cases} a + d = 0 \\ 2b + d = 0 \\ 3c + d = 0 \end{cases}.$$

Si on choisit $d = -6$ on obtient pour le plan (ABC) l'équation suivante :

$$\boxed{6x + 3y + 2z - 6 = 0}.$$

**b. Représentation paramétrique de la droite $\mathscr{D}$ passant par O et orthogonale au plan (ABC)**

Le vecteur $\vec{n}(6 ; 3 ; 2)$ est orthogonal au plan (ABC) donc $\vec{n}$ est un vecteur directeur de la droite $\mathscr{D}$ et une équation paramétrique de la droite $\mathscr{D}$ de vecteur directeur $\vec{n}$ passant par O est :

$$\boxed{\begin{cases} x = 6t \\ y = 3t, \qquad t \in \mathbb{R} \\ z = 2t \end{cases}}$$

**c. Le plan (ABC) et la droite $\mathscr{D}$ se coupent en un point H de coordonnées $\left(\frac{36}{49} ; \frac{18}{49} ; \frac{12}{49}\right)$.**

Cherchons l'intersection du plan (ABC) et de la droite $\mathscr{D}$. Le point H appartient à $\mathscr{D}$ donc il existe un réel $t$ tel que les coordonnées de H soient $(6t ; 3t ; 2t)$ et H appartient au plan (ABC) donc ses coordonnées vérifient l'équation du plan (ABC) :

$$6(6t) + 3(3t) + 2(2t) - 6 = 0.$$

EXERCICES

D'où $t = \frac{6}{49}$ donc :

$$x = 6 \times \frac{6}{49},\ y = 3 \times \frac{6}{49} \text{ et } z = 2 \times \frac{6}{49}$$

soit :

$$\boxed{H\left(\frac{36}{49} ; \frac{18}{49} ; \frac{12}{49}\right)}.$$

**3. a. Calcul de la distance du point O au plan (ABC)**

On sait que la distance du point O au plan (ABC) est la longueur OH.

$OH^2 = \left(\frac{36}{49}\right)^2 + \left(\frac{18}{49}\right)^2 + \left(\frac{12}{49}\right)^2 = \frac{36}{49}$ donc :

$$\boxed{d(O ; (ABC)) = \frac{6}{7}}.$$

**b. Calcul du volume V du tétraèdre OABC et de l'aire du triangle ABC**

On calcule le volume V de deux manières différentes :

$$V = \frac{OA \times OB \times OC}{6}$$

$$V = \frac{1 \times 2 \times 3}{6}$$

$$\boxed{V = 1}.$$

$V = \frac{1}{3}\, OH \times S_{ABC} = 1$ donc $S_{ABC} = \frac{3}{OH}$ soit :

$$\boxed{S_{ABC} = \frac{7}{2}}.$$

**c. Le carré de l'aire du triangle ABC est égal à la somme des carrés des aires des autres faces de ce tétraèdre**

$S_{ABC}^2 = \frac{49}{4}$

$S_{OAB}^2 + S_{OAC}^2 + S_{OBC}^2 = \left(\frac{OA \times OB}{2}\right)^2 + \left(\frac{OA \times OC}{2}\right)^2 + \left(\frac{OB \times OC}{2}\right)^2$

$S_{OAB}^2 + S_{OAC}^2 + S_{OBC}^2 = 1 + \frac{9}{4} + \frac{36}{4} = \frac{49}{4}$ donc :

$$\boxed{S_{OAB}^2 + S_{OAC}^2 + S_{OBC}^2 = S_{ABC}^2}.$$

France métropolitaine, septembre 2006 [1 h]

# 22 SUJET

On considère dans l'espace un cube de 3 cm de côté, noté ABCDEFGH et représenté ci-dessous.

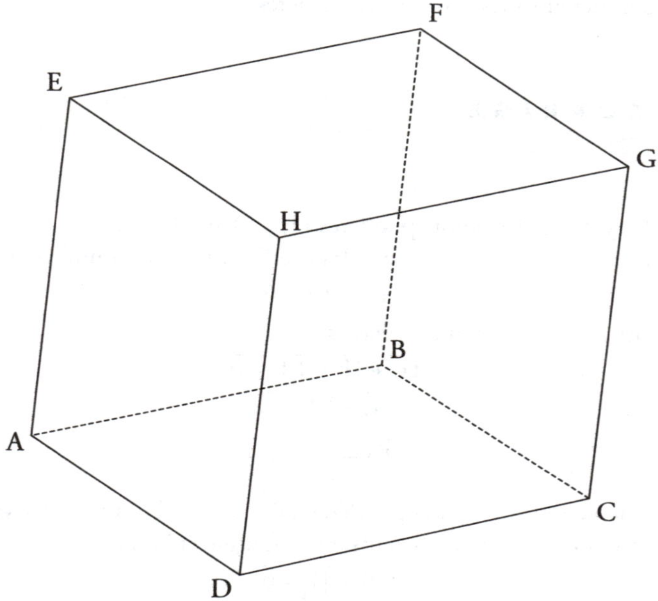


Soit I le barycentre des points pondérés (E ; 2) et (F ; 1). J celui de (F ; 1) et (B ; 2) et enfin K celui de (G ; 2) et (C ; 1).
On veut déterminer l'ensemble des points M équidistants de I, J et K. On note $\Delta$ cet ensemble.

**1.** Placer les points I, J et K sur la figure.

**2.** Soit $\Omega$ le point de $\Delta$ situé dans le plan (IJK). Que représente ce point pour le triangle IJK ?

Pour la suite de l'exercice, on se place maintenant dans le repère orthonormal $\left(A ; \frac{1}{3}\overrightarrow{AD} ; \frac{1}{3}\overrightarrow{AB} ; \frac{1}{3}\overrightarrow{AE}\right)$.

**3.** Donner les coordonnées des points I, J et K.

**4.** Soit P(2 ; 0 ; 0) et Q(1 ; 3 ; 3) deux points que l'on placera sur la figure. Démontrer que la droite (PQ) est orthogonale au plan (IJK).

**5.** Soit M un point de l'espace de coordonnées $(x ; y ; z)$.

**a.** Démontrer que M appartient à $\Delta$ si, et seulement si, le triplet

$(x\,;\,y\,;\,z)$ est solution d'un système de deux équations linéaires que l'on écrira. Quelle est la nature de $\Delta$ ?

**b.** Vérifier que P et Q appartiennent à $\Delta$. Tracer $\Delta$ sur la figure.

**6. a.** Déterminer un vecteur normal au plan (IJK) et en déduire une équation cartésienne de ce plan.

**b.** Déterminer alors les coordonnées exactes de $\Omega$.

## 22 CORRIGÉ

### 1. Construction de la figure

I est le barycentre des points pondérés (E ; 2) et (F ; 1).
Ce barycentre existe car la somme des coefficients est non nulle et l'on a :

$$2\overrightarrow{IE} + \overrightarrow{IF} = \vec{0}$$

soit en utilisant la relation de Chasles :

$$2\overrightarrow{IE} + \overrightarrow{IE} + \overrightarrow{EF} = \vec{0}$$
$$3\overrightarrow{IE} + \overrightarrow{EF} = \vec{0}$$
$$\overrightarrow{EI} = \frac{1}{3}\,\overrightarrow{EF}.$$

J est le barycentre des points pondérés (B ; 2) et (F ; 1), ce barycentre existe car la somme des coefficients est non nulle et l'on a :

$$2\overrightarrow{JB} + \overrightarrow{JF} = \vec{0}$$

soit en utilisant la relation de Chasles :

$$2\overrightarrow{JB} + \overrightarrow{JB} + \overrightarrow{BF} = \vec{0}$$
$$3\overrightarrow{JB} + \overrightarrow{BF} = \vec{0}$$
$$\overrightarrow{BJ} = \frac{1}{3}\,\overrightarrow{BF}.$$

K est le barycentre des points pondérés (G ; 2) et (C ; 1), ce barycentre existe car la somme des coefficients est non nulle et l'on a :

$$2\overrightarrow{KG} + \overrightarrow{KC} = \vec{0}$$

soit en utilisant la relation de Chasles :

$$2\overrightarrow{KG} + \overrightarrow{KG} + \overrightarrow{GC} = \vec{0}$$
$$3\overrightarrow{KG} + \overrightarrow{GC} = \vec{0}$$
$$\overrightarrow{GK} = \frac{1}{3}\,\overrightarrow{GC}.$$

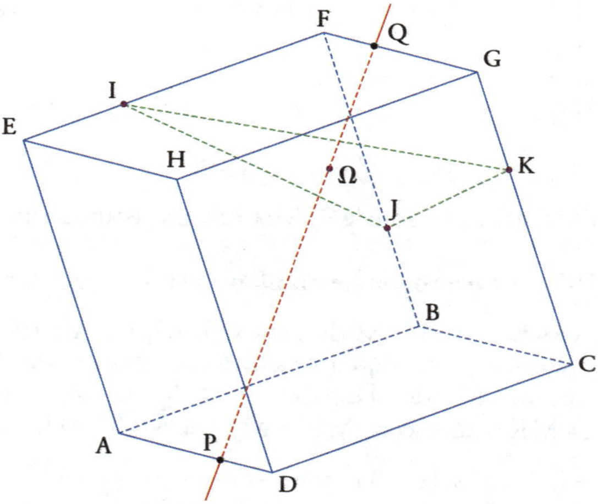


**2.** **Ω est le centre du cercle circonscrit au triangle (IJK).**
Soit Ω le point de Δ situé dans le plan (IJK).
Le point du plan (IJK) équidistant des points I, J et K est le centre du cercle circonscrit au triangle IJK.
**Donc Ω est le centre du cercle circonscrit au triangle IJK.**

**3.** **Coordonnées des points I, J et K**
Donnons les coordonnées des sommets du cube dans le repère

$$\left(A\ ;\ \frac{1}{3}\overrightarrow{AD}\ ;\ \frac{1}{3}\overrightarrow{AB}\ ;\ \frac{1}{3}\overrightarrow{AE}\right) :$$

A(0 ; 0 ; 0), B(0 ; 3 ; 0), C(3 ; 3 ; 0), D(3 ; 0 ; 0), E(0 ; 0 ; 3), F(0 ; 3 ; 3), G(3 ; 3 ; 3), H(3 ; 0 ; 3).

En utilisant les coordonnées précédentes :

$$I\left(\frac{2\times 0+1\times 0}{3}\ ;\ \frac{2\times 0+1\times 3}{3}\ ;\ \frac{2\times 3+1\times 3}{3}\right) \text{ soit :}$$

$$\boxed{I(0\ ;\ 1\ ;\ 3)}.$$

$$J\left(\frac{1\times 0+2\times 0}{3}\ ;\ \frac{1\times 3+2\times 3}{3}\ ;\ \frac{1\times 3+2\times 0}{3}\right) \text{ soit :}$$

$$\boxed{J(0\ ;\ 3\ ;\ 1)}.$$

$$K\left(\frac{2\times 3+1\times 3}{3}\ ;\ \frac{2\times 3+1\times 3}{3}\ ;\ \frac{2\times 3+1\times 0}{3}\right) \text{ soit :}$$

$$\boxed{K(3\ ;\ 3\ ;\ 2)}.$$

EXERCICES

**4. La droite (PQ) où P(2 ; 0 ; 0) et Q(1 ; 3 ; 3) est orthogonale au plan (IJK).**

Les coordonnées des vecteurs sont :

$$\overrightarrow{PQ}(-1\ ;\ 3\ ;\ 3)\,,\ \overrightarrow{IJ}(0\ ;\ 2\ ;\ -2)\ \text{et}\ \overrightarrow{JK}(3\ ;\ 0\ ;\ 1)\,.$$

$\overrightarrow{PQ}\cdot\overrightarrow{IJ}=6-6=0$ et $\overrightarrow{PQ}\cdot\overrightarrow{JK}=-3+3=0$.

La droite (PQ) est orthogonale à deux droites sécantes du plan (IJK) donc :

**La droite (PQ) est orthogonale au plan (IJK).**

**5. a. M appartient à Δ si, et seulement si, le triplet $(x\ ;\ y\ ;\ z)$ est solution d'un système de deux équations linéaires. Nature de Δ**

Pour tout point M de l'espace, $M \in \Delta$ si, et seulement si, $MI^2 = MJ^2 = MK^2$ ou encore $MI^2 = MJ^2$ et $MI^2 = MK^2$ soit :

$$\begin{cases} x^2+(y-1)^2+(z-3)^2 = x^2+(y-3)^2+(z-1)^2 \\ x^2+(y-1)^2+(z-3)^2 = (x-3)^2+(y-3)^2+(z-2)^2 \end{cases}$$

$$\begin{cases} -2y-6z+10 = -6y-2z+10 \\ -2y-6z+10 = -6x-6y-4z+22 \end{cases}$$

$$\boxed{\begin{cases} y-z=0 \\ 3x+z=6 \end{cases}}$$

**Δ est donc une droite de l'espace intersection des plans médiateurs de [IJ] et [JK].**

**b. P et Q appartiennent à Δ.**

P appartient à Δ car ses coordonnées vérifient les équations de Δ :

$$\begin{cases} 0-0=0 \\ 3\times 2+0=6 \end{cases}.$$

De même le point Q appartient à Δ car $\begin{cases} 3-3=0 \\ 3\times 1+3=6 \end{cases}$.

**Les points P et Q appartiennent à Δ.**

**6. a. Coordonnées d'un vecteur normal au plan (IJK), équation cartésienne de ce plan**

Le vecteur $\overrightarrow{PQ}$ est normal au plan (IJK) d'après la question 4.

$M(x\ ;\ y\ ;\ z)$ est un point du plan (IJK) si, et seulement si, $\overrightarrow{IM}\cdot\overrightarrow{PQ}=0$.

On a $\overrightarrow{PQ}(-1\ ;\ 3\ ;\ 3)$ et $\overrightarrow{IM}(x\ ;\ y-1\ ;\ z-3)$.

Donc une équation cartésienne de (IJK) est :

$$-x+3(y-1)+3(z-3)=0 \qquad \boxed{-x+3y+3z-12=0}.$$

**b. Coordonnées exactes de Ω**

Les coordonnées de $\Omega$ sont les coordonnées de l'intersection de $\Delta$ et de (IJK) donc les coordonnées $(x\,;y\,;z)$ de $\Omega$ vérifient les équations de $\Delta$ et de (IJK).

$(x\,;y\,;z)$ sont les coordonnées de $\Omega$ si, et seulement si :

$$\begin{cases} y-z=0 \\ 3x+z=6 \\ -x+3y+3z=12 \end{cases} \text{ soit } \begin{cases} y-z=0 \\ 3x+z=6 \\ -x+6z=12 \end{cases} \text{ ou } \begin{cases} x=\dfrac{24}{19} \\ y=\dfrac{42}{19} \\ z=\dfrac{42}{19} \end{cases}.$$

Donc les coordonnées de $\Omega$ sont :

$$\boxed{\Omega\left(\frac{24}{19}\,;\frac{42}{19}\,;\frac{42}{19}\right)}.$$

## 23 SUJET

France métropolitaine, septembre 2005 [40 min]

L'espace est muni d'un repère orthonormal $(O\,;\vec{i},\vec{j},\vec{k})$.

1. On considère :

- le plan $\mathcal{P}$ passant par le point $B(1\,;-2\,;1)$ et de vecteur normal $\vec{n}(-2\,;1\,;5)$ ;
- le plan $\mathcal{R}$ d'équation cartésienne $x+2y-7=0$.

a. Démontrer que les plans $\mathcal{P}$ et $\mathcal{R}$ sont perpendiculaires.

b. Démontrer que l'intersection des plans $\mathcal{P}$ et $\mathcal{R}$ est la droite $\Delta$ passant par le point $C(-1\,;4\,;-1)$ et de vecteur directeur $\vec{u}(2\,;-1\,;1)$.

c. Soit le point $A(5\,;-2\,;-1)$. Calculer la distance du point A au plan $\mathcal{P}$, puis la distance du point A au plan $\mathcal{R}$.

d. Déterminer la distance du point A à la droite $\Delta$.

2. a. Soit, pour tout nombre réel $t$, le point $M_t$ de coordonnées :

$$(1+2t\,;3-t\,;t).$$

Déterminer en fonction de $t$ la longueur $AM_t$. On note $\varphi(t)$ cette longueur. On définit ainsi une fonction $\varphi$ de $\mathbb{R}$ dans $\mathbb{R}$.

EXERCICES

**b.** Étudier le sens de variation de la fonction $\varphi$ sur $\mathbb{R}$ ; préciser son minimum.
**c.** Interpréter géométriquement la valeur de ce minimum.

## 23 CORRIGÉ

**1. a. Les plans $\mathcal{P}$ et $\mathcal{R}$ sont perpendiculaires**
Un vecteur normal au plan $\mathcal{R}$ est le vecteur $\vec{m}(1 ; 2 ; 0)$.

$\vec{m} \cdot \vec{n} = -2 + 2 + 0 = 0$.

Les vecteurs $\vec{m}$ et $\vec{n}$ sont orthogonaux donc :
**Les plans $\mathcal{P}$ et $\mathcal{R}$ sont perpendiculaires.**

**b. Intersection des plans $\mathcal{P}$ et $\mathcal{R}$**
Sachant que le plan $\mathcal{P}$ est normal au vecteur $\vec{n}$, une équation du plan $\mathcal{P}$ est de la forme $-2x + y + 5z + d = 0$.
Comme le point B appartient au plan $\mathcal{P}$ on a :

$$-2 - 2 + 5 + d = 0 \text{ soit } d = -1.$$

$-2x + y + 5z - 1 = 0$ est une équation de $\mathcal{P}$.
Les points communs aux deux plans vérifient le système d'équations :

$$\begin{cases} x + 2y - 7 = 0 \\ -2x + y + 5z - 1 = 0 \end{cases} \text{ soit } \begin{cases} x = 2z + 1 \\ y = -z + 3 \end{cases}.$$

Les deux plans étant perpendiculaires, leur intersection est bien une droite $\Delta$ définie par les équations :

$$\begin{cases} x = 2z + 1 \\ y = -z + 3 \end{cases} \text{ que l'on peut écrire } \begin{cases} x = 2z + 1 \\ y = -z + 3 \\ z = z \end{cases}.$$

**Ce sont les équations paramétriques d'une droite ayant pour vecteur directeur $\vec{u}(2 ; -1 ; 1)$ qui contient le point $C(-1 ; 4 ; -1)$ obtenu pour $z = -1$.**

**c. Calcul de la distance du point $A(5 ; -2 ; -1)$ au plan $\mathcal{P}$, puis de la distance du point A au plan $\mathcal{R}$**
En utilisant l'équation du plan $\mathcal{P}$ obtenue précédemment on a :

$$d(A ; \mathcal{P}) = \frac{|-10 - 2 - 5 - 1|}{\sqrt{4 + 1 + 25}} = \frac{28}{\sqrt{30}} = \frac{18\sqrt{30}}{30}.$$

De même :

$$d(A\ ;\ \mathcal{R}) = \frac{|5-4-7|}{\sqrt{1+4}} = \frac{6}{\sqrt{5}}.$$

$$\boxed{d(A\ ;\ \mathcal{P}) = \frac{3\sqrt{30}}{5} \text{ et } d(A\ ;\ \mathcal{R}) = \frac{6\sqrt{5}}{5}}.$$

**d. Distance du point A à la droite Δ**

Soit $\mathcal{Q}$ le plan contenant A et perpendiculaire à la droite $\Delta$. Le plan $\mathcal{Q}$ orthogonal à la droite intersection des deux plans est orthogonal à chacun d'eux. Les plans $\mathcal{P}$ et $\mathcal{R}$ étant orthogonaux, les droites $D_1$ et $D_2$ intersections respectives de $\mathcal{Q}$ avec les deux plans $\mathcal{P}$ et $\mathcal{R}$ sont orthogonales. Soit A′ le point d'intersection de $D_1$ et $D_2$ (le point A′ appartient à $\Delta$). Soit $H_1$ (resp. $H_2$) les projections orthogonales de A sur $\mathcal{P}$ (resp. $\mathcal{R}$). $H_1$ (resp. $H_2$) appartient à $D_1$ (resp. $D_2$). Le quadrilatère $AH_1A'H_2$ est un rectangle. On a :

$d(A\ ;\ \Delta) = d(A\ ;\ A')$, $d(A\ ;\ H_1) = d(A\ ;\ \mathcal{P})$, $d(A\ ;\ H_2) = d(A\ ;\ \mathcal{R})$.

Le triangle $AH_1A'$ étant rectangle en $H_1$, on peut utiliser le théorème de Pythagore :

$$\begin{aligned} d^2(A\ ;\ \Delta) &= d^2(A\ ;\ A') \\ &= d^2(A\ ;\ H_1) + d^2(A'\ ;\ H_1) \\ &= d^2(A\ ;\ H_1) + d^2(A\ ;\ H_2) \\ &= d^2(A\ ;\ \mathcal{P}) + d^2(A\ ;\ \mathcal{R}) \\ &= \frac{270}{25} + \frac{180}{25} = \frac{450}{25} \\ &= 18 \end{aligned}$$

soit :

$$\boxed{d(A\ ;\ \Delta) = 3\sqrt{2}}.$$

**2. a. Calcul en fonction de $t$ de la longueur $AM_t$ notée $\varphi(t)$**

On définit ainsi une fonction $\varphi$ de $\mathbb{R}$ dans $\mathbb{R}$. Pour tout $t$ de $\mathbb{R}$, on a :

$$\begin{aligned} AM_t^2 &= (-4+2t)^2 + (5-t)^2 + (t+1)^2 \\ &= 6t^2 - 24t + 42 \\ &= 6(t^2 - 4t + 7). \end{aligned}$$

EXERCICES

Donc pour tout $t$ de $\mathbb{R}$ :

$$\boxed{\varphi(t) = \mathrm{AM}_t = \sqrt{6(t^2 - 4t + 7)}}.$$

**b. Sens de variation de la fonction $\varphi$ sur $\mathbb{R}$ ; détermination de son minimum**

On peut utiliser le résultat de la question précédente ou utiliser le signe de la fonction dérivée de $\varphi$.

Pour tout $t$ de $\mathbb{R}$, $t^2 - 4t + 7 > 0$, la fonction $\varphi$ est dérivable sur $\mathbb{R}$ et l'on a pour tout $t$ de $\mathbb{R}$ :

$$\begin{aligned}\varphi'(t) &= \frac{12t - 24}{2\sqrt{6(t^2 - 4t + 7)}}\\ &= \frac{6(t-2)}{\sqrt{6(t^2 - 4t + 7)}}\end{aligned}$$

qui est du signe de $t - 2$.

**La fonction $\varphi$ est donc décroissante sur $]-\infty\ ;\ 2]$, puis croissante sur $[2\ ;\ +\infty[$.**

Elle a un minimum en $t = 2$ qui est égal à $\varphi(2) = \sqrt{6(4 - 8 + 7)} = \sqrt{18}$ soit :

$$\boxed{\varphi(2) = 3\sqrt{2}}.$$

**c. Interprétation géométrique de la valeur de ce minimum**

D'après la question **1.b.**, une représentation paramétrique de la droite $\Delta$ est :

$$\begin{cases} x = 2t + 1 \\ y = -t + 3\ . \\ z = t \end{cases}$$

$\Delta$ est donc l'ensemble des points $\mathrm{M}_t$ et le minimum de la fonction $\varphi$ représente alors la plus courte distance de A à un point de $\Delta$.

**Le minimum de la fonction $\varphi$ représente donc la distance de A à $\Delta$ soit $3\sqrt{2}$.**

**24** Centres étrangers I, juin 2003 [1 h 15 min]

## SUJET

L'espace (E) est muni d'un repère orthonormal $(O ; \vec{i}, \vec{j}, \vec{k})$.
On considère la surface T d'équation :

$$x^2y = z \text{ avec } -1 \leqslant x \leqslant 1 \text{ et } -1 \leqslant y \leqslant 1.$$

La figure page suivante est une représentation de la surface T, dans le cube de centre O et de côté 2.

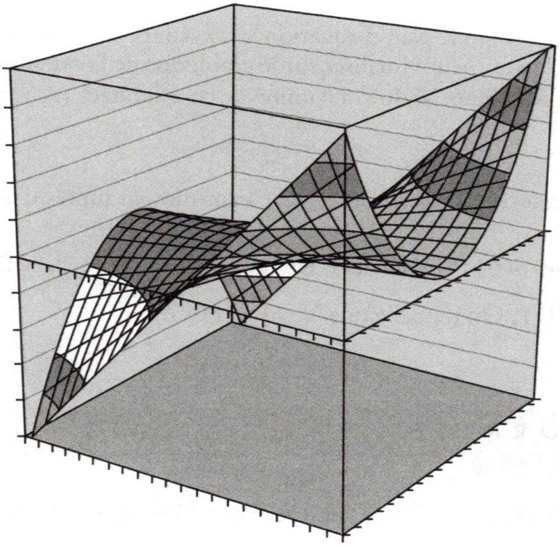

**1. Éléments de symétrie de la surface T**

**a.** Montrer que si le point $M(x, y, z)$ appartient à T, alors le point $M'(-x, y, z)$ appartient aussi à T. En déduire un plan de symétrie de T.

**b.** Montrer que l'origine O du repère est centre de symétrie de T.

**2. Intersections de la surface T avec des plans parallèles aux axes**

**a.** Déterminer la nature des courbes d'intersection de T avec les plans parallèles au plan $(xOz)$.

**b.** Déterminer la nature des courbes d'intersection de T avec les plans parallèles au plan $(yOz)$.

**3. Intersections de la surface T avec les plans parallèles au plan $(xOy)$ d'équations $z = k$, avec $k \in [0, 1]$**

**a.** Déterminer l'intersection de la surface T et du plan d'équation $z = 0$.

EXERCICES

**b.** Pour $k > 0$ on note K le point de coordonnées $(0, 0, k)$. Déterminer, dans le repère $(K ; \vec{i}, \vec{j})$, l'équation de la courbe d'intersection de T et du plan d'équation $z = k$.

**c.** Tracer l'allure de cette courbe dans le repère $(K ; \vec{i}, \vec{j})$. On précisera en particulier les coordonnées des extrémités de l'arc.

**4.** On note (D) le domaine formé des points du cube unité situés sous la surface T.

$$(D) = \{M(x, y, z) \in (E) \text{ avec } 0 \leqslant x \leqslant 1 \,;\, 0 \leqslant y \leqslant 1 \,;\, 0 \leqslant z \leqslant x^2 y\}$$

**a.** Pour $0 < k \leqslant 1$, le plan d'équation $z = k$ coupe le domaine (D) selon une surface qu'on peut visualiser sur le graphique de la question **3.c.** C'est l'ensemble des points M du cube unité, de coordonnées $(x, y, z)$ tels que :

$$y \geqslant \frac{k}{x^2} \text{ et } z = k.$$

Calculer en fonction de $k$, l'aire $S(k)$ exprimée en unités d'aire, de cette surface.

**b.** On pose $S(0) = 1$, calculer en unités de volume, le volume V du domaine (D). On rappelle que $V = \int_0^1 S(k)\, dk$.

## 24 CORRIGÉ

La surface T est située dans le cube de centre O et de côté 2, que nous noterons C.

### 1. Éléments de symétrie de la surface T

**a.** Si le point $M(x, y, z)$ appartient à T, alors on a $z = x^2 y$ avec $-1 \leqslant x \leqslant 1$ et $-1 \leqslant y \leqslant 1$.

Lorsque $x$ est compris entre $-1$ et 1, son opposé l'est aussi. De plus, deux réels opposés ont même carré.

Si le point $M(x, y, z)$ appartient à T, alors on a $z = (-x)^2 y$ avec $-1 \leqslant -x \leqslant 1$ et $-1 \leqslant y \leqslant 1$, ce qui prouve que le point $M'(-x, y, z)$ appartient aussi à T.

**Si le point $M(x, y, z)$ appartient à T, le point $M'(-x, y, z)$ appartient aussi à T.**

On montre de même la réciproque : si le point $M(-x, y, z)$ appartient à T, le point $M'(x, y, z)$ appartient aussi à T. On peut conclure :

**Le plan d'équation $x = 0$ est le plan de symétrie de la surface T.**

**b. Centre de symétrie de la surface T**

Pour montrer que le point O est centre de symétrie de la surface T, il suffit de montrer que si le point $M(x, y, z)$ appartient à T, le point $M'(-x, -y, -z)$ appartient aussi à T.
Si le point $M(x, y, z)$ appartient à T, alors on a $z = x^2y$ avec $-1 \leqslant x \leqslant 1$ et $-1 \leqslant y \leqslant 1$.
On en déduit que $(-x)^2(-y) = x^2(-y) = -x^2y = (-z)$ avec :

$$-1 \leqslant -x \leqslant 1 \text{ et } -1 \leqslant -y \leqslant 1.$$

Ces propriétés prouvent que le point $M'(-x, -y, -z)$ appartient aussi à T. On peut conclure :

**Le point O est centre de symétrie de la surface T.**

**2. Intersection de la surface avec des plans parallèles aux axes**

**a. Plans parallèles à $(xOz)$**

Un tel plan a pour équation $y = k$ où $k$ est un réel.
Un point $M(x, y, z)$ appartient à T et à ce plan si et seulement si ses coordonnées sont solutions du système suivant :

$$\begin{cases} -1 \leqslant x \leqslant 1 \\ -1 \leqslant y \leqslant 1 \\ z = x^2y \\ y = k \end{cases}.$$

Si $k$ n'appartient pas à l'intervalle $[-1, 1]$, le système n'a pas de solutions : le plan et la surface n'ont aucun point commun.
Si $k$ appartient à l'intervalle $[-1, 1]$, la courbe d'intersection du plan et de la surface est définie par $z = kx^2$ et $y = k$ avec $-1 \leqslant x \leqslant 1$.
Cette courbe est une partie de la parabole d'axe $(Oz)$, d'équation $z = kx^2$, située dans le plan d'équation $y = k$.
**Si $k \notin [-1, 1]$, l'intersection de T et du plan d'équation $y = k$ est vide.**
**Si $k \in [-1, 1]$, cette intersection est une partie d'une parabole d'axe $(Oz)$.**

**b. Plans parallèles à $(yOz)$**

De même, un tel plan a pour équation $x = k$ où $k$ est un réel.
Un point $M(x, y, z)$ appartient à T et à ce plan si et seulement si ses coordonnées sont solutions du système suivant :

$$\begin{cases} -1 \leqslant x \leqslant 1 \\ -1 \leqslant y \leqslant 1 \\ z = x^2y \\ x = k \end{cases}.$$

Si $k$ n'appartient pas à l'intervalle $[-1, 1]$, le système n'a pas de solutions.
Si $k$ appartient à l'intervalle $[-1, 1]$, la courbe d'intersection du plan et de la surface est définie par $x = k$ et $z = k^2y$ avec $-1 \leqslant y \leqslant 1$.
Cette courbe est une partie de la droite d'équation $z = k^2y$ située dans le plan : c'est le segment d'extrémités $M_1(k, -1, -k^2)$ et $M_2(k, 1, k^2)$.

**Si $k \notin [-1, 1]$, l'intersection de T et du plan d'équation $x = k$ est vide.**
**Si $k \in [-1, 1]$, cette intersection est un segment de droite.**

### 3. Intersection de la surface avec des plans parallèles au plan $(xOy)$

#### a. Intersection de T avec le plan d'équation $z = 0$

Un point $M(x, y, z)$ appartient à T et à ce plan si et seulement si :

$$0 = x^2y \text{ avec } -1 \leqslant x \leqslant 1 \text{ et } -1 \leqslant y \leqslant 1.$$

$x^2y = 0$ si et seulement si $x = 0$ ou $y = 0$.
$x = 0$ est, dans le plan d'équation $z = 0$, l'équation de l'axe $(Oy)$ ;
$y = 0$ est, dans le plan d'équation $z = 0$, l'équation de l'axe $(Ox)$.
**L'intersection de T avec le plan $(xOy)$ est la partie des axes $(Ox)$ et $(Oy)$ située à l'intérieur du cube C.**

#### b. Intersection de T avec le plan d'équation $z = k$ où $k \in ]0, 1]$

Un point $M(x, y, z)$ appartient à T et à ce plan si et seulement si :

$$-1 \leqslant x \leqslant 1 \text{ et } -1 \leqslant y \leqslant 1 \text{ et } k = x^2y.$$

Le réel $k$ n'étant pas nul, $x$ ne l'est pas non plus.
**Une équation, dans le repère $(K ; \vec{i}, \vec{j})$, de la courbe cherchée est :**

$$y = \frac{k}{x^2} \text{ avec } -1 \leqslant x \leqslant 1 \text{ et } -1 \leqslant y \leqslant 1.$$

#### c. Allure de la courbe

On pose $f_k(x) = \frac{k}{x^2}$, on étudie $f_k$ sur l'ensemble des réels non nuls.
$f_k$ est une fonction paire :
si $x$ est un réel non nul, $-x$ l'est aussi et $f_k(-x) = \frac{k}{(-x)^2} = f_k(x)$.
Il suffit d'étudier $f_k$ sur $]0, +\infty[$ et on complétera la courbe par symétrie par rapport à l'axe des ordonnées.
$f_k$ est une fonction puissance dérivable sur $]0, +\infty[$ et :
$f_k(x) = k \times x^{-2}$ donc $f_k'(x) = k \times (-2)x^{-3} = \frac{-2k}{x^3}$.
Si $x > 0$, alors $x^3 > 0$ donc $f_k'(x) < 0$, puisque $k$ est positif.
$f_k$ est strictement décroissante sur $]0, +\infty[$. Puisque $f_k$ est paire, $f_k$ est strictement croissante sur $]-\infty, 0[$.

La courbe cherchée est une partie de la courbe représentative de $f_k$ : la partie située à l'intérieur du carré défini par $-1 \leqslant x \leqslant 1$ et $-1 \leqslant y \leqslant 1$.
Les extrémités de l'arc situé dans le demi-plan défini par $x > 0$, sont les points définis par :

$$y = \frac{k}{x^2} \text{ et } x = 1 \text{ d'une part, } y = \frac{k}{x^2} \text{ et } y = 1 \text{ d'autre part.}$$

$1 = \frac{k}{x^2}$ équivaut à $x^2 = k$ et $x = \sqrt{k}$ puisque $x$ et $k$ sont positifs.
Les extrémités de l'arc situé dans le demi-plan défini par $x > 0$, sont les points de coordonnées $(1, k)$ et $(\sqrt{k}, 1)$. Le tableau de variation associé à la courbe est :

| $x$ | $-1$ | $-\sqrt{k}$ | $0$ | $\sqrt{k}$ | $1$ |
|---|---|---|---|---|---|
| $f_k$ | $k$ ↗ | $1$ | (zone hachurée) | $1$ | ↘ $k$ |

Courbe (on a choisi $k = \frac{1}{4}$ pour le tracé)

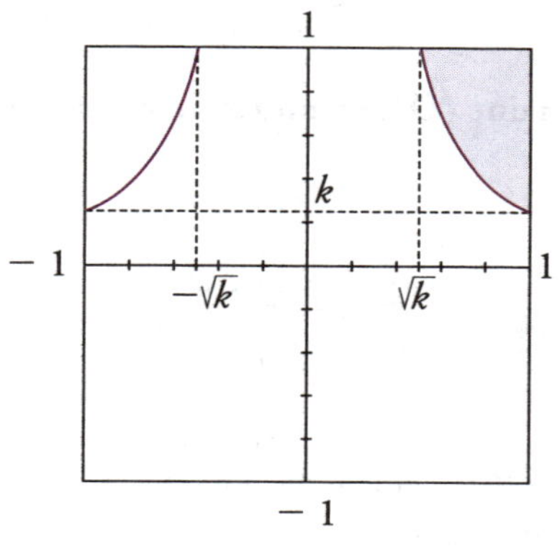


## 4. Calcul de volume

### a. Calcul d'une aire

On cherche l'aire, exprimée en unités d'aire, de la surface définie par :

$$y \geqslant \frac{k}{x^2} \text{ et } z = k \text{ avec } 0 \leqslant x \leqslant 1 \text{ et } 0 \leqslant y \leqslant 1 .$$

Cette surface est indiquée sur le graphique précédent : c'est l'ensemble des points situés dans le carré unité au-dessus de la courbe tracée. Cet ensemble est défini par $\sqrt{k} \leqslant x \leqslant 1$ et $\frac{k}{x^2} \leqslant y \leqslant 1$.

Son aire $S(k)$ est égale à $\int_{\sqrt{k}}^{1} \left(1 - \frac{k}{x^2}\right) dx$.

EXERCICES

Sur $]0, +\infty[$, $(x \mapsto 1)$ a pour primitive $(x \mapsto x)$ et $\left(x \mapsto -\frac{1}{x^2}\right)$ a pour primitive $\left(x \mapsto \frac{1}{x}\right)$,

$$\int_{\sqrt{k}}^{1} \left(1 - \frac{k}{x^2}\right)\mathrm{d}x = \left[x + \frac{k}{x}\right]_{\sqrt{k}}^{1} = 1 + k - \sqrt{k} - \frac{k}{\sqrt{k}} = 1 + k - 2\sqrt{k} = (1 - \sqrt{k})^2.$$

$$\boxed{S(k) = (1 - \sqrt{k})^2.}$$

**b. Calcul du volume V du domaine (D)**

$$V = \int_0^1 S(k)\,\mathrm{d}k = \int_0^1 (1 + k - 2\sqrt{k})\,\mathrm{d}k.$$

$\sqrt{k} = k^{\frac{1}{2}}$ et $\left(k \mapsto k^{\frac{1}{2}}\right)$ a pour primitive $\left(k \mapsto \dfrac{k^{\frac{1}{2}+1}}{\frac{1}{2}+1}\right)$ soit $\left(k \mapsto \frac{2}{3}\,k^{\frac{3}{2}}\right)$ ;

$$V = \left[k + \frac{1}{2}\,k^2 - 2 \times \frac{2}{3}\,k^{\frac{3}{2}}\right]_0^1 = 1 + \frac{1}{2} - \frac{4}{3} = \frac{9-8}{6} = \frac{1}{6}.$$

**Le volume du domaine (D), en unités de volume, est égal à $\frac{1}{6}$.**

France métropolitaine, juin 2003 [1 h]

## 25 SUJET

*Les questions **3.** et **4.** sont indépendantes des questions **1.** et **2.** ; seule l'équation de $\Gamma$ donnée en **1.c.** intervient à la question **4.***

1. L'espace est rapporté au repère orthonormal $(O\,;\,\vec{i}, \vec{j}, \vec{k})$.

a. Montrer que les plans P et Q d'équations respectives $x + \sqrt{3}y - 2z = 0$ et $2x - z = 0$ ne sont pas parallèles.

b. Donner un système d'équations paramétriques de la droite $\Delta$ intersection des plans P et Q.

c. On considère le cône de révolution $\Gamma$ d'axe $(Ox)$ contenant la droite $\Delta$ comme génératrice.
Montrer que $\Gamma$ a pour équation cartésienne $y^2 + z^2 = 7x^2$.

2. On a représenté sur les deux figures ci-dessous les intersections de $\Gamma$ avec des plans parallèles aux axes de coordonnées.
Déterminer dans chaque cas une équation des plans possibles, en justifiant avec soin votre réponse.

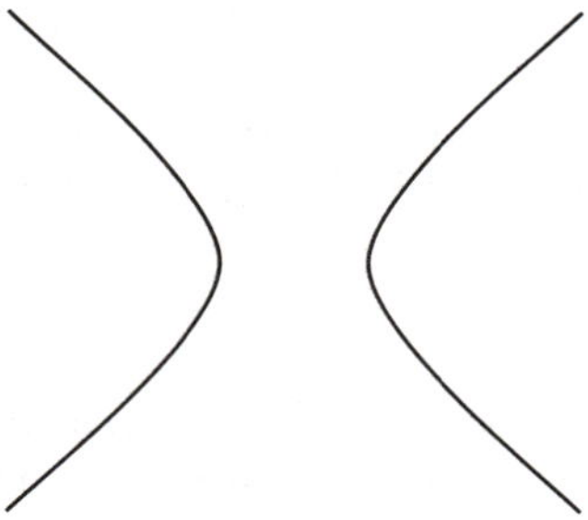

**Figure 1**

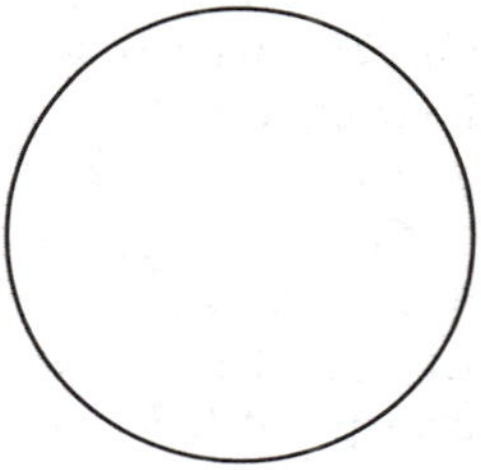

**Figure 2**

**3. a.** Montrer que l'équation $x^2 \equiv 3 \quad [7]$, dont l'inconnue $x$ est un entier relatif, n'a pas de solution.

**b.** Montrer la propriété suivante : pour tous entiers relatifs $a$ et $b$, si 7 divise $a^2 + b^2$ alors 7 divise $a$ et 7 divise $b$.

**4. a.** Soient $a$, $b$ et $c$ des entiers relatifs non nuls. Montrer la propriété suivante : si le point A de coordonnées $(a, b, c)$ est un point du cône $\Gamma$ alors $a$, $b$ et $c$ sont divisibles par 7.

**b.** En déduire que le seul point de $\Gamma$ dont les coordonnées sont des entiers relatifs est le sommet de ce cône.

## 25 CORRIGÉ

**1.** L'espace est rapporté au repère orthonormal $(O ; \vec{i}, \vec{j}, \vec{k})$.

**a. Les plans P et Q d'équations respectives $x + \sqrt{3}y - 2z = 0$ et $2x - z = 0$ ne sont pas parallèles.**

Les vecteurs orthogonaux à P et Q sont respectivement $\vec{u}(1, \sqrt{3}, -2)$ et $\vec{v}(2, 0, -1)$. Ils ne sont pas colinéaires donc :

**P et Q ne sont pas parallèles.**

**b. Système d'équations paramétriques de la droite $\Delta$ intersection des plans P et Q**

$\begin{cases} x + \sqrt{3}y - 2z = 0 \\ 2x - z = 0 \end{cases}$. On choisit $x = t$ et on obtient :

$$\boxed{\begin{cases} x = t \\ y = t\sqrt{3} \\ z = 2t \end{cases}}.$$

**c. Équation cartésienne de $\Gamma$, cône de révolution d'axe $(\mathrm{O}x)$ contenant la droite $\Delta$ comme génératrice.**

On sait qu'un cône d'axe $(\mathrm{O}x)$ a une équation du type $y^2 + z^2 = kx^2$. Pour calculer $k$ on prend un point $\mathrm{M}(t\,;\,t\sqrt{3}\,;\,2t)$ de la droite $\Delta$ et $y^2 + z^2 = 3t^2 + 4t^2 = 7t^2 = 7x^2$.

**2. Équation des intersections de $\Gamma$ avec des plans parallèles aux axes de coordonnées.**

La figure 1 représente une hyperbole donc l'intersection du cône avec un plan parallèle à l'axe du cône ne contenant pas cet axe soit d'équation $ay + bz = c$ avec $c \neq 0$.

La figure 2 représente un cercle donc l'intersection du cône avec un plan orthogonal à son axe soit un plan d'équation $x = c$.

**3. a. L'équation $x^2 \equiv 3\ \ [7]$, dont l'inconnue $x$ est un entier relatif, n'a pas de solution.**

Si $x \equiv 0\ \ [7]$ alors $x^2 \equiv 0\ \ [7]$, si $x \equiv 1\ \ [7]$ alors $x^2 \equiv 1\ \ [7]$, si $x \equiv 2\ \ [7]$ alors $x^2 \equiv 4\ \ [7]$, si $x = 3\ \ [7]$ alors $x^2 \equiv 2\ \ [7]$, si $x \equiv 4\ \ [7]$ alors $x^2 \equiv 2\ \ [7]$, si $x \equiv 5\ \ [7]$ alors $x^2 \equiv 4\ \ [7]$ et si $x \equiv 6\ \ [7]$ alors $x^2 \equiv 1\ \ [7]$. On voit que, pour tout $x$, $x^2$ n'est jamais congru à 3 modulo 7.

**b. Pour tous entiers relatifs $a$ et $b$, si 7 divise $a^2 + b^2$ alors 7 divise $a$ et 7 divise $b$.**

D'après la question précédente si $a$ ou $b$ ne sont pas congrus à 0 modulo 7 alors $a^2 + b^2$ est congru à $0 + 1 = 1$ ou $0 + 2 = 2$ ou $0 + 4 = 4$ ou $1 + 1 = 2$ ou $1 + 2 = 3$ ou $1 + 4 = 5$ ou $2 + 2 = 4$ ou $2 + 4 = 6$ ou $4 + 4 = 8 \equiv 1\ \ [7]$. Donc $a^2 + b^2$ n'est pas un multiple de 7. Pour que ce soit un multiple de 7 il faut et il suffit que $a$ et $b$ soient des multiples de 7.

**4. a. Si le point A de coordonnées $(a\,;\,b\,;\,c)$ est un point du cône $\Gamma$ alors $a$, $b$ et $c$ sont divisibles par 7.**

Si A est un point du cône alors $b^2 + c^2 = 7a^2$ donc 7 divise $b^2 + c^2$, 7 divise $b$ et $c$ (d'après **3.b**), soit $b = 7b'$ et $c = 7c'$ d'où :

$$7a^2 = 49b'^2 + 49c'^2 \quad \text{soit} \quad a^2 = 7(b'^2 + c'^2)$$

7 divise $a^2$ et 7 est premier donc 7 divise $a$.

$$\boxed{7 \text{ divise } a,\ b \text{ et } c}.$$

**b. Le seul point de $\Gamma$ dont les coordonnées sont des entiers relatifs est le sommet de ce cône.**

On suppose $a$, $b$ et $c$ non nuls, on pose $a = 7a'$, $b = 7b'$ et $c = 7c'$. On suppose que l'un des nombres $a'$, $b'$ ou $c'$ n'est plus multiple de 7 (sinon on recommence), on a : $7a'^2 = b'^2 + c'^2$

qui ne peut avoir lieu que pour des multiples de 7, ce qui est en contradiction avec notre hypothèse donc :

$$\boxed{\text{Les nombres } a,\ b \text{ et } c \text{ sont nuls}}.$$

# Arithmétique (spécialité)

National, septembre 2007 [1 h]

## 26 SUJET

**1.** On considère l'ensemble $A_7 = \{1 ; 2 ; 3 ; 4 ; 5 ; 6\}$.

**a.** Pour tout élément $a$ de $A_7$, écrire dans le tableau figurant ci-dessous l'unique élément $y$ de $A_7$ tel que $ay \equiv 1 \pmod 7$.

| $a$ | 1 | 2 | 3 | 4 | 5 | 6 |
|---|---|---|---|---|---|---|
| $y$ | | | | | | 6 |

**b.** Pour $x$ entier relatif, démontrer que l'équation $3x \equiv 5 \pmod 7$ équivaut à $x \equiv 4 \pmod 7$.

**c.** Si $a$ est un élément de $A_7$, montrer que les seuls entiers relatifs $x$ solutions de l'équation $ax \equiv 0 \pmod 7$ sont les multiples de 7.

**2.** Dans toute cette question, $p$ est un nombre premier supérieur ou égal à 3. On considère l'ensemble $A_p = \{1 ; 2 ; ... ; p-1\}$ des entiers naturels non nuls et strictement inférieurs à $p$. Soit $a$ un élément de $A_p$.

**a.** Vérifier que $a^{p-2}$ est une solution de l'équation $ax \equiv 1 \pmod p$.

**b.** On note $r$ le reste dans la division euclidienne de $a^{p-2}$ par $p$. Démontrer que $r$ est l'unique solution $x$ dans $A_p$, de l'équation :

$$ax \equiv 1 \pmod p.$$

**c.** Soient $x$ et $y$ deux entiers relatifs. Démontrer que $xy \equiv 0 \pmod p$ si, et seulement si, $x$ est un multiple de $p$ où $y$ est un multiple de $p$.

**d. Application :** $p = 31$.

Résoudre dans $A_{31}$ les équations :

$$2x \equiv 1 \pmod{31} \text{ et } 3x \equiv 1 \pmod{31}.$$

À l'aide des résultats précédents, résoudre dans $\mathbb{Z}$ l'équation :

$$6x^2 - 5x + 1 \equiv 0 \pmod{31}.$$



## 26 CORRIGÉ

**1. a. Pour tout élément $a$ de $A_7 = \{1 ; 2 ; 3 ; 4 ; 5 ; 6\}$ calcul de l'unique élément $y$ de $A_7$ tel que $ay \equiv 1 \pmod 7$**

On construit la table de multiplication modulo 7 des éléments de $A_7$ :

| $y$ \ $a$ | 1 | 2 | 3 | 4 | 5 | 6 |
|---|---|---|---|---|---|---|
| **1** | 1 | 2 | 3 | 4 | 5 | 6 |
| **2** | 2 | 4 | 6 | 1 | 3 | 5 |
| **3** | 3 | 6 | 2 | 5 | 1 | 4 |
| **4** | 4 | 1 | 5 | 2 | 6 | 3 |
| **5** | 5 | 3 | 1 | 6 | 4 | 2 |
| **6** | 6 | 5 | 4 | 3 | 2 | 1 |

Pour toute valeur de $a$ de $A_7$ il existe un unique $y$ de $A_7$ tel que :

$$ay \equiv 1 \pmod{7}.$$

Le tableau suivant donne valeur de $y$ pour chaque valeur de $a$.

| $a$ | 1 | 2 | 3 | 4 | 5 | 6 |
|---|---|---|---|---|---|---|
| $y$ | 1 | 4 | 5 | 2 | 3 | 6 |

**b. Pour $x$ entier relatif, l'équation $3x \equiv 5 \pmod{7}$ équivaut à $x \equiv 4 \pmod{7}$**

On utilise un tableau : l'entier relatif $x$ peut être congru à 0, 1, 2, 3, 4, 5 ou 6 modulo 7.

| Si $x$ est congru à | 0 | 1 | 2 | 3 | 4 | 5 | 6 |
|---|---|---|---|---|---|---|---|
| $3x$ est congru à | 0 | 3 | 6 | 2 | 5 | 1 | 4 |

On voit que la seule solution est $x \equiv 4 \pmod{7}$.

**Donc $3x \equiv 5 \pmod{7}$ équivaut à $x \equiv 4 \pmod{7}$.**

**c. Si $a$ est un élément de $A_7$, les seuls entiers relatifs $x$ solutions de l'équation $ax \equiv 0 \pmod{7}$ sont les multiples de 7**

On utilise le théorème de Gauss : si $ax \equiv 0 \pmod{7}$ alors 7 divise $ax$ et $a$ est premier avec 7 donc 7 divise $x$.

**Donc $x$ est un multiple de 7.**

**2. a. Si $a$ est un élément de $A_7$, $a^{p-2}$ est une solution de l'équation $ax \equiv 1 \pmod{p}$**

$a \times a^{p-2} = a^{p-1}$. On utilise le petit théorème de Fermat. $p$ est premier et $a$ est premier avec $p$ donc :

$$\boxed{a^{p-1} \equiv 1 \pmod{p}}.$$

**b. L'entier $r$, reste dans la division euclidienne de $a^{p-2}$ par $p$, est l'unique solution $x$ dans $A_p$, de l'équation $ax \equiv 1 \pmod{p}$**

$a^{p-2} \equiv r \pmod{p}$ donc $r$ est solution de l'équation :

$$ax \equiv 1 \pmod{p}.$$

Supposons qu'il existe $r'$ dans $A_p$ tel que $ar' \equiv 1 \pmod{p}$ alors $a(r-r') \equiv 0 \pmod{p}$. Comme $a$ est premier avec $p$, $r-r'$ est un multiple de $p$. Comme $r$ et $r'$ sont inférieurs à $p$, la seule solution est $r-r'=0$ soit $r=r'$.

**Donc $r$ est l'unique solution dans $A_p$, de l'équation $ax \equiv 1 \pmod{p}$.**

**c. Soient $x$ et $y$ deux entiers relatifs. On a $xy \equiv 0 \pmod{p}$ si, et seulement si, $x$ est un multiple de $p$ ou $y$ est un multiple de $p$**

Si $xy \equiv 0 \pmod{p}$ alors $p$ divise $xy$ : si $p$ divise $x$, la question est résolue, si $p$ ne divise pas $x$, comme $p$ est premier alors $p$ est premier avec $x$. Dans ce deuxième cas le théorème de Gauss nous permet d'affirmer que $p$ divise $y$.

**Donc $xy \equiv 0 \pmod{p}$ si, et seulement si, $x$ est un multiple de $p$ ou $y$ est un multiple de $p$.**

**d. Application : $p = 31$. Résolution dans $A_{31}$ des équations $2x \equiv 1 \pmod{31}$ et $3x \equiv 1 \pmod{31}$, puis résolution dans $\mathbb{Z}$ de l'équation $6x^2 - 5x + 1 \equiv 0 \pmod{31}$**

$2^{31-2} = 2^{29} = (2^5)^5 \times 2^4 = 32^5 \times 16 \equiv 16 \pmod{31}$

$3^{31-2} = 3^{29} = (3^5)^5 \times 3^4$

$3^5 \equiv 26 \pmod{31}$ donc $(3^5)^5 \equiv 26^5 \equiv 6 \; [31]$

$3^4 \equiv 19 \pmod{31}$ donc $(3^5)^5 3^4 \equiv 19 \times 6 \equiv 21 \; [31]$.

En utilisant la question **2.b.** on voit que :

la solution de $2x \equiv 1 \pmod{31}$ est $x = 16$ ;

la solution de $3x \equiv 1 \pmod{31}$ est $x = 21$.

$6x^2 - 5x + 1 = (2x-1)(3x-1)$ donc les solutions dans $A_{31}$ de :

$$6x^2 - 5x + 1 \equiv 0 \pmod{31}$$

sont les solutions de $2x - 1 \equiv 0 \; [31]$ et de $3x - 1 \equiv 0 \; [31]$.

**D'après 2.b. les seules solutions dans $A_{31}$ de l'équation $6x^2 - 5x + 1 \equiv 0 \pmod{31}$ sont 21 et 16.**

Nouvelle-Calédonie, novembre 2007 [1 h]

## 27 SUJET

**1. a.** Quel est le reste de la division euclidienne de $6^{10}$ par 11 ? Justifier.

**b.** Quel est le reste de la division euclidienne de $6^4$ par 5 ? Justifier.

**c.** En déduire que $6^{40} \equiv 1 \; [11]$ et que $6^{40} \equiv 1 \; [5]$.

**d.** Démontrer que $6^{40} - 1$ est divisible par 55.

**2.** Dans cette question, $x$ et $y$ désignent des entiers relatifs.

**a.** Montrer que l'équation :

$$\text{(E)} \quad 65x - 40y = 1$$

n'a pas de solution.

**b.** Montrer que l'équation :

$$\text{(E')} \quad 17x - 40y = 1$$

admet au moins une solution.

**c.** Déterminer à l'aide de l'algorithme d'Euclide un couple d'entiers relatifs solution de l'équation (E′).

**d.** Résoudre l'équation (E′).
En déduire qu'il existe un unique entier naturel $x_0$ inférieur à 40 tel que $17x_0 \equiv 1 \quad [40]$.

**3.** Pour tout entier naturel $a$, démontrer que si :
$a^{17} \equiv b \quad [55]$ et si $a^{40} \equiv 1 \quad [55]$ alors $b^{33} \equiv a \quad [55]$.

## 27 CORRIGÉ

### 1. a. Calcul du reste de la division euclidienne de $6^{10}$ par 11

$6^2 = 36$ et $36 \equiv 3 \quad [11]$ donc $6^{10} \equiv 3^5 \quad [11]$.
$3^5 \equiv 1 \quad [11]$ donc :
**1 est le reste de la division euclidienne de $6^{10}$ par 11.**

> **Remarque :**
> On peut utiliser le petit théorème de Fermat : 11 est un nombre premier, 6 est premier avec 11 donc $6^{11-1} \equiv 1 \quad [11]$.

### b. Calcul du reste de la division euclidienne de $6^4$ par 5

$6 \equiv 1 \quad [5]$ donc $6^4 \equiv 1 \quad [5]$.
**1 est le reste de la division euclidienne de $6^4$ par 5.**

> **Remarque :**
> On peut utiliser le petit théorème de Fermat.
> 5 est un nombre premier, 6 est premier avec 5 donc $6^{5-1} \equiv 1 \quad [5]$.

### c. $6^{40} \equiv 1 \quad [11]$ et $6^{40} \equiv 1 \quad [5]$

Comme $6^{40} = (6^{10})^4$, d'après la question **1.a.** :

$$\boxed{6^{40} \equiv 1 \quad [11]}.$$

Comme $6^{40} = (6^4)^{10}$, d'après la question **1.b.** :

$$\boxed{6^{40} \equiv 1 \quad [5]}.$$

**d.** **$6^{40}-1$ est divisible par 55**

On a montré à la question **1.c.** que $6^{40}-1$ est un multiple de 11 et de 5, il existe deux entiers naturels $k$ et $k'$ tels que :

$$6^{40}-1=5k=11k'.$$

L'entier 5 est premier avec 11 et divise $11k'$ (théorème de Gauss) donc l'entier 5 divise $k'$, il existe un entier $k''$ tel que $k'=5k''$ donc $6^{40}-1=11\times 5k''$ soit :

$$6^{40}-1=55k''.$$

**$6^{40}-1$ est un multiple de 55.**

**2.** Dans cette question $x$ et $y$ désignent des entiers relatifs.

**a.** **L'équation (E) $65x-40y=1$ n'a pas de solution**

$65x-40y=5(13x-8y)$ est donc un multiple de 5. Or, le nombre 1 n'est pas multiple de 5.

**Donc l'équation (E) n'a pas de solution.**

**b.** **L'équation (E′) $17x-40y=1$ admet au moins une solution**

Les nombres 17 et 40 sont premiers entre eux.

**Donc : il existe des entiers $x$ et $y$ tel que $17x-40y=1$.**

**c.** **Détermination à l'aide de l'algorithme d'Euclide d'un couple d'entiers relatifs solution de l'équation (E′)**

On a successivement : $40=17\times 2+6$ puis $17=6\times 2+5$ puis $6=5\times 1+1$ d'où :

$1=6-5$, $1=6-(17-2\times 6)=-17+3\times 6$

puis $1=-17+3\times(40-17\times 2)$ soit $1=3\times 40-7\times 17$.

**Le couple $(-7\,;-3)$ est solution de (E′).**

**d.** **Résolution de l'équation (E′) et existence d'un unique naturel $x_0$ inférieur à 40 tel que $17x_0\equiv 1\ [40]$**

Le couple $(-7\,;-3)$ est solution de (E′). Le couple d'entiers $(x\,;y)$ est solution de (E′) si, et seulement si :

$$\begin{cases}17x-40y=1\\17(-7)-40(-3)=1\end{cases}$$

d'où par soustraction membre à membre si :

$$17(x+7)=40(y+3).$$

Comme 17 et 40 sont premiers entre eux 17 divise $(y+3)$ il existe un entier relatif $k$ tel que :

$$(y+3)=17k.$$

On en déduit :

$$17(x+7)=40(y+3)=40\times 17k$$
$$(x+7)=40k.$$

EXERCICES

Si le couple $(x ; y)$ est solution, il existe un entier relatif $k$ tel que :

$$\begin{cases} x+7=40k \\ y+3=17k \end{cases}$$

Réciproquement, on vérifie que tout couple $(40k-7 ; 17k-3)$, $k \in \mathbb{Z}$ est solution de $(E')$.
Les solutions de $(E')$ sont donc les entiers définis par :

$$\boxed{\begin{cases} x=40k-7 \\ y=17k-3 \end{cases} \quad \text{avec } k \in \mathbb{Z}}$$

Le seul entier naturel $x$ inférieur à 40 est obtenu pour $k=1$, c'est :

$$\boxed{x_0=33}.$$

Il vérifie $17x=40y+1$ soit $17x \equiv 1 \quad [40]$.

**3. Pour tout entier naturel $a$, si $a^{17} \equiv b \quad [55]$ et si $a^{40} \equiv 1 \quad [55]$, alors $b^{33} \equiv a \quad [55]$**

Si $a^{17} \equiv b \quad [55]$ alors $a^{17 \times 33} \equiv b^{33} \quad [55]$.
D'après la question précédente $17 \times 33 - 1 = 40 \times 14$ donc :
$a^{17 \times 33} \equiv a^{40 \times 14 + 1} \quad [55]$ soit $a^{40 \times 14} \times a \equiv b^{33} \quad [55]$.
On sait que $a^{40} \equiv 1 \quad [55]$ donc $a^{40 \times 14} \equiv 1 \quad [55]$. Donc :

$$\boxed{a \equiv b^{33} \quad [55]}.$$

Amérique du Sud, novembre 2004 [50 min]

## 28 SUJET

Soit $A_0$ et $B_0$ deux points du plan orienté tels que $A_0B_0=8$. On prendra le centimètre pour unité.

Soit S la similitude de centre $A_0$, de rapport $\frac{1}{2}$ et d'angle $\frac{3\pi}{4}$.

On définit une suite de points $(B_n)$ de la façon suivante :
pour tout entier naturel $n$, $B_{n+1}=S(B_n)$.

**1.** Construire $B_1$, $B_2$, $B_3$ et $B_4$.

**2.** Montrer que, pour tout entier naturel $n$, les triangles $A_0B_nB_{n+1}$ et $A_0B_{n+1}B_{n+2}$ sont semblables.

**3.** On définit la suite $(\ell_n)$ par, pour tout entier naturel $n$, $\ell_n=B_nB_{n+1}$.

**a.** Montrer que la suite $(\ell_n)$ est une suite géométrique et préciser sa raison.

**b.** Exprimer $\ell_n$ en fonction de $n$ et de $\ell_0$.

**c.** On pose $\Sigma_n = \ell_0 + \ell_1 + \ldots + \ell_n$.
Déterminer la limite de $\Sigma_n$ lorsque $n$ tend vers $+\infty$.

**4. a.** Résoudre l'équation $3x - 4y = 2$ où $x$ et $y$ sont deux entiers relatifs.

**b.** Soit $\Delta$ la droite perpendiculaire en $A_0$ à la droite $(A_0B_0)$.
Pour quelles valeurs de l'entier naturel $n$, $B_n$ appartient-il à $\Delta$ ?

## 28 CORRIGÉ

### 1. Construction de $B_1$, $B_2$, $B_3$ et $B_4$

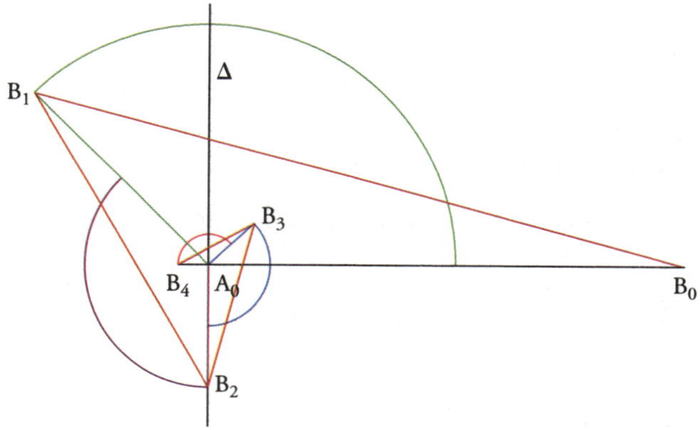


### 2. Les triangles $A_0B_nB_{n+1}$ et $A_0B_{n+1}B_{n+2}$ sont semblables

Pour tout entier naturel $n$,

$$S(A_0) = A_0 \ ; \ S(B_n) = B_{n+1} \ ; \ S(B_{n+1}) = B_{n+2}.$$

D'où : $A_0B_{n+1} = \frac{1}{2} A_0B_n$

$$A_0B_{n+2} = \frac{1}{2} A_0B_{n+1}$$

$$B_{n+1}B_{n+2} = \frac{1}{2} B_nB_{n+1}.$$

Les triangles $A_0B_nB_{n+1}$ et $A_0B_{n+1}B_{n+2}$ ont des côtés dont les longueurs sont proportionnelles :

$$\frac{A_0B_{n+1}}{A_0B_n} = \frac{A_0B_{n+2}}{A_0B_{n+1}} = \frac{B_{n+1}B_{n+2}}{B_nB_{n+1}} = \frac{1}{2}.$$

EXERCICES

**Les triangles $A_0B_nB_{n+1}$ et $A_0B_{n+1}B_{n+2}$ sont donc semblables.**

**3.** Pour tout entier naturel $n$, on pose $\ell_n = B_nB_{n+1}$.

**a. La suite $(\ell_n)$ est géométrique.**

Pour tout entier naturel $n$, $\ell_{n+1} = B_{n+1}B_{n+2} = \frac{1}{2}\,B_nB_{n+1} = \frac{1}{2}\,\ell_n$.

**La suite $(\ell_n)$ est donc géométrique de raison $\frac{1}{2}$ et de premier terme $\ell_0 = B_0B_1$.**

**b. Expression de $\ell_n$ en fonction de $n$ et $\ell_0$**

Pour tout entier naturel $n$, on a :

$$\boxed{\ell_n = \ell_0\left(\frac{1}{2}\right)^n}.$$

**c. Limite de $\Sigma_n$**

Pour tout entier naturel $n$, $\Sigma_n = \ell_0 + \ell_1 + \ldots + \ell_n$.

La suite $(\ell_n)$ étant géométrique de raison $\frac{1}{2}$ différente de 1, on a :

$$\Sigma_n = \frac{\ell_0 - \ell_{n+1}}{1-\frac{1}{2}} = 2(\ell_0 - \ell_{n+1}) = 2\left[\ell_0 - \ell_0\left(\frac{1}{2}\right)^{n+1}\right]$$

$$\Sigma_n = 2\ell_0\left(1-\left(\frac{1}{2}\right)^{n+1}\right).$$

Lorsque $n$ tend vers $+\infty$, $\left(\frac{1}{2}\right)^{n+1}$ tend vers 0 d'où :

$$\lim_{n\to+\infty} \Sigma_n = \lim_{n\to+\infty} 2\ell_0\left(1-\left(\frac{1}{2}\right)^{n+1}\right) = 2\ell_0.$$

**La limite de $\Sigma_n$ lorsque $n$ tend vers $+\infty$ est égale à $2\ell_0$.**

**4. a. Résolution de l'équation $3x - 4y = 2$ où $x$ et $y$ sont des entiers relatifs**

• On remarque que $x = 2$ et $y = 1$ sont solutions de l'équation

On a donc $\begin{cases} 3x - 4y = 2 \\ 3 \times 2 - 4 \times 1 = 2 \end{cases}$.

En soustrayant membre à membre, on obtient :

$$3(x-2) - 4(y-1) = 0$$

soit $$3(x-2) = 4(y-1).$$

L'entier 3 divise le premier membre donc aussi le second. Comme 3 et 4 sont premiers entre eux, d'après le théorème de Gauss, 3 divise $y-1$. L'entier $y-1$ est donc multiple de 3, il existe un entier relatif $k$ tel que :

$$y-1=3k \text{ soit } y=1+3k.$$

On en déduit alors que $3(x-2)=4\times 3k$

d'où : $x-2=4k$

soit : $x=2+4k$.

• Réciproquement, les couples $(x\,;y)$ tels que $x=2+4k$ et $y=1+3k$, $k\in\mathbb{Z}$, vérifient $3x-4y=3(2+4k)-4(1+3k)=2$.

**Les nombres entiers relatifs $x$ et $y$ tels que $3x-4y=2$ sont donc les entiers définis par $x=2+4k$ et $y=1+3k$ où $k$ est un entier relatif quelconque.**

**b. Valeurs de l'entier naturel $n$ pour lesquelles $B_n$ appartient à $\Delta$**

Pour tout entier naturel $n$, $B_n\in\Delta$ si et seulement si :

$$(\overrightarrow{A_0B_0},\overrightarrow{A_0B_n})=\frac{\pi}{2}+\lambda\pi \text{ où } \lambda\in\mathbb{Z}.$$

$B_n$ étant l'image de $B_0$ par $\underbrace{S\circ S\circ\ldots\circ S}_{n \text{ fois}}$ on a :

$$(\overrightarrow{A_0B_0},\overrightarrow{A_0B_n})=(\overrightarrow{A_0B_0},\overrightarrow{A_0B_1})+(\overrightarrow{A_0B_1},\overrightarrow{A_0B_2})+\ldots$$
$$+(\overrightarrow{A_0B_{n-1}},\overrightarrow{A_0B_n})+2\mu\pi \text{ où } \mu\in\mathbb{Z}.$$

$$(\overrightarrow{A_0B_0},\overrightarrow{A_0B_n})=n\times\frac{3\pi}{4}+2\mu\pi \text{ où } \mu\in\mathbb{Z}.$$

$B_n$ appartient à $\Delta$ si et seulement si :

$$\frac{\pi}{2}+\lambda\pi=n\times\frac{3\pi}{4}+2\mu\pi$$

$$\frac{\pi}{2}=n\times\frac{3\pi}{4}-(\lambda-2\mu)\pi.$$

On pose $\lambda-2\mu=t$, $\lambda$ et $\mu$ étant des entiers relatifs, $t$ est un entier relatif. L'égalité précédente s'écrit alors :

$$2\pi=3n\pi-4t\pi.$$

En simplifiant par $\pi$, on obtient :

$$3n-4t=2.$$

Les solutions en nombres entiers relatifs sont, d'après **a.** :

$$n=2+4k \text{ et } t=1+3k \text{ où } k\in\mathbb{Z}.$$

$n$ étant entier naturel, seules les valeurs de $k$ vérifiant $2+4k\geqslant 0$ sont à retenir. L'entier $k$ doit vérifier $k\geqslant-\frac{1}{2}$ donc $k$ est élément de $\mathbb{N}$.

**Les valeurs de l'entier $n$ pour lesquelles $B_n$ est un point de $\Delta$ sont les entiers de la forme $2+4k$ où $k$ appartient à $\mathbb{N}$.**

EXERCICES

Polynésie, juin 2007 [40 min]

## 29 SUJET

Dans l'espace muni d'un repère orthonormal $(O ; \vec{i}, \vec{j}, \vec{k})$, on considère les points $A(1 ; 3 ; 2)$, $B(4 ; 6 ; -4)$ et le cône $(\Gamma)$ d'axe $(O ; \vec{k})$, de sommet O et contenant le point A.

### Partie A

**1.** Montrer qu'une équation de $(\Gamma)$ est :

$$x^2 + y^2 = \frac{5}{2} z^2.$$

**2.** Soit $(\mathcal{P})$ le plan parallèle au plan $(xOy)$ et contenant le point B.

**a.** Déterminer une équation de $(\mathcal{P})$.

**b.** Préciser la nature de l'intersection $(\mathcal{C}_1)$ de $(\mathcal{P})$ et de $(\Gamma)$.

**3.** Soit $(\mathcal{Q})$ le plan d'équation $y = 3$. On note $(\mathcal{C}_2)$ l'intersection de $(\Gamma)$ et de $(\mathcal{Q})$.
Sans justification, reconnaître la nature de $(\mathcal{C}_2)$ parmi les propositions suivantes :
- deux droites parallèles ;
- deux droites sécantes ;
- une parabole ;
- une hyperbole ;
- un cercle.

### Partie B

Soient $x$, $y$ et $z$ trois entiers relatifs et M le point de coordonnées $(x ; y ; z)$. Les ensembles $(\mathcal{C}_1)$ et $(\mathcal{C}_2)$ sont les sections définies dans la **partie A.**

**1.** On considère l'équation (E) $x^2 + y^2 = 40$ où $x$ et $y$ sont des entiers relatifs.

**a.** Résoudre l'équation (E).

**b.** En déduire l'ensemble des points de $(\mathcal{C}_1)$ dont les coordonnées sont des entiers relatifs.

**2. a.** Démontrer que si le point M de coordonnées $(x ; y ; z)$ où $x$, $y$ et $z$ désignent des entiers relatifs est un point de $(\Gamma)$ alors $z$ est divisible par 2 et $x^2 + y^2$ est divisible par 10.

**b.** Montrer que si M est un point de $(\mathcal{C}_2)$, intersection de $(\Gamma)$ et de $(\mathcal{Q})$, alors $x^2 \equiv 1$ modulo 10.

**c.** Résoudre, dans l'ensemble des entiers relatifs, l'équation :

$$x^2 \equiv 1 \text{ modulo } 10.$$

**d.** Déterminer un point de $(\mathscr{C}_2)$, distinct de A, dont les coordonnées sont des entiers relatifs.

## 29 CORRIGÉ

### Partie A

**1. Équation de $(\Gamma)$**

Ainsi que le rappelle le formulaire, une équation du cône $(\Gamma)$ d'axe $(O ; \vec{k})$, de demi-angle au sommet $\theta$ est $x^2 + y^2 = z^2 \tan^2 \theta$.

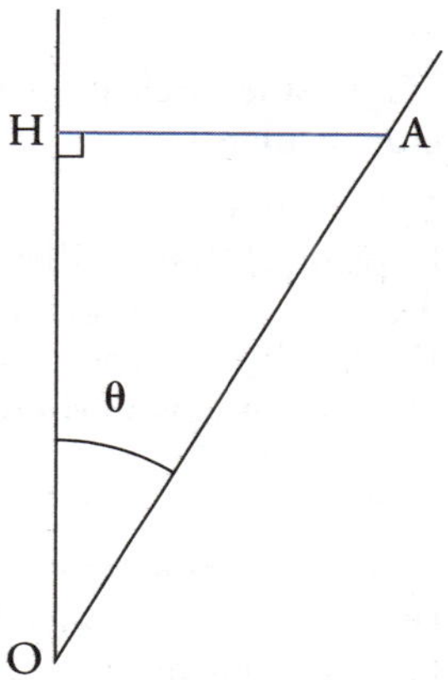


On note H le projeté orthogonal du point A sur l'axe $(O ; \vec{k})$. Le triangle OAH est rectangle en H et $\widehat{AOH} = \theta$, demi-angle au sommet de $(\Gamma)$.

$\tan \theta = \dfrac{HA}{OH}$

A a pour coordonnées $(1 ; 3 ; 2)$.
H a pour coordonnées $(0 ; 0 ; 2)$.

$$HA^2 = (x_A - x_H)^2 + (y_A - y_H)^2 + (z_A - z_H)^2$$
$$= 1^2 + 3^2 + 0^2 = 10.$$

$OH^2 = 2^2 = 4$.

$\tan^2 \theta = \dfrac{10}{4} = \dfrac{5}{2}$.

Une équation de $(\Gamma)$ est :

$$\boxed{x^2 + y^2 = \frac{5}{2} z^2}.$$

**2. a. Équation de $(P)$**

Le plan est parallèle à $(xOy)$, il a pour équation $z = k$ où $k$ est un réel constant.
Le plan passe par $B(4 ; 6 ; -4)$ donc il a pour équation $z = z_B = -4$.
Une équation de $(P)$ est :

$$\boxed{z = -4}.$$

**b. Intersection de $(P)$ et de $(\Gamma)$**

Le plan $(P)$ est perpendiculaire à l'axe du cône.
En conséquence :

EXERCICES

**l'intersection de (P) et (Γ) est un cercle.**
Précisons le centre et le rayon de ce cercle.
$M(x\,;y\,;z)$ appartient à (P) et à (Γ) si, et seulement si, ses coordonnées vérifient :

$$\begin{cases} z=-4 \\ x^2+y^2=\frac{5}{2}z^2 \end{cases} \text{équivalent à} \begin{cases} z=-4 \\ x^2+y^2=\frac{5}{2}\times 16=40 \end{cases}$$

**$(C_1)$ est le cercle de centre $C(0\,;0\,;-4)$ de rayon $\sqrt{40}=2\sqrt{10}$ situé dans le plan (P).**

### 3. Nature de $(C_2)$

Le plan (Q) est parallèle à l'axe $(O\,;\vec{k})$ : en effet son équation est $y=3$, il a pour vecteur normal $\vec{j}$, pour vecteurs directeurs $\vec{i}$ et $\vec{k}$.
Le plan (Q) ne passe par l'origine du cône. En conséquence :
**$(C_2)$ est une hyperbole.**

## Partie B

### 1. a. Résolution de l'équation (E)

(E) : $x^2+y^2=40$ où $x\in\mathbb{Z}$ et $y\in\mathbb{Z}$.
On remarque que si $(x\,;y)$ est solution de (E), alors, $(-x\,;y)$, $(x\,;-y)$, $(-x\,;-y)$ sont aussi solutions de (E).
Il suffit de résoudre l'équation pour $x\in\mathbb{N}$, $y\in\mathbb{N}$.
On remarque que si $(x\,;y)$ est solution de (E), alors $(y\,;x)$ l'est aussi. Il suffit donc de résoudre (E) pour $x\leqslant y$.
Finalement, on cherche les couples d'entiers naturels $(x\,;y)$ tels que $x^2+y^2=40$ et $x\leqslant y$.
Si $x=0$, $y^2=40$ n'a pas de solution dans $\mathbb{N}$.
Si $x=1$, $y^2=39$ n'a pas de solution dans $\mathbb{N}$.
Si $x=2$, $y^2=36=6^2$, le couple $(2\,;6)$ est solution.
Si $x=3$, $y^2=40-9=31$ n'a pas de solution dans $\mathbb{N}$.
Si $x=4$, $y^2=40-16=24$ n'a pas de solution dans $\mathbb{N}$.
Si $x=5$, $y^2=40-25=15$ n'a pas de solution dans $\mathbb{N}$.
On s'arrête car on cherche $x\leqslant y$.
On a trouvé un couple d'entiers naturels vérifiant $x^2+y^2=40$ et $x\leqslant y$ : le couple $(2\,;6)$.
On en déduit que $(6\,;2)$ est aussi solution et que chacun de ces 2 couples correspond à 4 solutions dans les entiers relatifs.
(E) a 8 solutions :

$$\boxed{\begin{array}{l}(2\,;6),(-2\,;6),(2\,;-6),(-2\,;6),\\(6\,;2),(-6\,;2),(6\,;-2),(-6\,;-2)\end{array}}.$$

**b. Ensemble des points de $(C_1)$ dont les coordonnées appartiennent à $\mathbb{Z}$**

$M(x\,;y\,;z)$ appartient à $(C_1)$ si, et seulement si, $\begin{cases} z=-4 \\ x^2+y^2=40 \end{cases}$.

**L'ensemble cherché est l'ensemble des huit points de coordonnées $(x\,;y\,;-4)$ où $(x\,;y)$ est solution de (E).**

**2. a. Points de $(\Gamma)$ à coordonnées entières**

$M(x\,;y\,;z)$ appartient à $(\Gamma)$ si, et seulement si, $x^2+y^2=\dfrac{5}{2}z^2$, ce qui équivaut à $2(x^2+y^2)=5z^2$.

$x$, $y$ et $z$ sont des entiers relatifs. On applique le théorème de Gauss.
2 divise $5z^2$ et 2 est premier avec 5 donc 2 divise $z^2$.
$z^2$ ne peut être pair que si $z$ est pair donc 2 divise $z$.
On a $z=2z'$ où $z'$ est entier, on remplace dans l'équation de $(\Gamma)$ :
$2(x^2+y^2)=5\times 4\times z'^2$
$x^2+y^2=10z'^2$ donc 10 divise $(x^2+y^2)$.
**Si $M(x\,;y\,;z)$ est un point à coordonnées entières de $(\Gamma)$, alors 2 divise $z$ et 10 divise $(x^2+y^2)$.**

**b. Points à coordonnées entières de $(C_2)$**
$M\in(\Gamma)$ donc 10 divise $x^2+y^2$.
Par conséquent, $x^2+y^2\equiv 0$ modulo 10
$M\in(Q)$ donc $y=3$.
On en déduit $x^2\equiv -y^2\equiv -9$ modulo 10.
Or $-9\equiv 10-9\equiv 1$ modulo 10. Donc :

$$\boxed{x^2\equiv 1 \text{ modulo } 10}.$$

**c. Résolution dans $\mathbb{Z}$ de l'équation $x^2\equiv 1$ modulo 10**
On cherche les entiers $x$ tels que le reste de la division de $x^2$ par 10 soit 1. Cela veut dire que $x^2=10k+1$, autrement dit que le dernier chiffre de $x^2$ est 1.
Les valeurs possibles de $x$, modulo 10, sont les entiers de 0 à 9. On cherche parmi les carrés de ces entiers, ceux dont le dernier chiffre est 1.
Les carrés sont 0, 1, 4, 9, 16, 25, 36, 49, 64, 81, donc deux conviennent, 1 et 81.
Les solutions de $x^2\equiv 1$ modulo 10 sont :

$$\boxed{x\equiv 1 \text{ modulo } 10,\quad x\equiv 9 \text{ modulo } 10}.$$

Autrement dit, $x=1+10k$, $k\in\mathbb{Z}$ et $x=9+10k$, $k\in\mathbb{Z}$.

**d. Point de $(C_2)$ à coordonnées entières**
On cherche un point de $(C_2)$, distinct de A.

EXERCICES

Puisque A convient, par symétrie, $A_1$ de coordonnées $(-1\ ;\ 3\ ;\ -2)$ convient aussi.
**$A_1(-1\ ;\ 3\ ;\ -2)$ est un point de $(C_2)$ à coordonnées entières.**

Centres étrangers, juin 2005 [1 h]

## 30 SUJET

### Partie A

Soit N un entier naturel, impair non premier.
On suppose que $N = a^2 - b^2$ où $a$ et $b$ sont deux entiers naturels.

1. Montrer que $a$ et $b$ n'ont pas la même parité.
2. Montrer que N peut s'écrire comme produit de deux entiers naturels $p$ et $q$.
3. Quelle est la parité de $p$ et de $q$ ?

### Partie B

On admet que 250 507 n'est pas premier.
On se propose de chercher des couples d'entiers naturels $(a\ ;\ b)$ vérifiant la relation :

$$(E) : a^2 - 250\ 507 = b^2.$$

1. Soit X un entier naturel.
a. Donner dans un tableau, les restes possibles de X modulo 9 ; puis ceux de $X^2$ modulo 9.
b. Sachant que $a^2 - 250\ 507 = b^2$, déterminer les restes possibles modulo 9 de $a^2 - 250\ 507$ ; en déduire les restes possibles modulo 9 de $a^2$.
c. Montrer que les restes possibles modulo 9 de $a$ sont 1 et 8.

2. Justifier que si le couple $(a\ ;\ b)$ vérifie la relation (E), alors $a \geqslant 501$. Montrer qu'il n'existe pas de solution du type $(501\ ;\ b)$.

3. On suppose que le couple $(a\ ;\ b)$ vérifie la relation (E).
a. Démontrer que $a$ est congru à 503 ou à 505 modulo 9.
b. Déterminer le plus petit entier naturel $k$ tel que le couple $(505 + 9k\ ;\ b)$ soit solution de (E), puis donner le couple solution correspondant.

### Partie C

1. Déduire des parties précédentes une écriture de 250 507 en un produit de deux facteurs.

2. Les deux facteurs sont-ils premiers entre eux ?

3. Cette écriture est-elle unique ?

## 30 CORRIGÉ

### Partie A

**1. $a$ et $b$ n'ont pas la même parité**

Les entiers $a$ et $a^2$ d'une part, $b$ et $b^2$ d'autre part, ont même parité, donc si $a$ et $b$ ont même parité, il en est de même de $a^2$ et $b^2$ et leur différence $a^2 - b^2$ est paire, ce qui est impossible car N est impair.

**Donc $a$ et $b$ sont de parité contraire.**

**2. N peut s'écrire comme produit de deux entiers naturels $p$ et $q$**

$$N = (a - b)(a + b).$$

Comme N est un entier naturel non nul, $a + b$ est un entier naturel non nul, donc $a - b > 0$ et $a - b \in \mathbb{N}$.

**On peut prendre $p = a - b$ et $q = a + b$.**

**3. Parité de $p$ et $q$**

Comme $a$ et $b$ sont de parité contraire :

**$p$ et $q$ sont impairs.**

### Partie B

**1. a. Restes possibles de X et $X^2$ modulo 9**

Les restes possibles de X modulo 9 sont les entiers de 0 à 8. On obtient les restes de $X^2$ en fonction de ceux de X.

| X | 0 | 1 | 2 | 3 | 4 | 5 | 6 | 7 | 8 |
|---|---|---|---|---|---|---|---|---|---|
| $X^2$ | 0 | 1 | 4 | 0 | 7 | 7 | 0 | 4 | 1 |

**b. Restes possibles de $a^2 - 250\ 507$ et $a^2$ modulo 9**

On détermine le reste de 250 507 modulo 9. On obtient :

$$250\ 507 = 27\ 834 \times 9 + 1.$$

**Le reste de 250 507 modulo 9 est 1.**

D'après **a.** les restes modulo 9 de $b^2$ sont 0, 1, 4 ou 7.

Comme $a^2 = b^2 + 250\ 507$ et que le reste de 250 507 est 1, les restes possibles de $a^2$ modulo 9 sont 1, 2, 5, 8.

Mais il résulte aussi de **a.** que les seuls restes possibles de $a^2$ sont 0, 1, 4 ou 7. Finalement, on voit que :

**Le seul reste possible de $a^2$ modulo 9 est 1.**

EXERCICES

**c. Restes possibles de $a$ modulo 9**
Mais il résulte toujours de la question **a.** que $a^2$ a pour reste 1 modulo 9 si et seulement si :
***a* a pour reste 1 ou 8 modulo 9.**

**2. $a \geqslant 501$ et l'équation (E) n'a pas de solution du type $(501\ ;\ b)$**
Si $(a\ ;\ b)$ vérifie (E), on a :

$$a^2 \geqslant 250\ 507$$
$$a \geqslant \sqrt{250\ 507} > 500\,.$$

On en déduit : $\boxed{a \geqslant 501}$.
Si $a = 501$, on obtient :

$$b^2 = 501^2 - 250\ 507 = 494\,.$$

Or, il n'existe pas d'entier naturel tel que $b^2 = 494$ (car $22^2 = 484$ et $23^2 = 529$), donc :
**L'équation (E) n'a pas de solution du type $(501\ ;\ b)$.**

**3. a. Congruences de $a$ modulo 9**
D'après la question **1.**, $a$ est congru à 1 ou à 8 modulo 9.
Comme $503 = 9 \times 55 + 8 \equiv 8$ modulo 9
et : $505 = 9 \times 56 + 1 \equiv 1$ modulo 9,
il revient au même de dire que :
***a* est congru à 503 ou à 505 modulo 9.**

**b. Détermination d'un couple solution**
Le couple $(505 + 9k\ ;\ b)$ est solution si :

$$b^2 = (505 + 9k)^2 - 250\ 507$$
$$b^2 = 4\ 518 + 9\ 090k + 81k^2\,.$$

On voit que $k = 0$ ne convient, mais pour $k = 1$, on obtient :

$$4\ 518 + 9\ 090 + 81 = 13\ 689 = 117^2\,.$$

Le couple $(a\ ;\ b)$ correspondant est défini par :

$$a = 505 + 9 = 514\,,\ b = 117\,.$$

On a donc trouvé un couple solution : $\boxed{(514\ ;\ 117)}$.

## Partie C

**1. Écriture de 250 507 en un produit de 2 facteurs**
On peut écrire :

$$\boxed{250\ 507 = 514^2 - 117^2 = 631 \times 397}.$$

**2. Les facteurs sont premiers entre eux ?**
On peut vérifier que les entiers 631 et 397 sont des nombres premiers.
**Ils sont donc premiers entre eux.**

**3. Unicité de la décomposition**
Cette écriture est la décomposition de 250 507 en un produit de facteurs premiers.
Outre ces deux nombres premiers, les seuls diviseurs de 250 507 sont 1 et 250 507 lui-même.
La seule autre écriture de 250 507 en produit de 2 entiers est la décomposition banale :

$$250\ 507 \times 1 .$$

**À l'ordre des facteurs près et en écartant de cas où l'un des facteurs est égal à 1, cette décomposition est unique.**

Nouvelle-Calédonie, novembre 2004 [50 min]

## 31 SUJET

Dans cet exercice $a$ et $b$ désignent des nombres entiers strictement positifs.

**1. a.** Démontrer que si il existe deux entiers relatifs $u$ et $v$ tels que $au + bv = 1$ , alors les nombres $a$ et $b$ sont premiers entre eux.
**b.** En déduire que si $(a^2 + ab - b^2)^2 = 1$ alors les nombres $a$ et $b$ sont premiers entre eux.

**2.** On se propose de déterminer les couples de nombres entiers strictement positifs $(a\ ;\ b)$ tels que $(a^2 + ab - b^2)^2 = 1$ . Un tel couple sera appelé solution.
**a.** Déterminer $a$ lorsque $b = a$ .
**b.** Vérifier que $(1\ ;\ 1)$, $(2\ ;\ 3)$ et $(5\ ;\ 8)$ sont trois solutions particulières.
**c.** Montrer que si $(a\ ;\ b)$ est solution et si $a \neq b$, alors $a^2 - b^2 < 0$ .

**3. a.** Montrer que si $(x\ ;\ y)$ est une solution particulière différente de $(1\ ;\ 1)$ alors $(y - x\ ;\ x)$ et $(y\ ;\ y + x)$ sont deux autres solutions.
**b.** Déduire de **2.b.** trois nouvelles solutions.

**4.** On considère la suite de nombres entiers strictement positifs $(a_n)_{n \in \mathbb{N}}$ définie par $a_0 = a_1 = 1$ et pour tout entier $n$, $n \geqslant 0$ , $a_{n+2} = a_{n+1} + a_n$ .
Démontrer que pour tout entier $n$, $(a_n\ ;\ a_{n+1})$ est solution. En déduire que les nombres $a_n$ et $a_{n+1}$ sont premiers entre eux.

EXERCICES

## 31 CORRIGÉ

**1. a. S'il existe deux entiers relatifs $u$ et $v$ tels que $au + bv = 1$ alors les nombres $a$ et $b$ sont premiers entre eux.**

Soit $d$ un diviseur commun à $u$ et $v$, alors $d$ divise $au + bv$ donc $d$ divise 1. Donc $d$ est égal à 1 ou à $-1$, les nombres $a$ et $b$ sont premiers entre eux.

**b. Si $(a^2 + ab - b^2)^2 = 1$, alors $a$ et $b$ sont premiers entre eux.**

Quels que soient les entiers strictement positifs $a$ et $b$ :

$$\begin{aligned}(a^2 + ab - b^2)^2 &= a^4 + a^2b^2 + b^4 + 2a^3b - 2ab^3 - 2a^2b^2 \\ &= a[a^3 + 2a^2b - ab^2 - 2b^3] + b \times b^3.\end{aligned}$$

Donc pour tout couple d'entiers strictement positifs $a$ et $b$ :

$$(a^2 + ab - b^2)^2 = 1 \Leftrightarrow a[a^3 + 2a^2b - ab^2 - 2b^3] + b \times b^3 = 1.$$

Les nombres $u = [a^3 + 2a^2b - ab^2 - 2b^3]$ et $v = b^3$ sont des entiers donc il existe deux entiers $u$ et $v$ tels que $au + bv = 1$, donc :

**Les entiers $a$ et $b$ sont premiers entre eux.**

**2. a. Résolution de l'équation $(a^2 + ab - b^2)^2 = 1$ lorsque $a = b$.**

Si $a = b$ alors $(a^2 + ab - b^2)^2 = a^4$ donc pour tout couple d'entiers strictement positifs $a$ et $b$ on a l'équivalence :

$$\begin{cases}(a^2 + ab - b^2)^2 = 1 \\ a = b\end{cases} \Leftrightarrow a^4 = 1$$

soit, l'entier $a$ étant strictement positif, $\boxed{a = 1 = b}$.

**b. $(1\ ;\ 1)$, $(2\ ;\ 3)$ et $(5\ ;\ 8)$ sont trois solutions particulières.**

On remplace successivement dans l'équation le couple $(a\ ;\ b)$ par $(1\ ;\ 1)$, $(2\ ;\ 3)$ et $(5\ ;\ 8)$ :
$(1 + 1 - 1)^2 = 1$, $(4 + 6 - 9)^2 = 1$ et $(25 + 40 - 64)^2 = 1$.

**Donc $(1\ ;\ 1)$, $(2\ ;\ 3)$ et $(5\ ;\ 8)$ sont trois solutions particulières.**

**c. Si $(a\ ;\ b)$ est solution et si $a \neq b$, alors $a^2 - b^2 < 0$.**

Si $a \neq b$, les entiers $a$ et $b$ étant strictement positifs, on a soit $0 < a < b$ qui est équivalent à $0 < a^2 < b^2$ et alors $a^2 - b^2 < 0$, soit $0 < b < a$ qui est équivalent à $0 < b^2 < a^2$ et alors $a^2 - b^2 > 0$.

Raisonnons par l'absurde et supposons que $(a\ ;\ b)$ soit une solution, et $0 < b < a$ c'est-à-dire $0 < b^2 < a^2$.

Les deux entiers étant strictement positifs on a $0 < b^2 < a^2$ et donc $a^2 - b^2 > 0$ donc $a^2 - b^2 \geqslant 1$.

Les deux entiers $a$ et $b$ étant strictement positifs et distincts, la valeur minimale du produit $ab$ est 2 donc $ab \geqslant 2$ donc :

$a^2 - b^2 + ab \geqslant 2$ soit $(a^2 + ab - b^2)^2 \geqslant 4$ et $(a ; b)$ ne serait pas solution donc on a bien $0 < a < b$ soit $a^2 - b^2 < 0$. Donc :

**Si $(a ; b)$ est solution et si $a \neq b$ alors $a^2 - b^2 < 0$.**

**3. a. Si $(x ; y)$ est une solution alors $(y ; y + x)$ est une solution et si $(x ; y)$ est une solution différente de $(1 ; 1)$ alors $(y - x ; x)$ est aussi une solution.**

Si $(x ; y)$ est une solution alors $x$ et $y$ sont des entiers strictement positifs et donc $y$ et $x + y$ sont strictement positifs et :

$$[y^2 + y(y + x) - (y + x)^2]^2 = (y^2 - xy - x^2)^2.$$

Donc si $(x ; y)$ est une solution (c'est-à-dire $x$ et $y$ strictement positifs et $(y^2 - xy - x^2)^2 = 1$ alors $(y ; y + x)$ est une solution.

La seule solution de l'équation où $a = b$ est le couple $(1 ; 1)$ donc si $(x ; y)$ est une solution différente de $(1 ; 1)$ alors $x \neq y$ (propriété contraposée) et donc d'après la question précédente $x^2 - y^2 < 0$ c'est-à-dire $x^2 < y^2$ soit $x < y$, les deux réels étant strictement positifs. Les deux réels $y - x$ et $x$ sont strictement positifs et :

$$[(y - x)^2 + x(y - x) - x^2]^2 = (y^2 - xy - x^2)^2.$$

Donc si $(x ; y)$ est une solution (c'est-à-dire $x$ et $y$ strictement positifs et $(y^2 - xy - x^2)^2 = 1$ ) alors $(y - x ; x)$ est une solution donc :

**$(y - x ; x)$ est aussi solution.**

**b. Détermination de trois nouvelles solutions.**

$(1 ; 1)$ est une solution donc $(1 ; 1 + 1) = (1 ; 2)$ est une solution.
$(2 ; 3)$ et $(5 ; 8)$ sont deux solutions différentes de $(1 ; 1)$ donc :
$(3 - 2 ; 2) = (1 ; 2)$ ; $(8 - 5 ; 5) = (3 ; 5)$ ;
$(3 ; 2 + 3) = (3 ; 5)$ ; $(8 ; 5 + 8) = (8 ; 13)$
sont des solutions donc trois nouvelles solutions sont :

$$\boxed{(1 ; 2), (3 ; 5), (8 ; 13)}.$$

**4. Pour tout entier $n$, $(a_n ; a_{n+1})$ est solution. Pour tout entier $n$, les nombres $a_n$ et $a_{n+1}$ sont premiers entre eux.**

On a $(a_0 ; a_1) = (1 ; 1)$ est solution.

Raisonnons par récurrence et supposons que pour un certain entier $p$, $(a_p ; a_{p+1})$ est solution alors d'après la question précédente $(a_{p+1} ; a_{p+1} + a_p) = (a_{p+1} ; a_{p+2})$ est solution. Par récurrence on a démontré que pour tout $n \geqslant 0$, $(a_n ; a_{n+1})$ est solution.

D'après le **1.b.** on en déduit que pour tout entier $n$ :

**Les nombres $a_n$ et $a_{n+1}$ sont premiers entre eux.**

EXERCICES

# Similitudes (spécialité)

## 32 SUJET

Amérique du Sud, novembre 2007 [1 h]

Le plan $\mathcal{P}$ est rapporté à un repère orthonormal direct $(O\ ;\ \vec{u}, \vec{v})$.
On fera une figure que l'on complétera avec les différents éléments intervenant dans l'exercice.

**1.** On considère les points A d'affixe 1 et B d'affixe i. On appelle $s$ la réflexion (symétrie axiale) d'axe $(AB)$.
Montrer que l'image M′ par $s$ d'un point M d'affixe $z$ a pour affixe :

$$z' = -\mathrm{i}\bar{z} + 1 + \mathrm{i}.$$

**2.** On note $h$ l'homothétie de centre A et de rapport $-2$. Donner l'écriture complexe de $h$.

**3.** On note $f$ la composée $h \circ s$.

**a.** Montrer que $f$ est une similitude.

**b.** Déterminer l'écriture complexe de $f$.

**4.** On appelle M″ l'image d'un point M par $f$.

**a.** Démontrer que l'ensemble des points M du plan tels que :

$$\overrightarrow{AM''} = -2\overrightarrow{AM} \text{ est la droite } (AB).$$

**b.** Démontrer que l'ensemble des points M du plan tels que :

$$\overrightarrow{AM''} = 2\overrightarrow{AM}$$

est la perpendiculaire en A à la droite $(AB)$.

## 32 CORRIGÉ

**1. Montrons que l'image M′ par $s$ d'un point M d'affixe $z$ a pour affixe $z' = -\mathrm{i}\bar{z} + 1 + \mathrm{i}$.**

L'écriture complexe d'une symétrie axiale (antidéplacement) est de la forme :

$$z' = a\bar{z} + b$$

où $a$ et $b$ sont des nombres complexes.

Les points A et B sont invariants par cette symétrie donc :

$$\begin{cases} 1 = a \times 1 + b \\ \mathrm{i} = a \times (-\mathrm{i}) + b \end{cases}$$

Ce système est équivalent à :

$$\begin{cases} a + b = 1 \\ -\mathrm{i}a + b = \mathrm{i} \end{cases}$$

$$\begin{cases} a + b = 1 \\ a(1 + \mathrm{i}) = 1 - \mathrm{i} \end{cases}$$

Comme $1 + \mathrm{i} \neq 0$, il est aussi équivalent à :

$$\begin{cases} a = \dfrac{1 - \mathrm{i}}{1 + \mathrm{i}} = \dfrac{-2\mathrm{i}}{2} = -\mathrm{i} \\ b = 1 - a = 1 - (-\mathrm{i}) = 1 + \mathrm{i} \end{cases}$$

L'écriture complexe de la réflexion d'axe $(AB)$ est :

$$\boxed{z' = -\mathrm{i}\bar{z} + 1 + \mathrm{i}}.$$

**2. Écriture complexe de l'homothétie de centre A et de rapport – 2**

Pour tout point M du plan, l'image $M'$ de M par l'homothétie $h$ vérifie l'égalité vectorielle $\overrightarrow{AM'} = -2\overrightarrow{AM}$.

Cette égalité vectorielle est équivalente à l'égalité entre les affixes des deux membres. On obtient donc, pour tout point M d'affixe $z$,

$$z' - 1 = -2(z - 1)$$

$$z' = -2z + 3.$$

L'écriture complexe de l'homothétie $h$ est :

$$\boxed{z' = -2z + 3}.$$

**3. a. Montrons que $f = h \circ s$ est une similitude.**

Une homothétie et une symétrie axiale sont des similitudes, et la composée de deux similitudes est une similitude donc :

***f* est une similitude.**

**b. Déterminons l'écriture complexe de $f$.**

Soit M un point quelconque du plan d'affixe $z$, $M'$ d'affixe $z'$ son image par $s$ et $M''$ d'affixe $z''$ l'image de $M'$ par $h$. On a :

$$z' = -\mathrm{i}\bar{z} + 1 + \mathrm{i} \text{ et } z'' = -2z' + 3.$$

D'où, pour tout complexe $z$ :

$$z'' = -2(-\mathrm{i}\bar{z} + 1 + \mathrm{i}) + 3$$

$$z'' = 2\mathrm{i}\bar{z} + 1 - 2\mathrm{i}.$$

EXERCICES

L'écriture complexe de $f$ est :

$$\boxed{z'' = 2\mathrm{i}\bar{z} + 1 - 2\mathrm{i}}.$$

4. On appelle M″ l'image d'un point M par $f$.

**a. Montrons que l'ensemble des points M du plan tels que $\overrightarrow{\mathrm{AM}''} = -2\overrightarrow{\mathrm{AM}}$ est la droite (AB).**

Soit $\mathscr{D}$ l'ensemble des points M d'affixe $z$ vérifiant $\overrightarrow{\mathrm{AM}''} = -2\overrightarrow{\mathrm{AM}}$.

Pour tout point M d'affixe $z$,

$\mathrm{M} \in \mathscr{D}$ si, et seulement si, $\overrightarrow{\mathrm{AM}''} = -2\overrightarrow{\mathrm{AM}}$
si, et seulement si, $z'' - 1 = -2(z-1)$
si, et seulement si, $2\mathrm{i}\bar{z} + 1 - 2\mathrm{i} - 1 = -2z + 2$
si, et seulement si, $2\mathrm{i}\bar{z} + 2z = 2\mathrm{i} + 2$
si, et seulement si, $\mathrm{i}\bar{z} + z = \mathrm{i} + 1$
si, et seulement si, $z = -\mathrm{i}\bar{z} + 1 + i$

$\mathrm{M} \in \mathscr{D}$ si, et seulement si, $\mathrm{M} = s(\mathrm{M})$

L'ensemble des points invariants par la réflexion $s$ d'axe (AB) est la droite (AB), M appartient à $\mathscr{D}$ si et seulement si M appartient à (AB).

*Autre méthode*

En posant $z = x + \mathrm{i}y$, on obtient :

$\mathrm{M} \in \mathscr{D}$ si, et seulement si, $\mathrm{i}(x - \mathrm{i}y) + x + \mathrm{i}y = \mathrm{i} + 1$
si, et seulement si, $y + x + \mathrm{i}(x+y) = 1 + \mathrm{i}$
si, et seulement si, $\begin{cases} x + y = 1 \\ x + y = 1 \end{cases}$.

$\mathrm{M}(x\,;y) \in \mathscr{D}$ si, et seulement si, $x + y = 1$.
si, et seulement si, $\mathrm{M} \in (\mathrm{AB})$.

**L'ensemble $\mathscr{D}$ des points M vérifiant $\overrightarrow{\mathrm{AM}''} = -2\overrightarrow{\mathrm{AM}}$ est la droite d'équation $x + y = 1$ soit la droite (AB).**

**b. Montrons que l'ensemble des points M du plan vérifiant $\overrightarrow{\mathrm{AM}''} = 2\overrightarrow{\mathrm{AM}}$ est la perpendiculaire en A à (AB).**

Soit $\mathscr{E}$ l'ensemble des points M d'affixe $z$ tels que $\overrightarrow{\mathrm{AM}''} = 2\overrightarrow{\mathrm{AM}}$.

$\mathrm{M} \in \mathscr{E}$ si, et seulement si, $\overrightarrow{\mathrm{AM}''} = 2\overrightarrow{\mathrm{AM}}$
si, et seulement si, $z'' - 1 = 2(z-1)$
si, et seulement si, $2\mathrm{i}\bar{z} + 1 - 2\mathrm{i} - 1 = 2(z-1)$
si, et seulement si, $2\mathrm{i}\bar{z} - 2z + 2 - 2\mathrm{i} = 0$
si, et seulement si, $\mathrm{i}\bar{z} - z + 1 - \mathrm{i} = 0$.

Posons $z = x + \mathrm{i}y$. On obtient alors, pour tout point M d'affixe $z = x + \mathrm{i}y$,

$\mathrm{M} \in \mathscr{E}$ si, et seulement si, $\mathrm{i}(x - \mathrm{i}y) - (x + \mathrm{i}y) + 1 - \mathrm{i} = 0$.

$\mathrm{M} \in \mathscr{E}$ si, et seulement si, $\begin{cases} -x + y + 1 = 0 \\ x - y - 1 = 0 \end{cases}$.

$M \in \mathscr{E}$ si, et seulement si, $y = x - 1$.
L'équation $y = x - 1$ est celle d'une droite $\Delta$.
**L'ensemble $\mathscr{E}$ des points M vérifiant $\overrightarrow{AM''} = 2\overrightarrow{AM}$ est la droite $\Delta$ d'équation $y = x - 1$.**
Cette droite passe par le point $A(1\ ;\ 0)$ car $0 = 1 - 1$ et elle est perpendiculaire à $(AB)$ car le produit des coefficients directeurs des deux droites $\Delta$ et $(AB)$ est : $1 \times (-1) = -1$.

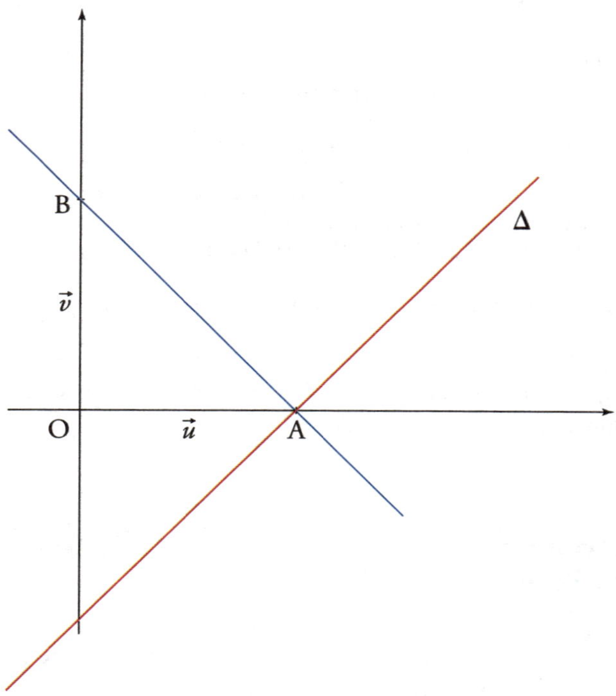




Antilles-Guyane, septembre 2007

## 33 SUJET

ABC est un triangle équilatéral du plan tel que $(\overrightarrow{AB}\ ;\ \overrightarrow{AC}) = \dfrac{\pi}{3} + 2k\pi$, $k \in \mathbb{Z}$.
Soit $t$ un nombre réel fixé et soient les points M, N et P, deux à deux distincts, définis par :

$$\overrightarrow{AM} = t\overrightarrow{AB},\ \overrightarrow{BN} = t\overrightarrow{BC} \text{ et } \overrightarrow{CP} = t\overrightarrow{CA}.$$

Le but de l'exercice est de démontrer l'existence d'une unique similitude directe $\sigma$ qui transforme les points A, B et C en respectivement M, N et P, et d'en préciser les éléments caractéristiques.
On munit le plan d'un repère orthonormal $(O ; \vec{u}, \vec{v})$ direct.
On note $a$, $b$, $c$, $m$, $n$ et $p$ les affixes respectives des points A, B, C, M, N et P.

**1.** On rappelle que toute similitude conserve le barycentre.

**a.** Exprimer $m$, $n$ et $p$ en fonction de $a$, $b$, $c$ et $t$.

**b.** En déduire que les deux triangles ABC et MNP ont même centre de gravité.
On notera G ce centre de gravité.

**c.** On suppose que $\sigma$ existe. Déterminer l'image de G par $\sigma$.

**2.** On considère la rotation $r$ de centre G et d'angle $\dfrac{2\pi}{3}$.

**a.** Vérifier que M est le barycentre du système de points $\{A(1-t) ; B(t)\}$, et en déduire que $r(M) = N$.
On admet de même que $r(N) = P$ et $r(P) = M$.

**b.** Soit $\sigma_1$ la similitude directe de centre G, de rapport $\dfrac{GM}{GA}$ et d'angle $(\overrightarrow{GA} ; \overrightarrow{GM})$.
Montrer qu'elle transforme les points A, B et C en respectivement M, N et P.

**c.** Conclure sur l'existence et l'unicité de $\sigma$.

## 33 CORRIGÉ

### 1. a. Expressions de $m$, $n$ et $p$ en fonction de $a$, $b$, $c$ et $t$

Avec les notations de l'énoncé l'égalité vectorielle $\overrightarrow{AM} = t\overrightarrow{AB}$ est équivalente à l'égalité des affixes des vecteurs $\overrightarrow{AM}$ et $t\overrightarrow{AB}$ soit $m - a = t(b - a)$ donc :

$$\boxed{m = (1-t)a + tb}.$$

De même on obtient $\overrightarrow{BN} = t\overrightarrow{BC}$ soit $n - b = t(c - b)$ donc :

$$\boxed{n = (1-t)b + tc}.$$

De même on obtient $\overrightarrow{CP} = t\overrightarrow{CA}$ soit $p - c = t(a - c)$ donc :

$$\boxed{p = (1-t)c + ta}.$$

**b. Les deux triangles ABC et MNP ont même centre de gravité G.**

Le centre de gravité du triangle ABC a pour affixe $\dfrac{a+b+c}{3}$.

Le centre de gravité du triangle MNP a pour affixe $\dfrac{m+n+p}{3}$.

$$\frac{m+n+p}{3}=\frac{(1-t)a+tb+(1-t)b+tc+(1-t)c+ta}{3}.$$
$$=\frac{a+b+c}{3}.$$

**ABC et MNP ont même centre de gravité G.**

**c. Image de G par σ**

Comme toute similitude conserve le barycentre, $\sigma(G)$ est le barycentre de MNP soit :

$$\boxed{\sigma(G)=G}.$$

**2. a. Le point M est le barycentre du système de points $\{A(1-t)\ ;\ B(t)\}$ et $r(M)=N$.**

On sait que $\overrightarrow{AM}=t\overrightarrow{AB}=t(\overrightarrow{AM}+\overrightarrow{MB})$ soit $(1-t)\overrightarrow{MA}+t\overrightarrow{MB}=0$. Puisque $(1-t)+t=1\neq 0$, M est le barycentre du système de points $\{A(1-t)\ ;\ B(t)\}$.

On sait que $r(A)=B$, $r(B)=C$ et la rotation conserve le barycentre donc $r(M)$ est le barycentre de $\{B(1-t)\ ;\ C(t)\}$ qui est le point N donc :

$$\boxed{r(M)=N}.$$

**b. $\sigma_1$ transforme les points A, B et C en respectivement M, N et P.**

Comme $AB=BC=CA$ on a $AM=BN=CP$ et d'après la question précédente, on sait que par *r*, A a pour image B, B a pour image C, C a pour image A ; de même M a pour image N, N a pour image P et P a pour image M. Comme *r* est une isométrie les triangles GAM, GBN et GCP sont isométriques donc $(\overrightarrow{GA}\ ;\ \overrightarrow{GM})=(\overrightarrow{GB}\ ;\ \overrightarrow{GN})=(\overrightarrow{GC}\ ;\ \overrightarrow{GP})$.

$\sigma_1$ est la similitude de centre G, de rapport $\dfrac{GM}{GA}$ et d'angle $(\overrightarrow{GA}\ ;\ \overrightarrow{GM})$.

**Donc $\sigma_1$ transforme A en M.**

$\sigma_1$ est la similitude de centre G, de rapport $\dfrac{GN}{GB}=\dfrac{GM}{GA}$ et d'angle $(\overrightarrow{GA}\ ;\ \overrightarrow{GM})=(\overrightarrow{GB}\ ;\ \overrightarrow{GN})$.

**Donc $\sigma_1$ transforme B en N.**

$\sigma_1$ est la similitude de centre G, de rapport $\dfrac{GP}{GC}=\dfrac{GM}{GA}$ et d'angle $(\overrightarrow{GA}\ ;\ \overrightarrow{GM})=(\overrightarrow{GC}\ ;\ \overrightarrow{GP})$.

**Donc $\sigma_1$ transforme C en P.**

EXERCICES

### c. Conclusion

On vient de trouver une similitude directe qui transforme A, B et C en respectivement M, N et P. Cette similitude directe est unique car, les points A, B, M et N étant distincts, il n'existe qu'une similitude directe qui transforme les points A et B respectivement en les points M et N.
**$\sigma_1$ est donc l'unique similitude directe qui transforme A, B et C en respectivement M, N et P.**

France métropolitaine, septembre 2004 [50 min]

## 34 SUJET

A et C sont deux points distincts du plan ; on note $\Gamma$ le cercle de diamètre $[AC]$ et O le centre de $\Gamma$ ; B est un point du cercle $\Gamma$ distinct des points A et C.
Le point D est construit tel que le triangle BCD soit équilatéral direct ; on a donc :

$$(\overrightarrow{BC}, \overrightarrow{BD}) = +\frac{\pi}{3} \ [2\pi].$$

Le point G est le centre de gravité du triangle BCD.
Les droites $(AB)$ et $(CG)$ se coupent en un point M.

### Partie A

**1.** Placer les points D, G et M sur la figure ci-dessous.

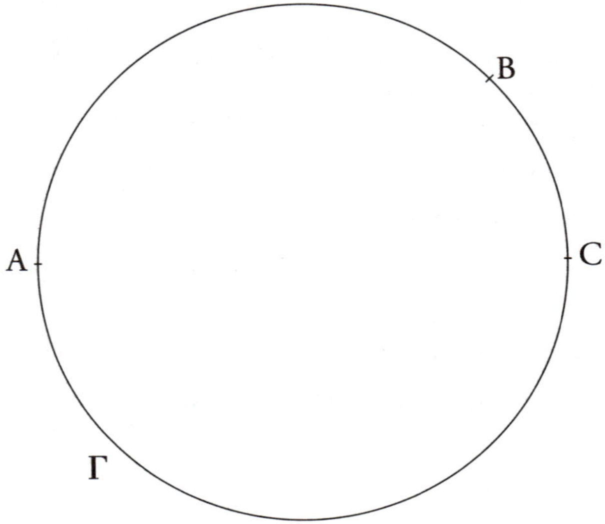

**2.** Montrer que les points O, D et G appartiennent à la médiatrice du segment [BC] et que le point G est le milieu du segment [CM].

**3.** Déterminer l'angle et le rapport de la similitude directe $s$ de centre C transformant B en M.

## Partie B

Dans cette question, le plan est muni d'un repère orthonormé direct $(O ; \vec{u}, \vec{v})$ choisi de telle sorte que les points A et C aient pour affixes respectives $-1$ et $1$.
Soit E le point construit pour que le triangle ACE soit équilatéral direct ; on a donc :

$$(\overrightarrow{AC}, \overrightarrow{AE}) = +\frac{\pi}{3} \ [2\pi].$$

**1.** Calculer l'affixe du point E et construire le point E sur la figure.

**2.** Soit $\sigma$ la similitude directe d'expression complexe :

$$z' = \frac{3 + i\sqrt{3}}{4} z + \frac{1 - i\sqrt{3}}{4}.$$

Déterminer les éléments caractéristiques de $\sigma$ et en déduire que $\sigma$ est la similitude réciproque de $s$.

**3.** Montrer que l'image E′ du point E par $\sigma$ a pour affixe $-\frac{1}{2} + i\frac{\sqrt{3}}{2}$ et montrer que le point E′ appartient au cercle $\Gamma$.

**4.** On note $\mathscr{C}$ le lieu des points M lorsque le point B décrit le cercle $\Gamma$ privé des points A et C.
Montrer que le point E appartient à $\mathscr{C}$.
Soit O′ l'image du point O par la similitude $s$. Démontrer que le point O′ est le centre de gravité du triangle ACE. En déduire une construction de $\mathscr{C}$.

Exercices

# 34 CORRIGÉ

## Partie A

**1. Figure représentant les points D, G, M**

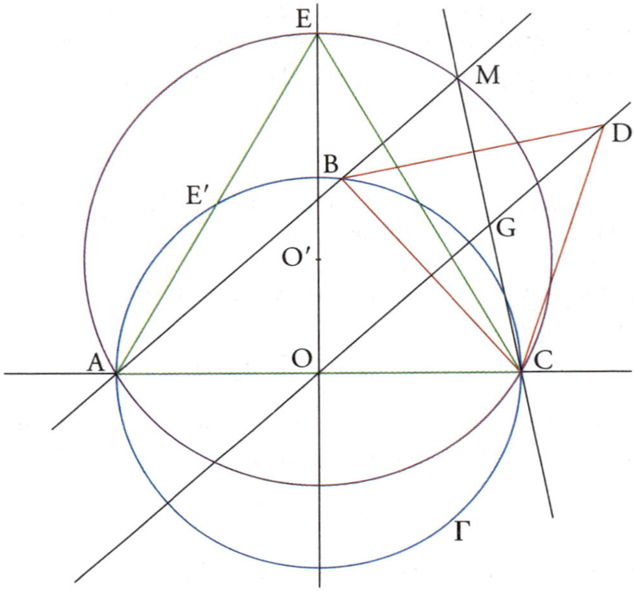


**2. Position des points O, D, G.**

Les points B et C appartiennent au cercle Γ de centre O donc OB = OC donc :

**Le point O est un point de la médiatrice de [BC].**

• Le point D est tel que le triangle BCD soit équilatéral donc DB = DC.

**Le point O est un point de la médiatrice de [BC].**

• Le point G est le centre de gravité du triangle équilatéral BDC donc G est aussi le point de concours des médiatrices des côtés du triangle. Donc :

**G est un point de la médiatrice de [BC].**

• La droite (AB) est perpendiculaire à la droite (BC) car les points A, B, C appartiennent à Γ, sont distincts deux à deux et [AC] est un diamètre de Γ. On en déduit que (AM) est perpendiculaire à (BC).

• La droite (OG) est médiatrice de [BC] d'après ce qu'on a montré ci-dessus, donc (OG) est perpendiculaire à (BC). Ainsi les droites (AM) et (OG) sont parallèles car toutes les deux perpendiculaires à (BC). La droite (OG) passe par le milieu de [BC], est parallèle à (AM) donc (OG) coupe [CM] en son milieu G.

**G est le milieu de [CM].**

**3. Angle et rapport de la similitude *s***

Par construction, le point M est tel que MBC soit un triangle rectangle en B avec $(\overrightarrow{CB}, \overrightarrow{GM}) = (\overrightarrow{CB}, \overrightarrow{CG}) = -\frac{\pi}{6}\ [2\pi]$, car $[CG)$ est bissectrice intérieure de l'angle $(\overrightarrow{CB}, \overrightarrow{CD})$ dont une mesure est $-\frac{\pi}{3}\ [2\pi]$.

Dans le triangle MBC rectangle en B, on a :

$$\cos\frac{\pi}{6} = \frac{CB}{CM} = \frac{\sqrt{3}}{2}$$

d'où $CM = \frac{2}{\sqrt{3}}CB$.

**La similitude directe *s* de centre C transformant B en M a pour angle $-\frac{\pi}{6}$ et pour rapport $\frac{2}{\sqrt{3}}$.**

## Partie B

**1. Affixe du point E**

$(\overrightarrow{AC}, \overrightarrow{AE}) = \frac{\pi}{3}\ [2\pi]$ et ACE est un triangle équilatéral direct donc E se déduit de C par la rotation de centre A et d'angle $\frac{\pi}{3}$. Si $a$, $c$, $e$ désignent les affixes respectives des points A, C, E, on a :

$$e - a = e^{i\frac{\pi}{3}}(c - a).$$

On connaît $a = -1$, $c = 1$ donc :

$e = e^{i\frac{\pi}{3}} \times 2 - 1$.

$e = \left(\frac{1}{2} + i\frac{\sqrt{3}}{2}\right) \times 2 - 1 = i\sqrt{3}$.

**L'affixe *e* du point E est $e = i\sqrt{3}$.**

On construit E sur la médiatrice de $[AC]$ tel que $CA = CE$.

E a une ordonnée positive.

**2. • Étude de la similitude σ**

Soit $\sigma$ la similitude d'écriture complexe :

$$z' = \frac{3 + i\sqrt{3}}{4}z + \frac{1 - i\sqrt{3}}{4}.$$

L'écriture complexe est de la forme $z' = az + b$ où :

$$|a| = \left|\frac{3 + i\sqrt{3}}{4}\right| = \frac{1}{4}\left|3 + i\sqrt{3}\right| = \frac{1}{4}\sqrt{9 + 3} = \frac{\sqrt{3}}{2}.$$

EXERCICES

Comme $|a| \neq 1$, la transformation dont l'écriture complexe est de la forme $z' = az + b$ est une similitude directe.

De plus $a = \frac{\sqrt{3}}{2}\left(\frac{\sqrt{3}}{2} + \frac{i}{2}\right) = \frac{\sqrt{3}}{2}\, e^{i\frac{\pi}{6}}$.

On en déduit que la similitude $\sigma$ a pour angle $\frac{\pi}{6}$.

Le centre de la similitude $\sigma$ est le point invariant. Cherchons $z$ de telle sorte que :

$$z = az + b$$

$$z = \frac{3 + i\sqrt{3}}{4}\, z + \frac{1 - i\sqrt{3}}{4}$$

$$z\left(1 - \frac{3 + i\sqrt{3}}{4}\right) = \frac{1 - i\sqrt{3}}{4}$$

$$z(1 - i\sqrt{3}) = 1 - i\sqrt{3}$$

$$z = 1\,.$$

Le centre de la similitude a pour affixe 1, c'est le point C.

**La similitude $\sigma$ a pour centre C, pour angle $\frac{\pi}{6}$ et pour rapport $|a| = \frac{\sqrt{3}}{2}$.**

• **Montrons que $\sigma$ est la similitude réciproque de $s$.**

On vient de montrer que $\sigma$ est la similitude de centre C, de rapport $\frac{\sqrt{3}}{2}$ et d'angle $\frac{\pi}{6}$ donc $\sigma$ est la composée (dans un ordre quelconque) de l'homothétie $h$ de centre C et de rapport $\frac{\sqrt{3}}{2}$ et de la rotation $r$ de centre C et d'angle $\frac{\pi}{6}$. On a :

$$\sigma = h \circ r = r \circ h\,.$$

De même la similitude $s$ de centre C transformant B en M a pour rapport $\frac{2}{\sqrt{3}}$ et pour angle $-\frac{\pi}{6}$. $s$ est donc la composée de l'homothétie $h'$ de centre C et de rapport $\frac{2}{\sqrt{3}}$ et de la rotation $r'$ de centre C et d'angle $-\frac{\pi}{6}$.

$$s = h' \circ r' = r' \circ h'\,.$$

On en déduit que :

$$s \circ \sigma = r' \circ h' \circ h \circ r\,.$$

$h' \circ h$ est l'application identique car le produit des rapports est égal à 1 et les deux homothéties ont le même centre, d'où :

$$s \circ \sigma = r' \circ r = \mathrm{Id}\,.$$

$r' \circ r$ est l'application identique car les deux rotations sont de centre C et ont respectivement pour angle $\frac{\pi}{6}$ et $-\frac{\pi}{6}$.
On montrerait de même que $\sigma \circ s = \text{Id}$.
**Donc $s$ et $\sigma$ sont deux similitudes réciproques l'une de l'autre.**

**3. Image E′ du point E par $\sigma$**
Le point E a pour affixe $e = \text{i}\sqrt{3}$. L'affixe $e'$ du point E′ image de E par $\sigma$ est telle que :

$$e' = \frac{3+\text{i}\sqrt{3}}{4}(\text{i}\sqrt{3}) + \frac{1-\text{i}\sqrt{3}}{4}$$
$$e' = \frac{3\sqrt{3}}{4}\text{i} - \frac{3}{4} + \frac{1}{4} - \frac{\text{i}\sqrt{3}}{4}$$
$$e' = -\frac{1}{2} + \frac{\sqrt{3}}{2}\text{i}.$$

Le point E′ a pour affixe $-\frac{1}{2} + \text{i}\frac{\sqrt{3}}{2}$.

$$|e'| = \left|-\frac{1}{2} + \text{i}\frac{\sqrt{3}}{2}\right| = \sqrt{\frac{1}{4} + \frac{3}{4}} = 1.$$

**Donc $\text{OE}' = |e'| = 1$, le point E′ appartient au cercle $\Gamma$ de centre O et de rayon 1.**

**4. • E appartient à $\mathscr{C}$**
On vient de montrer que le point E′ est un point de $\Gamma$ et que $\text{E}' = \sigma(\text{E})$ donc $\text{E} = s(\text{E}')$. Le point E est l'image du point E′ par la similitude $s$. Comme E′ est un point de $\Gamma$, E appartient à l'ensemble $\mathscr{C}$ des images des points de $\Gamma$ (privé de A et C) par la similitude $s$.
Montrons que O′ image de O par $s$ est centre de gravité du triangle ACE.
Si $\text{O}' = s(\text{O})$ alors $\text{O} = \sigma(\text{O}')$ ; on en déduit que, si l'affixe de O′ est $z$ :

$$\frac{3+\text{i}\sqrt{3}}{4}z + \frac{1-\text{i}\sqrt{3}}{4} = 0$$
$$\frac{3+\text{i}\sqrt{3}}{4}z = -\frac{1-\text{i}\sqrt{3}}{4}$$
$$z = \frac{-1+\text{i}\sqrt{3}}{3+\text{i}\sqrt{3}} = \frac{(-1+\text{i}\sqrt{3})(3-\text{i}\sqrt{3})}{9+3}$$
$$z = \frac{4\text{i}\sqrt{3}}{12} = \frac{\text{i}\sqrt{3}}{3} = \frac{1}{3}e.$$

EXERCICES

Le point $O'$ a pour affixe $i\,\dfrac{\sqrt{3}}{3}$. On constate que ce point $O'$ est tel que

$\overrightarrow{OO'} = \dfrac{1}{3}\,\overrightarrow{OE}$ donc :

**$O'$ est bien le centre de gravité du triangle ACE.**

• **Construction de $\mathscr{C}$**

L'image d'un cercle $\Gamma$ par une similitude est un cercle $\mathscr{C}$ dont le centre est l'image du centre de $\Gamma$.

$\mathscr{C}$ est donc le cercle de centre $O'$ passant par E privé du point C (qui est l'image de C) et du point $A'$ image de A par $s$. Le point $A'$ est le point diamétralement opposé à C sur $\mathscr{C}$ car l'image du diamètre $[AC]$ de $\Gamma$ est un diamètre de $\mathscr{C}$.

Polynésie, septembre 2007 [1 h]

## 35 SUJET

Le plan complexe est rapporté à un repère orthonormal direct $(O\,;\vec{u},\vec{v})$.
On considère un triangle OAB et une similitude directe $\sigma$ de centre O, de rapport $\lambda$ et d'angle $\theta$.
Soit :

- les points $A'$ et $B'$, images respectives des points A et B par la similitude $\sigma$ ;
- les points I, milieu du segment $[A'B]$ et J, milieu du segment $[AB']$ ;
- le point M, milieu du segment $[AA']$ ;
- le point H, projeté orthogonal du point O sur la droite $(AB)$ et le point $H'$ image du point H par la similitude $\sigma$.

### Partie A – Étude d'un exemple

Dans cette partie, le point A a pour affixe $-6+4i$, le point B a pour affixe $2+4i$, et le point H, projeté orthogonal du point O sur la droite $(AB)$, a donc pour affixe $4i$.

La similitude $\sigma$ est la similitude directe de centre O, de rapport $\dfrac{1}{2}$ et d'angle $\dfrac{\pi}{2}$.

**1.** Déterminer les affixes des points $A'$, $B'$ et $H'$.

**2.** Montrer que la droite $(IJ)$ est perpendiculaire à la droite $(HH')$.

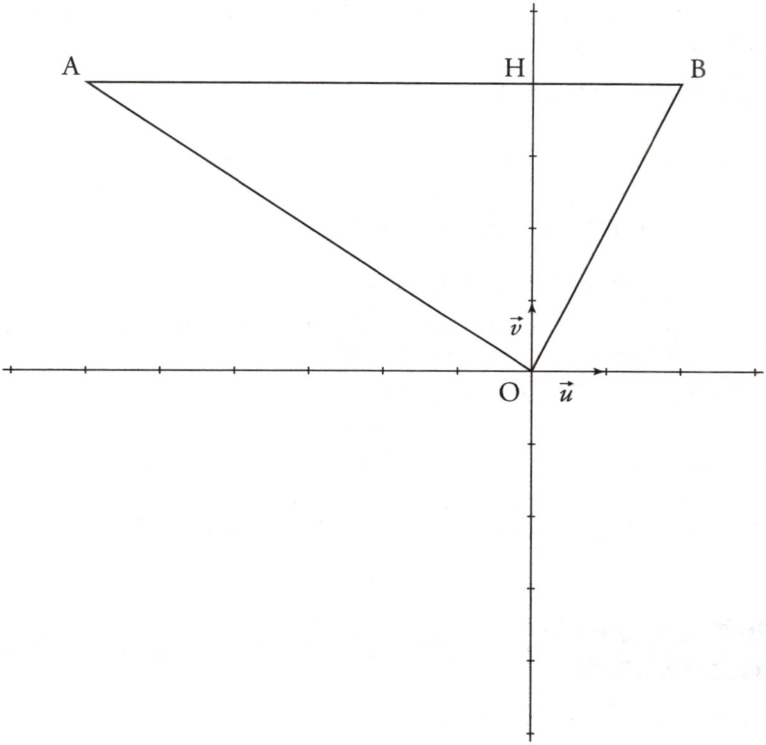


## Partie B – Étude du cas général

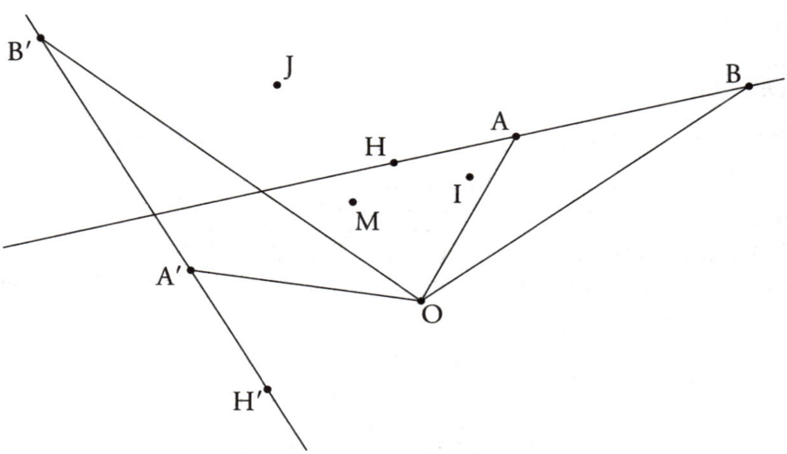

**1. a.** Montrer que $H'$ est le projeté orthogonal du point O sur la droite $(A'B')$.

**b.** Montrer que $\overrightarrow{MI} = \frac{1}{2}\overrightarrow{AB}$.

On admet que $\overrightarrow{MJ} = \frac{1}{2}\overrightarrow{A'B'}$.

**c.** En déduire que $\frac{MJ}{MI} = \frac{OH'}{OH}$ et que :

$$(\overrightarrow{MI}\ ;\ \overrightarrow{MJ}) = (\overrightarrow{OH}\ ;\ \overrightarrow{OH'}) + k \times 2\pi,\ k \in \mathbb{Z}.$$

**2.** On appelle $s$ la similitude directe qui transforme M en O et I en H.
On note K l'image du point J par la similitude $s$.

**a.** Montrer que $OK = OH'$, puis que :

$$(\overrightarrow{OK}\ ;\ \overrightarrow{OH'}) = 0 + k \times 2\pi,\ k \in \mathbb{Z}.$$

**b.** En déduire que le point $H'$ est l'image du point J par la similitude $s$.

**3.** Montrer que $(\overrightarrow{IJ}\ ;\ \overrightarrow{HH'}) = (\overrightarrow{MI}\ ;\ \overrightarrow{OH}) + k \times 2\pi,\ k \in \mathbb{Z}$.
Montrer que la droite $(IJ)$ est perpendiculaire à la droite $(HH')$.

## 35 CORRIGÉ

## Partie A – Étude d'un exemple

### 1. Affixes des points $A'$, $B'$ et $H'$

L'écriture complexe de la similitude $\sigma$ est :

$$z' = \frac{1}{2} \times e^{i\frac{\pi}{2}} z = \frac{i}{2} z.$$

On a donc :

$$z_{A'} = \frac{i}{2}(-6+4i),\ z_{B'} = \frac{i}{2}(2+4i) \text{ et } z_{H'} = \frac{i}{2}(4i).$$

$$\boxed{z_{A'} = -2-3i,\ z_{B'} = -2+i \text{ et } z_{H'} = -2}.$$

### 2. La droite $(IJ)$ est perpendiculaire à la droite $(HH')$.

Les affixes des points I et J, milieux respectifs des segments $[A'B]$ et $[AB']$, sont :

$$z_I = \frac{z_{A'} + z_B}{2} = \frac{-2-3i+2+4i}{2} = \frac{i}{2}$$

$$z_J = \frac{-6+4i-2+i}{2} = -4 + \frac{5}{2}i$$

donc l'affixe du vecteur $\overrightarrow{IJ}$ est $-4+2i$.
L'affixe du vecteur $\overrightarrow{HH'}$ est $-2-4i$ donc :

$$\overrightarrow{IJ} \cdot \overrightarrow{HH'} = (-4)\times(-2) + 2\times(-4) = 0.$$

**Les droites (IJ) et (HH′) sont orthogonales.**

## Partie B – Étude du cas général

**1. a. Le point H′ est le projeté orthogonal du point O sur la droite (A′B′).**

On sait que H est le projeté orthogonal du point O sur (AB), donc :

$$(OH) \perp (AB).$$

La similitude conserve l'orthogonalité donc:

$$(OH') \perp (A'B').$$

La similitude conserve aussi l'alignement.
Comme $H \in (AB)$ alors $H' \in (A'B')$.
**Donc H′ est le projeté orthogonal du point O sur la droite (A′B′).**

**b.** $\overrightarrow{MI} = \frac{1}{2}\overrightarrow{AB}$.

M est le milieu de [AA′] et I est le milieu de [A′B]. Donc [MI] est le segment qui joint les milieux de deux côtés du triangle AA′B. On en déduit que :

$$\boxed{\overrightarrow{MI} = \frac{1}{2}\overrightarrow{AB}}.$$

On montrerait de même que :

$$\boxed{\overrightarrow{MJ} = \frac{1}{2}\overrightarrow{A'B'}}.$$

**c.** **On a** $\frac{MJ}{MI} = \frac{OH'}{OH}$ **et** $(\overrightarrow{MI} ; \overrightarrow{MJ}) = (\overrightarrow{OH} ; \overrightarrow{OH'}) + k\times 2\pi$, $k \in \mathbb{Z}$.

Comme $\overrightarrow{MI} = \frac{1}{2}\overrightarrow{AB}$ et $\overrightarrow{MJ} = \frac{1}{2}\overrightarrow{A'B'}$, on a :

$$\frac{MJ}{MI} = \frac{A'B'}{AB} = \lambda \text{ (rapport de la similitude)}$$

$$(\overrightarrow{MI} ; \overrightarrow{MJ}) = (\overrightarrow{AB} ; \overrightarrow{A'B'}) + 2k\pi = \theta + 2k\pi,\ k \in \mathbb{Z}.$$

H′ est l'image de H par la similitude de centre O et de rapport $\lambda$ donc $\dfrac{OH'}{OH} = \lambda$ soit :

$$\boxed{\frac{MJ}{MI} = \frac{OH'}{OH}}.$$

De même $(\overrightarrow{AB}\ ;\ \overrightarrow{A'B'}) = (\overrightarrow{OH}\ ;\ \overrightarrow{OH'}) + k \times 2\pi$ car c'est l'angle de la similitude.
On en déduit que :

$$\boxed{(\overrightarrow{MI}\ ;\ \overrightarrow{MJ}) = (\overrightarrow{OH}\ ;\ \overrightarrow{OH'}) + k \times 2\pi,\ k \in \mathbb{Z}}.$$

**2.** On appelle $s$ la similitude directe qui transforme M en O et I en H.
On note K l'image du point J par la similitude $s$.

**a. On a $OK = OH'$, et $(\overrightarrow{OH}\ ;\ \overrightarrow{OK}) = (\overrightarrow{OH}\ ;\ \overrightarrow{OH'}) + k \times 2\pi$, $k \in \mathbb{Z}$.**

La similitude $s$ est telle que :

$$\begin{aligned} s : M &\mapsto O \\ I &\mapsto H \\ J &\mapsto K \end{aligned}$$

donc (d'après **1.c.**) :

$$\frac{MJ}{MI} = \frac{OK}{OH} = \frac{OH'}{OH}$$

d'où : $\boxed{OK = OH'}$.

La similitude directe $s$ conservant les angles orientés :

$$(\overrightarrow{MI}\ ;\ \overrightarrow{MJ}) = (\overrightarrow{OH}\ ;\ \overrightarrow{OK}) + k \times 2\pi,\ k \in \mathbb{Z}.$$

D'après la question précédente :

$$(\overrightarrow{MI}\ ;\ \overrightarrow{MJ}) = (\overrightarrow{OH}\ ;\ \overrightarrow{OH'}) + k \times 2\pi,\ k \in \mathbb{Z}$$

donc :

$$(\overrightarrow{OH}\ ;\ \overrightarrow{OK}) = (\overrightarrow{OH}\ ;\ \overrightarrow{OH'}) + k \times 2\pi,\ k \in \mathbb{Z}$$

$$(\overrightarrow{OH}\ ;\ \overrightarrow{OK}) - (\overrightarrow{OH}\ ;\ \overrightarrow{OH'}) = k \times 2\pi,\ k \in \mathbb{Z}$$

$$(\overrightarrow{OH'}\ ;\ \overrightarrow{OH}) + (\overrightarrow{OH}\ ;\ \overrightarrow{OK}) = k \times 2\pi,\ k \in \mathbb{Z}$$

$$(\overrightarrow{OH'}\ ;\ \overrightarrow{OK}) = k \times 2\pi,\ k \in \mathbb{Z}$$

d'où :

$$\boxed{(\overrightarrow{OK}\,;\overrightarrow{OH'}) = 0 + k' \times 2\pi,\ k' \in \mathbb{Z}}$$

**b. Le point H′ est l'image du point J par la similitude *s*.**
Des deux résultats de la question précédente, on déduit :

$$(\overrightarrow{OK}\,;\overrightarrow{OH'}) = 0\quad [2\pi]$$

donc K et H′ appartiennent à la même demi-droite d'origine O passant par H′ et puisque $OK = OH'$, les points K et H′ sont confondus.
**Donc le point H′ est l'image du point J par la similitude *s*.**

**3. On a $(\overrightarrow{IJ}\,;\overrightarrow{HH'}) = (\overrightarrow{MI}\,;\overrightarrow{OH}) + k \times 2\pi,\ k \in \mathbb{Z}$.**
La similitude *s* est telle que :

$$\begin{aligned} s : M &\mapsto O \\ I &\mapsto H \\ J &\mapsto H' \end{aligned}$$

L'angle $(\overrightarrow{IJ}\,;\overrightarrow{HH'})$ est l'angle de la similitude *s* ainsi que l'angle $(\overrightarrow{MI}\,;\overrightarrow{OH})$ donc :

$$\boxed{(\overrightarrow{IJ}\,;\overrightarrow{HH'}) = (\overrightarrow{MI}\,;\overrightarrow{OH}) + k \times 2\pi,\ k \in \mathbb{Z}}.$$

La droite (IJ) est perpendiculaire à la droite (HH′).
On sait que $(OH) \perp (AB)$ et d'après **B.1.b.** (MI) // (AB) donc :

$$(\overrightarrow{MI}\,;\overrightarrow{OH}) = \frac{\pi}{2} + k\pi,\ k \in \mathbb{Z}.$$

En utilisant la question précédente $(\overrightarrow{IJ}\,;\overrightarrow{HH'}) = \frac{\pi}{2} + k\pi,\ k \in \mathbb{Z}$ donc :

$$\boxed{(IJ) \perp (HH')}.$$

Antilles-Guyane, septembre 2002 [1 h]

## 36 SUJET

Dans le plan, on considère deux segments [AC] et [BD] tels que :

$$AC = BD \text{ et } \widehat{(\overrightarrow{AC}, \overrightarrow{BD})} = -\frac{\pi}{2}.$$

On désigne par M le milieu de [AC] et par N celui de [BD].
On appelle $(C_1)$, $(C_2)$, $(C_3)$ et $(C_4)$ les cercles de diamètres respectifs [AB], [BC], [CD] et [DA]. On pourra s'aider de la figure ci-dessous.

**1. a.** Soit *r* la rotation qui transforme A en B et C en D. Quel est l'angle de *r* ? Montrer que le centre I de *r* appartient aux cercles $(C_1)$ et $(C_3)$.

EXERCICES

**b.** Soit $r'$ la rotation qui transforme A en D et C en B. Quel est l'angle de $r'$ ? Montrer que le centre J de $r'$ appartient aux cercles $(C_2)$ et $(C_4)$.

**c.** Quelle est la nature du quadrilatère INJM ?

On désigne par P et R les points diamétralement opposés à I sur, respectivement, $(C_1)$ et $(C_3)$ et par Q et S les points diamétralement opposés à J sur, respectivement, $(C_2)$ et $(C_4)$.

**2.** Soit $s$ la similitude directe de centre I, de rapport $\sqrt{2}$ et d'angle $\frac{\pi}{4}$.

**a.** Quelles sont les images par $s$ des points D, N, B ?

**b.** En déduire que J est le milieu de $[PR]$.

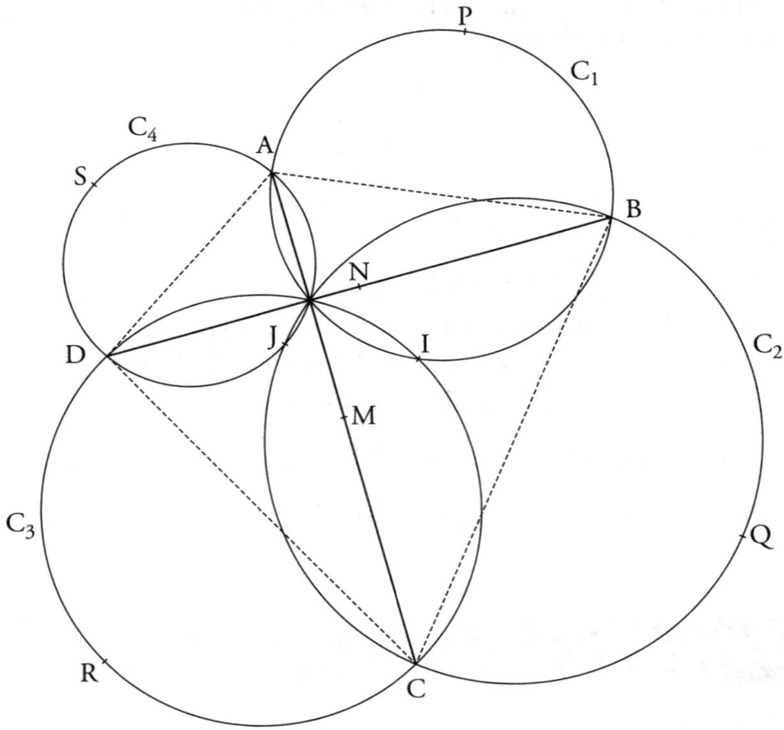

## 36 CORRIGÉ

Dans le plan on considère deux segments [AC] et [BD] tels que $AC = BD$ et $(\overrightarrow{AC}, \overrightarrow{BD}) = -\frac{\pi}{2}$. On désigne par M le milieu de [AC] et par N le milieu de [BD]. On appelle $(C_1)$, $(C_2)$, $(C_3)$ et $(C_4)$ les cercles de diamètres respectifs [AB], [BC], [CD] et [DA]. Voir la figure.

**1. a. Angle et centre I de la rotation *r* qui transforme A en B et C en D**

Cette rotation transforme [AC] en [BD] donc un angle de cette rotation est :

$$\boxed{(\overrightarrow{AC}, \overrightarrow{BD}) = -\frac{\pi}{2} \ (2\pi)}.$$

[AB] est un diamètre du cercle $(C_1)$ donc le centre I de la rotation $r$ est un point de $(C_1)$ car $(\overrightarrow{IA}, \overrightarrow{IB}) = -\frac{\pi}{2} \ (2\pi)$.

[CD] est un diamètre du cercle $(C_3)$ donc le centre I de la rotation $r$ est un point de $(C_3)$ car $(\overrightarrow{ID}, \overrightarrow{IC}) = -\frac{\pi}{2} \ (2\pi)$.

**b. Angle et centre J de la rotation *r′* qui transforme A en D et C en B**

Cette rotation transforme [AC] en [DB] donc un angle de cette rotation est :

$$(\overrightarrow{AC}, \overrightarrow{DB}) = (\overrightarrow{AC}, \overrightarrow{BD}) + (\overrightarrow{BD}, \overrightarrow{DB})$$

$$(\overrightarrow{AC}, \overrightarrow{DB}) = -\frac{\pi}{2} + \pi = \frac{\pi}{2} \ (2\pi).$$

[AD] est un diamètre du cercle $(C_4)$ donc le centre J de la rotation $r'$ est un point de $(C_4)$ car $(\overrightarrow{JA}, \overrightarrow{JD}) = \frac{\pi}{2} \ (2\pi)$.

[CB] est un diamètre du cercle $(C_2)$ donc le centre J de la rotation $r'$ est un point de $(C_2)$ car $(\overrightarrow{JC}, \overrightarrow{JB}) = \frac{\pi}{2} \ (2\pi)$.

**c. Nature du quadrilatère INJM**

Dans une rotation l'image du milieu d'un segment est le milieu des images, donc $r(M) = N$ et $r'(M) = N$

EXERCICES

$\begin{cases} IM = IN \\ (\overrightarrow{IM}, \overrightarrow{IN}) = -\dfrac{\pi}{2} \end{cases}$ ; le triangle IMN est un triangle rectangle isocèle indirect d'hypoténuse [MN].

$\begin{cases} JM = JN \\ (\overrightarrow{JM}, \overrightarrow{JN}) = \dfrac{\pi}{2} \end{cases}$ ; le triangle JMN est un triangle rectangle isocèle direct d'hypoténuse [MN].

**Le quadrilatère IJMN est un carré direct.**

2. Les points P et R sont diamétralement opposés à I sur, respectivement $(C_1)$ et $(C_3)$, les points Q et S sont diamétralement opposés à J sur, respectivement $(C_2)$ et $(C_4)$. Soit $s$ la similitude directe de centre I, de rapport $\sqrt{2}$ et d'angle $\frac{\pi}{4}$.

**a. Images par *s* des points D, N et P**

Le quadrilatère IDRC est un carré car [IR] et [DC] se coupent en leur milieu (ce sont des diamètres de $(C_3)$) et $(\overrightarrow{IC}, \overrightarrow{ID}) = -\frac{\pi}{2}$ (car $r(C) = D$). On en déduit que le triangle IDR est rectangle isocèle donc $\frac{IR}{ID} = \sqrt{2}$ et $(\overrightarrow{ID}, \overrightarrow{IR}) = \frac{\pi}{4}$ soit :

$$\boxed{s(D) = R}.$$

On a vu que le quadrilatère INJM est un carré direct donc $\frac{IJ}{IN} = \sqrt{2}$ et $(\overrightarrow{IN}, \overrightarrow{IJ}) = \frac{\pi}{4}$ soit :

$$\boxed{s(N) = J}.$$

Le quadrilatère IBPA est un carré car [IP] et [AB] se coupent en leur milieu (ce sont des diamètres de $(C_1)$) et $(\overrightarrow{IA}, \overrightarrow{IB}) = -\frac{\pi}{2}$ (car $r(A) = B$). On en déduit que le triangle IBP est rectangle isocèle donc $\frac{IP}{IB} = \sqrt{2}$ et $(\overrightarrow{IB}, \overrightarrow{IP}) = \frac{\pi}{4}$ soit :

$$\boxed{s(B) = P}.$$

**b. J est le milieu de [PR]**

On sait que N est le milieu de [BD] et que l'image du milieu d'un segment par une similitude est le milieu de l'image du segment. Le point J est l'image du point N par $s$ donc **J est le milieu de [PR]**.

Nouvelle-Calédonie, novembre 2005 [50 min]

## 37 SUJET

Le plan est rapporté au repère orthonormal $(O ; \vec{u}, \vec{v})$. Unité graphique : 4 cm.

### Partie A

**1.** Placer les points I, J, H, A, B, C, D d'affixes respectives :

$$z_I = 1 \,,\ z_J = i \,,\ z_H = 1 + i \,,\ z_A = 2 \,,$$

$$z_B = \frac{3}{2} + i \,,\ z_C = 2i \text{ et } z_D = -1 \,.$$

**2.** Soit E le symétrique de B par rapport à H. La perpendiculaire à la droite (AE) passant par C et la parallèle à la droite (OC) passant par D se coupent en F.
Placer E et F et vérifier que le point F a pour affixe $z_F = -1 + \frac{1}{2}\,i$.

**3.** Montrer que les triangles OAB et OCF sont isométriques.

### Partie B

On considère la transformation $f$ du plan, d'écriture complexe :

$$z' = -i\bar{z} + 2i \,.$$

**1.** Déterminer les images des points O, A, B par $f$.

**2. a.** Montrer que $f$ est une similitude. Est-ce une isométrie ?
**b.** Déterminer l'ensemble des points invariants par $f$.
**c.** La transformation $f$ est-elle une symétrie axiale ?

**3.** Soit $t$ la translation de vecteur $\overrightarrow{IJ}$. Donner l'écriture complexe de $t$ et celle de sa réciproque $t^{-1}$.

**4.** On pose $s = f \circ t^{-1}$.
**a.** Montrer que l'écriture complexe de $s$ est $z' = -i\bar{z} + 1 + i$.
**b.** Montrer que I et J sont invariants par $s$. En déduire la nature de $s$.

EXERCICES

**c.** En déduire que $f$ est la composée d'une translation et d'une symétrie axiale à préciser.

## 37 CORRIGÉ

### Partie A

**1. Construction des points I, J, H, A, B, C, D**

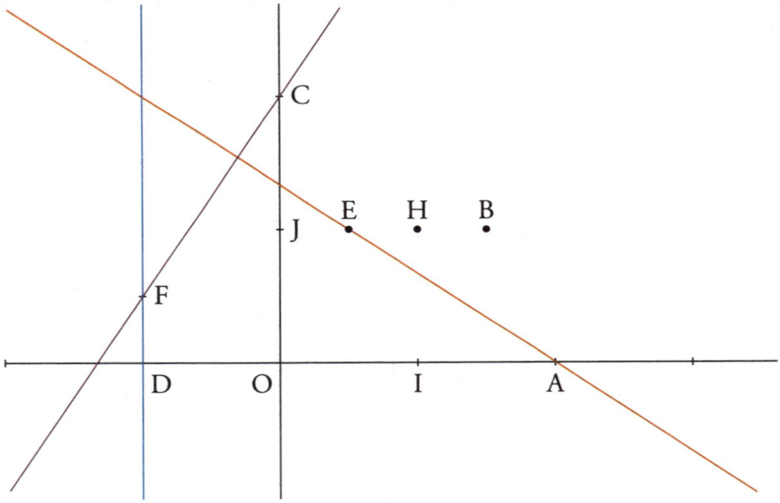


**2. Construction des points E et F et calcul de l'affixe de F**

Le point H est le milieu de [BE] donc :

$$z_H = \frac{z_E + z_B}{2}$$

$$1 + i = \frac{z_E + \frac{3}{2} + i}{2}$$

$$2 + 2i = z_E + \frac{3}{2} + i$$

$$\boxed{z_E = \frac{1}{2} + i}.$$

Le vecteur $\overrightarrow{AE}$ a pour coordonnées $\left(-\frac{3}{2}\ ;\ 1\right)$. Toute droite perpendiculaire à (AE) a une équation de la forme $-\frac{3}{2}x + y + c = 0$. Si cette droite contient C, on a $\frac{3}{2} \times 0 + 2 + c = 0$ soit $c = -2$.

Donc une équation de la perpendiculaire à (AE) passant par C est :

$$-\frac{3}{2}x + y - 2 = 0 \Leftrightarrow 3x - 2y + 4 = 0.$$

La parallèle à $(OC) = (O\ ;\ \vec{v})$ contenant D a pour équation $x = -1$.
Le point F étant commun à ces droites, ses coordonnées vérifient le système :

$$\begin{cases} 3x - 2y + 4 = 0 \\ x = -1 \end{cases} \Leftrightarrow \begin{cases} -3 - 2y + 4 = 0 \\ x = -1 \end{cases} \Leftrightarrow \begin{cases} y = \frac{1}{2} \\ x = -1. \end{cases}$$

On a :

$$\boxed{z_F = -1 + i\,\frac{1}{2}}.$$

**3. Les triangles OAB et OCF sont isométriques**

$OA = OC = 2\ ;\ OB^2 = \frac{9}{4} + 1 = \frac{13}{4}\ ;$

$CF = |z_F - z_C| = \left|-1 - \frac{3}{2}i\right|$, donc $CF^2 = 1 + \frac{9}{4} = \frac{13}{4}\ ;$

donc $OB = CF$.

$AB^2 = |z_B - z_A|^2 = \left|-\frac{1}{2} + i\right|^2 = \frac{5}{4}$ et $OF^2 = 1 + \frac{1}{4} = \frac{5}{4}\ ;$

donc $AB = OF$.

**Les triangles OAB et OCF sont isométriques car ils ont leurs trois côtés respectivement de même longueur.**

## Partie B

On considère la transformation $f$ du plan, d'écriture complexe $z' = -i\bar{z} + 2i$.

**1. Images des points O, A, B par $f$**

O′ image de O par $f$ a pour affixe $z_{O'} = -i\bar{0} + 2i = 2i$ ; donc :

$$\boxed{O' = C}.$$

A′ image de A par $f$ a pour affixe $z_{A'} = -i\bar{2} + 2i = 0$ donc :



EXERCICES

$$\boxed{A' = O}.$$

B′ image de B par $f$ a pour affixe $z_{B'} = -i\left(\overline{\frac{3}{2} + i}\right) + 2i = -1 + \frac{1}{2}i$ donc :

$$\boxed{B' = F}.$$

**2. a. Nature de $f$**

L'expression complexe de la transformation est de la forme $z' = a\bar{z} + b$.

**$f$ est donc une similitude indirecte.**

D'après la question **3.** de la **partie A**, les triangles OAB et OCF sont isométriques et on vient de voir que l'image du triplet (O, A, B) est le triplet (C, O, F), donc :

**$f$ est une isométrie.**

**b. Ensemble des points invariants par $f$**

Les points invariants par $f$ ont une affixe $z = x + iy$ qui vérifient $z' = z$.
$z = -i\bar{z} + 2i$ soit $x + iy = -i(x - iy) + 2i$ ou $x + iy = -ix - y + 2i$ c'est-à-dire :

$$\begin{cases} x = -y \\ y = -x + 2 \end{cases} \Leftrightarrow \begin{cases} x + y = 0 \\ x + y = 2, \end{cases}$$

système qui n'a pas de solution.

**Il n'y a pas de point invariant par $f$.**

**c. La transformation $f$ est-elle une symétrie axiale ?**

Dans une symétrie axiale tous les points de l'axe sont invariants.

**Il ne peut donc s'agir d'une symétrie axiale.**

**3. Écriture complexe de la translation t de vecteur $\overrightarrow{IJ}$ et de sa réciproque $t^{-1}$**

L'affixe du vecteur $\overrightarrow{IJ}$ est $-1 + i$. On a $z' = z + (-1 + i)$ ou :

$$\boxed{z' = z - 1 + i}.$$

La réciproque de $t$ est la translation de vecteur $\overrightarrow{JI}$ d'affixe $1 - i$. Son écriture complexe est donc :

$$\boxed{z' = z + 1 - i}.$$

**4. a. Écriture complexe de $s = f \circ t^{-1}$**

Une écriture complexe de $s$ est donc :

$$z' = -i(\overline{z + 1 - i}) + 2i = -i(\bar{z} + 1 + i) + 2i$$

soit : $$\boxed{z' = -i\bar{z} + 1 + i}.$$

**b. I et J sont invariants par $s$. Nature de s**

L'image de I d'affixe 1 par $s$ a pour affixe $-i\bar{1} + 1 + i = 1$ donc :

**I est invariant par $s$.**

L'image de J d'affixe $i$ par $s$ a pour affixe $-i\bar{i} + 1 + i = i$ donc :

**J est invariant par $s$.**

La transformation $s$ est la composée d'une isométrie directe et d'une isométrie indirecte, il s'agit donc d'une isométrie indirecte ayant deux points invariants :
**$s$ est donc une symétrie d'axe (IJ).**

**c. $f$ est la composée d'une translation et d'une symétrie axiale**
$s = f \circ t^{-1}$ donc $f = s \circ t$.
**La transformation $f$ est la composée de la translation $t$ de vecteur $\overrightarrow{IJ}$ et de la symétrie d'axe (IJ).**

# Formulaire

# FORMULAIRE

## NOMBRES COMPLEXES, GÉOMÉTRIE

### A. Nombres complexes

Dans le repère orthonormal $(O\ ;\ \vec{u}, \vec{v})$ le point $M(x\ ;\ y)$, où $(x\ ;\ y) \in \mathbb{R}^2$, a pour affixe $z$.

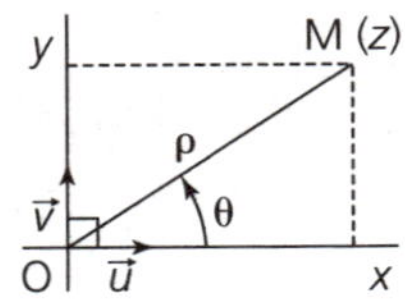


$z$ a pour forme algébrique $x + iy$.
Partie réelle de $z$ : $\operatorname{Re}(z) = x$
Partie imaginaire de $z$ : $\operatorname{Im}(z) = y$
Conjugué de $z$ : $\bar{z} = x - iy$
Module de $z$ : $|z| = \sqrt{z\bar{z}} = \sqrt{x^2 + y^2}$
Si $z \neq 0$,
$z$ a pour forme trigonométrique : $z = \rho(\cos\theta + i\sin\theta)$
$z$ a pour forme exponentielle : $z = \rho e^{i\theta}$
Module de $z$ : $|z| = \rho$
Argument de $z$ : $\arg z = \theta\ \ [2\pi]$
Conjugué de $z$ : $z = \rho e^{-i\theta}$

#### Propriétés des modules

Pour tout $z \in \mathbb{C}$, $|\bar{z}| = |z|$

Pour tout $z \in \mathbb{C}^*$, $\left|\frac{1}{z}\right| = \frac{1}{|z|}$

Pour tous $z \in \mathbb{C}$ et $z' \in \mathbb{C}$, $|zz'| = |z||z'|$

Si A et B ont pour affixes respectives $z_A$ et $z_B$ alors $\overrightarrow{AB}$ a pour affixe $z_B - z_A$ et $AB = |z_B - z_A|$.

#### Propriétés des arguments

Pour tous $z \in \mathbb{C}^*$ et $z' \in \mathbb{C}^*$,

$\arg(zz') = \arg(z) + \arg(z')\ \ [2\pi]$

$\arg\left(\frac{z}{z'}\right) = \arg(z) - \arg(z')\ \ [2\pi]$

#### Caractérisation complexe de transformations $M(z) \mapsto M'(z')$

Translation de vecteur $\vec{u}$ d'affixe $t$, $t \in \mathbb{C}$ : $z' = z + t$

Homothétie de centre $\Omega$ d'affixe $\omega$, $\omega \in \mathbb{C}$, et de rapport $k \in \mathbb{R}^*$ :
$z' - \omega = k(z - \omega)$

Rotation de centre $\Omega$ d'affixe $\omega$, $\omega \in \mathbb{C}$, et d'angle de mesure $\theta \in \mathbb{R}$ :

$z' - \omega = e^{i\theta}(z - \omega)$

## B. Géométrie

### Produit scalaire de deux vecteurs non nuls du plan

$\overrightarrow{OA} \cdot \overrightarrow{OB} = \overline{OA} \times \overline{OB'}$ $\qquad$ $\overrightarrow{OA} \cdot \overrightarrow{OB} = OA \times OB \times \cos \theta$

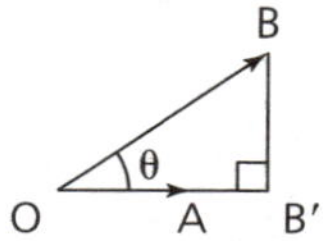

### Produit scalaire et coordonnées

Si $\vec{u}$ et $\vec{v}$ admettent pour coordonnées respectives $(x \,;\, y \,;\, z)$ et $(x' \,;\, y' \,;\, z')$ dans un repère orthonormal de l'espace alors $\vec{u} \cdot \vec{v} = xx' + yy' + zz'$ et $\|\vec{u}\| = \sqrt{\vec{u} \cdot \vec{u}}$.
Une équation de la sphère de centre $\Omega$ de coordonnées $(a \,;\, b \,;\, c)$ et de rayon R est $(x - a)^2 + (y - b)^2 + (z - c)^2 = R^2$.

# Algèbre, Trigonométrie

## A. Identités remarquables

Pour tous $a \in \mathbb{C}$, $b \in \mathbb{C}$,

$(a + b)^3 = a^3 + 3a^2b + 3ab^2 + b^3$

$(a - b)^3 = a^3 - 3a^2b + 3ab^2 - b^3$

$a^3 + b^3 = (a + b)(a^2 - ab + b^2)$

$a^3 - b^3 = (a - b)(a^2 + ab + b^2)$

Pour tous $a \in \mathbb{C}$, $b \in \mathbb{C}$ et pour tout $n \in \mathbb{N}^*$,

$$(a + b)^n = a^n + \binom{n}{1}a^{n-1}b + \ldots + \binom{n}{k}a^{n-k}b^k + \ldots + b^n$$

## B. Équation du second degré dans $\mathbb{C}$

Soient $a$, $b$ et $c$ trois nombres réels $(a \neq 0)$ et $\Delta = b^2 - 4ac$.
L'équation $az^2 + bz + c = 0$ admet :
– lorsque $\Delta > 0$, deux solutions réelles

$$z_1 = \frac{-b - \sqrt{\Delta}}{2a} \qquad z_2 = \frac{-b + \sqrt{\Delta}}{2a}$$

– lorsque $\Delta = 0$, une solution réelle $z_1 = -\dfrac{b}{2a}$

– lorsque $\Delta < 0$, deux solutions complexes conjuguées

FORMULAIRE

$z_1 = \dfrac{-b - \mathrm{i}\sqrt{-\Delta}}{2a}$ $\qquad z_2 = \dfrac{-b + \mathrm{i}\sqrt{-\Delta}}{2a}$

Si $\Delta \neq 0$, $az^2 + bz + c = a(z - z_1)(z - z_2)$

Si $\Delta = 0$, $az^2 + bz + c = a(z - z_1)^2$

## C. Trigonométrie

### Formules d'addition

Pour tous $a \in \mathbb{R}$ et $b \in \mathbb{R}$,

$\cos(a + b) = \cos a \cos b - \sin a \sin b$

$\cos(a - b) = \cos a \cos b + \sin a \sin b$

$\sin(a + b) = \sin a \cos b + \cos a \sin b$

$\sin(a - b) = \sin a \cos b - \cos a \sin b$

### Formules de duplication

Pour tout $a \in \mathbb{R}$,

$\cos(2a) = \cos^2 a - \sin^2 a$

$\cos(2a) = 2\cos^2 a - 1$

$\cos(2a) = 1 - 2\sin^2 a$

$\sin(2a) = 2\sin a \cos a$

# PROBABILITÉS

## A. Généralités

Si les événements A et B sont incompatibles alors $p(A \cup B) = p(A) + p(B)$.
Dans le cas général : $p(A \cup B) = p(A) + p(B) - p(A \cap B)$.

$p(\overline{A}) = 1 - p(A)$ $\qquad p(\Omega) = 1$ $\qquad p(\varnothing) = 0$

Si $A_1, ..., A_n$ forment une partition de A, $p(A) = \sum_{i=1}^{n} p(A_i)$.

Dans le cas de l'équiprobabilité, $p(A) = \dfrac{\text{Nombre d'éléments de A}}{\text{Nombre d'éléments de } \Omega}$.

### Probabilité conditionnelle de B sachant A

$p_A(B)$ est définie par $p(A \cap B) = p_A(B) \times p(A)$
Cas où A et B sont indépendants : $p(A \cap B) = p(A) \times p(B)$

### Formule des probabilités totales

Si les événements $B_1, B_2, ..., B_n$ forment une partition de $\Omega$ alors :

$p(A) = p(A \cap B_1) + p(A \cap B_2) + ... + p(A \cap B_n)$

## B. Variable aléatoire

Espérance mathématique : $E(X) = \sum_{i=1}^{n} p_i x_i$

Variance : $V(X) = \sum_{i=1}^{n} p_i (x_i - E(X))^2 = \sum_{i=1}^{n} p_i x_i^2 - (E(X))^2$

Écart-type : $\sigma_X = \sqrt{V(X)}$

## C. Combinaisons et formule du binôme

Pour tout $n \in \mathbb{N}^*$ et pour tout $p \in \mathbb{N}$, $0 \leqslant p \leqslant n$,

$n! = 1 \times 2 \times 3 \times \ldots \times n \qquad 0! = 1$.

$$\binom{n}{p} = \frac{n(n-1)\ldots(n-p+1)}{p!} = \frac{n!}{p!(n-p)!}$$

$$\binom{n}{p} = \binom{n}{n-p} \qquad \binom{n}{p} = \binom{n-1}{p-1} + \binom{n-1}{p}$$

Le nombre de sous-ensembles à $p$ éléments d'un ensemble à $n$ éléments est égal à $\binom{n}{p}$.

Pour tous $a \in \mathbb{C}$, $b \in \mathbb{C}$ et pour tout $n \in \mathbb{N}^*$,

$$(a+b)^n = a^n + \binom{n}{1} a^{n-1} b + \ldots + \binom{n}{k} a^{n-k} b^k + \ldots + b^n$$

## D. Lois de probabilité

### Loi de Bernoulli de paramètre $p$, $p \in [0\,;\,1]$

X peut prendre les valeurs 0 et 1 avec les probabilités

$p(X = 1) = p$ et $p(X = 0) = 1 - p$

$E(X) = p \qquad V(X) = p(1-p)$

### Loi binomiale $\mathcal{B}(n, p)$, $n \in \mathbb{N}^*$, $p \in [0\,;\,1]$

X peut prendre les valeurs entières 0, 1, ..., $n$

Pour $0 \leqslant k \leqslant n$, $p(X = k) = \binom{n}{k} p^k (1-p)^{n-k}$

$E(X) = np \qquad V(X) = np(1-p)$

### Loi uniforme sur $[0\,;\,1]$

J étant un intervalle inclus dans $[0\,;\,1]$,

$p(J) =$ longueur de J

### Loi exponentielle de paramètre l sur $[0\ ;\ +\infty[$, dite aussi loi de durée de vie sans vieillissement

Pour $0 \leqslant a \leqslant b$, $p([a\ ;\ b]) = \int_a^b \lambda e^{-\lambda t}\,dt$

Pour tout $c \geqslant 0$, $p([c\ ;\ +\infty[) = 1 - \int_0^c \lambda e^{-\lambda t}\,dt$

# ANALYSE

## A. Suites arithmétiques, suites géométriques

Suite arithmétique de premier terme $u_0 \in \mathbb{R}$ et de raison $a \in \mathbb{R}$

Pour tout $n \in \mathbb{N}$, $u_{n+1} = u_n + a$

$u_n = u_0 + na$

Suite géométrique de premier terme $u_0 \in \mathbb{R}$ et de raison $b \in \mathbb{R}^*$

Pour tout $n \in \mathbb{N}$, $u_{n+1} = bu_n$

$u_n = u_0 b^n$

### Somme de termes

$$1 + 2 + \ldots + n = \frac{n(n+1)}{2}$$

Si $b \neq 1$ alors $1 + b + b^2 + \ldots + b^n = \dfrac{1 - b^{n+1}}{1 - b}$.

### Limite d'une suite géométrique

Si $0 < b < 1$ alors $\lim\limits_{n \to +\infty} b^n = 0$.

Si $b > 1$ alors $\lim\limits_{n \to +\infty} b^n = +\infty$.

## B. Propriétés algébriques de fonctions usuelles

### Fonctions exponentielles et logarithmes

$e^0 = 1$

Pour tous réels $a$ et $b$,

$e^{a+b} = e^a e^b \qquad e^{a-b} = \dfrac{e^a}{e^b} \qquad (e^a)^b = e^{ab}$

Pour tout $x \in\ ]0\ ;\ +\infty[$, $\ln x = \int_1^x \frac{1}{t}\,dt$

$\ln 1 = 0 \qquad \ln e = 1$

Pour tous $a > 0$ et $b > 0$,

$\ln ab = \ln a + \ln b$ et $\ln \dfrac{a}{b} = \ln a - \ln b$

Pour tout $a \in ]0\,;+\infty[$ et pour tout $x \in \mathbb{R}$,

$a^x = e^{x \ln a}$ $\ln (a^x) = x \ln a$

Pour tout $x \in ]0\,;+\infty[$, $\log x = \dfrac{\ln x}{\ln 10}$

Pour tout $x \in \mathbb{R}$ et pour tout $y \in ]0\,;+\infty[$, $y = e^x$ équivaut à $x = \ln y$.

### Racine n$^{\text{ième}}$

Pour tout $n \in \mathbb{N}^*$, pour tous $x \in [0\,;+\infty[$ et $y \in [0\,;+\infty[$, $y = \sqrt[n]{x}$ équivaut à $x = y^n$.

Pour tout $n \in \mathbb{N}^*$ et pour tout $x \in ]0\,;+\infty[$, $x^{\frac{1}{n}} = \sqrt[n]{x}$

## C. Limites usuelles de fonctions

### Comportement à l'infini

$\lim\limits_{x \to +\infty} \ln x = +\infty$ $\lim\limits_{x \to +\infty} e^x = +\infty$ $\lim\limits_{x \to -\infty} e^x = 0$

### Comportement à l'origine

$\lim\limits_{x \to 0} \ln x = -\infty$ $\lim\limits_{x \to 0} x \ln x = 0$

### Croissances comparées à l'infini

$\lim\limits_{x \to +\infty} \dfrac{e^x}{x} = +\infty$ $\lim\limits_{x \to -\infty} x e^x = 0$ $\lim\limits_{x \to +\infty} \dfrac{\ln x}{x} = 0$

Pour tout $n \in \mathbb{N}^*$,

$\lim\limits_{x \to +\infty} \dfrac{e^x}{x^n} = +\infty$ $\lim\limits_{x \to -\infty} x^n e^x = 0$

$\lim\limits_{x \to +\infty} \dfrac{\ln x}{x^n} = 0$ $\lim\limits_{x \to +\infty} x^n e^{-x} = 0$

### Comportement à l'origine de $\ln(1+x)$, $e^x$, $\sin x$

$$\lim_{x \to 0} \frac{\ln(1+x)}{x} = 1$$

$$\lim_{x \to 0} \frac{e^x - 1}{x} = 1$$

$$\lim_{x \to 0} \frac{\sin x}{x} = 1$$

## D. Dérivées et primitives

Les formules ci-dessous peuvent servir à la fois pour calculer des dérivées et des primitives sur des intervalles convenables.
Les hypothèses permettant de les utiliser doivent être vérifiées par les candidats.

FORMULAIRE

### Dérivées et primitives des fonctions usuelles

| $f(x)$ | $f'(x)$ |
|---|---|
| $k$ | $0$ |
| $x$ | $1$ |
| $x^n,\ n \in \mathbb{N}^*$ | $nx^{n-1}$ |
| $\frac{1}{x}$ | $-\frac{1}{x^2}$ |
| $\frac{1}{x^n},\ n \in \mathbb{N}^*$ | $-\frac{n}{x^{n+1}}$ |
| $\sqrt{x}$ | $\frac{1}{2\sqrt{x}}$ |
| $\ln x$ | $\frac{1}{x}$ |
| $e^x$ | $e^x$ |
| $a^x$ | $a^x \times \ln a$ |
| $\cos x$ | $-\sin x$ |
| $\sin x$ | $\cos x$ |
| $\tan x$ | $\frac{1}{\cos^2 x}$ |

### Opérations sur les dérivées

$(u+v)' = u' + v'$ $\quad$ $(ku)' = ku'$ $k$ étant une constante

$(uv)' = u'v + uv'$ $\quad$ $\left(\frac{1}{u}\right)' = -\frac{u'}{u^2}$

$\left(\frac{u}{v}\right)' = \frac{u'v - uv'}{v^2}$ $\quad$ $(v \circ u)' = (v' \circ u)u'$

$(e^u)' = e^u u'$ $\quad$ $(\ln u)' = \frac{u'}{u}$

$(u^n)' = nu^{n-1}u'$ $(n \in \mathbb{N}^*)$

## E. Calcul intégral

Les hypothèses permettant d'utiliser les formules suivantes doivent être vérifiées par les candidats.

### Formules fondamentales

Si F est une primitive de $f$ alors $\int_a^b f(t)\,dt = F(b) - F(a)$.

$$\int_b^a f(t)\,dt = -\int_a^b f(t)\,dt$$

Si $g(x) = \int_a^x f(t)\,dt$ alors $g'(x) = f(x)$.

■ **Formule de Chasles**

$$\int_a^c f(t)\,dt = \int_a^b f(t)\,dt + \int_b^c f(t)\,dt$$

■ **Linéarité**

$$\int_a^b (\alpha f(t) + \beta g(t))\,dt = \alpha \int_a^b f(t)\,dt + \beta \int_a^b g(t)\,dt$$

■ **Positivité**

Si $a \leqslant b$ et $f \geqslant 0$ alors $\int_a^b f(t)\,dt \geqslant 0$.

■ **Ordre**

Si $a \leqslant b$ et $f \leqslant g$ alors $\int_a^b f(t)\,dt \leqslant \int_a^b g(t)\,dt$.

■ **Inégalité de la moyenne**

Si $a \leqslant b$ et $m \leqslant f \leqslant M$

alors $m(b-a) \leqslant \int_a^b f(t)\,dt \leqslant M(b-a)$

■ **Intégration par parties**

$$\int_a^b u(t)v'(t)\,dt = [u(t)v(t)]_a^b - \int_a^b u'(t)v(t)\,dt$$

La *valeur moyenne* de $f$ sur $[a\,;\,b]$ $(a \neq b)$ est $\dfrac{1}{b-a}\int_a^b f(t)\,dt$.

## F. Équations différentielles

Pour tous $a \in \mathbb{R}^*$ et $b \in \mathbb{R}$, les solutions de l'équation différentielle $y' = ay + b$ sont les fonctions définies sur $\mathbb{R}$ par $f(x) = Ce^{ax} - \dfrac{b}{a}$, $C \in \mathbb{R}$.

# Enseignement de spécialité

## A. Congruences

Pour tous $a \in \mathbb{Z}$, $b \in \mathbb{Z}$, pour tout $p \in \mathbb{N}^*$,
pour tout $n \in \mathbb{N}$ et $n \geqslant 2$,

si $a \equiv b\ [n]$ et $a' \equiv b'\ [n]$, alors

$a + a' \equiv b + b' \ [n] \qquad a - a' \equiv b - b' \ [n]$

$aa' \equiv bb' \ [n] \qquad a^p \equiv b^p \ [n]$

## B. Caractérisation complexe des similitudes

– Similitude directe : $z' = az + b$, où $a \in \mathbb{C}^*$, $b \in \mathbb{C}$
– Similitude indirecte : $z' = a\bar{z} + b$, où $a \in \mathbb{C}^*$, $b \in \mathbb{C}$
Dans les deux cas, le rapport de la similitude est égal à $|a|$

## C. Ensemble de points

Dans un repère orthonormal $(O ; \vec{i}, \vec{j}, \vec{k})$, une équation du cylindre d'axe $(O ; \vec{k})$ et de rayon $r > 0$ est $x^2 + y^2 = r^2$.
Une équation d'un cône d'axe $(O ; \vec{k})$ est $x^2 + y^2 = z^2 \tan^2 \theta$.

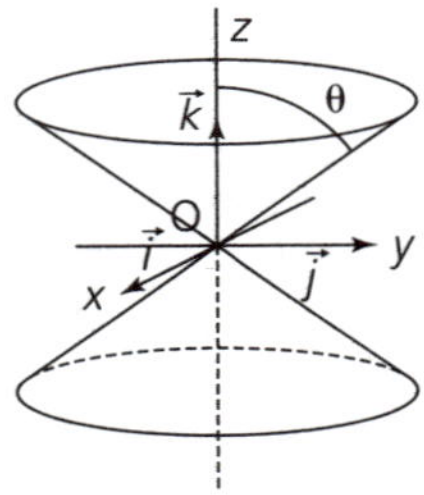

Dépôt légal Août 2008 – N° projet : 10147378
Imprimé en France par Maury-Eurolivres – 45330 MALESHERBES